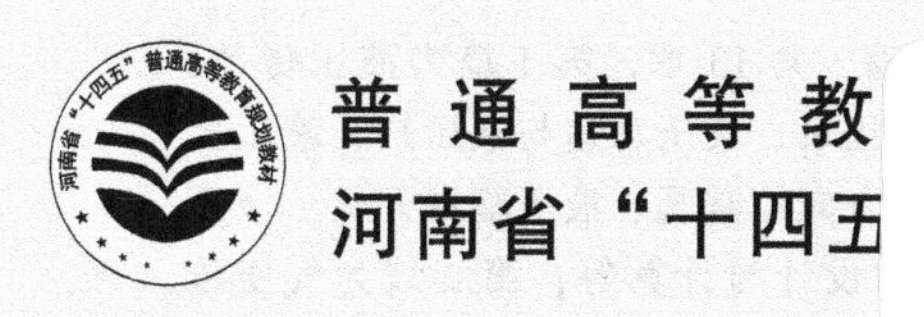

普通高等教 [illegible] 教材
河南省“十四五 [illegible] 划教材

液压与气压传动

主　编　徐莉萍
副主编　李　健　李东林
参　编　彭建军　李跃松
主　审　刘银水

机械工业出版社

本书分为液压传动和气压传动两篇，共 13 章，第 1 篇为液压传动，主要包括绪论、液压流体力学基础、液压泵、液压马达与液压缸、液压控制阀概述、压力控制阀、流量控制阀、方向控制阀、液压辅助元件、液压基本回路、典型液压系统、液压系统的设计与计算等；第 2 篇为气压传动，主要包括气压传动概述、气源装置及辅助元件、气动执行元件、气动控制元件、气动比例阀和气动伺服阀、气动回路、气动系统典型实例分析等。各章后均配有课堂讨论和课后习题。此外，本书附录列出了液压与气压传动常用图形符号。

本书与同类教材相比，强调了液压与气压传动技术的发展和工程应用，增加了新型元件和系统的介绍，反映了该学科的最新技术和发展趋势；增加了工程应用案例介绍，体现了基础性、系统性、先进性和应用性等特点。

本书是河南省“十四五”普通高等教育规划教材。本书可作为普通高等教育院校机械类（包括机械设计制造及其自动化、机械电子工程、车辆工程、机器人工程、智能制造工程、材料成型及控制工程、农业机械化及其自动化等）专业的“液压与气压传动”课程教材，也可供从事流体传动与控制技术的工程技术人员参考。

图书在版编目（CIP）数据

液压与气压传动/徐莉萍主编. —北京：机械工业出版社，2023.12（2025.1 重印）

普通高等教育机电类系列教材　河南省“十四五”普通高等教育规划教材

ISBN 978-7-111-75021-5

Ⅰ.①液…　Ⅱ.①徐…　Ⅲ.①液压传动-高等学校-教材②气压传动-高等学校-教材　Ⅳ.①TH137②TH138

中国国家版本馆 CIP 数据核字（2023）第 245557 号

机械工业出版社（北京市百万庄大街 22 号　邮政编码 100037）

策划编辑：徐鲁融　　责任编辑：徐鲁融

责任校对：郑　婕　薄萌钰　韩雪清　　封面设计：王　旭

责任印制：常天培

固安县铭成印刷有限公司印刷

2025 年 1 月第 1 版第 2 次印刷

184mm×260mm · 19 印张 · 468 千字

标准书号：ISBN 978-7-111-75021-5

定价：54.80 元

电话服务

客服电话：010-88361066

010-88379833

010-68326294

网络服务

机　工　官　网：www.cmpbook.com

机　工　官　博：weibo.com/cmp1952

金　书　网：www.golden-book.com

机工教育服务网：www.cmpedu.com

前　言

液压与气压传动技术是机电一体化人才培养所应具备的专业基础知识。“液压与气压传动”课程的任务是使学生掌握液压与气压传动的基础知识、各类液压与气压传动元件的原理、特点、应用和选用方法，熟悉各种液压与气压传动回路的功能、组成和应用场合，了解国内外先进技术的应用。

本书在编写过程中，力求贯彻新工科要求，改变传统的以纯知识点顺序叙述的教材编写模式，构建以项目为主线的模块化课程体系，主要有以下特点：

1）面向技术发展需求，重新梳理知识逻辑体系。面向智能化装备对电液比例技术的需求，让知识由基础、深入、应用逐级延展，以拓展学生的视野，构建学生对液压与气压传动技术用于智能化装备的新意识。

2）围绕立德树人任务，挖掘课程育人功能。在国家重点工程项目前沿液压技术案例分析中，有机融入“课程思政”相关内容，弘扬大国工匠精神，培养学生的工程伦理意识，提高学生的工程应用能力。

3）强调工程实际应用，加强创新能力培养。以工程实际项目案例为主导，重构知识体系。通过对理论知识的学习和项目实践，培养学生解决复杂工程问题的能力，并融合其他相关课程内容进行创造性的课程学习。

本书可作为普通高等教育院校机械类（包括机械设计制造及其自动化、机械电子工程、车辆工程、机器人工程、智能制造工程、材料成型及控制工程、农业机械化及其自动化等）专业的“液压与气压传动”课程教材，也可供从事流体传动与控制技术的工程技术人员参考。配合教材开发了线上开放课程和虚拟仿真实验。

本书的编写分工为：徐莉萍编写第 1 章、第 4 章、第 10 章、附录，李跃松编写第 2 章、第 7 章、第 12 章，李健编写第 11 章、第 13 章，李东林编写第 3 章、第 8 章，彭建军编写第 5 章、第 6 章、第 9 章。本书由徐莉萍任主编，李健、李东林任副主编，彭建军、李跃松参与编写。

华中科技大学刘银水教授担任本书主审。他对本书进行了细致的审阅，提出了许多宝贵意见，在此表示衷心感谢。本书还得到了河南科技大学“机械工程”学科建设项目的支持，在此表示感谢。

限于编者水平，书中难免存在疏漏和不妥之处，恳请广大读者批评指正。

编　者

目 录

第1篇

液压传动

第1章 绪论

学习引导

液压传动作为一种传动形式，有着广泛的应用领域，比较常见的应用有：汽车换轮胎用的千斤顶、水泥罐车在行驶中水泥罐的旋转驱动、舞台的升降和旋转驱动等，都是利用液压传动实现的。通过本章的学习，可以了解液压传动的工作原理和基本特征，液压传动系统的组成，液压传动的优缺点，以及液压传动的发展概况和应用。

1.1 液压传动的工作原理和基本特征

1.1.1 液压传动的定义

一部完整的机器一般是由原动机、传动装置和工作机构等组成。原动机（如内燃机、电动机等）是整个机器的动力来源；传动装置是一个中间环节，其作用是把原动机输出的动力传输给工作机构，以满足工作机构对输出的力、速度和位置的不同要求；工作机构是机器完成任务的直接工作部分（如水泥罐车的罐体、挖掘机的机械臂、舞台的起降台面等）。传动就是传递动力，按照传动件（或工作介质）的不同，传动有多种方式，如机械传动、电气传动、流体传动，以及它们的组合——复合传动等。

流体传动相较于机械传动和电气传动是一种新型的传动形式，是利用液体作为工作介质进行能量传递和控制的一种传动方式。流体传动包括液压传动、气压传动和液力传动。液压与气压传动和液力传动相比，流体传递能量的形式不同，液压传动和气压传动分别是利用液体和气体的压力能传递能量的，而液力传动是利用液体的动能传递能量的。本书主要介绍液压与气压传动。

1.1.2 液压传动的工作原理

本书从最简单的起重设备——液压千斤顶着手来介绍液压传动的工作原理，液压千斤顶主要用于厂矿和交通运输等部门，做车辆修理及其他起重和支撑等工作。

液压千斤顶主要由手动单柱塞液压泵（杠杆手柄1、小缸体2、小活塞3）和液压缸（大活塞10、大缸体9）两大部分构成，在截止阀8和单向阀4、5的作用下，形成两个密闭工作容腔A和B，如图1-1a所示。工作时，关闭截止阀8，向上提起杠杆手柄1，小活塞3被带动上升，泵体容腔A的工作容积增大，单向阀4关闭，容腔A形成真空，油箱7中的油液在大气压力的作用下，推开单向阀 5，进入并充满容腔 A。然后当压下杠杆手柄 1 时，小活塞 3 下移，泵体容腔 A 容积减小，油液压力增大，单向阀 5 关闭，单向阀 4 开启，油液经油管 6 进入大缸体容腔 B，容腔 B 的容积增大，推动大活塞 10 顶起重物 G 上升。反复提压杠杆，就能不断从油箱吸入油液并压入缸体容腔 B，使大活塞 10 和重物 G 不断上升，从而达到起重的目的。提压杠杆的速度越快，单位时间内压入缸体容腔 B 的油液越多，重物上升的速度越快。重物越重，压下杠杆的作用力就越大。停止提压杠杆，单向阀 4 关闭，缸体容腔 B 封闭。此时，重物保持在某一位置不动。若将截止阀 8 旋转 90°，缸体容腔 B 直接连接油箱，容腔 B 中油液在重物的作用下流回油箱，大活塞 10 将下降恢复到原位。

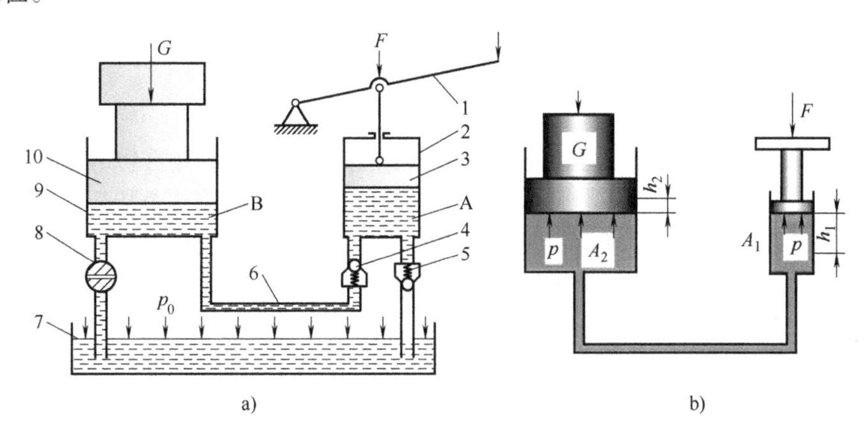

图 1-1 液压千斤顶原理图

1—杠杆手柄 2—小缸体 3—小活塞 4、5—单向阀 6—油管 7—油箱 8—截止阀 9—大缸体 10—大活塞

通过对液压千斤顶工作过程的分析，可以初步了解液压传动的基本工作原理。抬起杠杆手柄 1 时，手动单柱塞液压泵将油箱 7 的油液吸入到容腔 A 的过程，称为吸油过程，该过程将机械能转换成油液的压力能；压下杠杆手柄 1 时，液压油推开单向阀 4 经过油管 6 推动大活塞 10 举升重物的过程，称为压油过程，该过程将油液的压力能转换成机械能。由此可见，液压传动是利用有压液体作为工作介质进行能量传递和控制的一种传动形式。

1.1.3 液压传动的基本特征

1. 力的传递

如图 1-1b 所示，设小活塞面积为 A_1，大活塞面积为 A_2，作用在小活塞上的外力为 F，重物重力为 G，p 为腔体中的油液压力，根据帕斯卡原理，则有

$$p=\frac{F}{A_1}=\frac{G}{A_2} \tag{1-1}$$

当 A_1、A_2 一定时，作为外负载的重物重力 G 越大，压力 p 越高，所需的作用力 F 也越大，说明系统压力与外负载相关。这是液压传动的第一个特征：**工作压力取决于外负载，与流入腔体中液体的量无关**。

2. 运动的传递

如果不考虑液体的可压缩性、泄漏损失和缸体、管路的变形，则从图 1-1b 可知单柱塞

液压泵排出的液体体积必然等于进入液压缸的液体体积。设小活塞位移为 h_1，大活塞位移为 h_2，则有

$$A_1h_1=A_2h_2 \tag{1-2}$$

式（1-2）两边同时除以运动时间 t，得

$$A_1v_1=A_2v_2 \tag{1-3}$$

定义单位时间内液体流过截面积为 A 的体积为流量 q，则有

$$q=Av \tag{1-4}$$

则活塞的运动速度为

$$v=\frac{q}{A} \tag{1-5}$$

由此可见，调节进入液压缸的流量 q，即可调节液压缸活塞顶升重物的运动速度，这就是液压传动能实现无级调速的基本原理。从而可得到液压传动的第二个特征：液压缸活塞的运动速度取决于进入液压缸的流量，即**速度取决于流量，而与负载压力无关**。

从以上分析可知，压力和流量是液压传动中最基本的两个参数。

1.2 液压传动系统的组成

1.2.1 液压传动系统的工作状态和组成元件

由于平面磨床工作台的左右移动要求高速、平稳，因此大部分平面磨床工作台采用液压系统控制。下面就以平面磨床的半结构式液压传动系统为例（图 1-2）介绍液压传动系统的组成。

如图 1-2 所示油箱 1 是储存液压油的专用容器；过滤器 2 用来过滤油液中的杂质，避免杂质进入系统回路而对液压元件造成损伤；液压泵 4 的功能是将油箱 1 中的液压油抽送到液压系统中；阀 7、9、13、15 等用来控制回路中油液的压力、流动方向和流量大小。液压缸 18 工作时，油液进入液压缸中，推动活塞 17 左右移动，最终实现工作台 19 的左右移动。

平面磨床液压传动系统分以下几种工况。

1. 空载起动

起动发动机带动液压泵 4 旋转，液压泵 4 开始吸油并供给系统工作。当开停阀手柄 11 处于如图 1-2d 所示的状态时，液压油直接通过回油管 12 流回油箱 1，此时负载为 0，此状态称为空载起动，也称为卸荷状态。

2. 工作状态

当开停阀手柄 11、换向阀手柄 16 处于如图 1-2a 所示的状态时，液压油通过节流阀 13 进入液压缸 18 的左腔，推动活塞 17 向右运动；当换向阀手柄 16 处于如图 1-2b 所示的状态时，液压油进入液压缸 18 的右腔，推动活塞 17 向左移动。因为换向阀手柄 16 可以控制液

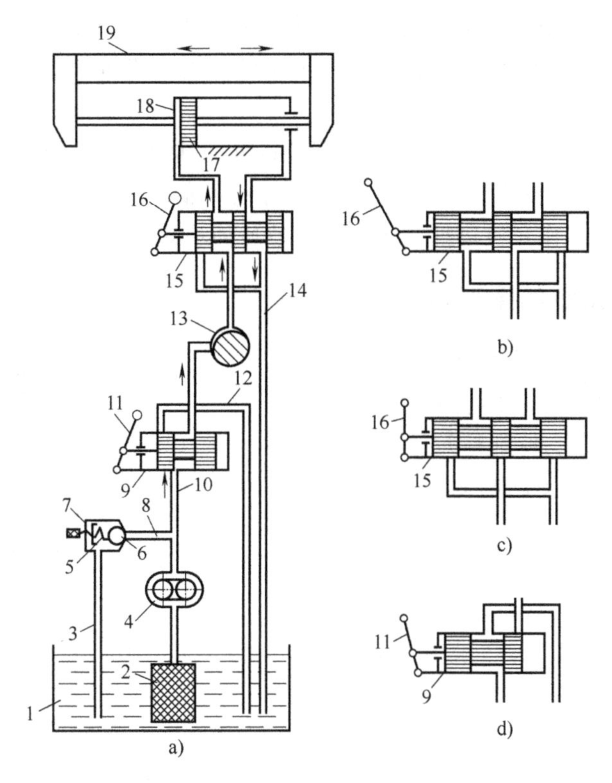

图 1-2　液压传动系统工作原理图

1—油箱　2—过滤器　3、12、14—回油管　4—液压泵　5—弹簧
6—钢球　7—溢流阀　8—压力支管　9—开停阀　10—压力管　11—开停阀手柄
13—节流阀　15—换向阀　16—换向阀手柄　17—活塞　18—液压缸　19—工作台

压缸的移动方向，故将液压阀 15 称为换向阀。

3. 停止卸荷状态

当开停阀手柄 11 处于如图 1-2d 所示的状态同时换向阀手柄 16 处于如图 1-2c 所示的状态时，液压油直接通过回油管 12 返回油箱 1，液压泵 4 的出口压力为零，工作台 19 停止工作，此状态称为停止卸荷状态。

4. 调速状态

当工作台 19 正常左右移动时，调节节流阀 13 的开口大小，可以改变通过节流阀 13 的流量大小，进而调节工作台 19 的移动速度，同时溢流阀 7 调定液压泵 4 的出口最高工作压力，溢流多余的流量。

此外，工作台 19 运动时，要克服负载，即克服切削力和相对运动件表面的摩擦力等，根据工作负载情况的不同，液压泵 4 输出油液的最高压力也是通过溢流阀 7 进行调定。

从以上例子可以看出，液压传动系统有以下五个组成部分。

（1）动力元件　动力元件是将原动机输出的机械能转变成液体压力能的装置。最常见的就是各种液压泵，它们给液压系统提供液压油，是液压系统的心脏。

（2）执行元件　执行元件是将液体压力能转变成机械能的输出装置。常用的执行元件是液压缸或液压马达。

（3）控制元件　控制元件是控制和调节液压系统中液压油的压力、流量和流动方向的装置，例如，图 1-2 所示改变液流方向的换向阀 15、改变流量大小的节流阀 13、调节系统压力的溢流阀 7 等都属于这类装置。

（4）辅助元件　辅助元件是除上述三种装置以外的其他装置，例如，图 1-2 所示的油箱 1、过滤器 2 和回油管 3、12、14 等。它们对保证液压系统可靠、稳定、持久地工作有重要作用。

（5）工作介质　工作介质包括液压油或其他各种功能的合成液体。

1.2.2　液压传动系统的图形符号

图 1-2 所示工作原理图为液压传动系统的半结构原理图，这种原理图直观性强，容易理解，但图形较复杂，特别是元件较多时，绘制麻烦。为简化原理图的绘制，系统中各元件可采用符号来表示，我国已经制定了一种用规定的图形符号来表示液压传动系统工作原理图中的各元件和连接管路的国家标准，即国家标准《流体传动系统及元件　图形符号和回路图　第 1 部分：图形符号》（GB/T 786.1—2021），见附录。这些符号只表示元件的职能，不表示元件的结构和参数。

图 1-3 所示为图 1-2 所示工作原理图根据国家标准《流体传动系统及元件　图形符号和回路图　第 1 部分：图形符号》（GB/T 786.1—2021）绘制的液压传动系统工作原理图。使用这些图形符号可使液压系统工作原理图简单明了，且便于绘制。

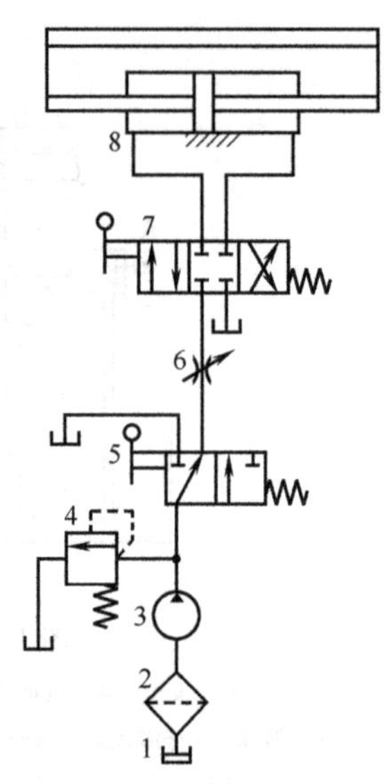

图 1-3　用液压传动图形符号绘制的液压传动系统工作原理图

1—油箱　2—过滤器　3—液压泵　4—溢流阀　5—开停阀　6—节流阀　7—换向阀　8—液压缸

1.3 液压传动的特点

1.3.1　主要优点

液压传动与机械传动、电气传动、气压传动相比，具有以下优点。

1）液压传动能在运行中实现无级调速，调速方便且调速范围比大，可达 2000∶1。

2）在同等功率的情况下，液压传动装置体积小，重量轻，惯性小，结构紧凑（如液压马达的重量仅有同功率电动机重量的 10%～20%），而且能传递较大的力或转矩。

3）液压传动工作较平稳，反应快，冲击小，能高速起动、制动和换向。液压传动装置的换向频率高，回转运动换向可达每分钟 500 次，往复直线运动换向可达每分钟 400～1000 次。

4）液压传动装置的控制、调节比较简单，操纵方便、省力，易于实现自动化与电气控制配合使用，能实现复杂的顺序动作和远程控制。

5）液压传动装置易于实现过载保护，系统超负载时油液经溢流阀回到油箱。由于采用液压油作为工作介质，能自行润滑，因此寿命较长。

6）液压传动易于实现系列化、标准化、通用化，易于设计、制造和推广使用。

7）液压传动易于实现回转、直线运动，且元件布置灵活。

1.3.2 主要缺点

1）液体为工作介质，易泄漏，油液可压缩，故不能用于传动比准确性要求高的场合。

2）液压传动中有机械损失、压力损失、泄漏损失，效率较低，所以不宜进行远距离传动。

3）液压传动对油温、污染和负载变化敏感，不宜在低、高温度下使用。

4）液压传动需要有单独的能源（如液压泵站），液压能无法像电能那样从远处传来。

5）液压传动装置出现故障时不易追查原因，不易迅速排除故障。

总的来说，液压传动优点较多，缺点正随着生产技术的发展逐步加以克服，因此，液压传动在现代化生产中有着广阔的发展前景。

1.4 液压传动的发展概况和应用

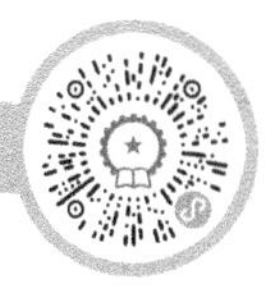

1.4.1 液压传动的发展概况

液压传动相对机械传动来说，是一门新的技术。如果从1795年世界上第一台水压机问世算起，液压传动至今已有200余年的历史。然而，液压传动直到20世纪30年代才真正得到推广应用。

第二次世界大战期间，军事工业需要反应快、精度高、功率大的液压传动装置，这大大推动了液压技术的飞速发展。第二次世界大战后，液压技术迅速转向民用，在机床、工程机械、农业机械、汽车等行业中逐步得到推广。20世纪60年代以后，随着原子能、空间技术、深海探测技术、计算机技术的发展，液压技术也得到了很大发展，并渗透到各个工业领域中去。

我国的液压技术开始于20世纪50年代，液压元件最初应用于机床和锻压设备，后来又用于拖拉机和工程机械。我国自1964年开始从国外引进液压元件生产技术，同时自行设计液压产品，经过20多年的艰苦探索和发展，特别是20世纪80年代又引进了德国液压技术，最终建立了北京华德液压，但其产品水平仍属于中低端技术水平。随着德国成套设备大规模引进，德国液压产品开始占领我国的主要市场，这就是目前的德国“博世-力士乐”系列。在德国液压技术大规模占领我国市场后，美国液压技术也逐渐进入我国市场，这就是美国的“伊顿-威格士”系列。后期还有意大利的“阿托斯”系列等进入我国市场。

目前，国外产品占据着我国高端液压市场的主导地位，如冶金、石油、电力、海洋、航空航天、重型机械等领域，尤其是工程机械领域。我国20吨以上挖掘机所用液压元件的市场基本控制在日本川崎和德国力士乐等国外企业手中。我国工程机械受制于国外液压企业，近5000亿元产值的大部分利润被国外企业拿走，成了我国的“锁喉之痛”。其原因在于，我国的制造业发展战略长期以来重主机、轻配件，对液压产业的重视程度不足，缺乏基础研发投入。加上高端液压产品研发投入巨大，涉及的领域又多（如机、电、液、传感技术、表面处理技术、控制技术、基础材料、加工技术、热处理技术、基础工艺等），致使许多企业没有勇气和能力去研发高端液压产品。

从2009年起，全国各地，如辽宁阜新、山西榆次、四川泸州、山东常林、江苏常州，以及徐州重工、三一重工等企业，投入数十亿到上百亿元资金发展液压产业，总投入超过300亿元。与此同时，各大主机厂也掀起了并购世界液压公司的高潮，如三一重工收购德国大象、普茨迈斯特；山东潍柴收购德国林德；徐州重工收购德国FT（Fluitronics）公司、荷兰AMCA公司等，投入资金总数也超过百亿元，目的都是希望尽快缩短国内液压产业与国外的差距。2012年，行业协会集中全国的液压专家，编制了国家液压传动与控制20年发展路线图，希望按照跟踪、仿制、创新、超越四步走的路线，到2030年达到世界先进水平。

随着液压机械自动化程度的不断提高，液压元件数量急剧增加，元件小型化、轻量化、系统集成化是必然的发展趋势。特别是近年来，随着机电技术的迅速发展，液压技术与传感技术、微电子技术密切结合，出现了许多新型元件，如电液比例阀、数字阀、电液伺服液压缸等机电（液）一体化元器件，使液压技术正向高压、大功率、节能高效、低噪声、长寿命、高集成化等方面发展。同时，液压元件和液压系统的计算机辅助设计（Computer Aided Design，CAD）、计算机辅助测试（Computer Aided Testing，CAT）、计算机实时控制也是当前液压技术的发展方向。

1.4.2 液压传动的应用

液压传动在国民经济各部门中都得到了广泛的应用。工程机械、压力机械采用液压传动的原因是结构简单、输出力量大。航空工业采用液压传动的原因是重量轻、体积小、响应快。“国之重器”盾构机是功能典型、结构复杂的隧道机械，下面以盾构机液压系统为例简单介绍液压系统的应用。

液压系统是盾构机（图1-4）的心脏，为盾构机的地下掘进工作提供强劲的动力。盾构机的工作条件恶劣，工作时的动作十分繁杂，主要机构经常起动、制动、换向，负载变化大，且在地下洞内工作，温度和地理位置变化大，因此对液压系统有很高的稳定性和可靠性要求。液压驱动盾构机的液压系统主要由主驱动液压系统、推进液压系统、管片拼装机液压系统、螺旋输送机液压系统等子系统组成，如图1-5所示。

图1-4 盾构机结构示意图

图 1-5 盾构机主要液压系统组成

1. 主驱动液压系统

主驱动液压系统为刀盘旋转提供动力，通过几个变量柱塞泵和若干个变量柱塞马达组成的液压闭式系统带动减速机、大齿轮驱动刀盘旋转。

2. 推进液压系统

推进液压系统主要为盾构机提供向前掘进的推力，通过电液比例变量泵和比例控制阀调整推进的方向和速度。

3. 管片拼装机液压系统

管片拼装机用来拼装衬砌管片，是将管片拼装成环的机械。采用液压传动系统调整锁紧、升降、平移、回转、俯仰、横摇和偏转七种动作，使管片能够精准就位。

4. 螺旋输送机液压系统

螺旋输送机采用闭式液压系统，液压马达通过减速器驱动螺旋轴旋转，渣土沿螺旋轴平移输送至输送带上。

液压传动在各个行业中的应用见表 1-1。

表 1-1 液压传动在各个行业中的应用

行业名称	应用举例
机床工业	磨床、铣床、刨床、拉床、压力机、自动机床、组合机床、数控机床、加工中心等
工程机械	挖掘机、装载机、推土机、架桥机等
汽车工业	自卸式汽车、平板车、高空作业车等
农业机械	联合收割机的液压控制系统、拖拉机的悬挂装置等
轻工机械	打包机、注塑机、校直机、橡胶硫化机、造纸机等
冶金机械	电炉控制系统、轧钢机控制系统等
起重运输机械	起重机、叉车、装卸机械、液压千斤顶等
矿山机械	开采机、提升机、液压支架、采煤机等
建筑机械	打桩机、平地机、混凝土搅拌车、混凝土泵车等

（续）

行业名称	应用举例
港口机械	起货机、锚机、舵机等
铸造机械	砂型压实机、加料机、压铸机等
隧道机械	盾构机、湿喷机、凿岩台车、钢拱架安装机、预切槽机等
国防工业	战斗机、坦克、火炮、导弹、火箭、装甲车等
船舶工业	全液压挖泥船、打捞船、海上钻井平台及船舶辅机等

课堂讨论

结合图1-1所示液压千斤顶和图1-2所示平面磨床液压传动系统，讨论以下问题：如何理解液压传动的两个基本特征？泵出口的溢流阀压力根据什么调节？溢流阀压力与负载的关系是什么？当工作台工作负载发生变化时，泵出口的压力是否跟随变化？液压缸容腔的压力如何变化？工作台的运动速度由什么决定？为什么说压力和流量是液压传动的两个重要参数？

课后习题

一、选择题

1. 当液压缸参数一定时，液压缸（或活塞）的运动速度取决于进入液压缸液体的（　　）。

A. 流速　　B. 压力　　C. 流量　　D. 功率

2. 当液压缸参数一定时，负载越大，系统中的压力（　　）。

A. 越小　　B. 越大　　C. 不变　　D. 不确定

二、填空题

1. 液压传动系统主要由________、________、控制元件、________和________五部分组成。

2. 液压传动的工作原理是基于________原理，即密闭容腔中的液体既可以传递________，又可以传递________。

3. 液压传动的两个基本特征是________________和________________。

4. 液压传动中的两个最基本的参数是________和________。

三、简答题

1. 液压传动有哪些主要优缺点？列举液压传动应用实例。

2. 液压系统由哪几部分组成？各部分的作用是什么？

3. 目前液压传动技术正向着什么方向发展？请举出实例说明。

第 2 章　液压流体力学基础

学习引导

在液压传动系统中，液体是用来传递能量的工作介质，对液压装置和零件起着润滑、冷却、防锈和减振作用。因此，了解液体的基本性质，掌握液体平衡和运动的基本力学规律，能够应用牛顿流体内摩擦定律、流量连续性方程、伯努利方程和动量方程，对于正确理解液压传动原理、合理设计和使用液压元件与系统都是至关重要的。

2.1 液压油

在液压系统中，最常用的工作介质是液压油，液压油是传递信号和能量的工作介质，同时还起到润滑、冷却和防锈等方面的作用。液压系统能否可靠有效地工作，在很大程度上取决于液压油。

2.1.1 液压油的性质

1. 液体的密度

对于均质液体，密度是指单位体积内液体所具有的质量，即

$$\rho=\frac{m}{V} \tag{2-1}$$

式中　ρ——液体密度；

m——液体质量；

V——液体的体积。

液压油的密度随压力的升高而增大，随着温度的升高而减小。但在通常的使用压力和温度范围内，其密度的变化极小，一般情况下可视液压油的密度为常数。矿物液压油的密度值为 850~900kg/m^3，工业上常用的 32 号和 46 号抗磨液压油的密度值约为 870kg/m^3。

2. 液体的可压缩性

液体受压力作用而体积会减小的性质称为液体的可压缩性，其定义为单位压力变化引起的液体单位体积的变化量，用体积压缩系数 k 来表示，由定义可知

$$k=-\frac{1}{\Delta p}\frac{\mathrm{d}V}{V} \tag{2-2}$$

由于液体随压力的增加而体积减小，故在公式前加负号，使 k 为正值。

体积压缩系数的倒数称为体积弹性模量 K，单位为 Pa，写成微分形式，即

$$K=\frac{1}{k}=-\frac{\mathrm{d}p}{\mathrm{d}V}V \tag{2-3}$$

其物理意义为液体产生单位体积相对变化量所需要的压力增量。

液体的体积压缩系数（或体积弹性模量）说明液体抵抗压缩能力的大小，其值与压力、温度有关。常用液压油体积弹性模量 $K=(1.2\sim2.0)\times10^9$ Pa，数值很大，因此，在压力、温度变化不大的液压系统中可视为常数，即认为液压油是不可压缩的。液压油中混有空气将使液压油的可压缩性显著增加，其体积弹性模量将显著降低。例如，液压油中混有1%空气，液压油体积弹性模量将降到原有液压油体积弹性模量的5%左右；混有5%空气时，液压油体积弹性模量将降到原有液压油体积弹性模量的1%左右。

3. 液体的黏性

（1）黏性的物理意义　液体在外力作用下流动时，由于液体分子间的内聚力而产生一种阻碍液体分子之间进行相对运动的内摩擦力，液体的这种产生内摩擦力的性质称为液体的黏性。黏性的大小可用黏度来衡量，黏度是选择液压工作介质的主要指标，是影响流体运动的重要物理性质。

由于液体具有黏性，当液体流动发生剪切变形时，液体内就产生阻滞变形的内摩擦力，由此可见，黏性表征了液体抵抗剪切变形的能力。处于相对静止状态的液体中不存在剪切变形，因而也不存在对变形的抵抗，只有当运动液体流层间发生相对运动时，液体对剪切变形产生抵抗，黏性才表现出来。因此黏性所起的作用为阻滞液体内部的相对滑动，在任何情况下它都只能延缓滑动的过程而不能消除这种滑动。

当液体流动时，由于液体与固体壁面的附着力及液体本身黏性的存在，流动的液体内各处的速度大小不等，以流体沿如图2-1所示的平行平板间的流动情况为例，设上平板以速度 u_0 向右运动，下平板固定不动。紧贴于上平板上的液体黏附于上平板上，其速度与上平板相同。紧贴于下平板上的液体黏附于下平板上，其速度为零。中间流动的液体的速度按线性分布。把这种流动看成是许多无限薄的液层在运动，当运动较快的液层在运动较慢的液层上滑过时，两层间由于存在黏性就产生了内摩擦力。

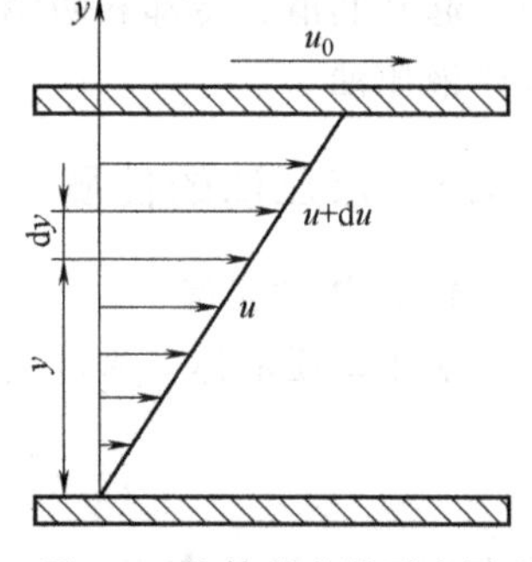

图2-1　液体的黏性示意图

大量实验表明，液体流动时相邻液层间的内摩擦力 F 与接触面积 A 和速度变化量 $\mathrm{d}u$ 成正比，与液层间距离的变化量 $\mathrm{d}y$ 成反比，其比例系数为 μ，即

$$F=\mu A\frac{\mathrm{d}u}{\mathrm{d}y} \tag{2-4}$$

式中　μ——衡量液体黏性的比例系数，称为绝对黏度或动力黏度；

$\frac{\mathrm{d}u}{\mathrm{d}y}$——液层间速度差异的程度，称为速度梯度。

以 $\tau=F/A$ 表示切应力，则有

$$\tau=\mu\frac{\mathrm{d}u}{\mathrm{d}y} \tag{2-5}$$

式（2-5）称为牛顿流体内摩擦定律。

当速度梯度变化时，μ 为常数的流体称为牛顿流体；μ 为变数的流体称为非牛顿流体。除高黏性或含有大量特种添加剂的液体外，一般的液压用液体均可视为牛顿流体。只有牛顿流体和近似牛顿流体可以应用牛顿流体内摩擦定律计算液体的内摩擦力。

（2）液体黏度的表示方法　液体的黏度主要用动力黏度、运动黏度和相对黏度来表示。

1）动力黏度 μ：动力黏度是绝对黏度，是指液体在单位速度梯度流动时的表面切应力，由式（2-5）可知

$$\mu=\tau\Big/\frac{\mathrm{d}u}{\mathrm{d}y} \tag{2-6}$$

动力黏度的国际单位制（SI）单位为牛顿·秒/米^2，符号为 N·s/m^2，或者为帕·秒，符号为 Pa·s。

2）运动黏度 ν：运动黏度是液体的动力黏度 μ 与密度 ρ 之比，用符号 ν 表示，即

$$\nu=\frac{\mu}{\rho} \tag{2-7}$$

运动黏度的国际单位制（SI）单位为米^2/秒，符号为 m^2/s。还可用厘米-克-秒单位制（CGS 单位制）单位：斯（托克斯），符号为 St，斯的单位太大，应用不便，常用 1%斯，即 1 厘斯来表示，符号为 cSt，常用单位之间有

$$1\mathrm{cSt}=10^{-2}\mathrm{St}=10^{-6}\mathrm{m}^2/\mathrm{s}$$

运动黏度 ν 没有明确的物理意义，它不能像动力黏度 μ 一样直接表示液体的黏性大小。它之所以被称为运动黏度，是因为在它的量纲中只有运动学的要素（长度和时间）。运动黏度常用于液压油的牌号标注，如 L-AN32 液压油在 40℃时运动黏度的平均值为 32mm^2/s。

3）相对黏度：相对黏度是以相对于蒸馏水的黏性的大小来表示该液体的黏性的。相对黏度又称为条件黏度。各国采用的相对黏度单位有所不同。有的用赛氏黏度，有的用雷氏黏度，我国采用恩氏黏度。

（3）压力、温度对黏度的影响　在一般情况下，压力对黏度的影响比较小，在工程中当压力低于 5MPa 时，黏度值的变化很小，可以忽略不计。当液体所受的压力增大时，分子之间的距离缩小，内聚力增大，液体的黏度也随之增大。因此，在压力很高或在压力变化很大的情况下，黏度值的变化就不能忽略。在工程实际应用中，在液体压力 p 低于 50MPa 的情况下，可采用的黏度计算式为

$$\nu_{\mathrm{p}}=\nu_0(1+0.003p) \tag{2-8}$$

液压油黏度对温度的变化是十分敏感的，当温度升高时，黏度显著下降。不同种类液压油的黏度随温度变化的规律也不同。我国常用黏温图表示液压油黏度随温度变化的关系。对于一般常用的液压油，当运动黏度不超过 76mm^2/s，温度在 30～150℃范围内时，可用近似公式计算液压油温度为 t℃的运动黏度，即

$$\nu_t=\nu_{50}\left(\frac{50}{t}\right)^n \tag{2-9}$$

式中　ν_t——温度为 t℃时液压油的运动黏度；

ν_{50}——温度为 50℃时液压油的运动黏度；

n——黏温指数。

2.1.2 液压油的要求和选用

1. 要求

液压油是液压传动系统的重要组成部分，是用来传递能量的工作介质。除了传递能量外，它还起着润滑运动部件和保护金属不被锈蚀的作用。液压油的质量及其各种性能将直接影响液压系统的工作。液压系统对液压油的要求有以下几点。

1）适宜的黏度和良好的黏温性能。

2）润滑性能好。在液压传动机械设备中，除液压元件外，其他一些相互之间存在相对滑动的零件也要用液压油来润滑，因此液压油应具有良好的润滑性能。为了改善液压油的润滑性能，可适当加入添加剂。

3）化学稳定性良好，即对热、氧化、水解、相容都具有良好的稳定性，不易变质。

4）对金属材料具有缓蚀性和防腐性。

5）比热容、热导率大，热膨胀系数小。

6）抗泡沫性好，抗乳化性好。

7）油液纯净，含杂质少。

8）流动点和凝固点低，闪点（明火能使油面上油蒸气内燃，但油本身不燃烧的温度）和燃点高。

此外，不同的情况对液压油的毒性、价格等也有相应的要求。

2. 选用

液压油对液压系统的运动平稳性、工作可靠性、灵敏性、系统效率、功率损耗、气蚀和磨损等都有显著影响，所以选用液压油时，选择合适的黏度和适当的油液品种至关重要。

（1）按工作机的类型选用　精密机械与一般机械对液压油黏度要求不同，为了避免温度升高而引起机件变形，影响工作精度，精密机械宜采用较低黏度的液压油。例如，机床液压伺服系统为保证伺服机构动作灵敏性，宜采用黏度较低的液压油。

（2）按液压泵的类型选用　液压泵是液压系统的重要部件，在系统中它的运动速度、压力和温升都较大，工作时间又较长，因而对液压油黏度要求较严格，所以选择液压油黏度时应优先考虑液压泵对液压油的要求。否则，液压泵磨损过快，容积效率降低，甚至可能破坏液压泵的吸油条件。在一般情况下，可将液压泵要求的黏度作为选择液压油的基准，见表 2-1。

表 2-1　各类液压泵适用的黏度范围

液压泵类型		运动黏度（40℃）/$mm^2 \cdot s^{-1}$ 环境温度 5~40℃时	运动黏度（40℃）/$mm^2 \cdot s^{-1}$ 环境温度 40~80℃时
叶片泵	7MPa 以下	30~50	40~75
	7MPa 以上	50~70	55~90
齿轮泵		30~70	95~165
柱塞泵		30~50	65~240

（3）按液压系统工作压力选用　工作压力较高时，宜选用黏度较高的液压油，以免系统泄漏过多，效率过低；工作压力较低时，宜用黏度较低的液压油，这样可以减少压力损失。

（4）按液压系统的环境温度选用　液压油的黏度受温度影响很大，为了保证液压油在工作温度下有较适宜的黏度，还必须考虑环境温度的影响。环境温度高时，宜采用黏度较高的液压油；环境温度低时，宜采用黏度较低的液压油。

（5）按液压系统的运动速度选用　当液压系统工作部件的运动速度很高时，油液的流速也高，摩擦损失和能量损耗较大，为降低损耗提高传动效率宜选用黏度较低的液压油；反之，当工作部件运动速度较低时，可以选用黏度较高的液压油。

2.2 液体静力学基础

液体静力学研究的是静止液体的力学规律。这里所说的静止包括相对静止，所谓相对静止是指液体内部各质点间没有相对运动，至于液体本身，则完全可以和容器一起像刚体一样做各种运动。例如，液体随容器做匀速、匀加速、匀减速运动的情况均属于相对静止。液体在静止状态下不体现黏性，不存在切应力，只有法向的压应力，即静压力。本节主要讨论液体的平衡规律、压强分布规律及液体对物体壁面的作用力。

2.2.1　液体静压力及其特性

静止液体单位面积上所受的法向力称为液体的静压力，用 p 表示。液体内某质点处的法向力 ΔF 对该处微小面积 ΔA 比值的极限称为静压力 p，即

$$p=\lim_{\Delta A\to 0}\frac{\Delta F}{\Delta A} \tag{2-10}$$

对于均匀受力的液体，其静压力为

$$p=\frac{F}{A} \tag{2-11}$$

式中　A——液体有效作用面积；

F——液体在有效作用面积 A 上所受的法向力。

因为液体质点间的凝聚力很小，受到拉力或剪力时会发生流动。**如果液体在某点受到的压力在某个方向上与其余方向的压力不相等，那么液体在该点处就会流动**。因此液体静压力具有下述两个重要特征。

1）方向：液体静压力垂直于其承压面，其方向与该面的内法线方向一致。

2）大小：静止液体中，任何一点所受到的各方向的静压力都相等。

由此可见，静止液体内部的任何质点都受平衡压力的作用。

2.2.2　液体静力学基本方程

求液体内任意一点的压力 p ，可从液面向下取一微小圆柱，设高度为 h，底面积为 ΔA，如图 2-2 所示，则该圆柱除受侧面力外，上表面所受力为 $p_0\Delta A$，下表面所受力为 $p\Delta A$，液体所受重力为 $\rho gh\Delta A$，作用在圆柱的质心上。小圆柱在这些力的作用下处于平衡状态，于是在竖直方向上的力平衡，满足

$$p\Delta A=p_0\Delta A+\rho gh\Delta A \tag{2-12}$$

将式（2-12）化简，得液体静力学基本方程式为

$$p=p_0+\rho gh \tag{2-13}$$

分析式（2-13）可得以下两个规律。

1）静止液体中任一点的压力均由两部分组成，即液面上表面压力 p_0 和液体自重而引起的对该点的压力 ρgh。

2）静止液体内的压力随液体距液面的深度变化呈线性规律分布，且在同一深度上各点的压力相等，压力相等的所有点组成的面为等压面，很显然，在重力作用下静止液体的等压面为一个平面。

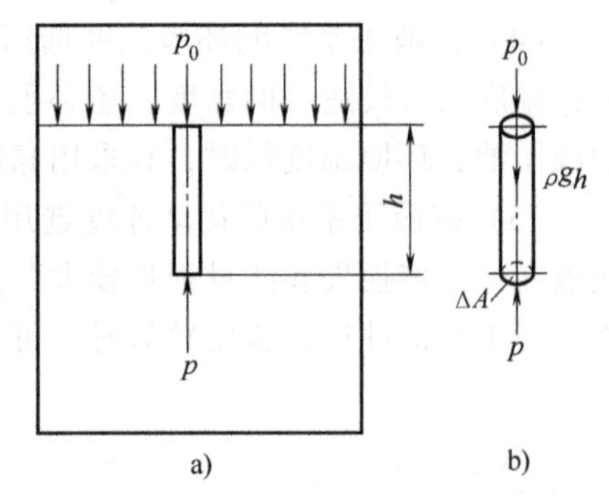

图 2-2　静压力的分布规律

2.2.3　液体压力的表示方法及单位

液体压力就是指液体的压强，液体压力通常有绝对压力、相对压力（表压力）、真空度三种表示方法。因为在地球表面上，一切物体都受大气压力的作用，而且是自成平衡的，即大多数测压仪表测出的压力是高于大气压力的那部分压力。也就是说，它是相对于大气压（即以大气压为基准零值时）所测量得到的一种压力，因此称为相对压力或表压力。另一种是以绝对真空为基准零值时所测量得到的压力，称为绝对压力。在液压系统中，没有特别说明的压力均指相对压力。

当绝对压力低于大气压力时，绝对压力比大气压力小的那部分数值称为该点的真空度。

绝对压力、相对压力（表压力）和真空度的关系如图 2-3 所示。当绝对压力>大气压力时（$p_1>p_a$）时，有

绝对压力=大气压力+相对压力

相对压力=绝对压力-大气压力

当绝对压力<大气压力时（$p_2<p_a$）时，有

真空度=大气压力-绝对压力

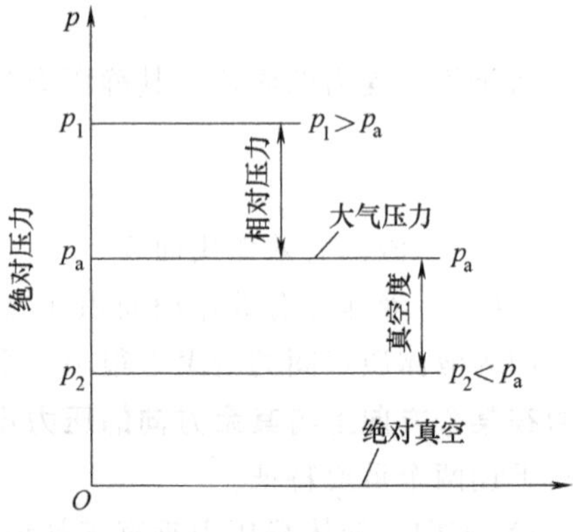

图 2-3　绝对压力、相对压力和真空度的关系

由图 2-3 可知，绝对压力总是正值，相对压力则可正可负，负的相对压力就是真空度，例如，当真空度为 4.052×10^4Pa（0.4 标准大气压）时，其相对压力为 -4.052×10^4Pa（-0.4 标准大气压）。液体压力的法定计量单位是 Pa（帕）、MPa（兆帕）。我国过去沿用过的和有些部门惯用的一些压力单位还有 bar（巴）、at（工程大气压，即 kgf/cm^2）、atm（标准大气压）、mmH_2O（毫米水柱）或 mmHg（毫米汞柱）等。各种压力单位之间的换算关系为

$$1\text{Pa}=1\text{N/m}^2,\ 1\text{MPa}=10^6\text{N/m}^2$$

$$1\text{bar}=10^5\text{N/m}^2=10^5\text{Pa}$$

$$1\text{at}=1\text{kgf/cm}^2=9.8\times10^4\ \text{N/m}^2$$

$$1\text{mmH}_2\text{O}=1\times10^{-4}\text{kgf/cm}^2=9.8\text{N/m}^2$$

$$1\text{mmHg}=1.33\times10^2\ \text{N/m}^2$$

例 2-1 容器内充满油液，如图 2-4 所示。已知油液的密度为 $900kg/m^3$，活塞上的作用力 $F=10000N$，活塞直径 $d=0.2m$，厚度 $H=0.05m$，活塞材料的密度为 $7.85g/cm^3$。求 $h=0.5m$ 处的液体压力（绝对压力）。

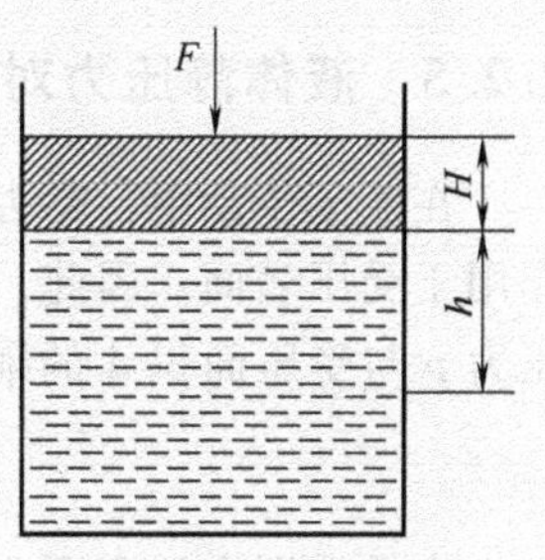

图 2-4 液体内压力的计算

解：活塞重力产生的压力为

$$p_G=\frac{\rho_{活} gV}{A}=\rho_{活} gH=7.85\times10^3kg/m^3\times9.8m/s^2\times0.05m\approx3846Pa$$

作用力 F 产生的压力为

$$p_F=\frac{F}{A}=\frac{10000N}{\pi\left(\frac{0.2m}{2}\right)^2}\approx318471Pa$$

液体自重产生的压力为

$$\rho_{液} gh=900kg/m^3\times9.8m/s^2\times0.5m=4410Pa$$

$h=0.5m$ 处的液体压力为

$$p=p_G+p_a+p_F+\rho_{液} gh=(3846+101325+318471+4410)Pa=428052Pa$$

2.2.4 静压传递原理（帕斯卡原理）

密封容器内的静止液体，当边界上的压力 p_0 发生变化时，如增加 Δp，则容器内任意一点的压力将增加同一数值 Δp，也就是说，在密封容器内施加于静止液体任一点的压力将以等值传到液体各点。这就是静压传递原理，或称为帕斯卡原理。

在液压传动系统中，通常是外力产生的压力要比液体自重产生的压力（ρgh）大得多。因此可将式（2-13）中的 ρgh 项略去，而认为静止液体内部各点的压力处处相等。

根据静压传递原理和静压力的特性，液压传动不仅可以进行力的传递，而且还能将力放大和改变力的方向。如图 2-5 所示，竖直液压缸（负载缸）的截面积为 A_1，水平液压缸截面积为 A_2，两个活塞上的外作用力分别为 F_1、F_2，则缸内压力分别为

$$p_1=F_1/A_1、p_2=F_2/A_2$$

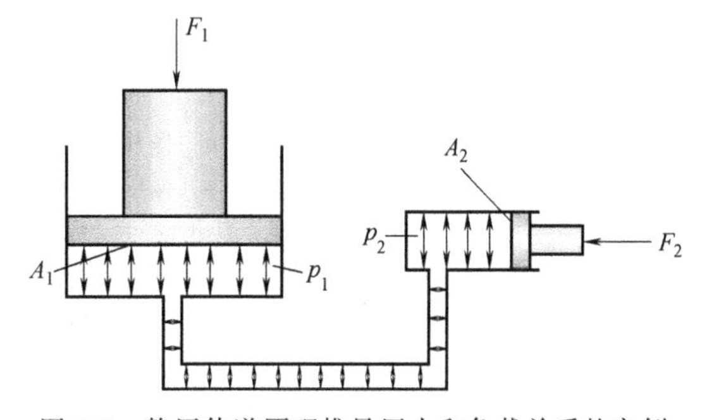

图 2-5 静压传递原理推导压力和负载关系的实例

由于两缸充满液体且互相连接，根据静压传递原理有 $p_1=p_2$，因此有

$$F_1=F_2\frac{A_1}{A_2} \tag{2-14}$$

式（2-14）表明，只要 A_1/A_2 足够大，用很小的力 F_2 就可产生很大的力 F_1。液压千斤顶和水压机就是按此原理制成的。

如果竖直液压缸的活塞上没有负载，即 $F_1=0$，则当略去活塞质量及其他阻力时，不论

怎样推动水平液压缸的活塞也不能在液体中形成压力。这说明液压系统中的压力是由外界负载决定的，这是液压传动的一个基本特征。

2.2.5 液体静压力对固体壁面的作用力

在液压传动中，略去液体自重产生的压力，液体中各点的静压力是均匀分布的，且垂直作用于受压表面。因此，当承受压力的表面为平面时，液体对该平面的总作用力 F 为液体压力 p 与受压面积 A 的乘积，其方向与该平面相垂直，即

$$F = pA \tag{2-15}$$

当承受压力的表面为曲面时，液体作用于曲面 x 方向上的作用力等于液体压力 p 与曲面在该方向投影面积 A_x 的乘积，即

$$F_x = pA_x \tag{2-16}$$

例 2-2 分析如图 2-6 所示的液压缸、球阀和锥阀所受液体压力。

解： 液压缸、球阀和锥阀的承压面为 $\pi d^2/4$，因此所受液体压力为

$$F = pA_x = \frac{p\pi d^2}{4}$$

式中 d——承压部分曲面投影圆的直径。

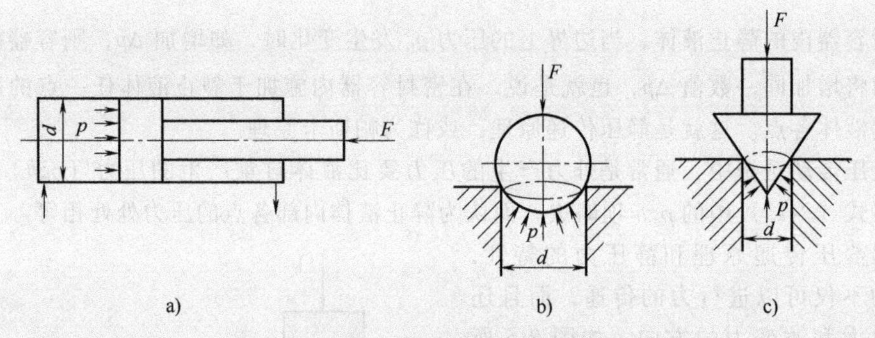

图 2-6 作用在液压元件上的液体压力

a）液压缸 b）球阀 c）锥阀

例 2-3 设液压缸两端面封闭，缸筒内充满着压力为 p 的液压油，缸筒半径为 r，长度为 l，如图 2-7 所示。这时缸筒内壁面上各点的静压力大小相等，均为 p，但并不平行。求液压油作用于缸筒右半壁内表面 x 方向上的液压作用力 F_x。

解： 缸筒在 x 方向上的投影为长度 l、宽度为 $2r$ 的矩形，因此曲面在该方向上的投影面积为

$$A_x = 2rl$$

因此液压油作用于缸筒右半壁内表面 x 方向上的液压作用力为

$$F_x = pA_x = 2rlp$$

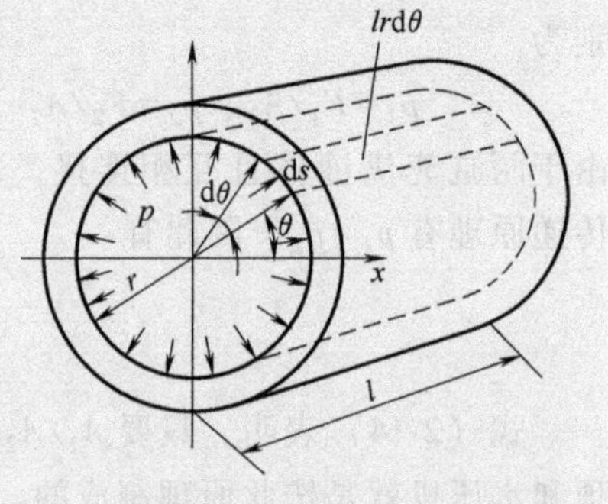

图 2-7 液体压力作用在曲面上的力

2.3 液体动力学基础

液体动力学主要研究液体在外力作用下的运动规律及作用在液体上的力，以及这些力和液体运动特性之间的关系。流量连续性方程、伯努利方程和动量方程是描述液体动力学的三个基本方程。它们分别是质量守恒定律、能量守恒定律及动量守恒定律在流体力学中的具体应用。流量连续性方程和伯努利方程描述了压力、流速与流量之间的关系，以及液体能量相互间的变换关系，动量方程描述了流动液体与固体壁面之间的作用力。

2.3.1 基本概念

1. 理想液体与定常流动

在液体的研究中，由于液体的黏性问题十分复杂，为了便于分析和计算问题，先假设液体既无黏性又不可压缩，然后通过实验验证的方法对所得的结论进行补充和修正，这种**既无黏性又不可压缩的液体称为理想液体**。

当液体流动时，如果液体中任一质点的压强、速度和密度等运动参数只随空间点坐标的变化而变化，而不随时间变化，则液体的这种运动称为定常流动或恒定流动。反之，在流动液体的运动参数中，只要有一个运动参数随时间而变化，那么液体的运动就是非定常流动或非恒定流动。

在图 2-8a 所示容器中，由于流量补偿，容器中液面高度不变，容器内液体各点的压强、速度和密度等物理量都不随时间变化，因此这种流动为定常流动。图 2-8b 所示容器中，容器中液体的流出不能得到补偿，容器内液体各点的压强和速度将随时间变化，因此这种流动为非定常流动。

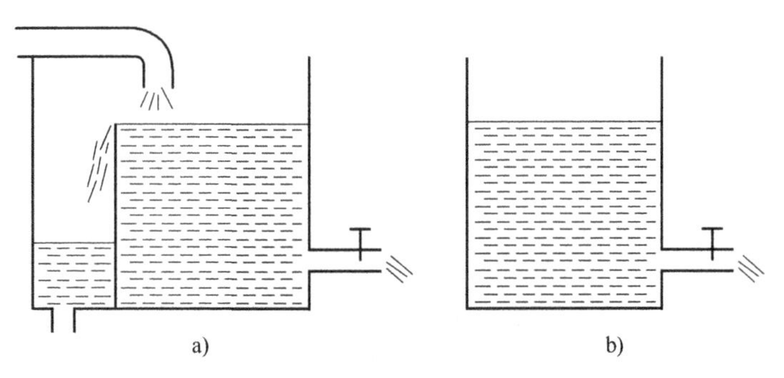

图 2-8　定常流动与非定常流动

a）定常流动　b）非定常流动

2. 迹线、流线、流管、流束和通流截面

1）迹线：迹线是流场中液体质点在一段时间内运动的轨迹线。

2）流线：流线是流场中液体质点在某一瞬间运动状态的一条空间曲线。在该线上各点处，液体质点的速度方向与该线在该点的切线方向重合。在液体的运动为非定常流动时，因为各质点的速度可能随时间改变，所以流线形状也随时间改变。在液体的运动为定常流动时，因为流线形状不随时间而改变，所以流线与迹线重合。由于液体中每一点只能有一个速度，所以流线之间不能相交，流线也不能折转，如图 2-9a 所示。

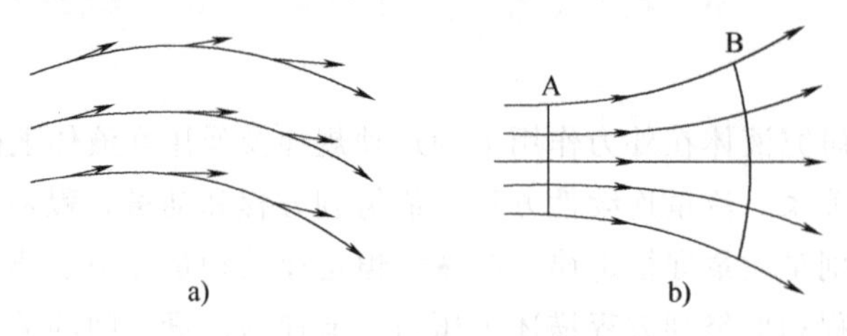

图 2-9 流线和流束
a）流线 b）流束

3）流管：某一瞬时在流场中画一条封闭曲线，经过曲线的每一点作流线，由这些流线组成的表面称为流管。

4）流束：充满在流管内的流线的总体称为流束，如图 2-9b 所示。

5）通流截面：垂直于流束的截面称为通流截面。

3. 流量和平均流速

1）流量：单位时间内通过通流截面的液体的体积称为流量，用 q 表示，流量的常用单位为升/分，符号为 L/min。

2）平均流速：在实际的流动液体中，由于黏性摩擦力的作用，通流截面上流速 u 的分布规律难以确定，因此引入平均流速的概念，即认为通流截面上各点的流速均为平均流速，用 v 来表示，则通过通流截面的流量就等于平均流速乘以通流截面积。因此平均流速为

$$v=\frac{q}{A} \tag{2-17}$$

液压缸工作时，活塞的运动速度就等于缸内液体的平均流速。当液压缸有效面积一定时，活塞运动速度由输入液压缸的流量决定。

2.3.2 流量连续性方程

质量守恒是自然界的客观规律，液体的流动也遵守质量守恒定律。**流体运动学方程中的流量连续性方程的实质就是质量守恒定律在流体力学中的表达形式。**

在液压传动中，只研究理想液体做一维定常流动时的流量连续性方程。图 2-10 所示为在恒定流场中任取一流管，在流管中任取通流截面 1、2，设它们的截面积分别为 A_1 和 A_2，由质量守恒定律可知，流管中液体质量守恒，在单位时间内流过流管中任一截面的液体质量、流量应相等。

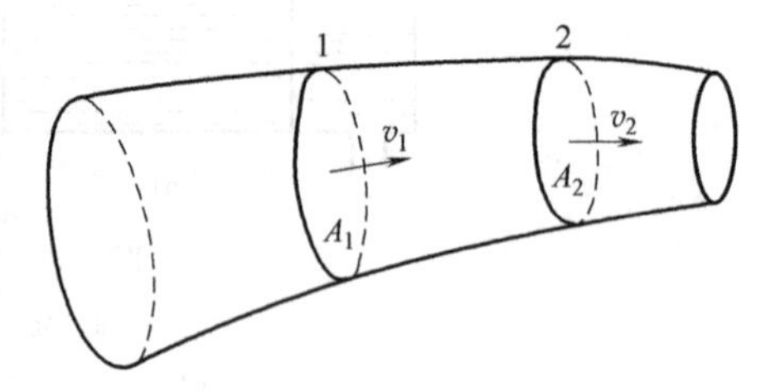

图 2-10 流量连续性流动示意图

单位时间内通过通流截面 1、2 的液体质量相等，可表达为

$$\rho_1 v_1 A_1=\rho_2 v_2 A_2 \tag{2-18}$$

由于理想液体不考虑液体的压缩性，$\rho_2=\rho_1$，则得

$$v_1 A_1=v_2 A_2 \tag{2-19}$$

由于通流截面是任意取的，因此写成一般通式，可表达为

$$q=vA \tag{2-20}$$

式（2-20）就是理想液体做定常流动的流量连续性方程，它说明不可压缩液体在定常流动中，通过流管各通流截面的流量是相等的。换言之，液体是以同一个流量在流管中连续地流动着，而液体的流速则与通流截面的面积成反比。这样，就将质量守恒转化为理想液体做定常流动时的体积守恒。

2.3.3　伯努利方程

能量守恒是自然界的客观规律，液体流动也遵守能量守恒定律。**伯努利方程是能量守恒定律在流体力学中的表达形式**。

1. 理想液体的伯努利方程

如前所述，静止液体的总能量为压力能和势能之和；处于流动状态的液体，除了这两种能量之外，还多了一项液体的动能。根据能量守恒定律，在理想液体的运动过程中，单位质量液体的压力能、势能和动能三者之和等于常量，即

$$p\mathrm{d}V+gh\mathrm{d}m+\frac{1}{2}v^2\mathrm{d}m=\text{常量} \tag{2-21}$$

方程两端同除以 $g\mathrm{d}m$ 可得

$$\frac{p}{\rho g}+h+\frac{v^2}{2g}=\text{常量} \tag{2-22}$$

式中　$\frac{p}{\rho g}$——单位质量液体所具有的压力能，称为比压能，也称为压力水头；

h——单位质量液体所具有的势能，称为比位能，也称为位置水头；

$\frac{v^2}{2g}$——单位质量液体所具有的动能，称为比动能，也称为速度水头，它们的量纲都为长度。

任意取两通流截面，式（2-22）可变化为

$$\frac{p_1}{\rho}+h_1g+\frac{v_1^{\,2}}{2}=\frac{p_2}{\rho}+h_2g+\frac{v_2^{\,2}}{2} \tag{2-23}$$

综合上述分析，对伯努利方程可有如下理解。

1）伯努利方程是一个能量方程，它表明在空间各相应通流截面处流通液体的能量守恒规律。

2）理想液体的伯努利方程只适用于重力作用下的理想液体做定常流动的情况。

3）任一流束都对应一个确定的伯努利方程，即对于不同的流束，它们的常量值不同。

2. 实际液体的伯努利方程

由于液体存在黏性，因此会产生内摩擦，消耗能量；同时，流道局部形状的变化会使液流产生扰动，也消耗一部分能量，因此当液体流动时，液流的总能量或总比能在不断地减少。所以实际液体的伯努利方程应写为

$$\frac{p_1}{\rho}+h_1g+\frac{\alpha_1 v_1{}^2}{2}=\frac{p_2}{\rho}+h_2g+\frac{\alpha_2 v_2^2}{2}+h_w g \qquad (2\text{-}24)$$

式中　α_1，α_2——动能修正系数，用来修正用平均流速代替实际流速计算动能产生的误差，层流时为 2；紊流时为 1.1，实际计算时取 1；

$h_w g$——为截面 1 到截面 2 单位质量液体的能量损失。

伯努利方程具有如下适用条件。

1）稳定流动的不可压缩液体，即液体密度为常数。

2）液体所受质量力只有重力，忽略惯性力的影响。

3）所选择的两个通流截面必须在同一个连续流动的流场中是渐变流（即流线近似为平行线，有效通流截面近似为平面），而不考虑两截面间的流动状况。

例 2-4　如图 2-11 所示，设液压泵吸油口处的绝对压力为 p_2，油箱液面压力为大气压力，液压泵吸油口至油箱液面高度为 H，用伯努利方程分析液压泵正常吸油的条件。

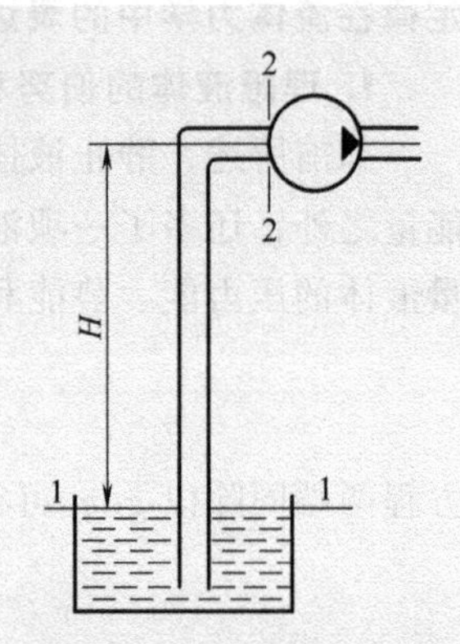

图 2-11　液压泵吸油示意图

解：如图 2-11 所示，列 1—1 与 2—2 截面的伯努利方程，以油箱液面为基准，有

$$\frac{p_1}{\rho}+\frac{\alpha_1 v_1^2}{2}+h_1 g=\frac{p_2}{\rho}+\frac{\alpha_2 v_2^2}{2}+h_2 g+h_w g$$

式中，$h_1=0$，$h_2=H$，$p_1=p_a$，$v_1=0$，取 $\alpha_1=\alpha_2=1$，得

$$p_a-p_2=\frac{1}{2}\rho v_2^2+\rho gH+\rho gh_w=\frac{1}{2}\rho v_2^2+\rho gH+\Delta p$$

由此可知，液压泵吸油口的真空度由三部分组成，包括产生一定流速所需的压力，把液压油提升到一定高度所需的压力和吸油管内的压力损失。

为保证正常工作，液压泵吸油口处的真空度不能太大，即液压泵的绝对压力不能太小。因为如果液压泵吸油口处的绝对压力低于液体在该温度下的空气分离压，溶解在液体内的空气就会析出，形成气穴现象，所以要限制液压泵吸油口的真空度小于 0.3×10^5 Pa。具体措施除了增大吸油管直径、缩短吸油管长度外，一般还可对液压泵的吸油高度 H 进行限制，通常取 $H\leqslant0.5$m。有时为使吸油条件改善，将液压泵安装在油箱液面下面，使液压泵的吸油高度小于零。

2.3.4　动量方程

动量方程是动量定理在流体力学中的具体应用。流动液体的动量方程是流体力学的基本方程之一，它研究的是作用在流动液体上的外力与其动量变化之间的关系。在液压传动中，在计算液流作用在固体壁面上的力时，应用动量方程求解比较方便。

根据动量定理，作用在物体上的合力等于物体在力作用方向上动量的变化率，即

$$\boldsymbol{F}=\frac{m\boldsymbol{v}_2-m\boldsymbol{v}_1}{\Delta t} \qquad (2\text{-}25)$$

对于做一维流动的液体，若忽略可压缩性，液体的密度不变，则 Δt 时间内流过的液体

质量 $m=\rho q\Delta t$，代入式（2-25），得到动量方程为

$$\boldsymbol{F}=\rho q(\boldsymbol{v}_2-\boldsymbol{v}_1) \tag{2-26}$$

若考虑实际流速与平均流速之间存在的误差，应引入动量修正系数，则动量方程为

$$\boldsymbol{F}=\rho q(\beta_2\boldsymbol{v}_2-\beta_1\boldsymbol{v}_1) \tag{2-27}$$

式（2-27）是一个矢量表达式，液体对固体壁面的作用力与液体所受外力大小相等，方向相反。式（2-25）和式（2-26）均为矢量表达式，在应用时可根据问题的具体要求向指定方向投影，列出该指定方向的动量方程，从而求出作用力在该方向上的分量，然后加以合成。液体稳定流动而引起液体对固体壁面的附加作用力，称为稳态液动力。

动量修正系数为液体流过某截面的实际动量与以平均流速流过该截面的动量之比，当液流流速较大且速度较均匀（湍流）时，$\beta=1$；液流流速较低且速度不均匀（层流）时，$\beta=1.33$。

例 2-5　图 2-12 所示为滑阀，设液流为稳定流动状态，当液流通过阀芯时，试求液流对阀芯的轴向作用力。

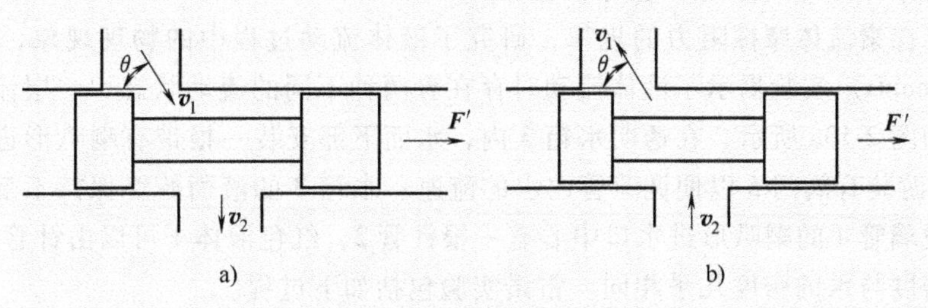

图 2-12　滑阀上液动力计算

a）液体流入　b）液体流出

解： 1）对于如图 2-12a 所示情况，设阀芯对液体的作用力为 F，则由式（2-27）可得

$$\boldsymbol{F}=\rho q(\boldsymbol{v}_2\cos 90°-\boldsymbol{v}_1\cos\theta)=-\rho q\boldsymbol{v}_1\cos\theta$$

因此，液流受力 $\boldsymbol{F}$ 的方向与 $\boldsymbol{v}_1$ 在轴向分量的方向相反，即方向向左。

根据牛顿第三定律可知，液流对阀芯的作用力为

$$\boldsymbol{F}'=-\boldsymbol{F}=\rho q\boldsymbol{v}_1\cos\theta$$

$\boldsymbol{F}'$方向向右。

2）对于如图 2-12b 所示情况，设阀芯对液体的力为 $\boldsymbol{F}$，则由式（2-27）可得

$$\boldsymbol{F}=\rho q(\boldsymbol{v}_1\cos\theta-\boldsymbol{v}_2\cos 90°)=\rho q\boldsymbol{v}_1\cos\theta$$

因此，液流受力 $\boldsymbol{F}$ 的方向与 $\boldsymbol{v}_1$ 在轴向分量的方向相同，即方向向左。

根据牛顿第三定律可知，液流对阀芯的作用力为

$$\boldsymbol{F}'=-\boldsymbol{F}=-\rho q\boldsymbol{v}_1\cos\theta$$

$\boldsymbol{F}'$方向向右。

由于射流角 θ 总是小于 90°，因此液体无论是流入还是流出阀口，液流对阀芯的轴向作用力方向都是向右，即这时液流有一个使阀口关闭的稳态液动力。流量越大，稳态液动力越大。液动力是影响滑阀操纵力和工作性能的主要因素。

2.4 管道液体的流动特性

实际黏性液体在流动时存在阻力，为了克服阻力就要消耗一部分能量，这样就有能量损失。在液压传动中，能量损失主要表现为压力损失，这就是实际液体流动的伯努利方程中的 h_w 项的含义。液压系统中的压力损失分为两类，一类是油液沿等直径直管流动时所产生的压力损失，称为沿程压力损失。另一类是油液流经局部障碍（如弯头、接头、管道截面突然扩大或收缩）时，产生的压力损失称为局部压力损失。

2.4.1 液体的流动状态和雷诺数

1. 流动状态——层流和紊流

液体在管道中流动时存在两种不同状态，它们的阻力性质也不相同。虽然这是在管道液流中发生的现象，但对气体流动也同样适用。

人们为了探索流体摩擦阻力的规律，研究了液体流动过程中的物理现象，1883 年著名的雷诺（Reynolds）实验揭示了液体流动时存在着两种不同的流动状态——层流和紊流。雷诺实验装置如图 2-13a 所示。在透明水箱 3 内，水面下部安装一根带有喇叭形进水口的玻璃管 4，管的下游装有阀门 5 以便调节管内水的流速。水箱 3 的液面始终保持不变，使液体做稳定流动。玻璃管 4 的喇叭形进水口中心有一根针管 2，红色液体 1 可以由针管 2 向下流动，红色液体的密度与水的密度几乎相同。雷诺实验包括如下过程。

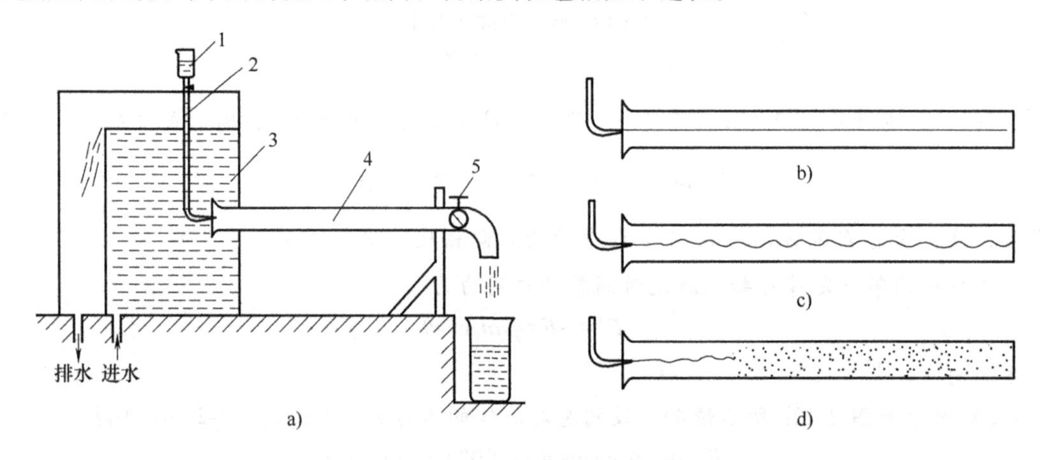

图 2-13 雷诺实验

a）实验装置 b）层流 c）层流向湍流的过渡状态 d）紊流

1—红色液体 2—针管 3—水箱 4—玻璃管 5—阀门

1）实验时，当阀门 5 开得不大时，玻璃管 4 内的流速不大。然后打开阀门 5，则红色液体 1 流入玻璃管 4。这时可以观察到在玻璃管 4 内，红色液体从头到尾保持清晰的流线。移动针管 2，可以观察到玻璃管 4 中若干条红色的流线，这些流线互不相混。这说明玻璃管 4 中的液体在流动过程中是分层的，各层之间互不干扰、互不掺混，这种流动称为层流，如图 2-13b 所示。

2）当阀门 5 开大时，液体流速逐渐增大，初始阶段仍保持层流流动状态。当阀门 5 开到一定程度，玻璃管 4 内液体流速增加到某个临界值时，红色水流开始弯曲，层流流动状态被破坏，如图 2-13c 所示。

3）若继续增加液体流速，红色水流便会突然散开，而发生断裂，如图 2-13d 所示。这说明液体中除了有流体质点沿管道轴线方向的纵向流动外，还有流体质点的无规则横向运动。结果把各层液体搅混而形成了一系列小旋涡，液体处于毫无规则的混乱运动状态，这种流动称为紊流，如图 2-13d 所示。如果出现紊流流动后，逐渐关小阀门 5，就会观察到从上述的紊流过渡为层流的流动现象。

由雷诺实验可知，液体在管道内流动时，存在着两种性质截然不同的流动，即层流和紊流。而层流和紊流之间存在着一个过渡的流动状态。这些状态是液体流动普遍存在的物理现象。

2. 雷诺数

液体流动时究竟是层流还是紊流，可用雷诺数来判别。

实验证明，液体在圆管中的流动状态不仅与管内的平均流速 v 有关，还与管径 d、液体的运动黏度 ν 有关。但是真正决定液体流动状态的，却是这三个参数所组成的一个称为雷诺数 Re 的无量纲数，即

$$Re = vd/\nu = vd\rho/\mu \tag{2-28}$$

由式（2-28）可知，液流的雷诺数 Re 如果相同，则流动状态也相同。当液流的雷诺数 Re 小于临界雷诺数时，液流为层流；反之，液流为紊流。常见的液流管道的临界雷诺数由实验求得。常见液流管道的临界雷诺数见表 2-2。

表 2-2　常见液流管道的临界雷诺数

管道的材料与形状	Re_{cr}	管道的材料与形状	Re_{cr}
光滑的金属圆管	2000～2320	带槽的同心环状缝隙	700
橡胶软管	1600～2000	带槽的偏心环状缝隙	400
光滑的同心环状缝隙	1100	圆柱形滑阀阀口	260
光滑的偏心环状缝隙	1000	锥阀阀口	20～100

对于非阀截面的管道来说，Re 可采用的计算式为

$$Re = \frac{4vR}{\nu} \tag{2-29}$$

式中　R——通流截面的水力半径，它等于液流的有效截面面积 A 和它的湿周（有效截面的周界长度）x 之比，即

$$R = \frac{A}{x} \tag{2-30}$$

水力半径的大小对管道的通流能力影响很大。水力半径大，表明流动液体与管壁的接触少，通流能力强；水力半径小，表明流动液体与管壁的接触多，通流能力差，容易堵塞。在面积相等但形状不同的所有通流截面中，圆形管道的水力半径最大。

2.4.2 沿程压力损失

液体在直管中流动时的压力损失是由液体流动时的摩擦引起的，称为沿程压力损失，它主要取决于管路的长度、内径、液体的流速和黏度等。根据液体的流态不同，沿程压力损失分为层流沿程压力损失和紊流沿程压力损失。

1. 层流时的沿程压力损失

液压传动系统中，管中油液流动的沿程压力损失多数是层流时的沿程压力损失可以通过理论计算求得。

(1) 液体在通流截面上的速度分布规律　如图 2-14 所示，液体在直径为 d 的圆管中做层流运动，圆管水平放置，在管内取一段与管轴线重合的小圆柱体，设其半径为 r，长度为 l。在这一小圆柱体上沿管轴方向的作用力有：左端压力 p_1、右端压力 p_2、圆柱面上的摩擦力 F_f、则受力平衡方程式为

$$(p_1-p_2)\pi r^2-F_f=0 \tag{2-31}$$

由牛顿内摩擦定律可知，内摩擦力

$$F_f=2\pi rl\tau=2\pi rl\left(-\mu\frac{du}{dr}\right) \tag{2-32}$$

式中，负号表示速度增量 du 与半径增量 dr 符号相反。

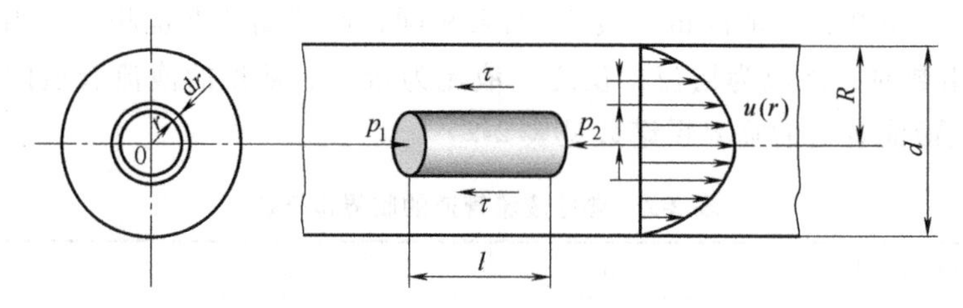

图 2-14　圆管中的层流

将式 (2-32) 代入式 (2-31) 可得

$$\frac{du}{dr}=-\frac{p_1-p_2}{2\mu l}r \tag{2-33}$$

对式 (2-33) 积分，可得圆管内液体流动速度分布

$$u=-\frac{p_1-p_2}{4\mu l}r^2+C \tag{2-34}$$

由于管壁上液体流动速度为 0，因此当 $r=0.5d$ 时，$u=0$。将此条件代入式 (2-34) 得

$$C=\frac{p_1-p_2}{16\mu l}d^2 \tag{2-35}$$

因此，液体在通流截面上的速度分布规律为

$$u=\frac{p_1-p_2}{4\mu l}\left(\frac{d^2}{4}-r^2\right) \tag{2-36}$$

由式 (2-36) 可知，管内液体流动速度 u 沿半径方向按抛物线规律分布，最大液体流动速度在圆管轴线上，即 $r=0$ 处，其值为

$$u_{\max}=\frac{p_1-p_2}{16\mu l}d^2 \tag{2-37}$$

（2）管路中的流量　如图 2-14 所示，在半径为 r 处取一层厚度为 $\mathrm{d}r$ 的微小圆环面积，通过此环形面积的流量为

$$\mathrm{d}q=u\mathrm{d}A=\frac{p_1-p_2}{4\mu l}\left(\frac{d^2}{4}-r^2\right)2\pi r\mathrm{d}r \tag{2-38}$$

对式（2-38）积分，即可得管路中流量 q 为

$$q=\int_A u\mathrm{d}A=\int_0^{d/2}\frac{(p_1-p_2)}{4\mu l}\left(\frac{d^2}{4}-r^2\right)2\pi r\mathrm{d}r=\frac{\pi d^4}{128\mu l}\Delta p \tag{2-39}$$

式中　Δp 为管路压降，$\Delta p=p_1-p_2$。

（3）平均流速　根据平均流速的定义，可得管内液体平均流速为

$$v=\frac{q}{A}=\frac{\frac{\pi d^4}{128\mu l}\Delta p}{\frac{\pi d^2}{4}}=\frac{d^2}{32\mu l}\Delta p \tag{2-40}$$

对比式（2-40）与式（2-37）可得，平均流速 v 与最大流速 $u_{\max}$ 的关系为

$$v=\frac{u_{\max}}{2} \tag{2-41}$$

（4）沿程压力损失　层流状态时，液体流经直管的沿程压力损失可由式（2-39）求得

$$\Delta p_f=\frac{128\mu l}{\pi d^4}q \tag{2-42}$$

由于 $q=v\dfrac{\pi d^2}{4}$，因此

$$\Delta p_f=\frac{32\mu lv}{d^2} \tag{2-43}$$

由式（2-43）可知，层流状态时，液体流经直管的压力损失与动力黏度、管长、流速成正比，与管径平方成反比。

在实际计算沿程压力损失时，为了简化计算，由雷诺数定义式（2-28），可得 $\mu=\dfrac{vd\rho}{Re}$，代入式（2-43），且分子分母同乘以 2 可得

$$\Delta p_f=\frac{64}{Re}\frac{l}{d}\frac{\rho v^2}{2}=\lambda\frac{l}{d}\frac{\rho v^2}{2} \tag{2-44}$$

式中　λ——沿程阻力系数。

对于圆管，沿程阻力系数的理论值为 $\lambda=64/Re$，但液压传动中油管均不长，受层流起始段影响显著，为简化计算，对光滑金属管取 $\lambda=75/Re$，对橡胶管取 $\lambda=80/Re$。

2. 紊流时的沿程压力损失

紊流的重要特性之一是液体各质点的运动不再是有规则的轴向运动，而是在运动过程中

互相掺混，存在脉动。这种不规则的运动同时引起质点间的碰撞而形成旋涡，因此紊流能量损失比层流大得多。

由于紊流流动现象的复杂性，至今尚无令人满意的理论计算方法，目前紊流状态下液体流动的沿程压力损失仍用式（2-44）来计算，式中的沿程阻力系数 λ 值不仅与雷诺数 Re 有关，而且与管壁的相对粗糙度 Δ/d 有关，即

$$\lambda = f(Re, \Delta/d)$$

式中 Δ——管壁的绝对粗糙度。具体的 λ 值见表 2-3。

表 2-3 圆管紊流时的 λ 值

Re 范围	λ 的计算公式
$2320<Re<10^5$	$\lambda = 0.3164\ Re^{-0.25}$
$10^5<Re<3\times10^6$	$\lambda = 0.032+0.221\ Re^{-0.237}$
$Re>900\dfrac{\Delta}{d}$	$\lambda = \left(2\lg\dfrac{\Delta}{d}+1.74\right)^{-2}$

2.4.3 局部压力损失

局部压力损失是在液体流经阀口、弯管以及其他通流截面显著变化位置时产生的，由于液流方向和速度均发生剧烈变化，形成旋涡，如图 2-15 所示，因此液体质点间相互撞击，从而产生较大的能量损耗。

局部压力损失的计算式为

$$\Delta p_r = \zeta \frac{\rho v^2}{2} \tag{2-45}$$

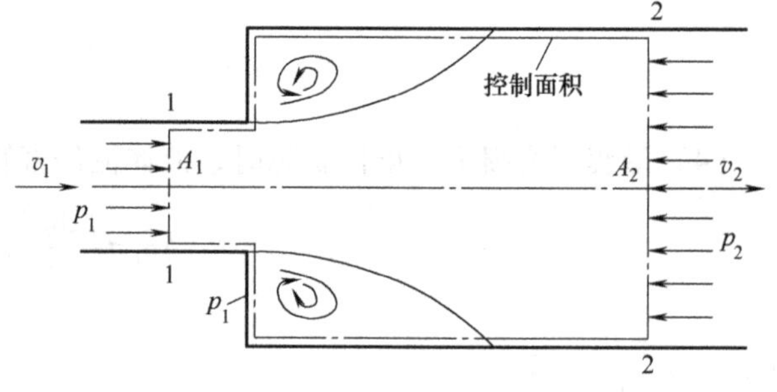

图 2-15 突然扩大处的局部压力损失

式中 ζ——局部阻力系数，其值仅在液流通过突然扩大的截面时可以用理论推导方法求得，其他情况均须通过实验来确定；

v——液体的平均流速，一般情况下指局部阻力下游处的流速。

2.4.4 管路系统中的总压力损失

管路系统中的总压力损失等于所有沿程压力损失和所有局部压力损失之和，即

$$\sum \Delta p = \sum \Delta p_f + \sum \Delta p_r = \sum\left(\lambda \frac{l}{d}\frac{\rho v^2}{2}\right) + \sum\left(\zeta \frac{\rho v^2}{2}\right) \tag{2-46}$$

必须指出，式（2-46）仅在两相邻局部阻力区域之间的距离大于管道内径 10 倍以上时才是正确的。因为液流经过局部阻力区域后受到很大的扰动，要经过一段距离才能稳定下来。如果距离太短，液流还未稳定就又要经历一个局部阻力区域，则所受到的扰动将更为严重，这时的局部阻力系数可能会比正常值大好几倍。

2.5 流经孔口和间隙的流量

在液压传动系统中常遇到油液流经孔口和间隙的情况，如节流调速中的节流小孔、液压元件相对运动表面间的各种间隙等。研究液体流经这些孔口和间隙的流量压力特性，对于研究节流调速性能，计算泄漏都是很重要的。

2.5.1 孔口流动

孔口是液压元件重要的组成要素之一，各种孔口形式是液压控制阀具有不同功能的主要原因。液体流经的孔口可以根据孔长 l 与孔径 d 的比值分为三种类型：$l/d \leqslant 0.5$ 时，称为薄壁小孔；$0.5<l/d \leqslant 4$ 时，称为短孔；$l/d>4$ 时，称为细长孔。这些孔口的流量-压力特性有共性，但也不完全相同。

1. 薄壁小孔

液体流经薄壁小孔的情况如图 2-16 所示。液流在小孔上游加速并从四周流向小孔。由于流线不能突然转折到与管轴线平行，在液体惯性的作用下，外层流线逐渐向管轴线方向收缩，逐渐过渡到与管轴线方向平行，从而形成收缩截面。通常把最小收缩截面的面积 A_c 与小孔的通流截面积 A 的比值称为收缩系数 C_c，即 $C_c=A_c/A$。

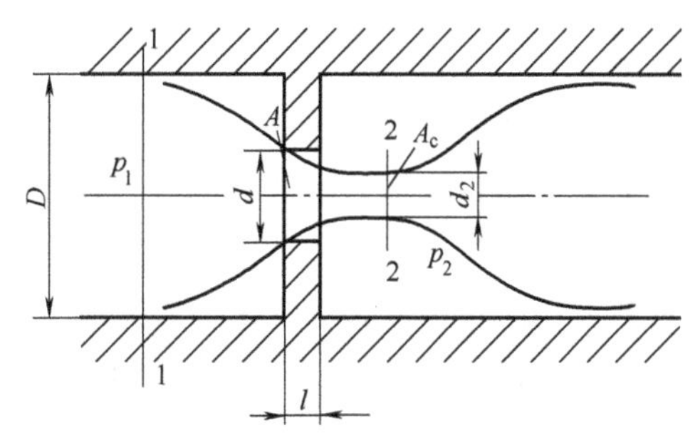

图 2-16　液体流经薄壁小孔

液流收缩的程度取决于 Re、孔口及边缘形状、孔口离管道内壁的距离等因素。对于圆形小孔，当管道内径 D 与小孔直径 d 之比 $D/d \geqslant 7$ 时，液流的收缩程度不受管壁的影响，称为完全收缩；反之，液流的收缩程度受管壁影响时，则称为不完全收缩。

对于如图 2-16 所示的通过薄壁小孔的液流，取 1—1 截面和 2—2 截面为计算截面，2—2 截面为收缩断面，且为缓变流断面。设 1—1 截面处的压力和平均速度分别为 p_1、v_1，2—2 截面处的压力和平均速度分别为 p_2、v_2。同时考虑到收缩截面的流动为紊流，由于选轴线为参考基准，故 $h_1=h_2$，列伯努利方程为

$$\frac{p_1}{\rho g}+\frac{v_1^2}{2g}=\frac{p_2}{\rho g}+\frac{v_2^2}{2g}+h_w \tag{2-47}$$

由于小孔上游管道的通流截面积 A_1 比小孔的通流截面积 A 大得多，故 $v_1 \ll v_2$，v_1 可忽略不计。此外，式（2-47）中的 h_w 主要是局部压力损失，由于截面 2—2 取在最小收缩截面处，所以它只有管道突然收缩而引起的压力损失，即

$$h_w=\zeta\frac{v_2^2}{2g} \tag{2-48}$$

将式（2-48）代入式（2-47）中，并令 $\Delta p=p_1-p_2$，求得液体流经薄壁小孔的平均速度 v_2 为

$$v_2=\frac{1}{\sqrt{\zeta+1}}\sqrt{\frac{2}{\rho}\Delta p}=C_v\sqrt{\frac{2}{\rho}\Delta p} \tag{2-49}$$

式中 C_v——小孔流速系数，$C_v = 1/\sqrt{\zeta+1}$。

由于 v_2 是最小收缩截面上的平均速度，最小收缩截面的面积为 A_c，考虑它与小孔的通流截面积 A 的比值为 $A_c/A = C_c$，则流经小孔的流量为

$$q = v_2 A_c = C_v \sqrt{\frac{2}{\rho}\Delta p} \cdot C_c A = C_d A \sqrt{\frac{2}{\rho}\Delta p} \tag{2-50}$$

式中 C_d——流量系数，$C_d = C_c C_v$；

Δp——小孔前后压差。

流量系数 C_d 一般由实验确定。在液流完全收缩的情况下，当 $Re \leqslant 10^5$ 时，C_d 可采用的计算式为

$$C_d = 0.964 Re^{-0.05} \tag{2-51}$$

当 $Re > 10^5$ 时，C_d 可视为常数，取值为

$$C_d = 0.60 \sim 0.62$$

当液流为不完全收缩时，流量系数

$$C_d \approx 0.7 \sim 0.8$$

薄壁小孔的流量受环境温度影响较小，具有较好的稳定性，其大小主要取决于调定的小孔的通流截面积大小。也就是说，当环境参数发生变化时，其流量变化很小，仍然基本恒定于由 A 决定的调定值。所以薄壁小孔是理想的流量调节装置，在液压元件中常用薄壁小孔来实现节流功能。在液压系统中，常采用一些与薄壁小孔流动特性相近的阀口作为可调节流孔口，例如，锥阀、滑阀、喷嘴挡板阀等的阀口均属此类。滑阀和锥阀流量较为重要，下面分别进行讨论。

(1) 滑阀　如图 2-17a 所示，滑阀阀芯为圆柱形，阀芯台肩的直径为 d；与进、出油口对应的阀体上开有沉割槽，一般为全圆周。阀芯在阀体孔内做相对运动，开启或关闭阀口。图 2-17a 所示的 x 为阀口开度，Δ 为阀芯与阀体（或阀套）孔的径向间隙，p_1 和 p_2 为阀进、出口压力，压力差为 Δp，则阀口通流面积 A_0 为

$$A_0 = W\sqrt{x^2 + \Delta^2} \tag{2-52}$$

式中 W——面积梯度，表示阀口通流面积随阀芯位移的变化率。

对于孔口为全周长的圆柱滑阀，$W = \pi d$。若为理想滑阀（即 $\Delta = 0$），则有 $A_0 = Wx = \pi dx$。故对于理想滑阀，通过阀口的流量计算式为

$$q = C_d A_0 \sqrt{2\Delta p/\rho} = C_d Wx\sqrt{2\Delta p/\rho} = C_d \pi dx\sqrt{2\Delta p/\rho} \tag{2-53}$$

式中 C_d——流量系数；

A_0——阀口通流面积；

Δp——阀口前、后压差；

ρ——液体密度；

W——面积梯度；

d——阀芯台肩直径；

x——阀口开度。

对于孔口为部分周长时（如孔口形状为圆形、方形、弓形、阶梯形、三角形、曲线形等），为了避免阀芯受侧向作用力，都是沿圆周均布几个尺寸相同的阀口。

式（2-53）中的流量系数 C_d 与雷诺数 Re 有关。当 $Re>260$ 时，C_d 为常数；若阀口为锐边，则 $C_d=0.6\sim0.65$；若阀口有不大的圆角或很小的倒角，则 $C_d=0.8\sim0.9$。

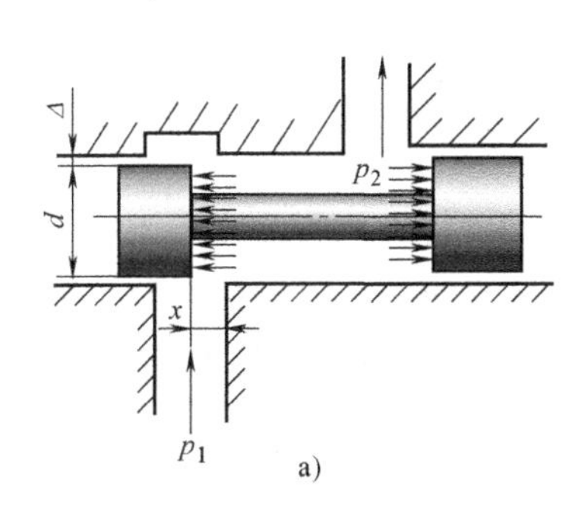

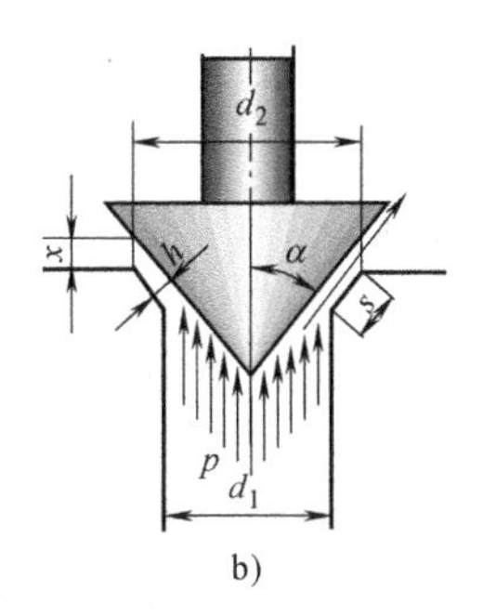

图 2-17 滑阀与锥阀

a）滑阀 b）锥阀

（2）锥阀 如图 2-17b 所示，锥阀阀芯半锥角为 α，倒角宽度为 s，阀座平均直径为 $d_m=(d_1+d_2)/2$，当阀口开度为 x 时，阀芯与阀座间通流间隙高度为 $h=x\sin\alpha$。在平均直径 d_m 处，阀口的通流面积为

$$A_0=\pi d_m x\sin\alpha\left(1-\frac{x}{2d_m}\sin2\alpha\right) \tag{2-54}$$

一般，$x\ll d_m$，则有

$$A_0=\pi d_m x\sin\alpha \tag{2-55}$$

锥阀阀口流量系数约为 $C_d=0.77\sim0.82$。

2. 短孔和细长孔

液体流经短孔的流量仍可用薄壁小孔的流量计算式 $q=C_dA\sqrt{2\Delta p/\rho}$，但薄壁小孔的流量系数与短孔的流量系数 C_d 不同，短孔的流量系数 C_d 如图 2-18 所示。由图 2-18 可知，当 $dRe/l>10^4$ 时，可取 $C_d=0.82$。由于短孔加工比薄壁小孔容易，故常将短孔作为固定节流器使用。

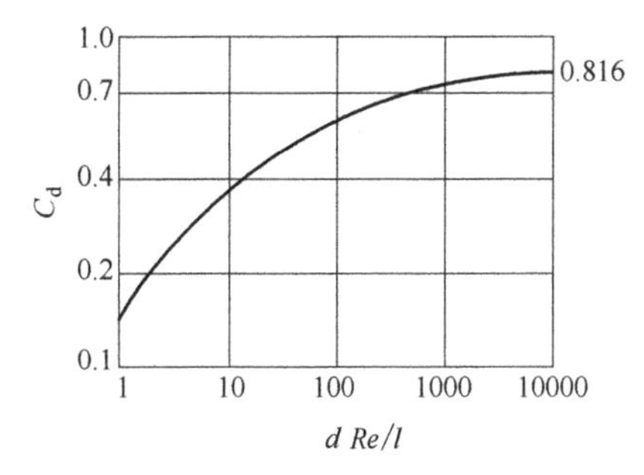

图 2-18 短孔的流量系数

液体流经细长孔时，由于黏性的影响，一般都做层流流动，因此可直接应用前面已推导出的直管流量式（2-39）来计算，当孔口直径为 d，截面积 $A=\pi d^2/4$ 时，即为

$$q=\frac{\pi d^4\Delta p}{128\mu l} \tag{2-56}$$

由式（2-56）可知，通过孔口的流量与孔口的面积、孔口前后的压力差以及液体的黏度有关。

3. 液阻

如果将上述不同孔口的流量公式写成通用表达式，则有

$$q=KA\Delta p^m \tag{2-57}$$

式中 m——指数，当孔口为薄壁小孔时，$m=0.5$，当孔口为细长孔时，$m=1$；

K——孔口的通流系数，当孔口为薄壁小孔时，$K=C_d\sqrt{\frac{2}{\rho}}$，当孔口为细长孔时，$K=\frac{d^2}{32\mu l}$。

2.5.2 间隙流动

液压元件内各零件间有相对运动，必须保留适当间隙。间隙过大，会造成泄漏；间隙过小，会使零件卡死。图 2-19 所示为内泄漏和外泄漏示意图，可以看出，泄漏是由压差和间隙共同造成的。内泄漏的损失转换为热能，使油温升高，外泄漏污染环境，两者均影响系统的性能与效率，因此研究液体流经间隙的泄漏量、压差与间隙量之间的关系，对提高元件性能及保证系统正常工作是必要的。

常见的间隙流动有平行平板间的间隙流动和圆柱环形的间隙流动。间隙中的流动一般为层流，具体而言也可分为三种情况，一种是压差造成的流动，称为压差流动；一种是相对运动造成的流动，称为剪切流动；还有一种是在压差与剪切共同作用下的流动。

1. 平行平板间的间隙流动

液体流经平行平板间隙的一般情况是既受压差 $\Delta p=p_1-p_2$ 的作用，同时受到两平行平板相对运动的作用。如图 2-20 所示，设平板长为 l，宽为 b（图 2-20 中未画出），两平行平板间的间隙为 h，且 $l\gg h$，$b\gg h$，液体不可压缩，质量力忽略不计，黏度不变。在液体中取一个长为 $\mathrm{d}x$、高为 $\mathrm{d}y$（宽度方向取单位长）的微元体，作用在该微元体上的与液流相垂直的两个表面上的压力为 p 和 $p+\mathrm{d}p$，与液流相平行的上、下两个表面上的切应力为 τ 和 $\tau+\mathrm{d}\tau$，因此其受力平衡方程为

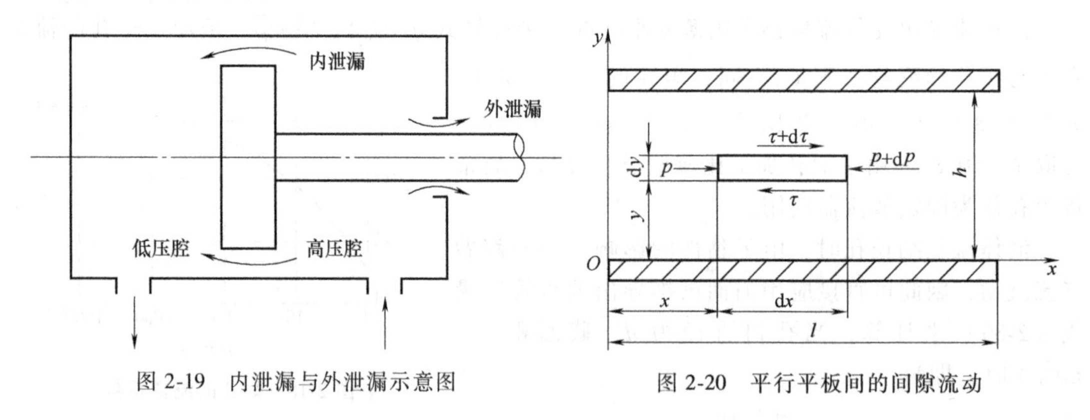

图 2-19 内泄漏与外泄漏示意图　　图 2-20 平行平板间的间隙流动

$$p\mathrm{d}y+(\tau+\mathrm{d}\tau)\mathrm{d}x=(p+\mathrm{d}p)\mathrm{d}y+\tau\mathrm{d}x \tag{2-58}$$

整理并将式（2-6）代入后有

$$\frac{\mathrm{d}^2u}{\mathrm{d}y^2}=\frac{1}{\mu}\frac{\mathrm{d}p}{\mathrm{d}x} \tag{2-59}$$

对式（2-59）二次积分可得

$$u=\frac{y^2}{2\mu}\frac{\mathrm{d}p}{\mathrm{d}x}+C_1y+C_2 \tag{2-60}$$

式中　C_1、C_2——积分常数，由边界条件确定。

液流做层流运动时，p 是 x 的线性函数，即

$$\frac{dp}{dx}=\frac{p_2-p_1}{l}=-\frac{p_1-p_2}{l}=\frac{-\Delta p}{l} \tag{2-61}$$

考虑边界条件：当 $y=0$ 时，$u=0$；当 $y=h$ 时，$u=\pm u_0$，代入式（2-60）得

$$u=\frac{\Delta p}{2\mu l}(h-y)y\pm\frac{u_0}{h}y \tag{2-62}$$

将式（2-62）代入流量公式，得

$$q=\int u\mathrm{d}A=\int_0^h ub\mathrm{d}y=\int_0^h\left[\frac{b\Delta p}{2\mu l}(h-y)y\pm\frac{bu_0}{h}y\right]\mathrm{d}y=\frac{bh^3}{12\mu l}\Delta p\pm\frac{bh}{2}u_0 \tag{2-63}$$

式（2-63）即为在压差和剪切同时作用下，液体通过平行平板间隙的流量。当 u_0 的方向与压差流动方向相同时，式（2-63）等号右边的第二项取"+"号；当 u_0的方向与压差流动方向相反时，式（2-63）等号右边的第二项取"-"号。

下面分两种情况进行讨论。

1）当上、下两平行平板均固定不动，即 $u_0=0$ 时，在间隙两端压差的作用下，液体在间隙中流动，流动变为压差流动。此时流量为

$$q=\frac{bh^3}{12\mu l}\Delta p \tag{2-64}$$

2）当上、下两平行平板有相对运动，相对速度为 u_0，但无压差时，流动变为纯剪切流动。此时流量为

$$q=\frac{bh}{2}u_0 \tag{2-65}$$

从式（2-64）和式（2-65）可以看出，通过间隙的流量与间隙值的 3 次方成正比，这说明元件间隙的大小对其泄漏量的影响是很大的。

2. 圆柱环形的间隙流动

（1）同心环形的间隙流动　图 2-21 所示为同心环形的间隙流动。当 $h\ll d$，$h\ll l$ 时，将圆环沿圆周展开，可将环形间隙中的流动近似看成平行平板间的间隙流动。将 $b=\pi d$ 代入平行平板间的间隙流动公式（2-63）得

$$q=\frac{\pi dh^3}{12\mu l}\Delta p\pm\frac{\pi dh}{2}u_0 \tag{2-66}$$

式中，"+"号和"-"号的确定同式（2-63）。

（2）偏心环形的间隙流动　液压元件中经常出现偏心环形间隙，例如，活塞与液压缸不同心时就形成了偏向环形间隙。图 2-22 所示为偏心环形间隙的简图。孔半径为 R，其圆心为 O，轴半径为 r，其圆心为 O_1，偏心距 e，设半径在任一角度 α 时，两圆柱表面间隙为 h，从图 2-22 所示的几何关系可看出

$$h=R-r\cos\alpha-e\cos\beta \tag{2-67}$$

因为 α 很小，所以 $\cos\alpha\to1$，若令 $R-r=h_0$（同心时半径间隙量），$e/h_0=\varepsilon$，则有

$$h=R-r-e\cos\beta=h_0-e\cos\beta=h_0(1-\varepsilon\cos\beta) \tag{2-68}$$

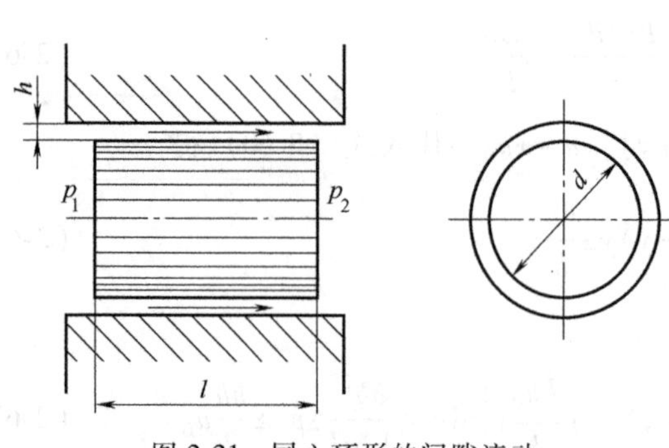

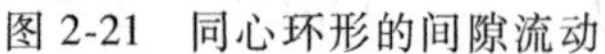
图 2-21　同心环形的间隙流动

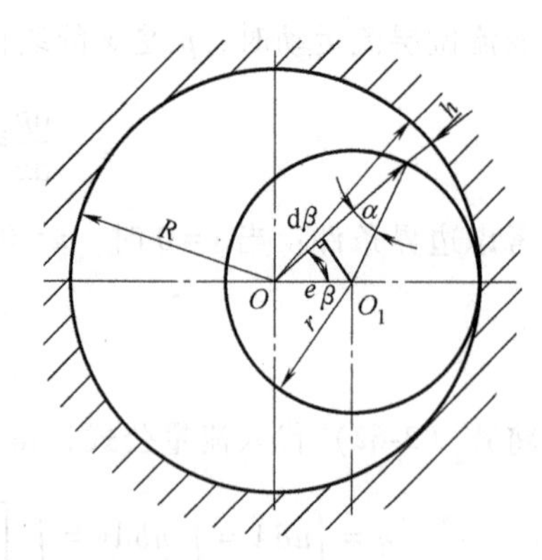

图 2-22　偏心环形间隙的简图

当 $\mathrm{d}\alpha$ 在一个很小的角度范围内时，通过间隙的流量 $\mathrm{d}q$ 可应用平行平板间的间隙流量公式（2-64）计算，即

$$\mathrm{d}q=\frac{bh^3}{12\mu l}\Delta p \tag{2-69}$$

因为 b 相当于 $R\mathrm{d}\beta$，于是得

$$\mathrm{d}q=\frac{bh^3}{12\mu l}\Delta p=\frac{\Delta p}{12\mu l}h^3R\mathrm{d}\beta=\frac{\Delta p}{12\mu l}h_0^3(1-\varepsilon\cos\beta)^3R\mathrm{d}\beta \tag{2-70}$$

并对 β 从 0 积分到 2π 得到通过整个偏心环形间隙的流量 q 为

$$q=\int dq=\int_0^{2\pi}\frac{\Delta p}{12\mu l}Rh_0^3(1-\varepsilon\cos\beta)^3\mathrm{d}\beta=\frac{\pi dh_0^3}{12\mu l}\Delta p(1+1.5\varepsilon^2) \tag{2-71}$$

由式（2-71）可以看出，当 $\varepsilon=0$，即间隙为同心环形间隙时，流量最小。当 $\varepsilon=1$，即最大偏心 $e=h_0$ 时，流量最大，是同心环形间隙流量的 2.5 倍。所以在液压元件中，为了减小缝隙泄漏，对液压元件的同心度应有适当要求。

（3）内、外圆柱表面有相对运动又存在压差的流动　由于圆柱剪切流动的流量为

$$q=\frac{\pi dh_0}{2}u_0 \tag{2-72}$$

因此同时考虑式（2-71）和式（2-72）可知，内、外圆柱表面有相对运动又存在压差的流动的流量为

$$q=\frac{\pi dh_0^3}{12\mu l}\Delta p(1+1.5\varepsilon^2)\pm\frac{\pi dh_0}{2}u_0 \tag{2-73}$$

式中，等号右边第一项为压差流动的流量，第二项为纯剪切流动的泄漏，当剪切流动方向与压差流动方向一致时取“+”号，反之取“-”号。

2.6 系统管路损失计算实例分析

管路计算是流体力学工程应用的一个重要方面，在机械、土建、石油、化工、矿冶、水利等工程领域都会遇到管路计算问题。

管路计算所涉及的物理量很多，需要解决的问题也很多。不过问题的基本类型主要有如下三类。

1）已知 l、d、q 求 h_w。

2）已知 l、d、h_w，求 q。

3）已知 l、h_w、q，求 d。

下面通过实例学习管路损失的计算方法。

例 2-6 图 2-23 所示为机床液压油路图。机床液压油的运动黏度为 $\nu=2\times10^{-5}\text{m}^2/\text{s}$，密度为 $\rho=850\text{kg/m}^3$，液压缸直径 $D=20\text{cm}$，活塞杆直径 $d=4\text{cm}$，液压缸上的负载为 $F=5000\text{N}$。换向阀局部阻力系数 $\zeta=16$，过滤器局部阻力系数 $\zeta=5$，节流阀局部阻力系数 $\zeta=12$，管路上共有 8 个直角弯头，每个直角弯头的局部阻力系数均为 $\zeta=0.9$。液压泵流量为 $q=26\text{L/min}$，节流阀前的压力 $p_2=1.2\times10^5\text{Pa}$。铜制油管直径为 $d_0=15\text{mm}$，油管共分为四段，每段长度均为 1m。（节流阀及液压泵下面小段忽略。）试求：管路上的总压力损失、液压泵出口压力和液压泵的输出功率。

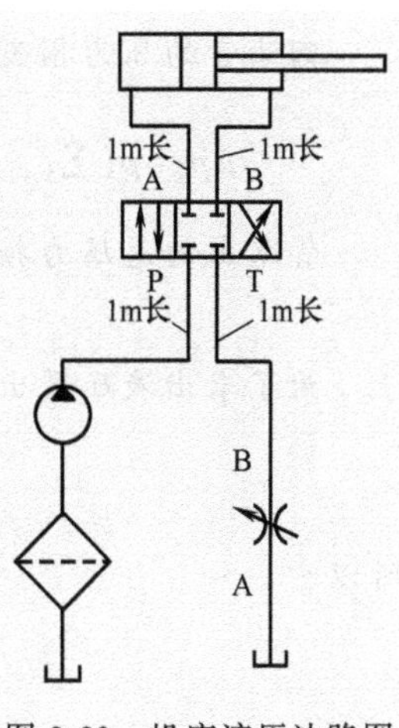

图 2-23 机床液压油路图

解：进油管的平均速度为

$$v_1=\frac{4q}{\pi d_0^2}=2.45\text{m/s}$$

进油管的雷诺数为

$$Re_1=\frac{v_1 d_0}{\nu}=1838<2000$$

故进油管中流动为层流。

进油管的沿程阻力系数为

$$\lambda_1=\frac{64}{Re_1}=0.035$$

进油管长的当量局部阻力系数为

$$\zeta_1=\frac{\lambda_1 2l}{d_0}=4.67$$

回油管上平均速度 v_2 可通过液压缸面积变化求得

$$v_2=v_1\frac{D^2-d^2}{D^2}=2.45\times\frac{0.2^2-0.04^2}{0.2^2}\text{m/s}=2.35\text{m/s}$$

回油管的雷诺数为

$$Re_2=\frac{v_2 d_0}{\nu}=1763<2000$$

故回油管中流动为层流。

回油管的沿程阻力系数为

$$\lambda_2=\frac{64}{Re_2}=0.036$$

回油管长的当量局部阻力系数为

$$\zeta_2=\frac{\lambda_2 2l}{d_0}=4.8$$

进油管的压力损失为

$$\Delta p_1=\rho g(\sum\zeta_{进油})\frac{v_1^2}{2g}=\frac{850}{2}\times(5+16+0.5+1+4\times0.9+4.67)\times2.45^2\text{Pa}=78.5\text{kPa}$$

回油管的压力损失为

$$\Delta p_2=\rho(\sum\zeta_{回油})\frac{v_2^2}{2}=\frac{850}{2}\times(12+16+0.5+1+4\times0.9+4.8)\times2.35^2\text{Pa}=89\text{kPa}$$

管路上的总压力损失为

$$\Delta p=\Delta p_1+\Delta p_2=167.5\text{kPa}$$

为了求出液压泵出口的压力，可列活塞的平衡方程式为

$$F=(p_1-\Delta p_1)\frac{\pi D^2}{4}-(p_2+\Delta p_2)\frac{\pi(D^2-d^2)}{4}$$

所以

$$p_1=\Delta p_1+\frac{4F}{\pi D^2}+(p_2+\Delta p_2)\frac{D^2-d^2}{D^2}=916\text{kPa}$$

液压泵的输出功率为

$$P=qp_1=\frac{26\times10^{-3}}{60}\times916\times10^3\text{W}=0.4\text{kW}$$

例 2-7 齿轮泵 1 从油箱 6 中吸油，油液经过止回阀 2、换向阀 3 进入液压缸 4。油液再从液压缸 4 经换向阀 3 及过滤器 5 返回油箱，如图 2-24 所示。已知液压缸上的载荷 $F=5000\text{N}$，活塞向左移动时速度 $v=0.15\text{m/s}$，$D_1=50\text{mm}$，$D_2=20\text{mm}$，油液密度 $\rho=1210\text{kg/m}^3$，油液运动黏度 $\nu=1.2\text{cm}^2/\text{s}$。管路总长度 $l=11\text{m}$，管径 $d=10\text{mm}$，止回阀、换向阀和过滤器的局部损失用管件当量长度表示，即为 $l_e/d=50$、40、60，试求齿轮泵的输出功率。

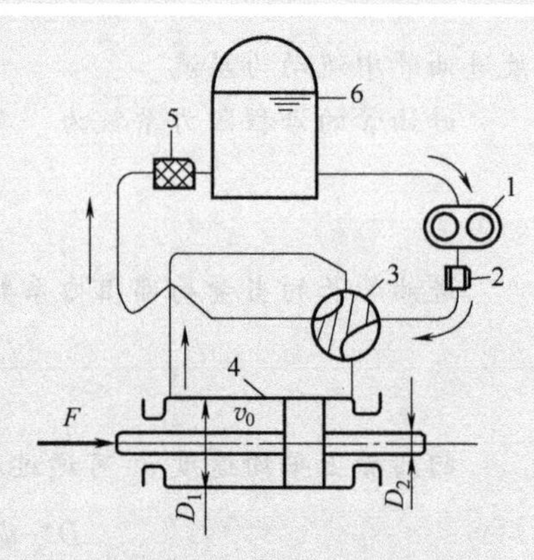

图 2-24 例 2-7 示意图

1—齿轮泵 2—止回阀 3—换向阀 4—液压缸 5—过滤器 6—油箱

解： 液压缸有效工作面积为

$$A=0.25\pi(D_1^2-D_2^2)=0.25\pi(0.05^2-0.02^2)\text{m}^2$$
$$=1.65\times10^{-3}\text{m}^2$$

管内流量为

$$q_V=vA=2.474\times10^{-4}\text{m}^3/\text{s}$$

管内油液流动速度为

$$v_g=\frac{q_V}{0.25\pi d^2}=3.15\text{m/s}$$

雷诺数为

$$Re=\frac{v_g d}{\nu}=\frac{3.15\times 10\times 10^{-3}}{1.2\times 10^{-4}}=262.5<2320$$

因此，管内流动为层流。

管中的沿程阻力系数为

$$\lambda=\frac{64}{Re}=0.2438$$

总的阻力水头损失为

$$h_w=\lambda\left(\frac{l}{d}+\sum\frac{l_e}{d}\right)\frac{v_g^2}{2g}=0.2438\times\left(\frac{11}{0.01}+50+40+60\right)\times\frac{3.15^2}{2\times 9.8}\mathrm{m}=154.1\mathrm{m}$$

产生的压力损失为

$$\Delta p=\rho g h_w=1.83\mathrm{MPa}$$

克服阻力损失的功率为

$$P_1=\Delta p q_V=1.83\times 10^6\times 2.474\times 10^{-4}\mathrm{W}=453\mathrm{W}$$

驱动活塞所需的功率为

$$P_2=Fv=5000\times 0.15\mathrm{W}=750\mathrm{W}$$

因此，齿轮泵的输出功率为

$$P=P_1+P_2=(750+453)\mathrm{W}=1203\mathrm{W}$$

课堂讨论

1. 在常温（20℃）和常压（1atm）下，水和空气的运动黏度分别为 $\nu_{水}=0.01\mathrm{cm^2/s}$ 和 $\nu_{空气}=0.151\mathrm{cm^2/s}$，即常温常压下空气的运动黏度约为水的 15 倍，讨论是否能说明常温下空气比水黏。

2. 在液压系统中，液压泵的气蚀是一个十分严重的问题，据 20 世纪后期德国的统计，送去返修的液压泵中，有 10%的破坏是由气蚀破坏造成的，70%的破坏是由污染磨损造成的。由于矿物油中空气溶解量很大，因此液压泵中产生的主要是气体气蚀。当使用天然水或水基液体作为工作介质时，由于水的汽化压力较高，在液压泵中很容易产生蒸汽气蚀。气蚀不仅会导致液压泵及装置的振动、噪声加剧，输出流量减少和容积效率降低，而且还会使液压泵的零件受到侵蚀破坏。对此，必须加以注意，要尽量采取有效措施加以防范，讨论采取怎样的措施才能防止液压泵气蚀现象。

3. 沿程阻力是造成沿程水头损失的原因，由 2.4.2 小节可知计算沿程损失需要知道沿程阻力系数 λ，但沿程阻力系数 λ 受雷诺数 Re 和相对粗糙度影响，准确获得沿程阻力系数是管路计算的基础。尼古拉兹通过实验对管中沿程阻力进行了较详细的研究，依据雷诺数的变化以及与相对粗糙度的关系，将管中沿程阻力分为层流区、临界区、紊流光滑区、过渡区、紊流粗糙区共五个阻力区。五个区分别对应不同的沿程阻力系数 λ 的计算公式，查阅《流体力学》相关知识，自学沿程阻力系数的获得方法。

4. 液体黏度随着温度升高而下降，但是气体黏度随着温度升高而升高，其本质原因是液体黏度和气体黏度起源的物理机理不同，查阅相关文献，了解液体和气体黏度的产生机理，解释液体和气体黏度随着温度变化表现不同的原因。

课后习题

一、简答题

1. 液压油有哪几种类型？液压油的牌号与黏度有什么关系？如何选用液压油？

2. 什么是压力？压力有哪几种表示方法？液压系统的工作压力与外界负载有什么关系？

3. 解释如下概念：恒定流动、非恒定流动、通流截面、流量、平均流速。

4. 伯努利方程的物理意义是什么？该方程的理论公式和实际流体计算公式有什么区别？

5. 管路中的压力损失有哪几种？其值与哪些因素有关？

二、计算题

1. 已知某种液压油的运动黏度为 $32mm^2/s$，密度为 $900kg/m^3$，则其动力黏度为多少？

2. 在如图 2-25 所示液压缸装置中，$d_1=20mm$，$d_2=40mm$，$D_1=75mm$，$D_2=125mm$，$q_1=25L/min$，求 v_1、v_2 和 q_2 各为多少？

3. 液压油在钢制油管中流动。已知管道直径为 50mm，油的运动黏度为 $40mm^2/s$。如果油液处于层流状态，那么可以通过的最大流量不超过多少？

4. 液压油在喷管中的流动速度 $v_1=6m/s$，喷管直径 $d_1=5mm$，油的密度 $\rho=900kg/m^3$，喷管前端置挡板，如图 2-26 所示，求在下列情况下管口射流对挡板壁面的作用力 F 是多少？

1）如图 2-26a 所示，当壁面与射流垂直时的作用力 F。

2）如图 2-26b 所示，当壁面与射流成 60°角时的作用力 F。

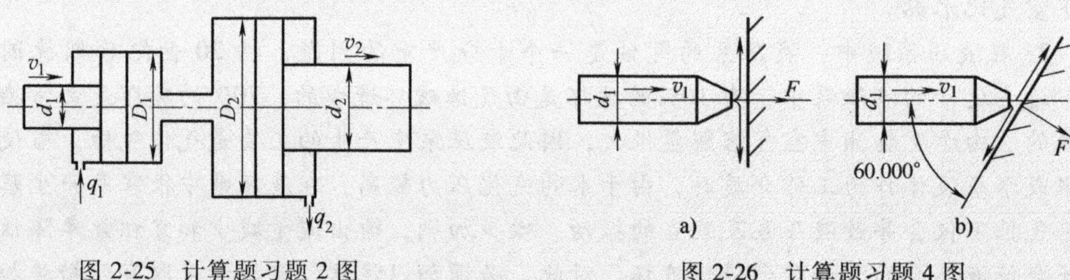

图 2-25 计算题习题 2 图　　图 2-26 计算题习题 4 图

5. 容器 A 内充满着水，水银 U 形测压计的 $h=1m$，$h_A=0.5m$，如图 2-27 所示，求容器 A 中心的绝对压力和相对压力。

6. 流量为 25L/min 的液压泵从油箱吸油，油液黏度为 $20mm^2/s$，密度为 $900kg/m^3$，吸油管直径为 25mm，液压泵吸油口离油箱液面的安装高度为 400mm，管长为 500mm，吸油管入口处的局部阻力系数为 0.2，试求液压泵吸油腔处的真空度。

7. 图 2-28 所示为夹角为 θ 的弯管，试利用动量方程求流动液体对弯管的作用力。已知管道入口处的压力为 p_1，管道出口处的压力为 p_2，管道通流截面的面积为 A，通过流量为 q，流速为 v，动量修正系数 $\beta=1$，油液密度为 ρ。

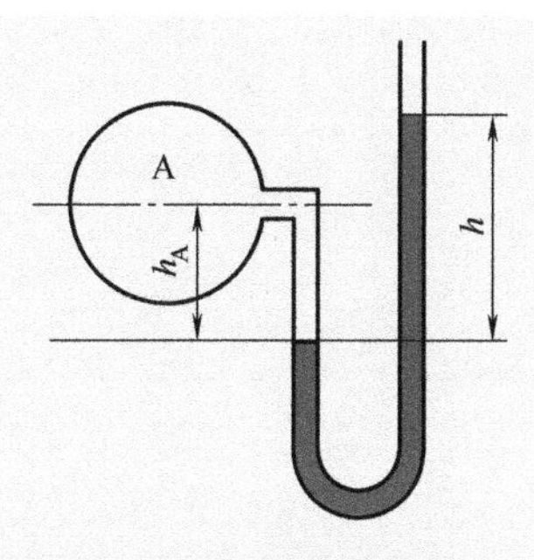

图 2-27 计算题习题 5 图

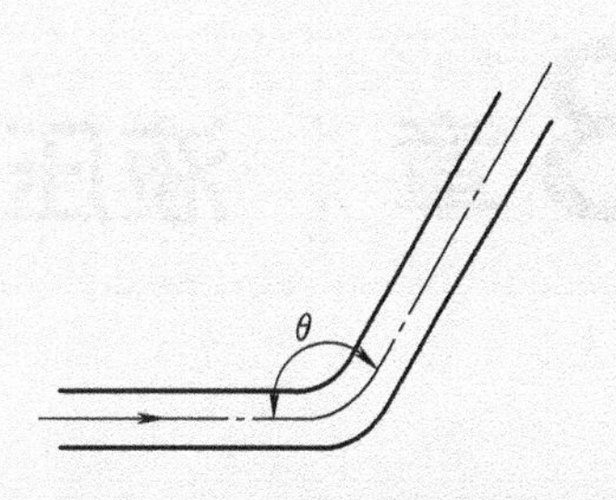

图 2-28 计算题习题 7 图

8. 图 2-29 所示为液压缸直径 $D=80\text{mm}$，顶端有一直径 $d=20\text{mm}$ 的小孔，当活塞上施加 $F=3000\text{N}$ 的作用力时，有油液从小孔中流出，忽略流动损失，并设动量修正系数 $\beta=1$，动能修正系数 $\alpha=1$，试求作用在液压缸缸底壁上的作用力。

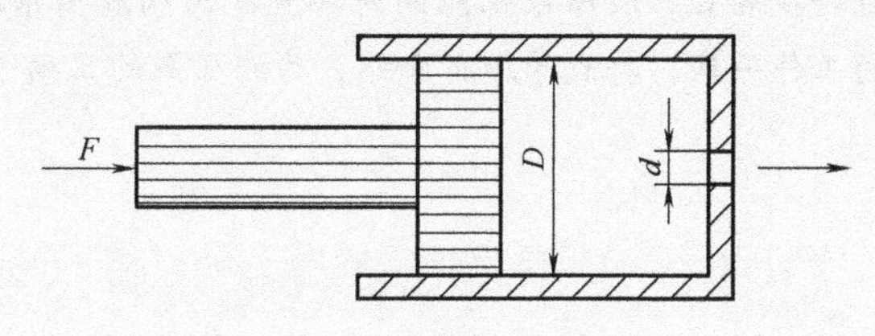

图 2-29 计算题习题 8 图

9. 一抽水设备水平放置，其出口和大气相通，细管处截面积 $A_1=3.2\text{cm}^2$，出口处管道面积 $A_2=4A_1$，$h=1\text{m}$，如图 2-30 所示，求开始能够抽吸时，水平管中所需通过的流量 q。

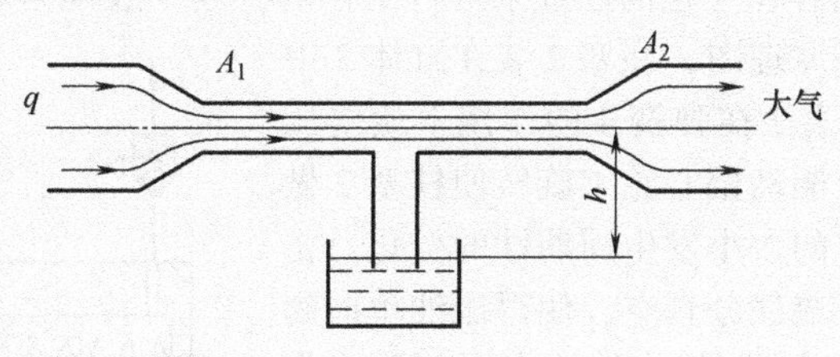

图 2-30 计算题习题 9 图

10. 水平放置的光滑圆管由两段组成，直径分别为 $d_1=10\text{mm}$，$d_2=6\text{mm}$，每段长度 $l=3\text{m}$，液体密度为 900kg/m^3，运动黏度为 $20\text{mm}^2/\text{s}$，通过流量为 18L/min，管道突然缩小处的局部阻力系数为 0.35，试求总的压力损失及管道两端压差。

11. 内径为 1mm 的阻尼管，有 0.3L/min 的流量流过，液压油的密度为 900kg/m^3，运动黏度为 $20\text{mm}^2/\text{s}$，欲使阻尼管两端保持 1MPa 的压差，试计算阻尼管的理论长度。

第3章 液压泵

学习引导

液压泵是液压系统不可缺少的核心动力元件，其功能是将原动机（电动机或内燃机）输出的机械能（转矩T和角速度ω）转换为工作液体的压力能（压力p和流量q），为液压系统提供能量，是一种能量转换装置。液压泵性能的好坏直接影响液压系统的工作性能和可靠性。本章将对常见液压泵的工作原理、特点等进行介绍，为液压泵的正确选用奠定基础。

3.1 液压泵概述

3.1.1 液压泵的工作原理

1. 工作原理

液压泵都是依靠密闭容积变化的原理来进行工作的，故一般称为容积式液压泵。图3-1所示为单柱塞液压泵的工作原理图，柱塞2装在缸体3中形成一个密闭容积a，柱塞2在弹簧4的作用下始终压紧在偏心轮1上。原动机驱动偏心轮1旋转使柱塞2做往复运动，使密闭容积a的大小发生周期性的变化。密闭容积a由小变大时就形成部分真空，使得压油单向阀5关闭，吸油单向阀6打开，油箱中油液在大气压力作用下，经吸油单向阀6进入密闭容积a而实现吸油；反之，当密闭容积a由大变小时，其中的油液压力升高，使得吸油单向阀6关闭，压油单向阀5打开，油液流入系统而实现压油。这样液压泵就将原动机输入的机械能转换成液体的压力能，原动机驱动偏心轮不断旋转，液压泵就连续不断地吸油和压油。

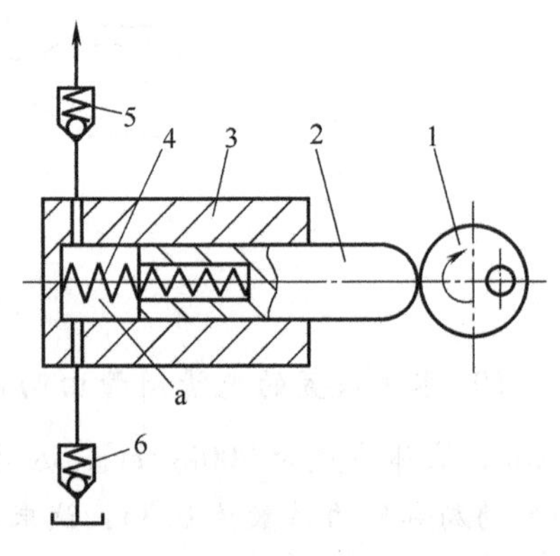

图3-1 单柱塞液压泵工作原理图
1—偏心轮 2—柱塞 3—缸体 4—弹簧
5—压油单向阀 6—吸油单向阀

2. 特点

单柱塞液压泵具有如下特点，它们也是一切容积式液压泵的基本特点。

1）具有周期性变化的密闭容积。由运动件和非运动件构成密闭容积，密闭容积的大小随运动件的运动做周期性的变化，密闭容积由小变大时吸油，由大变小时压油。

2）液压泵吸油的实质是油箱内液体在大气压力下进入具有一定真空度的吸油腔。吸油腔能够自动增大的称为自吸式泵。例如，图3-1所示液压泵中的弹簧4驱动柱塞2回程而使得吸油腔自动增大，因此该液压泵具有自吸能力；若柱塞 2 内无弹簧 4，柱塞 2 不能自动回程，则无自吸能力。

3）具有相应的配流机构，将吸油腔和压油腔隔开，保证液压泵有规律地、连续地吸、排液体。结构原理不同，其配流机构也不相同。例如，图 3-1 所示液压泵中的压油单向阀 5、吸油单向阀 6 就是配流机构。容积式液压泵常用的配流机构有配流轴、配流盘和配流阀。

4）容积式液压泵中的密闭容积处于吸油时称为吸油腔，处于压油时称为压油腔。吸油腔的压力取决于吸油高度和吸油管路的阻力，吸油高度过高或吸油管路阻力太大，会使吸油腔真空度过高而影响液压泵的自吸能力，造成液压泵吸入不足或发生汽蚀破坏；压油腔的压力则取决于外负载和压油管路的压力损失，理论上，排油压力与液压泵的流量无关。

5）容积式液压泵排油的理论流量取决于液压泵的有关几何尺寸和转速，而与排油压力无关。但实际上由于组成液压泵密闭容积的零件存在相对运动，必然存在运动间隙（如图 3-1 所示液压泵中柱塞 2 和缸体 3 之间的环形间隙）。排油时，密闭容腔中油液压力升高，油液经此间隙泄漏，使得实际排出油液体积减小；同时，由于油液具有可压缩性，高压也将使得油液体积减小。两者共同作用，影响液压泵的实际输出流量，所以液压泵的实际输出流量随排油压力的升高而降低。

3.1.2 液压泵的图形符号和种类

1. 液压泵的图形符号

液压泵的图形符号如图 3-2 所示。

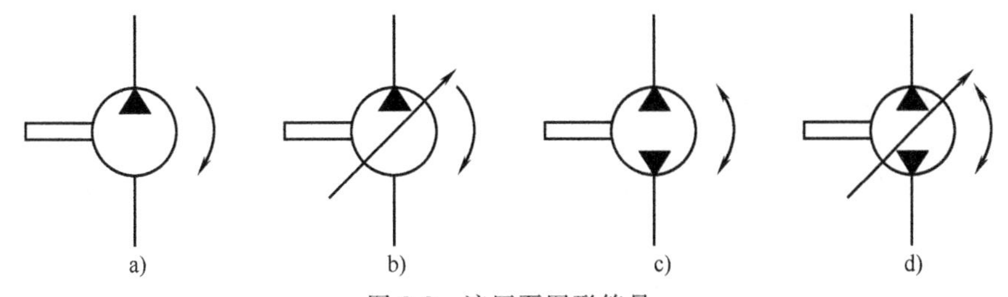

图 3-2 液压泵图形符号

a）单向定量液压泵 b）单向变量液压泵 c）双向定量液压泵 d）双向变量液压泵

2. 液压泵的分类

液压泵的类型很多，常用的液压泵按排量能否改变可分为定量泵和变量泵；按进出油口方向分为单向泵和双向泵；按主要运动构件的形状和运动方式可分为齿轮泵、叶片泵、柱塞泵。其中，齿轮泵又分为外啮合齿轮泵和内啮合齿轮泵；叶片泵分为双作用叶片泵和单作用叶片泵；柱塞泵分为径向柱塞泵和轴向柱塞泵，如图 3-3 所示。

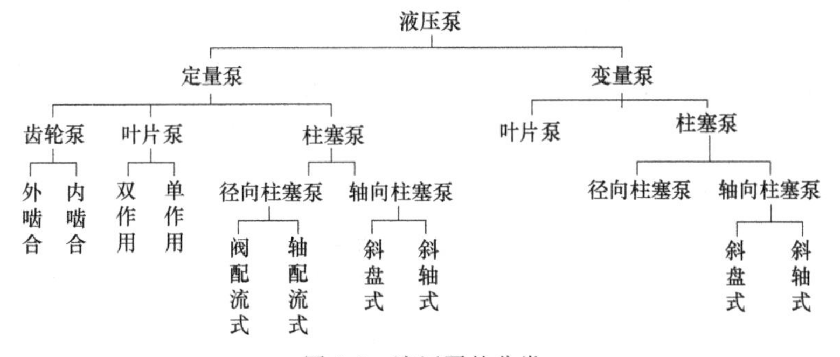

图 3-3 液压泵的分类

目前，市场上成熟液压泵产品的主要参数见表 3-1。

表 3-1 成熟液压泵产品的主要参数

种类	性能			
	额定压力/MPa	额定转速/(r/min)	排量/(mL/r)	排量能否改变
外啮合齿轮泵	30	500~6000	0.2~200	定量
内啮合齿轮泵	30	500~3000	3~250	定量
叶片泵	28	1000~3000	0.5~100	定量或变量
径向柱塞泵	100	1000~2000	5~100	定量或变量
斜轴式轴向柱塞泵	35	500~3000	5~1000	定量或变量
斜盘式轴向柱塞泵	45	500~3000	10~1000	定量或变量

选用液压泵主要有如下原则。

(1) 是否要求变量　要求变量则选用变量泵。

(2) 工作压力　柱塞泵的额定压力最高。

(3) 工作环境　齿轮泵的抗污能力最好，特别适合工作环境较差的场合。

(4) 噪声指标　双作用叶片泵属于低噪声泵。

(5) 效率　轴向柱塞泵的总效率最高。

3.1.3 液压泵的基本性能参数

液压泵的基本性能参数是指液压泵的压力、转速、排量、流量、功率、效率和噪声。

1. 压力

(1) 工作压力 p　液压泵实际工作时的输出压力称为工作压力。工作压力的大小取决于外负载的大小和排油管路上的压力损失，而与液压泵的流量无关。常用单位为 MPa。

(2) 额定压力 p_s　液压泵在正常工作条件下，按试验标准规定连续运转的最高压力称为液压泵的额定压力。正常工作时不允许超过此值，超过此值即为过载，使液压泵的效率明显下降，也会缩短液压泵的使用寿命。实际上液压泵的额定压力是由液压泵的自身结构和寿命决定的，通常将其标在液压泵的铭牌上。

(3) 最高允许压力　在超过额定压力的条件下，根据试验标准规定，允许液压泵短暂运行的最高压力值，称为液压泵的最高允许压力。

(4) 吸入压力　液压泵进口处的压力，自吸式液压泵吸入压力允许低于大气压力。

由于液压系统用途不同，工作压力也不同，为了便于液压元件的设计、生产和使用，将压力分为五个等级，见表 3-2。

表 3-2 液压压力等级

压力等级	低压	中压	中高压	高压	超高压
压力/MPa	≤2.5	2.5~8	8~16	16~32	>32

2. 转速

（1）额定转速 n_s　在额定压力下，液压泵能够长时间连续正常运转的最高转速，称为液压泵的额定转速。常用单位为 r/min。

（2）最高转速 n_{max}　在额定压力下，超过额定转速允许短时间运行的最高转速。

（3）最低转速 n_{min}　保证液压泵使用性能所运行的最低转速。

（4）转速范围　最低转速和最高转速之间的区间称为液压泵工作转速范围。

（5）实际转速 n　液压泵实际工作时的转速。

3. 排量和流量

（1）排量 V　液压泵每转一周理论上排出的油液体积，称为液压泵的排量，又称为理论排量或几何排量。常用单位为 cm^3/r 或 mL/r，排量的大小与液压泵的几何尺寸有关。排量可调节的液压泵称为变量泵；排量不可调节的液压泵称为定量泵。

（2）理论流量 q_t　理论流量是指在不考虑泄漏流量的情况下，在单位时间内液压泵所排出的液体体积的平均值。常用单位为 L/min。由排量的定义可知，液压泵的理论流量 q_t 为

$$q_t = Vn \tag{3-1}$$

（3）实际流量 q　液压泵在某一具体工况下，单位时间内所排出的液体体积称为实际流量，它等于理论流量 q_t 减去泄漏流量 Δq，即

$$q = q_t - \Delta q \tag{3-2}$$

（4）额定流量 q_s　液压泵在正常工作条件下，按试验标准规定（如在额定压力和额定转速下）必须保证的流量，其值标在液压泵铭牌上。

4. 功率和效率

（1）液压泵的功率损失　液压泵的功率损失由容积损失和机械损失两部分构成。

1）容积损失：容积损失是指液压泵流量上的损失，液压泵的实际输出流量总是小于其理论流量，主要原因包括液压泵内部运动间隙的泄漏、油液的可压缩性，以及在吸油过程中吸油阻力太大、油液黏度大、液压泵转速高等因素导致的油液不能完全充满密封工作腔。液压泵的容积损失用容积效率 η_V 来表示，它等于液压泵的实际输出流量 q 与其理论流量 q_t 之比，即

$$\eta_V = \frac{q}{q_t} \tag{3-3}$$

因此液压泵的实际输出流量 q 为

$$q = q_t \eta_V = nV\eta_V \tag{3-4}$$

液压泵的容积效率随着液压泵工作压力的增大而减小，且随液压泵的结构类型不同而不同，但其值恒小于1。

2）机械损失：机械损失是指液压泵在转矩上的损失，其主要包括液压泵体内相对运动部件之间的机械摩擦引起的摩擦转矩损失以及油液黏性引起的摩擦损失，因此液压泵的实际输入转矩总是大于理论上所需要的转矩。液压泵的机械损失用机械效率表示，它等于液压泵的理论转矩 T_t 与实际输入转矩 T 之比。设转矩损失为 ΔT，则液压泵的机械效率 η_m 为

$$\eta_m = \frac{T_t}{T} = \frac{T_t}{T_t + \Delta T} \tag{3-5}$$

（2）液压泵的功率

1）输入功率 P_i：液压泵的输入功率是指作用在液压泵主轴上的机械功率，当输入转矩为 T，角速度为 $\omega=2\pi n$ 时，泵的输入功率可表示为

$$P_i = T\omega \tag{3-6}$$

2）输出功率 P：液压泵的输出功率等于液压泵进、出口压差 Δp（若入口压力为大气压力，则进、出口压差等于液压泵的工作压力 p）和输出流量 q 的乘积，即

$$P = \Delta p q \tag{3-7}$$

工程实际中，若液压泵进、出口压差 Δp 的单位为 MPa，流量 q 的单位为 L/min，则输出功率（单位为 kW）可表示为

$$P = \frac{\Delta p q}{60} \tag{3-8}$$

（3）液压泵的总效率　液压泵的总效率是指液压泵的实际输出功率与其输入功率的比值，即

$$\eta = \frac{P}{P_i} = \frac{\Delta p q}{2\pi n T} = \frac{q}{q_t}\frac{\Delta p V}{2\pi T} = \eta_V \eta_m \tag{3-9}$$

5. 噪声

液压泵的噪声通常用分贝（dB）衡量，产生液压泵噪声的原因主要包括流量脉动、液流冲击、零部件的振动和摩擦等。

3.2 齿轮泵

齿轮泵是一种常见的液压泵，主要特点是结构简单、体积小、重量轻、功率重量比大、自吸性能好、对油液污染不敏感、工作可靠、维护方便和价格低廉等，在一般液压传动系统中，特别是工程机械上应用较为广泛。其主要缺点是流量脉动和压力脉动较大、泄漏损失大、容积效率较低、噪声较大、排量不可调节。齿轮泵是产量和使用量最大的液压泵类部件，不仅广泛应用于液压设备中，也大量用作润滑泵和食品、化工等工艺流程中的输液泵。按照啮合形式的不同，齿轮泵有外啮合齿轮泵和内啮合齿轮泵两种类型。

3.2.1 外啮合齿轮泵

1. 外啮合齿轮泵的工作原理

外啮合齿轮泵如图 3-4 所示，由于齿轮两端面与前、后端盖的间隙以及齿轮的齿顶与泵体内表面的间隙都很小，因此一对啮合的轮齿，将泵体、前、后端盖和齿轮包围的密封容积分隔成左、右两个密封工作腔。当原动机带动主动齿轮 7 逆时针旋转时，右侧的轮齿不断退出啮合，而左侧的轮齿不断进入啮合，因啮合点的啮合半径小于齿顶圆半径，右侧退出啮合的轮齿露出齿间，其密封工作腔容积逐渐增大，形成局部真空，油箱中的油液在大气压力的作用下经泵的吸油口进入这个密封油腔——吸油腔。随着齿轮的转动，吸入的油液被齿间转移到左侧的密封工作腔。左侧进入啮合的轮齿使密封油腔——压油腔容积逐渐减小，把齿间油液挤出，从压油口输出，压入液压系统。这就是外啮合齿轮泵的吸油和压油过程。齿轮连

续旋转，泵连续不断地吸油和压油。齿轮啮合点处的齿面接触线将吸油腔和压油腔分开，起到了配油（配流）作用，因此不需要单独设置配油装置，这种配油方式称为直接配油。

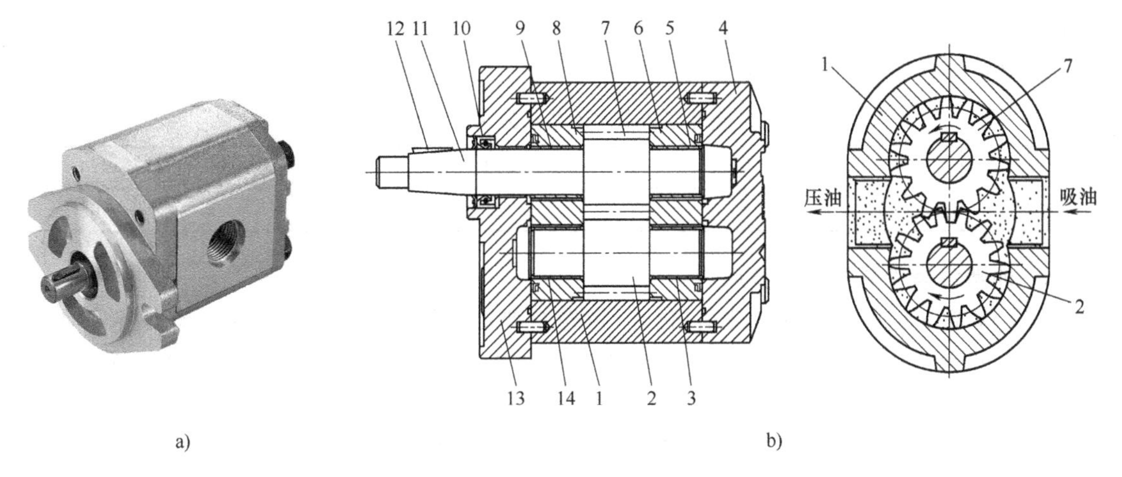

图 3-4 外啮合齿轮泵

a）实物图 b）结构图

1—泵体 2—从动齿轮 3、5、9、14—滑动轴承 4—后端盖 6、8—浮动轴套 7—主动齿轮 10—轴封 11—主轴 12—键 13—前端盖

2. 外啮合齿轮泵的流量和流量脉动

齿轮泵的排量 V 相当于一对齿轮所有齿槽容积之和，假如齿槽容积大致等于轮齿的体积，那么齿轮泵的排量等于一个齿轮的齿槽容积和轮齿容积体积的总和，即相当于以有效齿高和齿宽构成的平面所扫过的环形体积，即

$$V=\pi DhB=2\pi m^2 zB \tag{3-10}$$

式中 D——齿轮分度圆直径；

h——有效齿高；

B——齿宽；

m——齿轮模数；

z——齿数。

由式（3-10）可知，齿轮泵流量主要取决于齿轮转速、模数、齿数和齿宽。

实际上，齿槽容积比轮齿体积稍大一些，并且齿数越少，差值越大。因此，实际计算中，使用3.33~3.50代替式（3-10）中的 π 值（齿数少时取大值）。齿轮泵的排量可近似为

$$V=(6.67\sim7)m^2 zB \tag{3-11}$$

由此可得，外啮合齿轮泵的实际输出流量为

$$q=(6.67\sim7)m^2 zBn\eta_V \tag{3-12}$$

式中 n——齿轮泵的转速；

η_V——齿轮泵的容积效率。

实际上，由于外啮合齿轮泵的排量是转角的周期函数，存在流量脉动。若分别以 q_{max}、q_{min} 表示瞬时流量的最大值和最小值，q_p 表示平均流量。则齿轮泵的流量不均匀系数可表示为

$$\delta=\frac{q_{max}-q_{min}}{q_p} \tag{3-13}$$

δ 值随着齿数的增加而减少。对于压力角 $\alpha=20°$ 的渐开线齿形外啮合齿轮泵而言，其流量不均匀系数 δ 与齿数 z 的关系见表 3-3。

表 3-3　齿轮泵流量不均匀系数 δ 与齿数 z 的关系

z	6	8	10	12	14	16	20
δ(%)	34.7	26.3	21.2	17.8	15.3	13.4	10.7

3. 外啮合齿轮泵的结构特点

(1) 齿轮泵的困油问题与卸荷措施　齿轮泵要能连续地供油，就需要齿轮啮合的重合度 ε 大于 1，也就是当一对轮齿尚未脱开啮合时，另一对轮齿已进入啮合，这样，就出现同时有两对轮齿啮合的瞬间，在两对轮齿的齿向啮合线之间形成了一个封闭容积，一部分油液也就被困在这一封闭容积中，如图 3-5a 所示。齿轮连续转动时，这一封闭容积便逐渐减小，到两啮合点处于节点两侧的对称位置时，如图 3-5b 所示，封闭容积为最小。齿轮再继续转动时，封闭容积又逐渐增大，直到如图 3-5c 所示位置时，容积变为最大。在封闭容积减小时，被困油液受到挤压，压力急剧上升，使轴承突然受到很大的冲击载荷，使齿轮泵剧烈振动，这时高压油从一切可能泄漏的缝隙中挤出，造成功率损失、油液发热等。当封闭容积增大时，由于没有油液补充，因此形成局部真空，使原来溶解于油液中的空气分离出来，形成气泡，油液中产生气泡后，会引起噪声、气蚀等一系列后果。以上情况就是齿轮泵的困油现象。这种困油现象极为严重地影响着齿轮泵的工作平稳性和使用寿命。

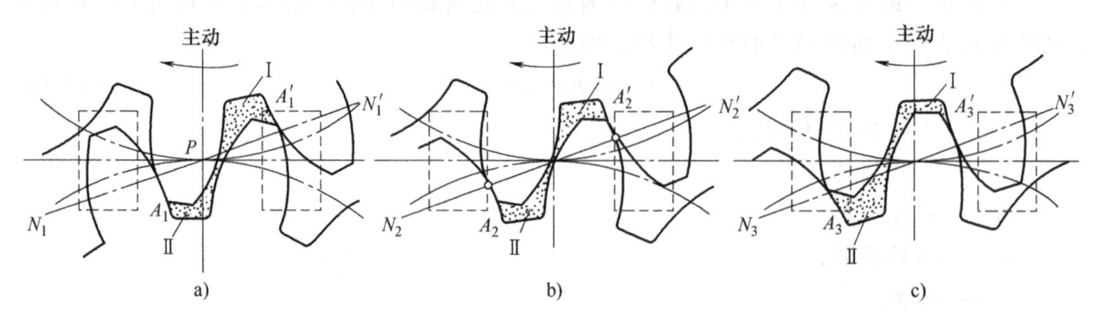

图 3-5　齿轮泵的困油现象

为了消除困油现象，在齿轮泵的泵盖、浮动轴套或浮动侧板上铣出两个困油卸荷凹槽，其几何关系如图 3-6 所示。当困油腔由大变小时，卸荷槽能与压油腔相通，而当困油腔由小变大时，能通过另一卸荷槽与吸油腔相通。两卸荷槽之间的距离为 a，该尺寸必须保证在任何时候都不能使压油腔和吸油腔互通。

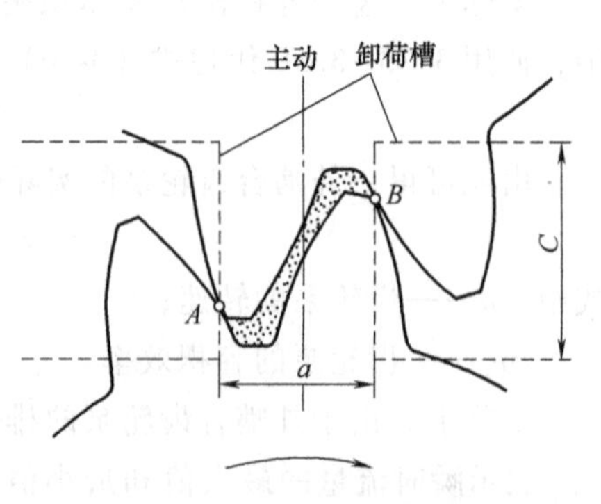

图 3-6　齿轮泵的困油卸荷槽

按上述对称开的卸荷槽，当困油封闭腔由大变至最小时（图 3-6），由于油液不易从即将关闭的缝隙中挤出，故封闭容积内油压仍将高于压油腔压力；齿轮继续转动，当封闭困油腔与吸油腔相通的瞬间，高压油突然与吸油腔的低压油相接触，会引起冲击和噪声。于是齿轮泵将卸荷槽的位置整个向吸油腔侧平移了一个距离。这时封闭困油腔只有在由小变至最大时才与压油腔断开，油压不再发生突变，封闭困油腔与吸油腔接通时，封闭困油腔不会出现真空或压力冲击，这样改进后，使齿轮泵的振动和噪声得到了进一步改善。

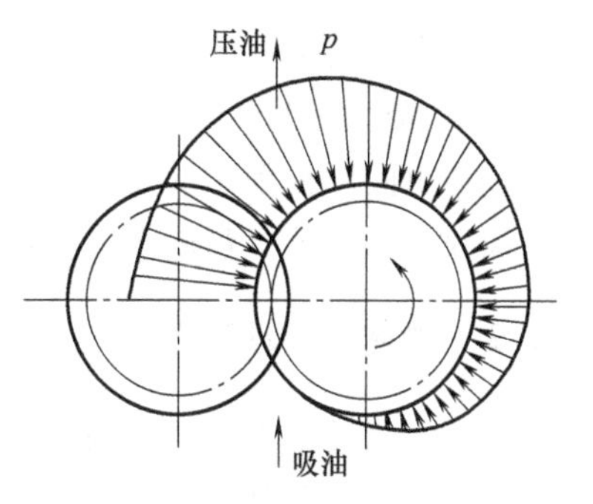

图 3-7 齿轮泵的径向不平衡力

（2）齿轮泵的径向不平衡力 齿轮泵工作时，齿轮和轴承承受径向液压力的作用。如图 3-7 所示，泵的下侧为吸油腔，上侧为压油腔，在压油腔内有液压力作用于齿轮上，沿着齿顶的泄漏油具有大小不等的压力，这就是齿轮和轴承受到的径向不平衡力。压力越高，这个不平衡力就越大，这样不仅会加速轴承的磨损，降低轴承的寿命，甚至会使轴变形，造成齿顶和泵体内壁的摩擦等。为了解决径向力不平衡问题，有些齿轮泵上采用开压力平衡槽的办法，但这将使泄漏增大，容积效率降低。CB-B 型齿轮泵则采用减小压油腔容积的办法，以减少液压力对齿顶部分的作用面积来减小径向不平衡力，所以 CB-B 型齿轮泵的压油口孔径比吸油口孔径小。

（3）泄漏通道与间隙补偿 液压泵中构成密封工作容积的零件要做相对运动，因此存在间隙。由于液压泵的吸油腔与压油腔之间存在压力差，存在间隙就必然产生泄漏，进而影响液压泵的性能。外啮合齿轮泵压油腔的液压油主要通过三条途径泄漏到吸油腔：泵体内圆和齿顶径向间隙的泄漏、齿轮端面间隙的泄漏和齿面啮合处间隙的泄漏。上述三处泄漏中，齿轮端面间隙泄漏量最大，对于未采取间隙补偿的齿轮泵，端面间隙泄漏量占 70%～75%，径向间隙泄漏量占 10%～15%，其余为齿轮啮合处间隙的泄漏。由此可知，由于齿轮泵泄漏量较大，其额定工作压力不高，因此要想提高齿轮泵的额定压力并保证较高的容积效率，首先要解决齿轮端面间隙的泄漏问题。

针对上述问题，通常采用浮动轴套自动补偿齿轮泵端面间隙，其原理示意图如图 3-8 所

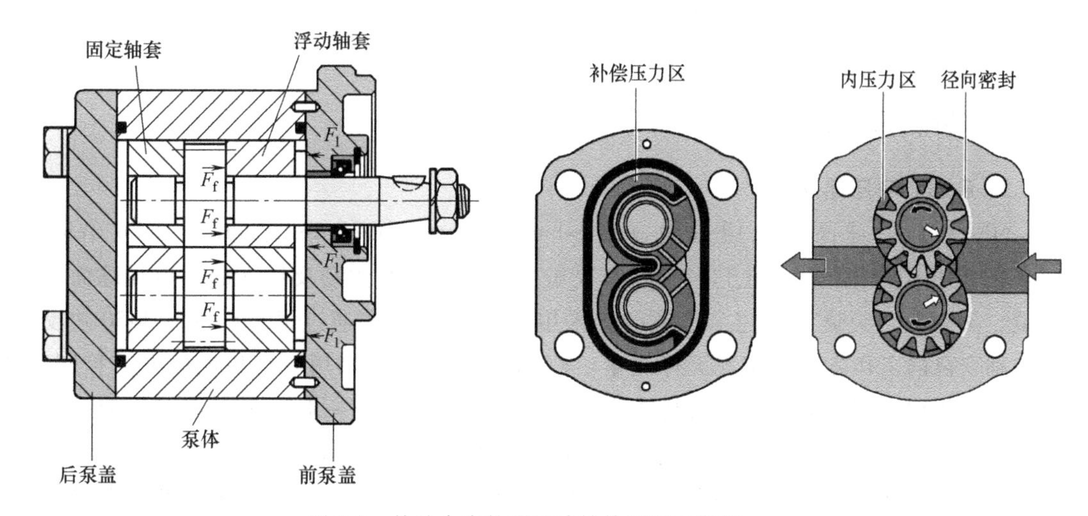

图 3-8 外啮合齿轮泵间隙补偿原理示意图

示。其原理是将液压油引到轴套外侧面，产生使轴套贴紧齿轮端面的压紧力 F_1，设计时取压紧力 F_1 略大于反推力 F_f，压紧力合力的作用线尽可能接近或重合于反推力合力的作用线。这样由间隙油膜承受压紧力与反推力的差值，实现端面间隙自动补偿，使轴套与齿轮端面间隙保持最佳值，齿轮泵的泄漏小，容积效率高。

3.2.2 内啮合齿轮泵

内啮合齿轮泵有渐开线齿轮泵和摆线齿轮泵两种，如图 3-9 所示。图 3-9a 所示渐开线齿轮泵中，一对相互啮合的小齿轮 3 和内齿轮 4 与侧板（未图示）围成密闭油腔，密闭油腔被轮齿啮合线和月牙板 5 分隔成两部分。图 3-9b 所示为不设隔板的摆线齿轮泵。当传动轴带动小齿轮按图 3-9b 所示方向旋转时，左侧轮齿逐渐脱开啮合，密闭油腔容积增大，为吸油腔；右侧轮齿逐渐进入啮合，密闭油腔容积减小，为压油腔。

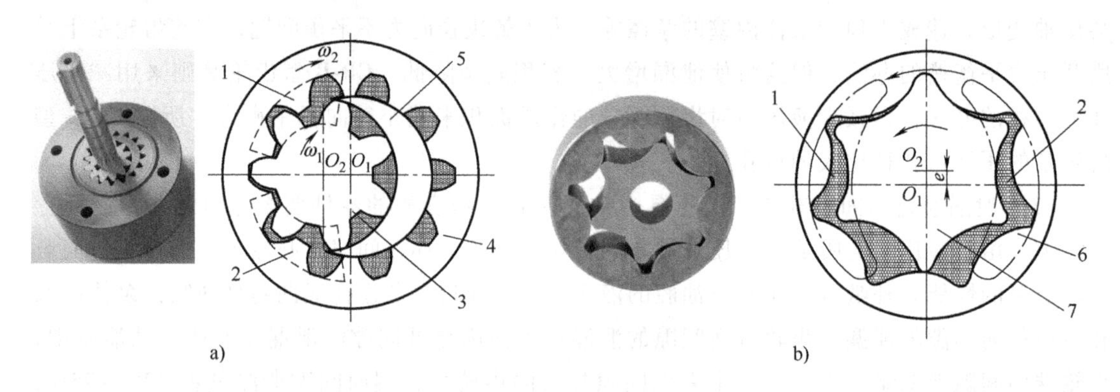

图 3-9 内啮合齿轮泵

a）渐开线齿轮泵 b）摆线齿轮泵

1—吸油腔 2—压油腔 3—小齿轮 4—内齿轮 5—月牙板 6—外转子 7—内转子

内啮合齿轮泵的最大优点是无困油现象、流量脉动较外啮合齿轮泵小、噪声低。当采用轴向和径向间隙补偿措施后，内啮合齿轮泵的额定压力可达 30MPa，容积效率和总效率均较高。缺点是轮齿形状复杂、加工精度要求高、价格较贵。

3.2.3 齿轮泵的应用实例

1. FAST 液压促动器

500 米口径球面射电望远镜（Five-hundred-meter Aperture Spherical radio Telescope, FAST）是我国建成的世界上口径最大、灵敏度最高的具有主动反射面的单口径球面天文望远镜，又称为“天眼”，其主动反射系统采用 2225 个促动器通过索节点拉动 4450 块反射面以主动变位的工作方式来实现天体测量。FAST 液压促动器采用高度集成的电液控制系统，将油箱、阀块、阀、电动机、控制系统以及其他组件集成到一起，组成集成式液压动力单元，并与液压缸安装在一起，通过调整电动机转速控制液压泵的流量，实现液压缸的伸出、缩回、差动等功能，如图 3-10 所示。FAST 液压促动器安装在野外，体积、重量都要小，以便于运输和安装；大规模群组工作，要求液压元件可靠性高；液压缸往复运动，液压泵需双向运行。齿轮泵具有结构简单、体积小、重量轻、可靠性高和可双向运行的特点，适合在此环境下使用。

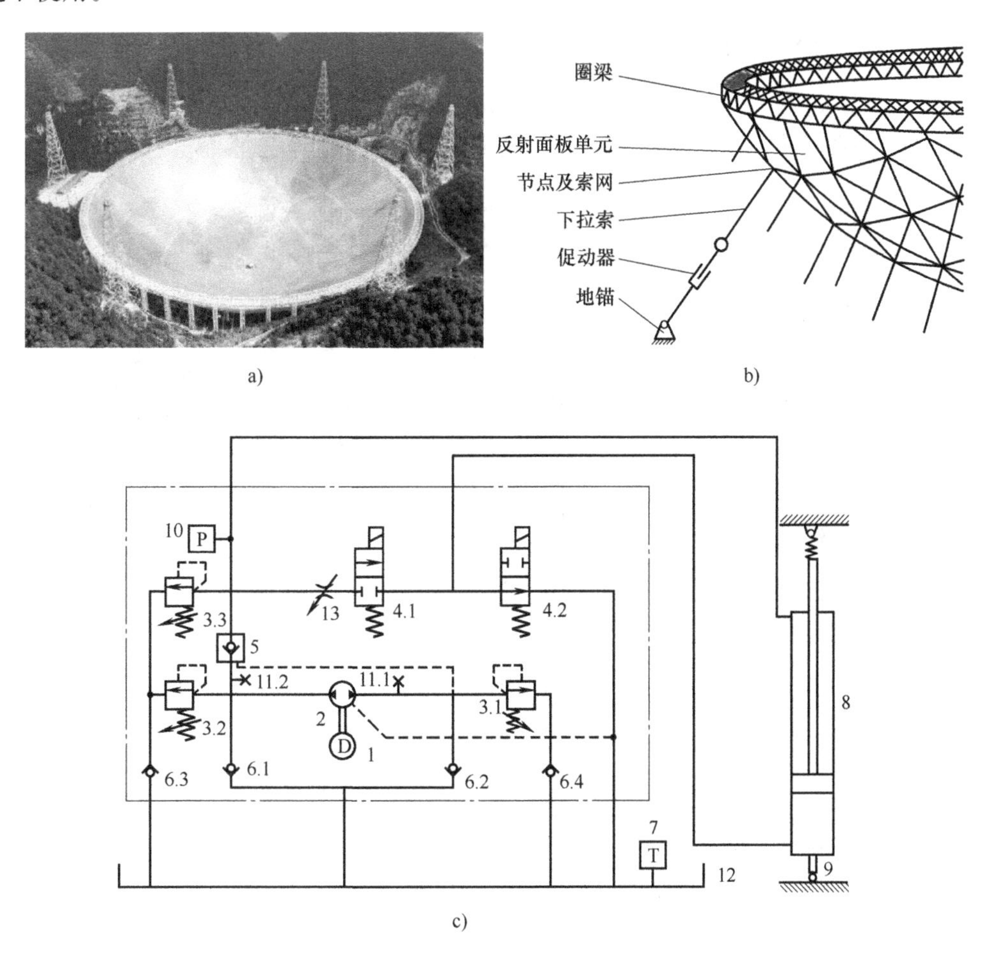

图 3-10 齿轮泵在“天眼”上的应用

a）实物图 b）结构图 c）液压原理图

1—步进电动机 2—双向齿轮泵 3—溢流阀 4—电磁换向阀 5—液控单向阀 6—单向阀 7—温度传感器 8—液压缸 9—位移传感器 10—压力传感器 11—测压口 12—油箱 13—节流阀

2. 深海载人潜水器液压系统

深海具有外部环境压力高、压力变化范围大、温度低、介质腐蚀性强等特点，而液压传动具有刚性好、结构紧凑、承载能力高、功率重量比大、响应速度快等特点，同时具有易于压力补偿、安全性高等突出优点，在深海高压环境下使用具有显著优势，广泛应用于海底采矿、海底采油、深海钻探、潜水探测等深海作业场景。“蛟龙”号载人潜水器是一艘由我国自行设计、自主集成研制的载人潜水器。2012 年 6 月，在马里亚纳海沟创造了下潜 7062 米的我国载人深潜纪录（当时）。该潜水器设置了三套液压源，主液压源为大流量液压应用场景提供动力，副液压源为小流量液压应用场景提供动力，应急液压源为水银释放、主蓄电池电缆切割等应急液压应用场景提供动力，如图 3-11 所示。液压源采用齿轮泵作为动力元件，满足潜水器上紧凑空间布置的要求。

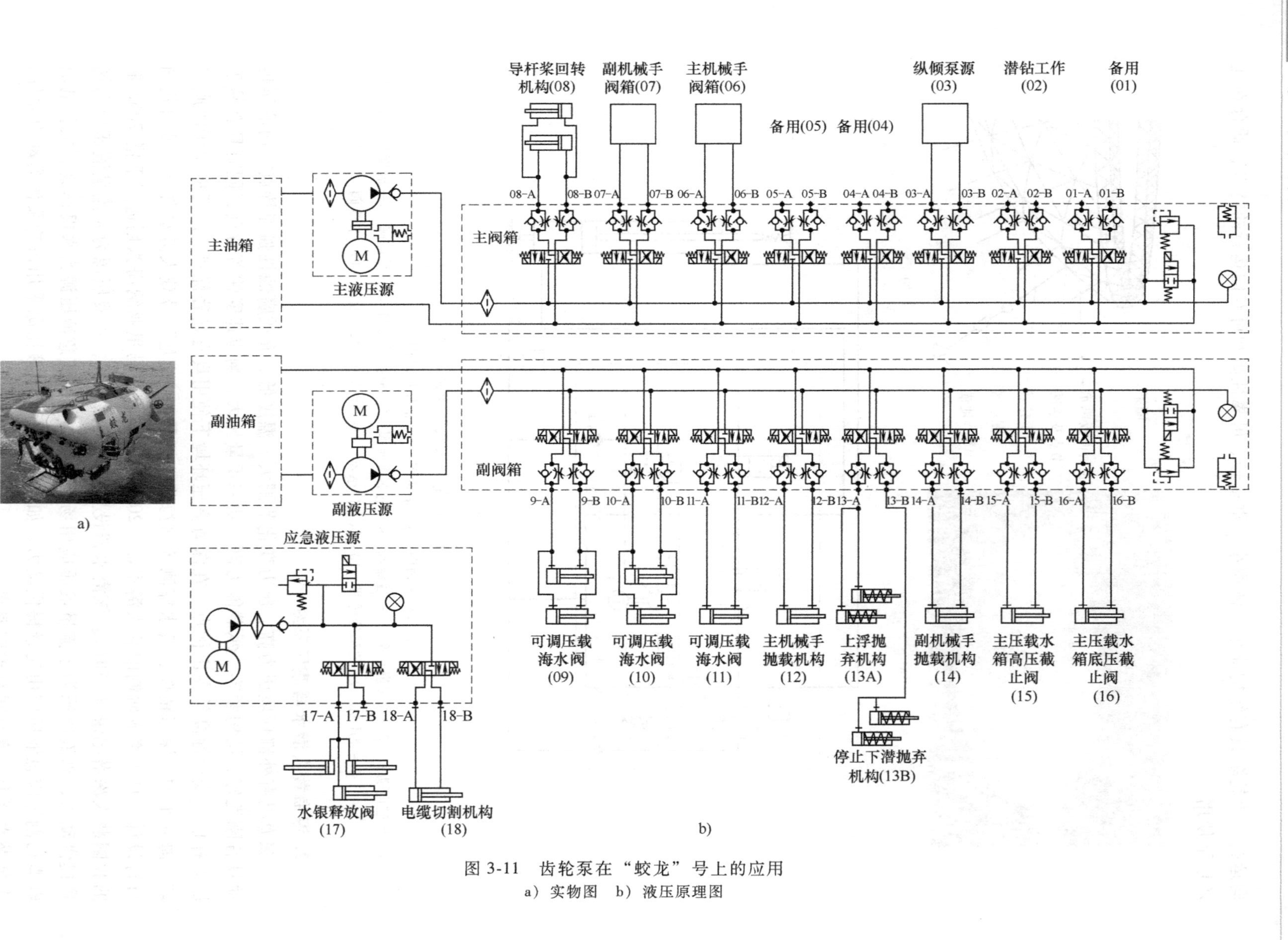

图 3-11 齿轮泵在“蛟龙”号上的应用
a）实物图 b）液压原理图

3.3 叶片泵

叶片泵属于中压泵。其特点是结构紧凑、体积小、重量轻、流量均匀、运转平稳、噪声小、寿命长等。因此，叶片泵常用于中压、中高压液压系统中。

叶片泵按结构特点分为单作用叶片泵和双作用叶片泵。当转子转一圈时，液压泵每一工作容积吸、排油各一次的叶片泵称为单作用叶片泵。当转子转一圈时，液压泵每一工作容积吸、排油各两次的叶片泵称为双作用叶片泵。一般情况下，单作用叶片泵往往做成变量泵，而双作用叶片泵则只能做成定量泵。

3.3.1 单作用叶片泵的工作原理和流量计算

1. 工作原理

如图 3-12 所示，单作用叶片泵是由转子 2、定子 3、叶片 4 和配流盘等组成。定子的工作表面是一个圆柱表面，定子与转子不同心安装，有一偏心距 e。叶片安装在转子槽内并可灵活滑动。转子回转时，在离心力和叶片根部液压油的作用下，叶片顶部紧贴在定子内表面上。在定子、转子每两个叶片和两侧配流盘之间就形成了一个密封腔。当转子按图 3-12 所示方向转动时，右侧的叶片逐渐伸出，密封腔容积逐渐增大，产生局部真空，于是油箱中的油液在大气压力作用下，由吸油口经配流盘的吸油窗口进入这些密封腔，这就是吸油过程。反之，当左侧的叶片被定子内表面推入转子的槽内，密封腔容积逐渐减小，腔内油液受到压缩，经配流盘的压油窗口排到泵外，这就是压油过程。在吸油窗口和压油窗口之间有一段封油区，将吸油窗口和压油窗口隔开。叶片泵每转一周，叶片在槽中滑动一次，进行一次吸油、压油，故这样工作的叶片泵又称为单作用叶片泵。

2. 流量计算

单作用叶片泵的平均流量可以用图解法近似求出。图 3-13 所示为单作用叶片泵流量计

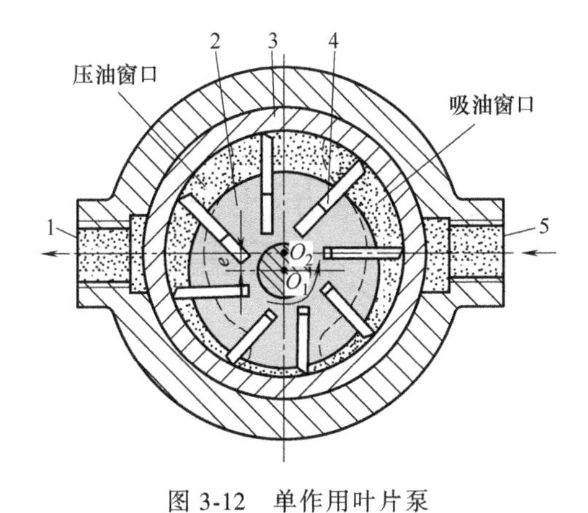

图 3-12　单作用叶片泵

1—压油口　2—转子　3—定子　4—叶片　5—吸油口

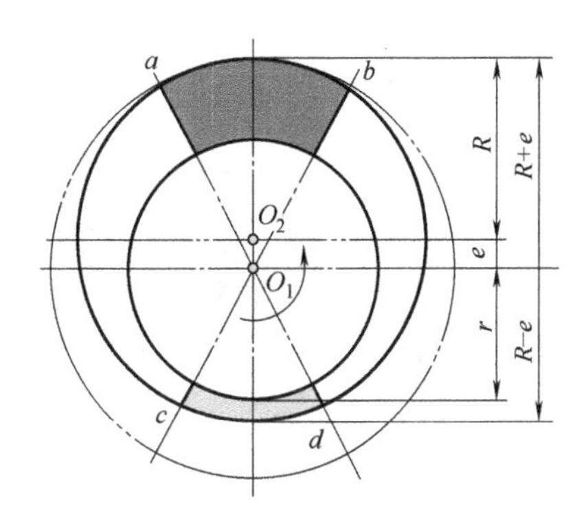

图 3-13　单作用叶片泵流量计算原理图

算原理图。O_1 为转子中心，r 为转子半径，O_2 为定子中心，R 为定子的半径，e 为偏心距，另外，叶片宽度为 B。

如图 3-13 所示，假定两叶片正好位于过渡区 a、b 位置，此时两叶片间的空间容积为最大。当转子沿图 3-13 所示方向旋转 π 弧度，转到 d、c 位置时，两叶片间排出容积为 ΔV 的油液；当两叶片从 c、d 位置再旋转 π 弧度，回到 b、a 位置时，两叶片间又吸满了容积为 ΔV 的油液。由此可见，转子旋转一周，两叶片间排出油液容积为 ΔV。当泵有 z 个叶片时，就排出 z 块与 ΔV 相等的油液容积。若将各块容积相加，就可以近似为环形体积，环形的大半径为 $R+e$，环形的小半径为 $R-e$。因此，单作用叶片泵的理论排量为

$$V=\pi[(R+e)^2-(R-e)^2]B=4\pi eRB \tag{3-14}$$

单作用叶片泵的流量为

$$q=Vn\eta_V=4\pi eRBn\eta_V \tag{3-15}$$

单作用叶片泵的流量是有脉动的，理论分析表明，泵内的叶片数越多，流量脉动率越小，此外，奇数叶片泵的脉动率比偶数叶片泵的脉动率小，单作用式叶片泵的叶片数通常取 $z=15$。

3.3.2 单作用变量叶片泵的结构和变量原理

图 3-14 所示为单作用变量叶片泵的结构和工作原理图。在定子环 10 的左侧有一小活塞 6，右侧作用有一大活塞 11 和弹簧 12，如图 3-14a 所示；设控制阀芯 13 的有效作用面积为 A，调压弹簧 15 的刚度为 k，预压缩量为 x_0。叶片泵运行时，若工作压力 p 较低，则压力补偿器 14 中的控制阀芯 13 处于图 3-14b 所示位置，叶片泵出口压力通过控制油路同时作用于定子环 10 左、右两侧的大、小活塞 11、6 上。由于右侧大活塞 11 的作用面积大于左侧小活塞 6 的作用面积，定子环 10 被推向左边，并被两个活塞的液压力差可靠地固定在最大偏心位置上，此时叶片泵的排量最大。

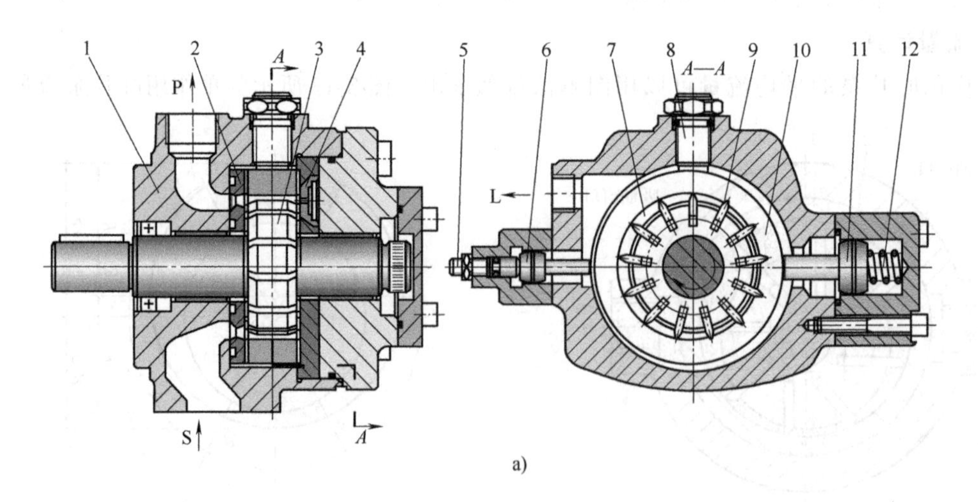

图 3-14 单作用变量叶片泵的结构和工作原理图

a) 泵的结构图

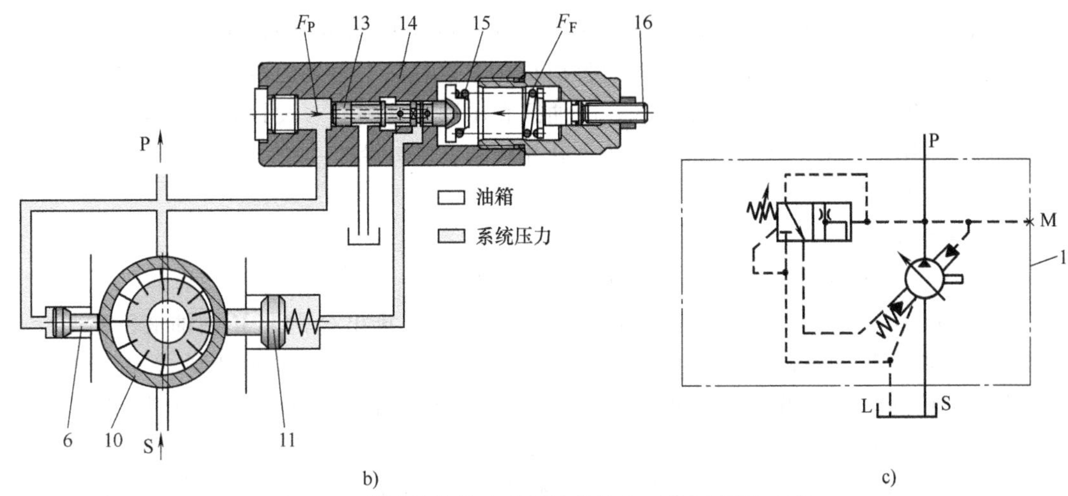

图 3-14 单作用变量叶片泵的结构和工作原理图（续）

b）简化结构原理图 c）符号原理图

1—泵体 2、4—配流盘 3—转子 5—流量调节螺栓 6—小活塞 7—油腔 8—高度调节螺栓 9—叶片 10—定子环 11—大活塞 12—弹簧 13—控制阀芯 14—压力补偿器 15—调压弹簧 16—压力调节螺钉

若叶片泵出口压力升高到补偿器调压弹簧 15 所设定的压力时，即 $p>kx_0/A$，补偿器的控制阀芯 13 在左端液压油的作用下克服调压弹簧 15 的力右移，使原来作用在大活塞 11 右端的液压油通过压力补偿器 14 阀口与油箱连通，其压降为零。于是定子环 10 在左侧小活塞 6 的推动下迅速右移，使偏心距 e 减小，叶片泵的排量减小，直至接近于零偏心位置。这时叶片泵以微小排量补充内泄漏，对外输出流量为零。弹簧 12 是刚度很小的软弹簧，其作用只是当叶片泵停止工作或刚启动时，使定子环 10 固定在最大偏心位置上。

在图 3-15 所示的流量-压力特性曲线中，点 B 为拐点，对应的压力 $p_B=kx_0/A$；点 C 处对应的压力为截止压力。在 AB 段，定子偏心距最大，叶片泵输出流量最大；同时，随着压力的升高，叶片泵的内泄漏增加，实际输出流量减小，因此线段 AB 略为向下倾斜。在拐点 B 之后，由于定子的移动是利用压力补偿器通过对活塞回油进行液压控制的方式实现的，所以变量运动非常灵敏，流量-压力特性曲线在 BC 段的斜率具有近似垂直特性，起始节流压力与截止压力非常接近，这种特性称为恒压变量特性。

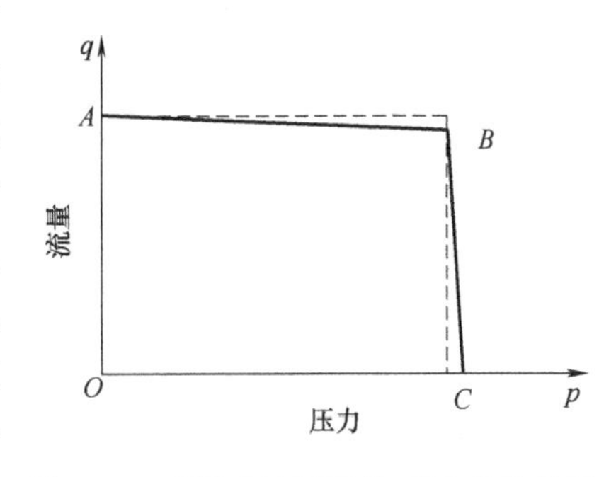

图 3-15 变量叶片泵流量-压力特性曲线

利用流量调节螺栓 5 可以调节最大偏心距 e，从而实现流量-压力特性曲线 AB 段的上、下平移。通过调整压力补偿器中调压弹簧 15 的预压缩量，可以实现流量-压力特性曲线 BC 段的左、右平移。

3.3.3 双作用叶片泵的工作原理和结构特点

1. 工作原理

双作用叶片泵的原理和单作用叶片泵相似，不同之处只在于定子内表面是由两段长半径圆弧、两段短半径圆弧和四段过渡曲线构成，且定子和转子是同心的，如图 3-16 所示。

当转子顺时针旋转时，密封工作腔的容积在左上角和右下角处逐渐增大，为吸油区，在左下角和右上角处逐渐减小，为压油区；吸油区和压油区之间有一段封油区将吸、压油区隔开。为了减小叶片与定子之间的摩擦，防止叶片折断，其叶片有一个与旋转方向相同的倾斜角，称为前倾角（图 3-16 所示 θ）。

2. 流量计算

双作用叶片泵的流量推导过程与单作用叶片泵相同。

如图 3-17 所示，当两叶片从 ab 位置转到 cd 位置时，排出容积为 M 的油液；当两叶片从 cd 位置转到 ef 位置时，吸进了容积为 M 的油液。当两叶片从 ef 位置转到 gh 位置时又排出了容积为 M 的油液；当两叶片再从 gh 位置转回到 ab 位置时又吸进了容积为 M 的油液。转子每转一周，两叶片间吸油两次、排油两次，每次吸、排油容积为 M；当叶片数为 z 时，转动一周所有叶片的排量为 $2z$ 个 M 容积，若不计叶片几何尺寸，此值正好为环形体积的两倍。故双作用叶片泵的排量为

$$V=2\pi(R^2-r^2)B \tag{3-16}$$

式中　B——叶片宽度。

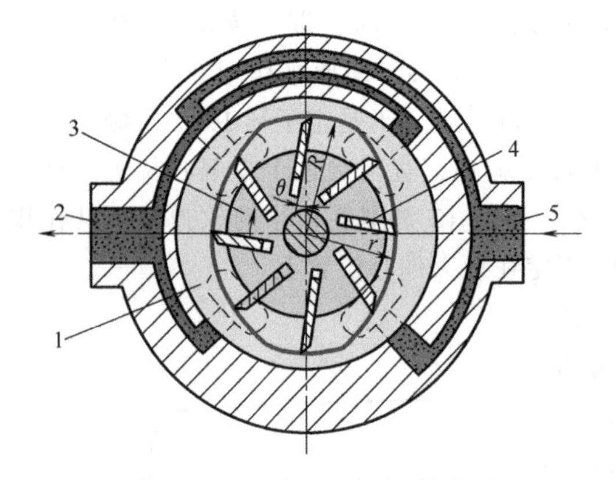

图 3-16　双作用叶片泵结构简图

1—定子　2—压油口　3—转子　4—叶片　5—吸油口

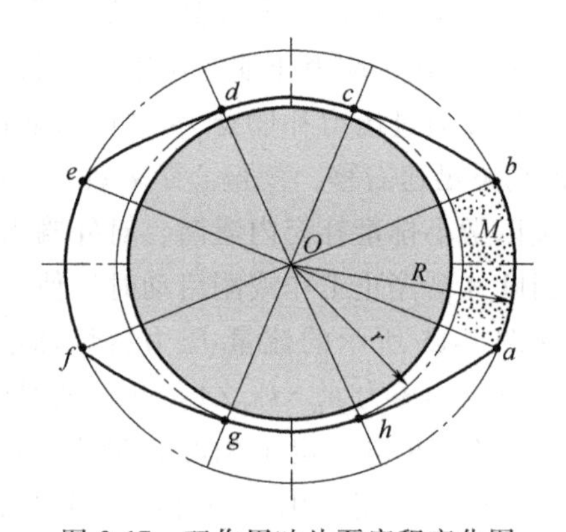

图 3-17　双作用叶片泵容积变化图

实际叶片是有一定厚度的，叶片所占的工作空间并不起输油作用，若考虑叶片厚度影响后，双作用叶片泵精确排量计算公式为

$$V=\left[2\pi(R^2-r^2)-\frac{2(R-r)}{\cos\theta}bz\right]B \tag{3-17}$$

式中　θ——叶片槽相对于径向的倾斜角，即前倾角；

b——叶片厚度。

双作用叶片泵精确流量计算公式为

$$q=\left[2\pi(R^2-r^2)-\frac{2(R-r)}{\cos\theta}bz\right]Bn\eta_V \tag{3-18}$$

3. 结构特点

图 3-18 所示为双作用叶片泵的结构图，双作用叶片泵主要由传动轴 1、前端盖 2、前

泵体 3、定子 4、后泵体 5、后端盖 6、螺栓 7、转子 8、叶片 9 和轴承 10 等零件构成，具有以下特点。

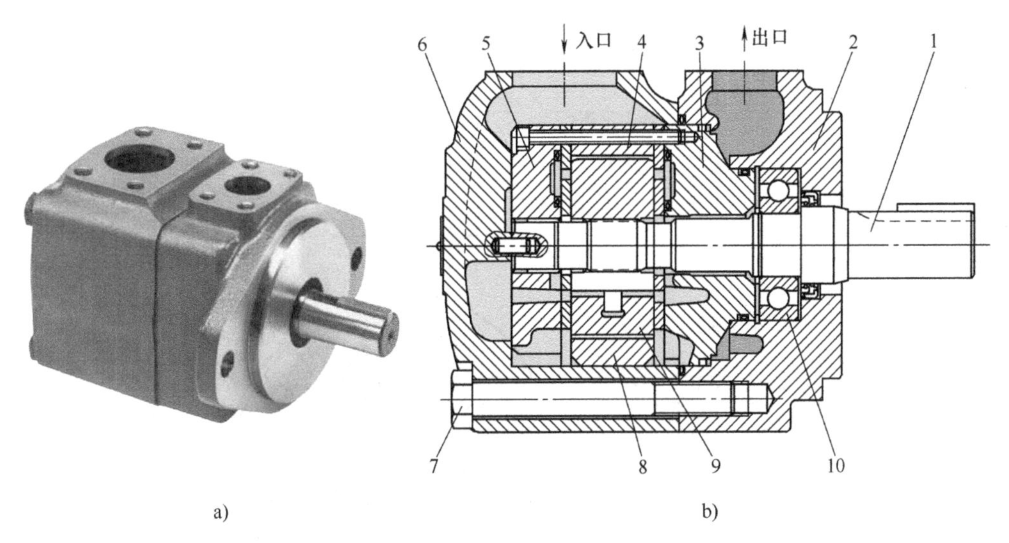

图 3-18 双作用叶片泵结构图
a）实物图 b）结构图
1—传动轴 2—前端盖 3—前泵体 4—定子 5—后泵体
6—后端盖 7—螺栓 8—转子 9—叶片 10—轴承

1）因为配流盘上分布有两个吸油窗口和两个压油窗口，所以作用在转子和定子上的液压径向力平衡，轴承承受的径向力小，寿命长。

2）为保证转子在叶片槽内自由滑动并始终紧贴定子内环，双作用叶片泵一般采用叶片槽根部全部通压油腔的办法。采取这种措施后，位于吸油区的叶片便存在一个不平衡的液压力，转子高速旋转时，叶片顶部在该力的作用下刮研吸油区定子曲线，造成磨损，影响叶片泵的寿命和额定压力的提高。为解决吸油区定子曲线会出现严重磨损的问题，可采取如下措施。

① 采用子母叶片、阶梯叶片、柱销叶片等特殊的叶片顶出压紧结构，如图 3-19 所示，目的是减小叶片根部承受液压力的有效面积，以减小叶片顶出的液压推力。

② 在叶片泵内部设置减压阀或阻尼孔，降低作用在吸油区叶片根部的压力。

③ 改进叶片顶部的轮廓形状，合理选择配对材料，提高叶片-定子这对摩擦副的耐磨性能。

3）合理选择定子的过渡曲线形状及叶片数，可减小叶片泵的流量脉动。经理论推导，若过渡曲线采用对称等加（减）速运动抛物线，则叶片数应取 $z=2(2n+1)$，当 $n=1$ 时，$z=6$；若过渡曲线采用非对称的等加（减）速运动抛物线，则叶片数应取 $z=4(3n+1)$，当 $n=1$ 时，$z=16$。由于双作用叶片泵瞬时理论流量均匀，因此噪声较低，特别适合用于要求工作噪声低的液压设备。

3.3.4 叶片泵的应用实例

高压叶片泵具有噪声低、流量脉动极小的特点，广泛应用于切削机床、塑料机械、皮革机械、锻压机械、工程机械等领域。例如，应用于重型机床中进给运动传动装置、回转传动

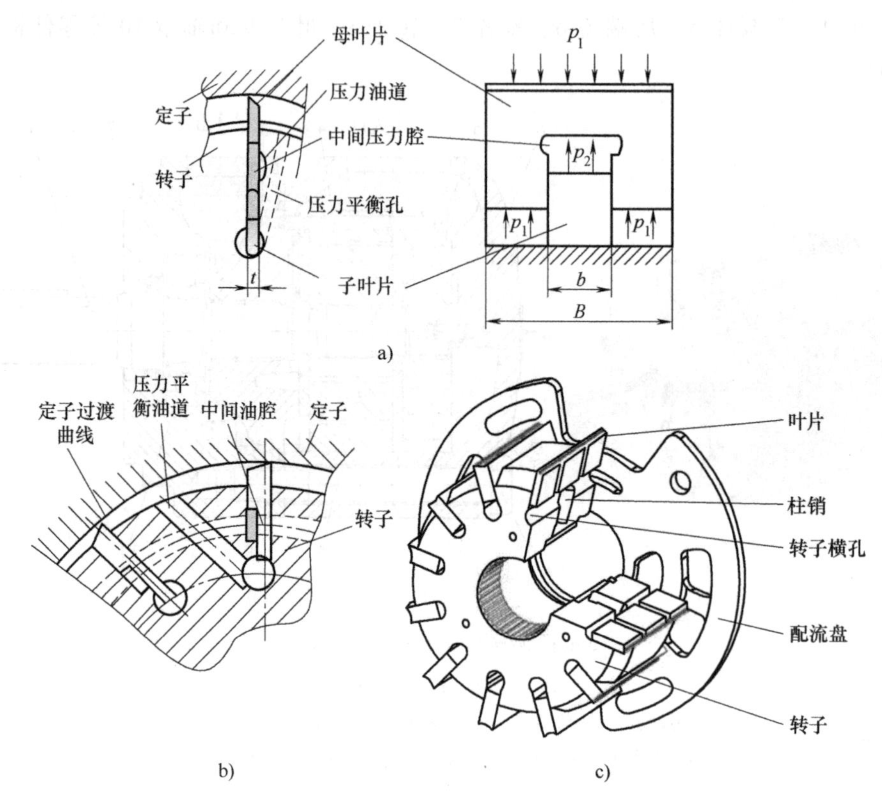

图 3-19 叶片泵叶片结构

a）子母叶片结构 b）阶梯叶片结构 c）柱销叶片结构

装置、辅助装置及静压支承的液压系统需要精确控制工作台横向移动、主轴旋转、工件夹送等动作，要求起动效率高、低速稳定性好、传动效率高、噪声低、经济性好，常采用限压式变量叶片泵或高压双作用叶片泵。

3.4 柱塞泵

柱塞泵是靠柱塞在缸体中做往复运动形成变化的密封容积来实现吸油与压油的液压泵。与齿轮泵和叶片泵相比，柱塞泵压力高，结构紧凑，效率高，流量调节方便，故在需要高压、大流量、大功率的系统中和流量需要调节的场合中，如工程机械、矿山冶金机械、液压机、船舶、飞机上得到广泛的应用。柱塞泵按柱塞的排列和运动方向不同，可分为轴向柱塞泵和径向柱塞泵两大类。其中，轴向柱塞泵的柱塞轴线与传动轴轴线平行或有一定夹角，径向柱塞泵的柱塞轴线与传动轴轴线垂直。轴向柱塞泵按其结构不同可分为斜盘式和斜轴式两大类。

3.4.1 斜盘式轴向柱塞泵的工作原理和流量计算

1. 工作原理

轴向柱塞泵是将多个柱塞配置在同一个缸体的圆周上，并使柱塞中心线与缸体中心线平行的一种泵。轴向柱塞泵有两种形式，斜盘式（直轴式）和斜轴式（摆缸式）。斜盘式轴向柱塞泵如图 3-20 所示，这种泵主体由配油盘 1、缸体 2、柱塞 3 和斜盘 4 组成。柱塞 3 沿圆周均匀分布在缸体 2 内。斜盘 4 轴线与缸体 2 轴线倾斜一定的角度，柱塞 3 靠机械装置或在低压油作用下压紧在斜盘 4 上（图 3-20 所示柱塞泵中为弹簧 6），配油盘 1 和斜盘 4 固定不转，当原动机通过传动轴 5 使缸体 2 转动时，由于斜盘 4 的作用，柱塞 3 在缸体 2 内做往复运动，并通过配油盘 1 的配油窗口进行吸油和压油。按图 3-20 所示回转方向，当缸体 2 转角在 π~2π 范围内时，柱塞 3 向外伸出，柱塞 3 底部缸体孔的密封容积增大，通过配油盘 1 的吸油窗口吸油；在 0~π 范围内，柱塞 3 被斜盘 4 推入缸体 2 中，使缸体孔的密封容积减小，通过配油盘 1 的压油窗口压油。缸体 2 每转一周，每个柱塞 3 各完成一次吸油和一次压油，改变斜盘 4 的倾角大小就能改变柱塞 3 的行程长度，即改变液压泵的排量；改变斜盘 4 的倾角方向，就能改变吸油和压油的方向，使轴向柱塞泵成为双向变量泵。

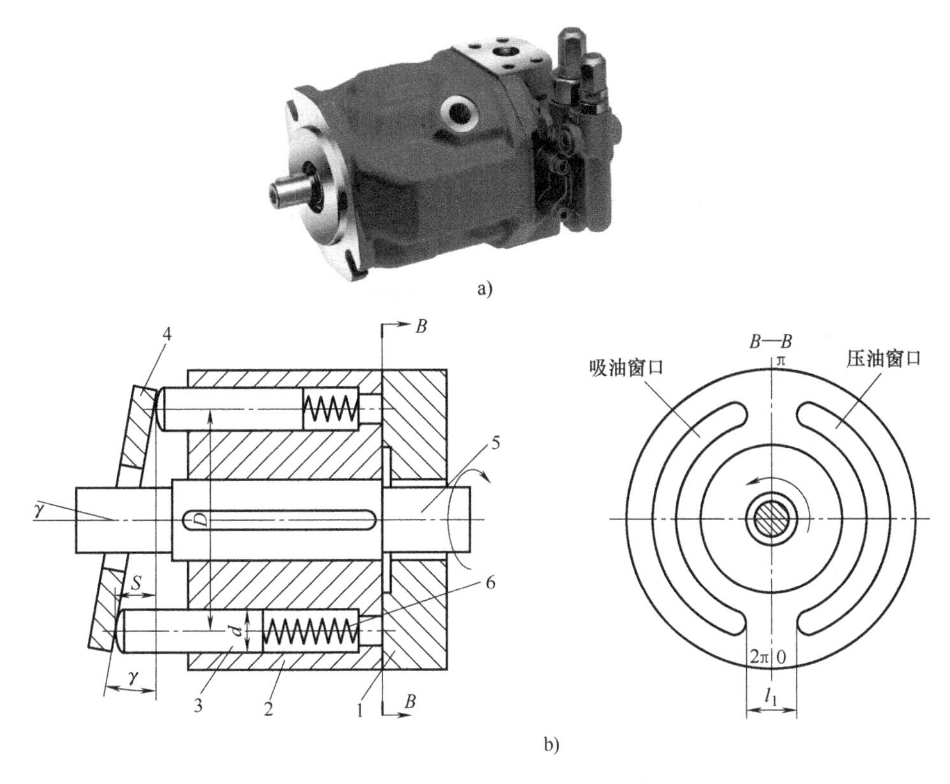

图 3-20　斜盘式轴向柱塞泵

a）实物图　b）结构图

1—配油盘　2—缸体　3—柱塞　4—斜盘　5—传动轴　6—弹簧

配油盘 1 上吸油窗口和压油窗口之间的密封区宽度应稍大于柱塞缸体底部通油孔宽度 l_1。但不能相差太大，否则会发生困油现象。一般在两配油窗口的两端开小三角槽，以减小冲击和噪声。

轴向柱塞泵的优点是结构紧凑、径向尺寸小、惯性小、容积效率高。目前最高压力可达 45MPa，甚至更高，一般用于工程机械、压力机等高压系统中，但其轴向尺寸较大，轴向作用力也较大，结构比较复杂。

2. 流量计算

图 3-20 所示斜盘式轴向柱塞泵的柱塞直径为 d，柱塞分布圆直径为 D，半径为 R，斜盘倾角为 γ，柱塞的行程为

$$S=2R\tan\gamma \tag{3-19}$$

所以当柱塞数为 z 时，轴向柱塞泵的排量为

$$V=\frac{\pi}{2}d^2Rz\tan\gamma \tag{3-20}$$

则轴向柱塞泵的流量为

$$q=\frac{\pi}{2}d^2Rzn\eta_V\tan\gamma \tag{3-21}$$

式中 n——柱塞泵的转速；

η_V——柱塞泵的容积效率。

实际上，由于柱塞在缸体孔中运动的速度不是恒定的，因而输出流量是有脉动的，当柱塞数为奇数时，脉动较小，当柱塞数较多时，脉动也较小，轴向柱塞泵柱塞数 z 与流量脉动 δ_q 的关系见表 3-4。一般常用柱塞泵的柱塞个数为 7、9 或 11，有些小排量柱塞泵采用 5 个柱塞。

表 3-4 轴向柱塞泵柱塞数 z 和流量脉动 δ_q 的关系

z	奇数					偶数			
	5	7	9	11	13	6	8	10	12
δ_q(%)	4.98	2.53	1.53	1.02	0.73	13.9	7.8	1.98	3.45

3.4.2 斜盘式轴向柱塞泵的结构和变量原理

1. 斜盘式轴向柱塞泵的结构

图 3-21 所示为一种斜盘式轴向柱塞泵的结构。柱塞 6 的球状头部安装在滑靴 5 内，以缸体 7 作为支撑的弹簧 10 通过钢球 4 推压回程盘 3，回程盘 3 和柱塞滑靴 5 一同转动。在排油过程中借助斜盘 2 推动柱塞 6 做轴向运动；在吸油时依靠回程盘 3、钢球 4 和弹簧 10 组成的回程装置将滑靴 5 紧紧压在斜盘 2 表面上滑动，弹簧 10 一般称为回程弹簧，这样的泵具有自吸能力。在滑靴 5 与斜盘 2 相接触的部分有滑靴油室，它通过柱塞 6 中间的小孔与缸体 7 中的工作腔相连，液压油进入油室后在滑靴 5 与斜盘 2 的接触面间形成一层油膜，起着静压支承的作用，使滑靴 5 作用在斜盘 2 上的力大大减小，因而磨损也减小。传动轴 9 通过左端的花键带动缸体 7 旋转，由于滑靴 5 贴紧在斜盘 2 表面上，柱塞 6 在随缸体 7 旋转的同时在缸体 7 中做往复运动。缸体 7 中柱塞 6 底部的密封容积是通过配油盘 8 与泵的进出口相通的。随着传动轴 9 的转动，斜盘式轴向柱塞泵就连续地吸油和排油。

2. 斜盘式轴向柱塞泵的结构特点

1）柱塞与缸体柱塞孔之间圆柱环形间隙的加工精度易于保证；缸体与配流盘、滑靴与斜盘之间的平行平板间隙采用静压平衡，间隙磨损后可以补偿，因此轴向柱塞泵的容积效率很高。

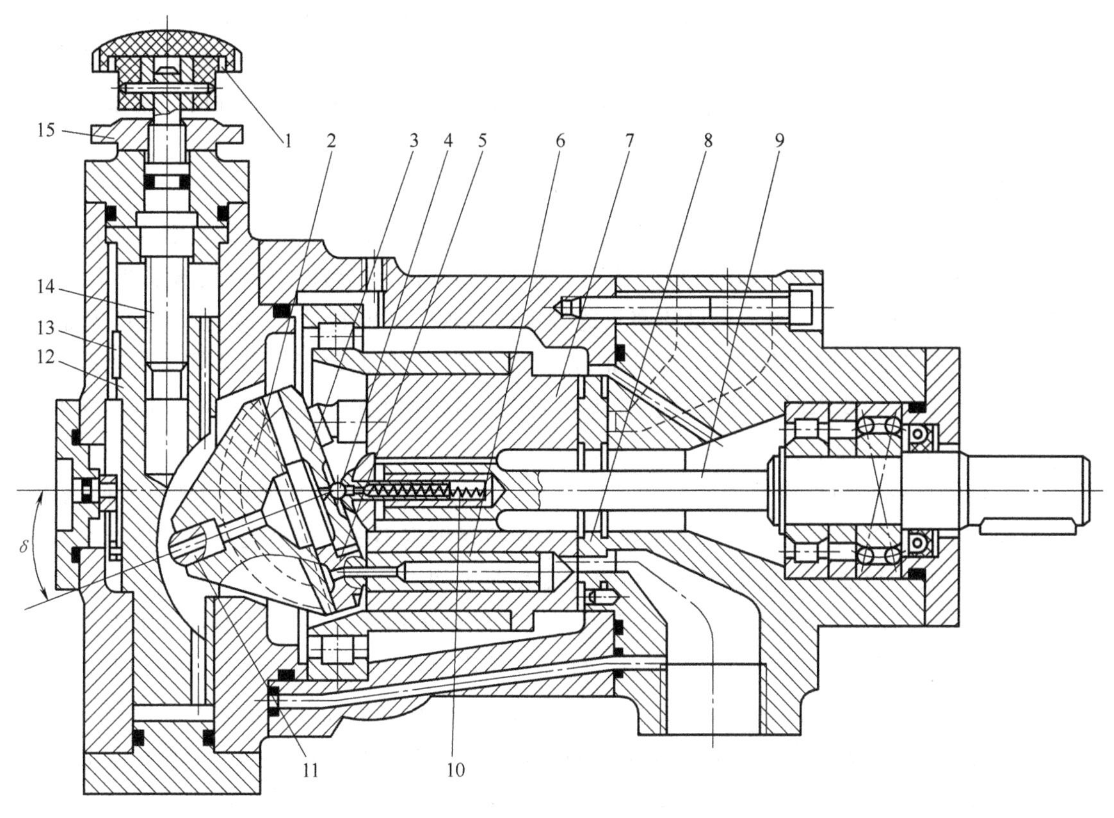

图 3-21 斜盘式轴向柱塞泵结构

1—转动手轮 2—斜盘 3—回程盘 4—钢球 5—滑靴 6—柱塞 7—缸体 8—配油盘 9—传动轴 10—弹簧 11—销轴 12—变量活塞 13—导向键 14—螺杆 15—锁紧螺母

2）由图 3-21 所示轴向柱塞泵结构可见，使缸体紧压配流盘端面的作用力，除机械装置或弹簧的推力外，还有柱塞孔底部所受的液压力，此液压力比弹簧力大很多，而且随泵的工作压力增大而增大，因此缸体始终受力紧贴着配油盘，就使端面间隙自动得到补偿。

3）在斜盘式轴向柱塞泵中，如果各柱塞球头直接接触斜盘而滑动，即为点接触式，这种形式的液压泵，因接触应力大，极易磨损，故只能用在 $p<10\text{MPa}$ 的场合，当工作压力增大时，通常都在柱塞头部安装滑靴，如图 3-22 所示。滑靴按静压原理设计，缸体中的液压

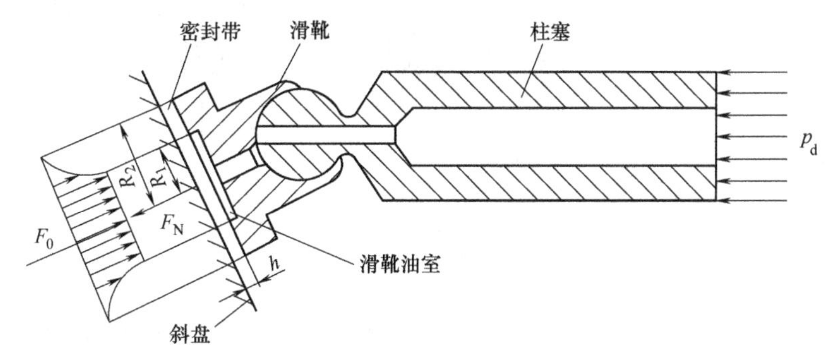

图 3-22 滑靴静压支承结构

油经柱塞球头中间小孔流入滑靴油室，一方面，使滑靴和斜盘间形成液体润滑，减少摩擦磨损；另一方面，滑靴油室和密封带中的油液压力形成液压支撑力 F_0，平衡掉大部分柱塞底部油液压力 p_d 所形成的压紧力 F_N，进而改善接触应力。使用这种结构的轴向柱塞泵压力可达 32MPa 以上，流量也可以很大。

3. 变量原理

（1）手动变量　由式（3-24）可知，只要改变斜盘的倾角，即可改变斜盘式轴向柱塞泵的排量和输出流量。如图 3-21 所示，转动手轮 1，使螺杆 14 转动，带动变量活塞 12 做轴向移动（因导向键 13 的作用，变量活塞只能做轴向移动，不能转动）。通过销轴 11 使斜盘 2 绕变量活塞上的圆弧导轨面的中心（即钢球中心）旋转，从而改变斜盘 2 倾角，达到变量的目的。当流量达到要求时，可用锁紧螺母 15 锁紧。这种变量机构结构简单，但操纵不轻便，且不能在工作过程中实现变量。

（2）伺服变量　为克服手动变量方式的缺点，目前多采用液压伺服机构来放大操纵力，控制斜盘倾角，实现泵在工作中保持功率、压力和流量恒定不变，这就是所谓的恒功率变量泵、恒压变量泵和恒流量变量泵。下面以恒压变量泵为例进行介绍。

图 3-23 所示为恒压变量泵的工作原理图，恒压变量机构通过泵出口压力与压力控制阀的弹簧力之间的平衡来调节泵的输出流量，使泵保持出口压力为定值。工作过程如下：当泵的出口压力未达到调定值之前，压力控制阀处于图 3-23a 所示位置，变量活塞腔内压力与回油接通，斜盘上的弹簧力驱动斜盘处于最大倾角，为定量泵工作模式，向系统提供泵的最大流量；当泵的出口压力达到调定值时，压力控制阀左侧的液压力 p 大于弹簧预紧压力 F_t，压力控制阀接通，高压油液经过压力控制阀进入变量活塞腔内，推动斜盘转动以减小其倾角，减小泵的输出流量。当泵出口压力达到调定值后，无论输出流量如何变化，其输出压力恒定，故称为恒压变量泵。

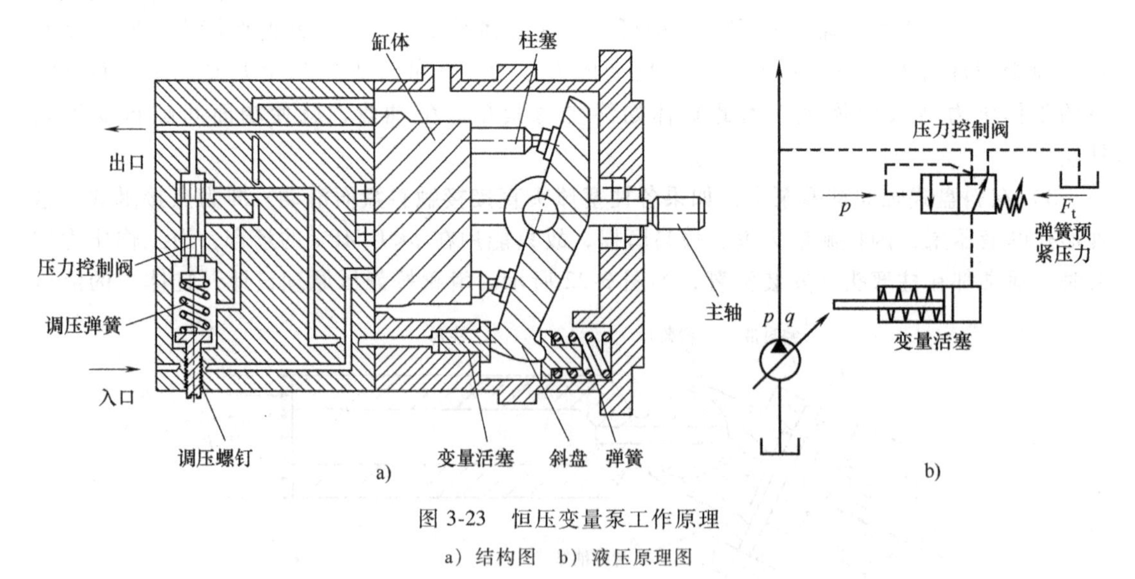

图 3-23　恒压变量泵工作原理

a）结构图　b）液压原理图

恒压变量泵的压力-流量特性曲线如图 3-24 所示。随着工作压力的升高，泵的泄漏量 Δq 也增大，所以其压力-流量特性曲线并不保持水平，而是稍微向下倾斜。Δp 是恒压变量机构控制压力的偏差。在额定压力下，Δp 为额定压力的2%～3%。调节控制弹簧预紧压力 F_t，则可得到不同的恒压特性（p_1、p_2、p_3 等）。恒压工作区间调节原理如下：在某一调定压力下，假如负载所需流量从点 A 变化到点 B，此时如果变量泵不改变输出流量，则系统中流量供过于求，促使泵出口压力 p 升高，$p>F_t$，压力控制阀接通，变量活塞驱动斜盘倾角改变，从而使泵的排量减小，直至与点 B 的流量值相对应，以适应负载所需流量的减小，而又维持调定的系统压力不变，即为恒压变量的工作原理。

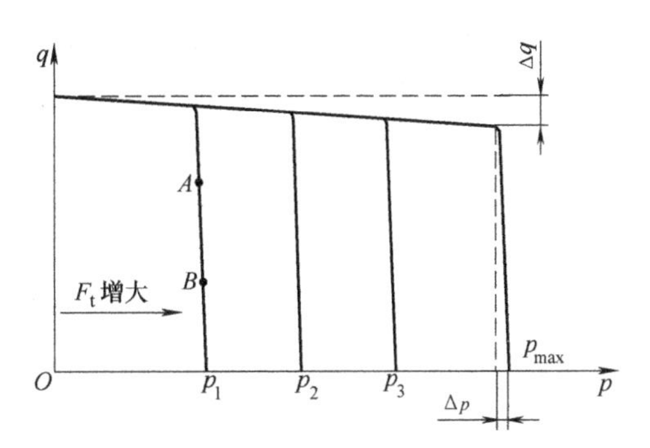

图 3-24 恒压变量泵压力-流量特性曲线

3.4.3 斜轴式轴向柱塞泵

图3-25所示为斜轴式轴向柱塞泵。传动轴5的轴线相对于缸体3有倾角 γ，柱塞2与传动轴5圆盘之间用相互铰接的连杆4相连。当传动轴5沿图3-25d所示方向旋转时，连杆4就带动柱塞2连同缸体3一起绕缸体3的轴线旋转，柱塞2同时也在缸体3的柱塞孔内做往复运动，使柱塞孔底部的密封腔容积不断发生增大和缩小的变化，通过配流盘1上的吸油窗口6和压油窗口7实现吸油和压油。

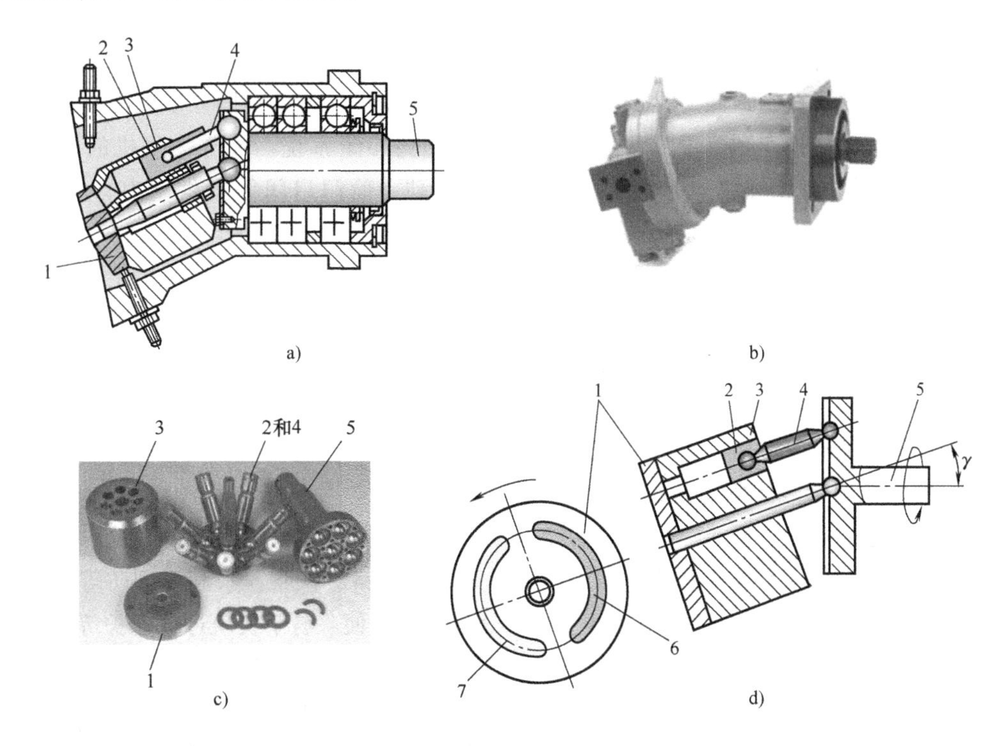

图 3-25 斜轴式轴向柱塞泵

a）结构图 b）实物图 c）主要零件 d）工作原理

1—配流盘 2—柱塞 3—缸体 4—连杆 5—传动轴 6—吸油窗口 7—压油窗口

如图 3-25c 所示，左边的缸体 3 和配流盘 1 都是带球面的，中间是柱塞 2 和连杆 4，右边是传动轴 5 和驱动盘（相当于斜盘式轴向柱塞泵的斜盘）。斜轴式轴向柱塞泵的倾角 γ 较大，驱动盘和轴承的结构也较粗大。

与斜盘式轴向柱塞泵相比较，斜轴式轴向柱塞泵由于缸体所受的不平衡径向力较小，故结构强度较高，可以有较大的设计参数，其缸体轴线与驱动轴的夹角 γ 较大，变量范围较大；但外形尺寸较大，结构也较复杂。目前，斜轴式轴向柱塞泵的使用相当广泛。

在变量形式上，斜盘式轴向柱塞泵靠斜盘摆动变量，斜轴式轴向柱塞泵则靠缸体摆动实现变量，因此，后者的变量系统响应较慢。关于斜轴式泵的排量和流量可参照斜盘式泵的方法计算。

与斜盘式轴向柱塞泵相比较，斜轴式轴向柱塞泵具有以下优点。

1）由于连杆轴线与柱塞轴线之间的夹角小，有效地改善了柱塞与缸体孔之间的摩擦磨损情况。

2）由于柱塞副受力状况的改善，允许斜轴式轴向柱塞泵有较大的倾角，一般为 25°，最大可达 45°，可实现较大范围内的变速。而斜盘式轴向柱塞泵的倾角受侧向力的限制，一般小于 20°。

3）缸体所受的倾覆力矩小，缸体端面与配流盘贴合均匀，泄漏及磨损损失小，容积效率和机械效率高。

3.4.4 柱塞泵的应用实例

1. 飞机液压系统

大型飞机的研发制造能力是国家航空实力的重要体现，关系到国家重大战略需求，因而被列为国家重大科技专项。液压系统是大型飞机的核心子系统，被誉为飞机的“血管和肌肉”，其功能是为舵面操纵、起落架收放、机轮制动、舱门启闭等提供动力，如图 3-26 所示。航空液压泵是飞机液压系统的核心部件，在系统中扮演着类似于“心脏”的重要角色，为系统提供压力和流量。目前绝大多数飞机使用发动机驱动液压泵运转，由于不同飞机液压系统的流量需求、工作时长等均不相同，为减小系统功率损失和发热，使用发动机驱动的液压泵通常采用恒压变量斜盘式轴向柱塞泵结构，工作时保证输出压力恒定，输出流量自动匹配液压系统需求。同时，斜盘式轴向柱塞泵具有功率重量比大、输出压力高、工作效率高等特点，适合在飞机上使用。

2. 盾构机刀盘液压驱动系统

盾构机是集掘进、排渣、衬砌等功能为一体的隧道掘进大型成套装备，技术复杂，附加值高，反映了一个国家装备制造业的水平，是地铁、公路、铁路、水利和国防等基本建设所必需的高端装备。液压传动由于其输出力大、速度调节方便、易于实现过载保护等特点，被应用在盾构机九大子系统中。以刀盘液压驱动系统为例，如图 3-27 所示，驱动转矩在 5000～9000kN·m 范围，采用若干个大排量双向变量斜盘式轴向柱塞泵驱动若干个变量柱塞马达，经过减速机、大齿轮驱动刀盘旋转，满足刀盘超大驱动转矩需求。目前装机的斜盘式轴向柱塞泵最大排量达到 750mL/r，额定压力为 35MPa。

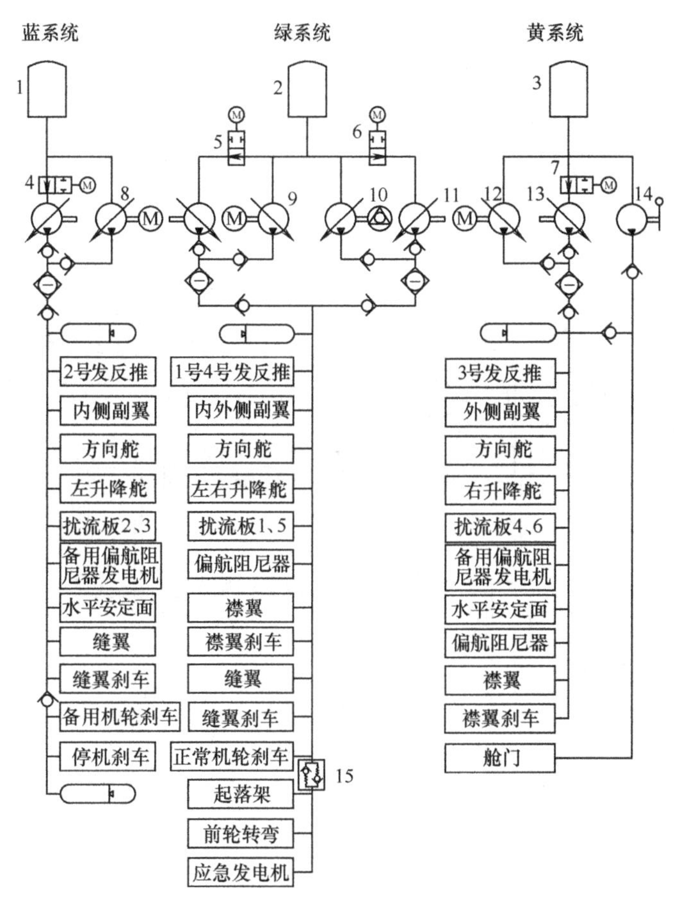

图 3-26　恒压变量斜盘式轴向柱塞泵在飞机上的应用

1～3—油箱　4～7—防火切断阀　8、9、12—电动泵　10—冲压空气涡轮泵
11、13—发动机驱动泵　14—手动泵　15—优先阀

图 3-27　大排量斜盘式轴向柱塞泵在盾构机上的应用

课堂讨论

1. 液压泵常用的工作介质为46号抗磨液压油，如果换成自来水会怎么样？自来水与液压油相比理化特性有哪些差异，会对液压泵带来怎样的影响？哪种液压泵结构类型更适合使用水作为介质实现高工作压力？

2. 斜盘式轴向柱塞泵缸体不转而只有斜盘旋转行不行？应如何配流？滑靴如何运动？

3. 液压泵在深海中使用需注意哪些问题？

4. 根据流体力学基础知识，矿物油的黏度与温度的关系是什么？液压泵在高原高寒地区（如青藏高原）和高温高湿地区（如海南岛）使用应考虑哪些问题？

5. 图 3-28 所示为通轴式斜盘柱塞泵，讨论其设计特点。

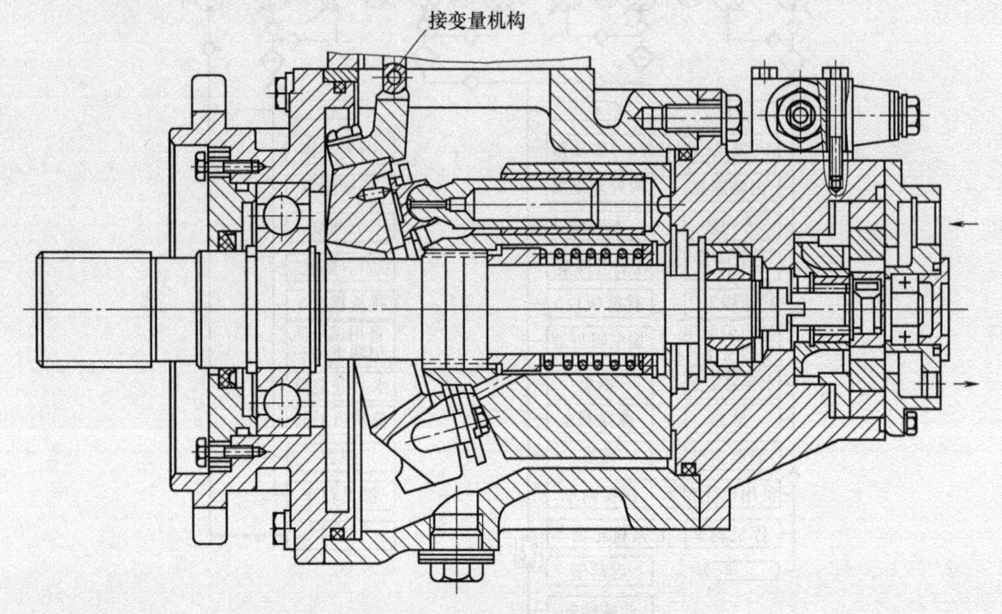

图 3-28　通轴式斜盘柱塞泵

课后习题

一、简答题

1. 简述液压泵工作的必要条件。

2. 为什么柱塞泵一般比齿轮泵或叶片泵能达到更高的压力？

3. 限制齿轮泵压力提高的主要因素是什么？

4. 简述斜盘式轴向柱塞泵中容积效率较高的原因。

5. 简述双作用叶片泵和单作用叶片泵的叶片数、柱塞泵的柱塞数如何取值。

二、填空题

1. 液压泵是一种能量转换装置，它将机械能转换为________，是液压传动系统中的动力元件。

2. 液压泵最高工作压力受________和________限制。

3. 液压泵每转一周，由其几何尺寸计算而得到的排出液体的体积，称为____________。

4. 在不考虑泄漏的情况下，液压泵在单位时间内排出的液体体积称为液压泵的____________。

5. 液压泵在额定压力和额定转速下输出的流量称为液压泵的____________。

6. 齿轮泵的泄漏一般有三个渠道：________、________、________。其中以________最为严重。

7. 斜盘式轴向柱塞泵中存在三对运动摩擦副，分别为__________、__________和__________。

三、计算题

1. 某液压泵的工作油压 $p=10\text{MPa}$，转速 $n=1450\text{r/min}$，排量 $V=46.2\text{mL/r}$，容积效率 $\eta_V=0.95$，总效率 $\eta=0.9$。求该液压泵的输出功率和驱动泵的电动机功率各为多大？

2. 某液压泵排量 $V=10\text{mL/r}$，工作压力 $p=10\text{MPa}$，转速 $n=1500\text{r/min}$，泵的泄漏系数为 $2.5\times10^{-6}\text{mL/Pa}\cdot\text{s}$，机械效率 $\eta_m=0.9$，试求该液压泵的：

1）输出流量；

2）容积效率和总效率；

3）输出功率和输入功率；

4）理论转矩和实际输入转矩。

3. 齿轮泵转速 $n=1200\text{r/min}$，理论流量 $q_t=12.28\text{L/min}$，齿数 $z=8$，齿宽 $B=30\text{mm}$，机械效率 η_m 和容积效率 η_V 均为 90%，工作压力 $p=5\text{MPa}$。试求该齿轮泵的：

1）齿轮模数；

2）输出功率和输入功率。

4. 有一变量轴向柱塞泵，共有 9 个柱塞，其柱塞分布圆直径 $D=125\text{mm}$，柱塞直径 $d=16\text{mm}$，若泵以 $n=3000\text{r/min}$ 的转速旋转，其输出流量 $q=50\text{L/min}$，求其斜盘倾角。

5. 斜盘式轴向柱塞泵斜盘倾角 $\gamma=20°$，柱塞直径 $d=22\text{mm}$，柱塞分布圆直径 $D=68\text{mm}$，柱塞数 $z=7$，机械效率 $\eta_m=0.90$，容积效率 $\eta_V=0.97$，泵转速 $n=1450\text{r/min}$，输出压力 $p=28\text{MPa}$。试求该柱塞泵的：

1）平均理论流量；

2）实际输出的平均流量；

3）输入功率。

第4章 液压马达与液压缸

学习引导

液压马达与液压缸是液压传动系统的执行元件，是将液压动力元件（液压泵）提供的压力能转变为工作机构机械能的能量转换装置。液压马达是输出旋转运动的液压执行元件，液压缸是实现直线往复运动或小于360°的摆动的液压执行元件。本章将对液压马达与液压缸的工作原理、主要参数计算及其工作特点等进行介绍，为液压执行元件的正确选用奠定基础。

4.1 液压马达

4.1.1 液压马达概述

1. 液压马达的特点及分类

（1）液压马达的特点　液压马达与液压泵在工作原理上有可逆性，但因用途不同在结构上有些许差别。

1）液压马达工作中需要正、反转，在结构上应具有对称性，并具有单独的泄油口。

2）液压泵由原动机驱动，而液压马达由具有一定压力的液压油驱动，因此要求时刻保证进油腔和排油腔可靠隔离。

3）液压马达不能仅靠切断进、出油口实现制动，而是需要依靠机械制动装置的辅助实现可靠制动。

4）液压马达必须有较大的起动转矩，要求保证初始密封性。例如，叶片马达必须在叶片根部安装弹簧，以保证叶片始终贴紧定子内表面，以便马达能正常起动。

5）液压泵在结构上需保证具有自吸能力，而液压马达没有这一要求。

（2）液压马达的分类　液压马达按转速的高低可分为高速液压马达和低速液压马达，一般认为额定转速高于500r/min的液压马达属于高速液压马达，额定转速低于500r/min的液压马达属于低速液压马达，其中，高速液压马达的基本型式有齿轮式、叶片式和轴向柱塞式等。低速液压马达的基本型式有摆线式和径向柱塞式，径向柱塞式马达又分为单作用曲轴连杆式、液压平衡式和多作用内曲线式等。

液压马达按排量是否可调节，可以分为定量液压马达和变量液压马达。

液压马达的常见分类如图4-1所示。

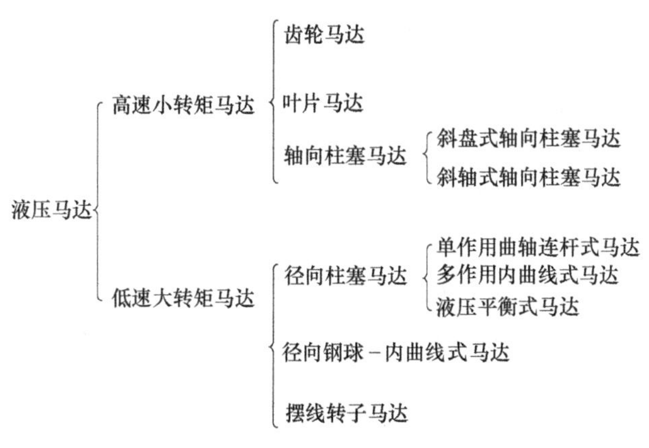

图 4-1 液压马达的常见分类

2. 液压马达的主要性能参数

（1）工作压力和额定压力

1）工作压力 p：液压马达输入油液的实际压力。大小取决于液压马达负载，液压马达进、出口压力的差值称为液压马达的压差 Δp。

2）额定压力 p_s：按试验标准，能使液压马达连续正常运转的最高压力。

（2）流量和容积效率

1）实际流量 q_m：液压马达进口处的流量为液压马达的实际流量。

2）理论流量 q_{mt}：不计泄漏时，达到要求转速的进口流量称为理论流量。

由于液压马达存在泄漏 Δq，因此为达到所需转速，输入液压马达的实际流量应为

$$q_m = q_{mt} + \Delta q \tag{4-1}$$

可见为达到所需转速输入液压马达的实际流量大于所需理论流量。

3）容积效率：达到所需转速时液压马达理论流量和实际流量之比，即

$$\eta_{mV} = \frac{q_{mt}}{q_m} = 1 - \frac{\Delta q}{q_m} \tag{4-2}$$

（3）液压马达的排量和转速

1）排量 V_m：液压马达输出轴每转一周，按几何尺寸计算进入液压马达的液体体积，称为液压马达的排量，有时也称为几何排量、理论排量。液压马达的排量表示其工作容腔的大小，是一个重要的参数。液压马达在工作中输出的转矩大小是由负载转矩决定的。但是，推动同样大小的负载，工作容腔大的液压马达的工作压力要低于工作容腔小的液压马达的工作压力，所以说工作容腔的大小是液压马达工作能力的主要指标，即排量的大小是液压马达工作能力的重要指标。

2）转速 n_m：液压马达的转速取决于所供油液的流量和液压马达本身的排量 V_m，可采用的计算式为

$$n_m = \frac{q_{mt}}{V_m} = \frac{q_m}{V_m}\eta_{mV} \tag{4-3}$$

3）最低稳定转速：液压马达在额定负载下，不出现爬行现象的最低转速，称为最低稳定转速。所谓爬行现象，就是当液压马达工作转速过低时，往往保持不了均匀的速度，进入

时动时停的不稳定状态。实际工作中，一般都期望最低稳定转速越小越好。

4）最高使用转速：液压马达的最高使用转速主要受液压马达使用寿命和机械效率的限制，转速提高后，各运动副的磨损加剧，使用寿命缩短，此外，转速高时液压马达所需要输入的流量大，因此各过流部分的流速相应增大，压力损失也随之增加，从而使机械效率降低。

5）液压马达的功率、转矩和机械效率

根据排量的大小，可以计算在给定压力下液压马达所能输出的转矩的大小，也可以计算在给定的负载转矩下液压马达的工作压力的大小。

若液压马达进、出油口之间的压力差为 Δp，输入液压马达的实际流量为 q_m，则液压马达输入的液压功率为

$$P_{mi} = \Delta p q_m \tag{4-4}$$

若设液压马达输出转矩为 T_m，角速度为 ω，则液压马达输出功率为

$$P_{mo} = T_m \omega = 2\pi n_m T_m \tag{4-5}$$

由能量守恒定律可知，液压马达输出的机械功率应为液压马达的输入液压功率与其总效率的乘积，即

$$2\pi n_m T_m = \Delta p q_m \eta_m \tag{4-6}$$

式中　η_m——液压马达的总效率。

利用式（4-6）可求出液压马达的实际输出转矩，即

$$T_m = \frac{\Delta p V_m}{2\pi} \eta_{mm} \tag{4-7}$$

式中　η_{mm}——液压马达的机械效率。

由于液压马达中各零件间相对运动和油液与零件间相对运动造成的损失，液压马达的实际输出转矩小于理论输出转矩，这两者之比称为液压马达的机械效率，即

$$\eta_{mm} = \frac{T_m}{T_{mt}} \tag{4-8}$$

3. 液压马达的图形符号

液压马达的图形符号如图 4-2 所示。

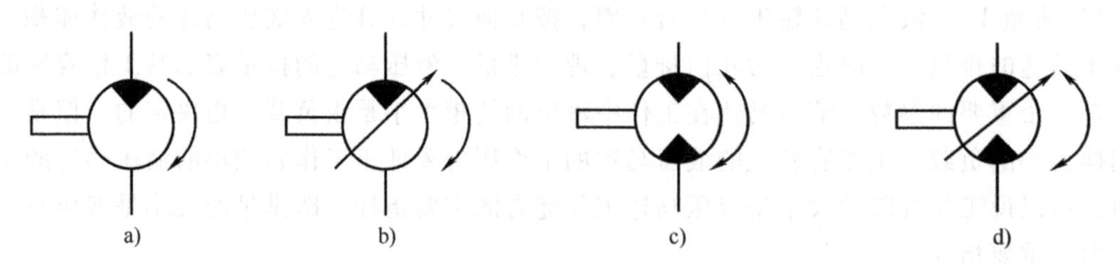

图 4-2　液压马达图形符号

a）单向定量液压马达　b）单向变量液压马达　c）双向定量液压马达　d）双向变量液压马达

4.1.2　高速液压马达

高速液压马达的主要特点是转速较高、转动惯量小、便于起动和制动、调速和换向的灵

敏度高。高速液压马达的输出转矩通常较小（仅几十牛米到几百牛米），所以又称为高速小转矩液压马达。高速液压马达的基本型式有叶片式、轴向柱塞式和齿轮式。

1. 叶片马达

图 4-3 所示为叶片马达的结构原理图。

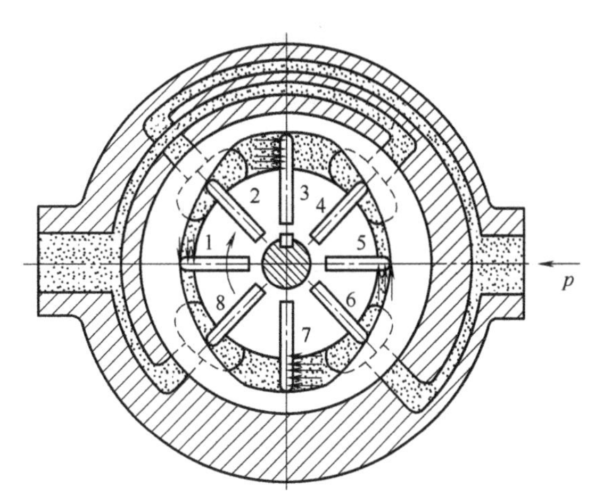

图 4-3　叶片马达的结构原理图

当压力为 p 的油液从进油口进入叶片 1 和叶片 3 之间时，叶片 2 因两面均受液压油的作用所以不产生转矩。叶片 1 和叶片 3 上，一面作用有高压油，另一面为低压油。由于叶片 3 伸出的面积大于叶片 1 伸出的面积，因此作用于叶片 3 上的总液压力大于作用于叶片 1 上的总液压力，于是压力差使转子产生顺时针转矩。同理，高压油进入叶片 5 和叶片 7 之间时，叶片 7 伸出的面积大于叶片 5 伸出的面积，也产生顺时针转矩。这样，就把油液的压力能转变成了机械能，这就是叶片马达的工作原理。当输油方向改变时，液压马达就反转。

叶片马达常常需正、反向回转，因此要保证结构的对称性，叶片马达的进、出油口结构相同，在壳体上设有单独的泄油口，叶片径向放置；为保证初始状态下叶片马达的进油腔和出油腔隔离，叶片马达必须具有叶片压紧机构，保证起动时叶片能紧贴定子内表面，形成密闭的工作容腔。例如，可以在叶片底部设置燕式弹簧，如图 4-4 所示。安装了燕式弹簧的叶片马达如图 4-5 所示。

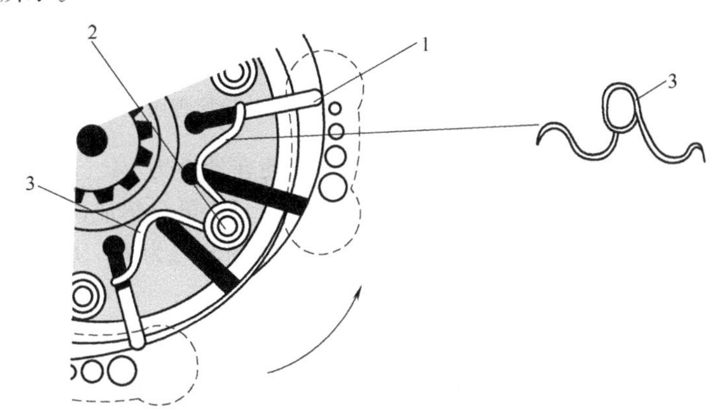

图 4-4　燕式弹簧结构

1—叶片　2—销　3—燕式弹簧

叶片马达体积小，转动惯量小，因此动作灵敏，可适应的换向频率较高。但泄漏较大，不能在很低的转速下工作，因此，叶片马达一般用于要求转速高、转矩小和动作灵敏的场合。

2. 轴向柱塞马达

轴向柱塞马达的结构型式基本上与轴向柱塞泵一样，故其种类也与轴向柱塞泵相同，分为斜盘式轴向柱塞马达和斜轴式轴向柱塞马达两类。斜盘式轴向柱塞马达的结构原理如图 4-6 所示。

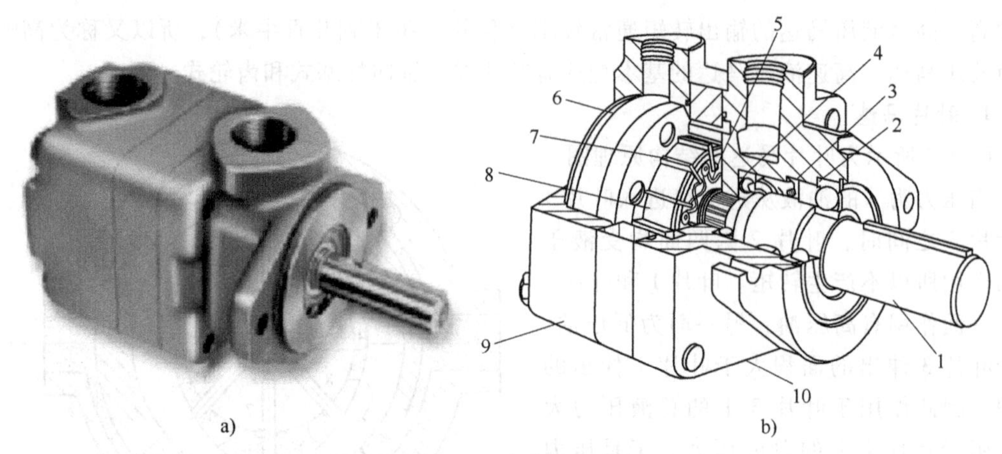

图 4-5 安装了燕式弹簧的叶片马达

a）实物图 b）立体结构图

1—传动轴 2、4—轴承 3—密封 5—燕式弹簧 6—配油盘 7—叶片 8—转子 9—后端盖 10—前端盖

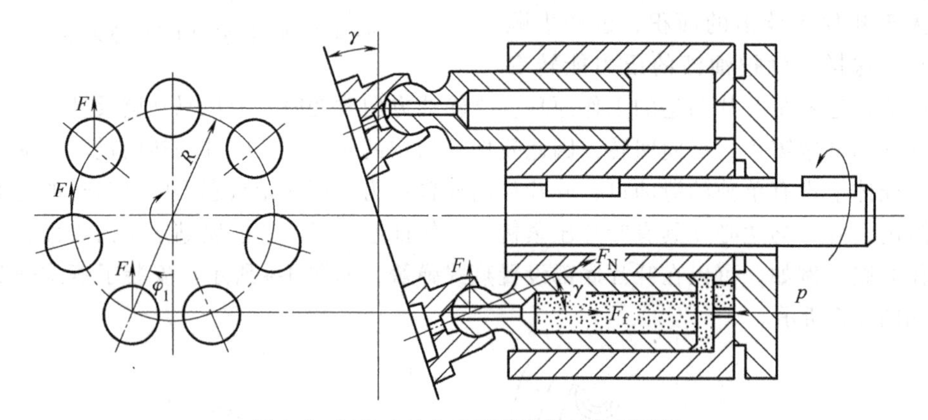

图 4-6 斜盘式轴向柱塞马达的结构原理图

当高压油进入液压马达的高压腔之后，工作柱塞便在油液力 pA（p 为油液压力，A 为柱塞面积）作用下通过滑靴压向斜盘，其反作用力为 F_N。F_N 可分解成两个分力，沿柱塞轴线的分力为 F_f，与柱塞所受液压力平衡；垂直于柱塞轴线的分力为 F，方向向上，这个力便产生了驱动马达旋转的力矩。

斜盘式轴向柱塞马达可以通过改变斜盘的倾角改变排量，进而实现变量。

斜盘式轴向柱塞变量液压马达密封性好，容积效率高，可以用于高压系统，产生较大转矩，因此适合于高速较大转矩场合，广泛用于大功率系统中。

3. 齿轮马达

图 4-7 所示为外啮合齿轮马达的工作原理图，齿轮Ⅰ输出转矩，齿轮Ⅱ为空转齿轮，当高压油输入马达高压腔时，处于高压腔的所有轮齿均受到高压油的作用（图 4-7 中凡是轮齿两侧面受力平衡的部分均未画出），其中，互相啮合的两个轮齿的齿面只有一部分处于高压腔。设啮合点 C 到两个轮齿齿根的距离分别为 a 和 b，输入油液压力为 p，齿宽为 B。由于 a 和 b 均小于齿高 h，因此两个轮齿上就各作用一个使它们产生转矩的作用力 $pB(h-a)$ 和 $pB(h-b)$。在这两个力的作用下，两个齿轮按图 4-7 所示方向旋转，由转矩输出轴输出转矩。随着齿轮的旋转，油液被带到低压腔排出。

齿轮马达的结构与齿轮泵相似，但为适应正、反转要求，齿轮马达内部结构及进、出油管都具有对称性，并且有单独的泄漏油管，将轴承部分泄漏的油液引到壳体外面去，而不能由内部引入低压腔。

齿轮马达密封性差，容积效率较低，输入油液压力不能过高，不能产生较大转矩。并且瞬间转速和转矩随着啮合点的位置变化而变化，因此齿轮马达仅适合于高速小转矩场合。一般用于工程机械、农业机械以及对转矩均匀性要求不高的机械设备上。

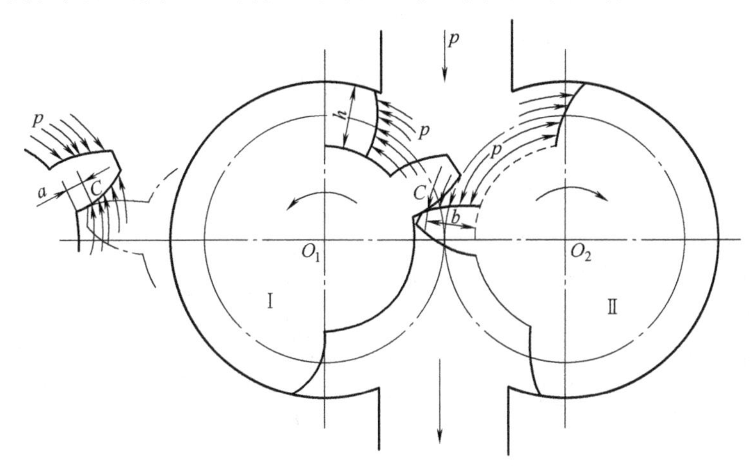

图 4-7 外啮合齿轮马达的工作原理图

4.1.3 低速液压马达

低速液压马达的主要特点是排量大、体积大、转速低（可达每分钟几转），因此可直接与工作机构连接，不需要减速装置，使传动机构大为简化，低速液压马达通常输出转矩较大（可达几千牛米到几万牛米），所以又称为低速大转矩液压马达。其基本型式有摆线式和径向柱塞式。

1. 摆线马达

摆线马达是利用行星减速机构原理（即少齿差原理）的内啮合摆线齿轮液压马达。摆线马达具有结构简单、体积小、质量轻、转矩大等优点。由于这种马达的单位质量功率比大、转速范围宽，使用可靠、低速稳定性较好、性价比高，在工程机械、农业机械等行业中有广泛的应用。

摆线马达按照配流方式的不同，可以分为配流轴式、配流盘式和配流阀式。图 4-8 所示为配流轴式摆线马达的结构图。转定子副是摆线马达的“心脏”，转定子副齿廓曲线是一对共轭曲线，定子齿廓是一段圆弧，转子齿廓为圆弧的共轭曲线（外摆线），配流轴和辅助配流盘是“血管”，是摆线马达能够连续工作的保证。

配流轴的结构如图 4-8c 所示，轴上开有 12 条轴向配流槽（对应 $z_1=6$），其中，6 条相间的配流槽与环形汇流槽 A 相通，同时另外 6 条与环形汇流槽 B 相通。A、B 两槽又分别和马达的进油口、出油口相通（图 4-8b），使 12 条配流槽中的高、低压相间地、周期地和壳体 6 上的 7 个轴向孔 C 相接通，其剖面如图 4-9 所示。这 7 个轴向孔又直接和马达工作容腔相连，使 3 个或 4 个工作腔成为连续分布的高压腔，其余的则为低压腔或过渡腔（困油腔），从而推动马达连续旋转。此外，配流轴兼做传动轴，和转子连在一起同步运动，保证在配流中不出现错配问题。

摆线马达的工作过程如图 4-9 所示。在油液压力推动下，转子在定子内做行星运动时，

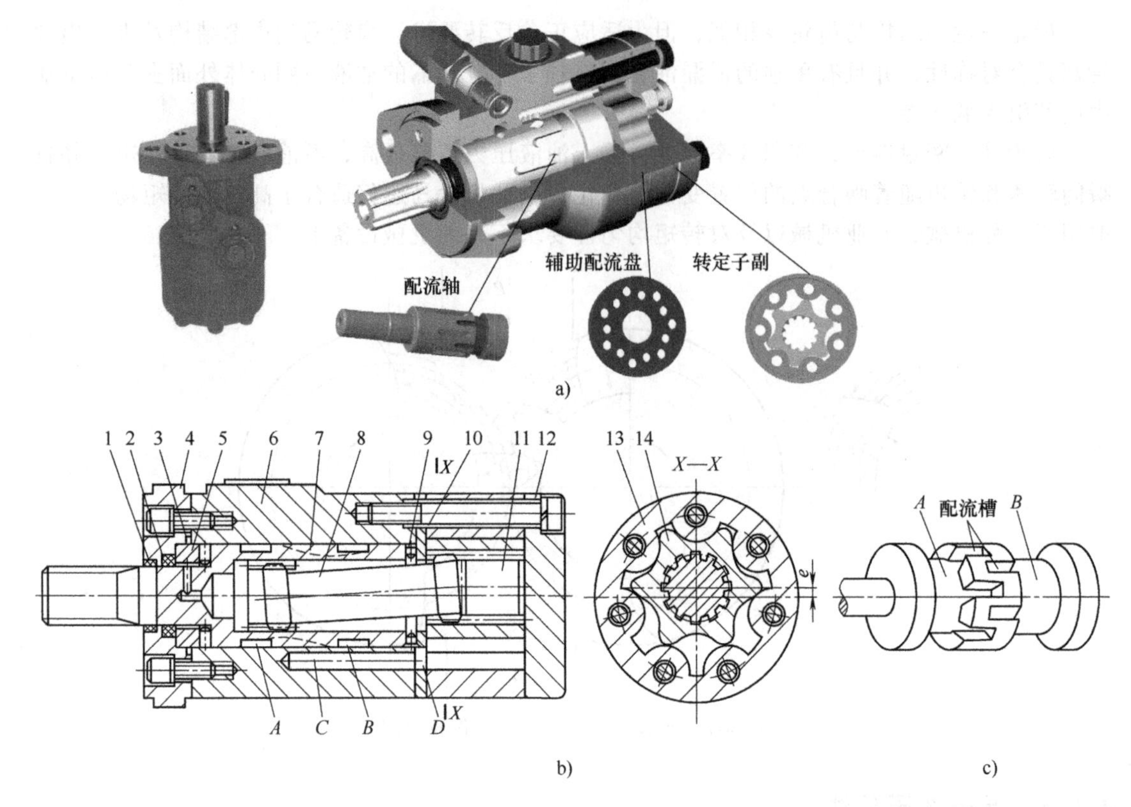

图 4-8 配流轴式摆线马达结构图

a）实物模型图 b）结构图 c）配流轴结构

1、2、3—密封圈 4—前盖 5—止推环 6—壳体 7—配流轴 8—花键联轴器 9—推力轴承 10—辅助配流板 11—限制块 12—后盖 13—定子 14—摆线转子 A、B—环形汇流槽 C、D—孔

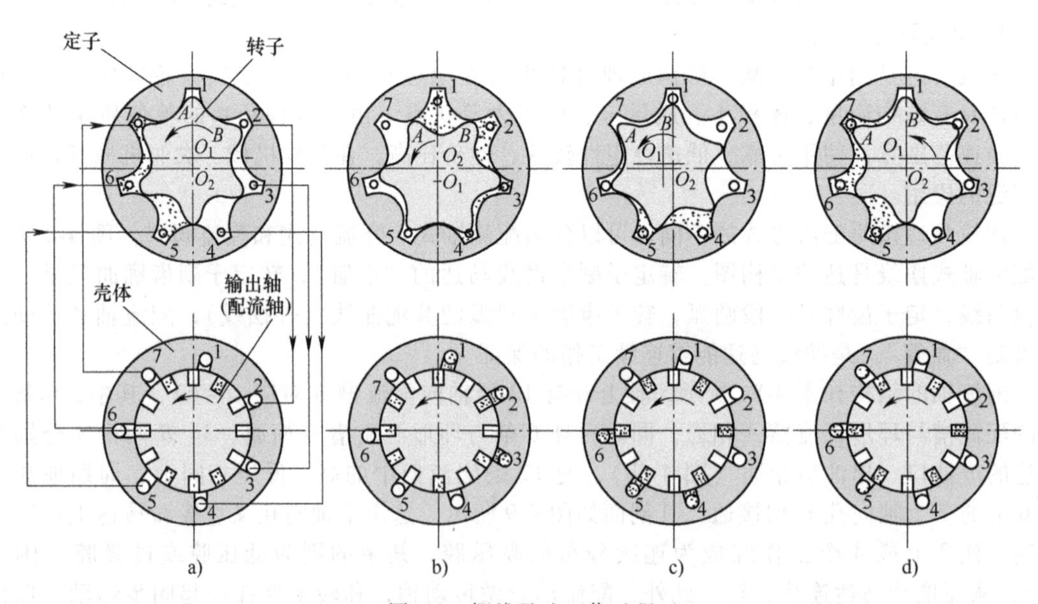

图 4-9 摆线马达工作过程

a）零位 b）轴转 1/14 转 c）轴转 1/7 转 d）轴转 1/6 转

当由初始位置（图 4-9a）绕其中心 O_1 自转过一个齿之后，到达了和初始位置同相位的位置（图 4-9d），即齿 B 占据了齿 A 的原始位置。在上述过程中，定子和转子之间形成的 z_2 个封闭容腔各完成一次进油和排油的封闭腔容积变化的工作循环。在转子自转一个齿的过程中，转子中心 O_1 绕定子中心 O_2 以偏心距 e 为半径转过一周后，又回到图 4-9a 所示的位置上，即转子自转一个齿的同时，转子中心 O_1 绕定子中心 O_2 公转一周。

2. 多作用内曲线径向柱塞马达

多作用内曲线径向柱塞马达的工作原理如图 4-10 所示。定子 1 作为导轨由完全相同的 x 段（图 4-10 中 $x=6$）曲线组成，每段曲线都由对称的进油和回油区段组成。缸体 2 中有 z 个（图 4-10 中 $z=8$）均布的柱塞孔，内置柱塞 5，其底部与配流轴 4 的配流窗口相通。配流轴 4 上有 $2x$ 个配流窗孔，x 个窗孔与高压油接通，对应导轨曲线进油区段，另外 x 个窗口对应曲线的回油区段，并与回油路接通。工作时，在高压油作用下，滚轮 6 顶紧在定子 1 内表面上，滚轮 6 所受到的法向反力 N 可分解为两个方向的分力，即径向分力 F_f 和切向分力 F，其中径向分力 F_f 与推动柱塞 5 向外的液压力相平衡，切向分力 F 通过横梁 3 传递给缸体 2，形成驱动外负载的转矩。同时，处于回油区段的柱塞 5 受压缩回，把低压油从回油窗口排出。当多作用内曲线径向柱塞马达进、出油路互换时，马达反转。

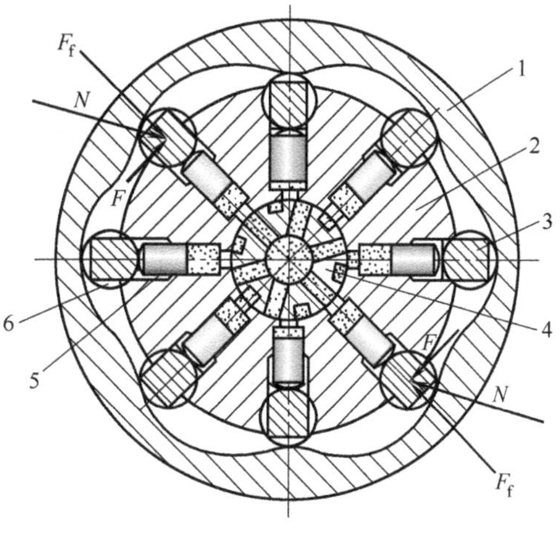

多作用内曲线径向柱塞马达转矩脉动小，径向力平衡，起动转矩大，并能在低速下稳定地运转，因而得到了广泛的应用。

图 4-10　多作用内曲线径向柱塞马达工作原理图
1—定子　2—缸体　3—横梁
4—配流轴　5—柱塞　6—滚轮

4.1.4　液压马达的应用实例

1. 盾构机刀盘液压驱动系统

以盾构机刀盘液压驱动系统为例，如图 4-11 所示，驱动转矩在 5000～9000kN·m 范围，实现刀盘正、反转要求，刀盘在规定的转速范围内可实现无级调速，转速在 3～6r/min 范围。因盾构机刀盘安装空间限制，不能直接采用低速大转矩马达，故采用高速马达加减速器的方案，以实现减速增扭。系统采用多台大排量斜轴式轴向柱塞变量马达作为执行机构，经过减速机、大齿轮驱动刀盘旋转，满足刀盘低速和超大转矩需求。目前采用的轴向柱塞马达最大排量达到 500mL/r，额定压力 35MPa。该马达可以无级设定最大、最小排量，X 口外接控制油使马达在最大、最小排量之间切换。

2. 甘蔗收割机液压系统

甘蔗是我国南部地区重要的农作物之一，甘蔗收获的机械化直接影响甘蔗的种植效益，甘蔗联合收割机是甘蔗收割机械化的主要工具，而液压技术应用于甘蔗联合收割机上又是一个重要的发展方向。甘蔗联合收割机液压系统要求实现行走、扶蔗、收割、压倒梳理、捡拾、剥叶、分叶、输出、切尾、切尾分叶、扶蔗升降、切尾升降和机架升降 13 个动作，甘蔗联合收割机总体机械构成如图 4-12 所示。收割过程中，安装在收割机前端的扶蔗机构 5 将倒伏的甘蔗扶起后，由切尾分叶机构 3 将蔗梢引至切尾机构 4 的圆盘刀处，由高度可调的旋转圆盘切尾刀切去蔗梢，同时在与垄面平齐或垄面以下 6～10cm 处，双圆盘式切蔗刀将蔗杆

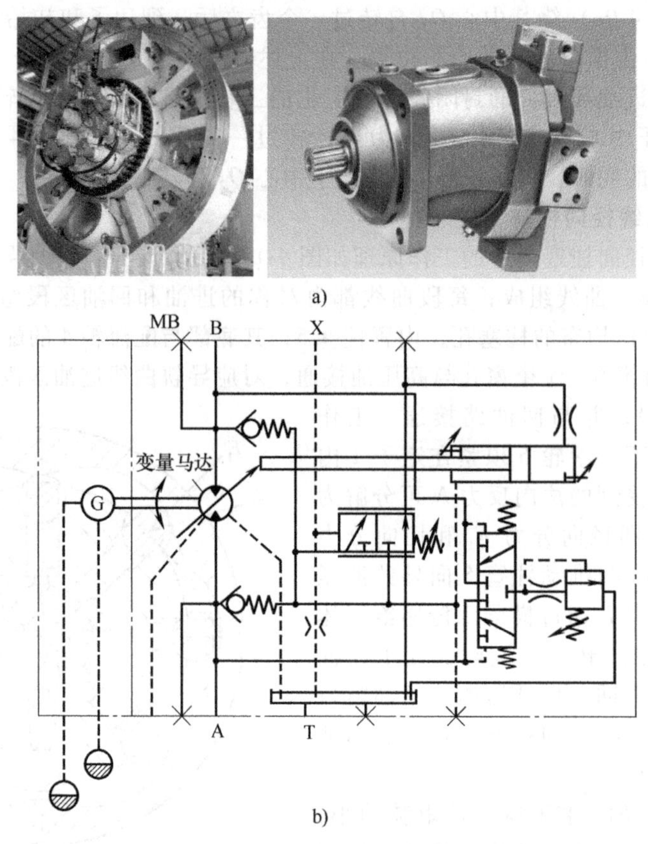

图 4-11 大排量斜轴式轴向柱塞变量马达在盾构机上的应用

a）实物图 b）液压原理图

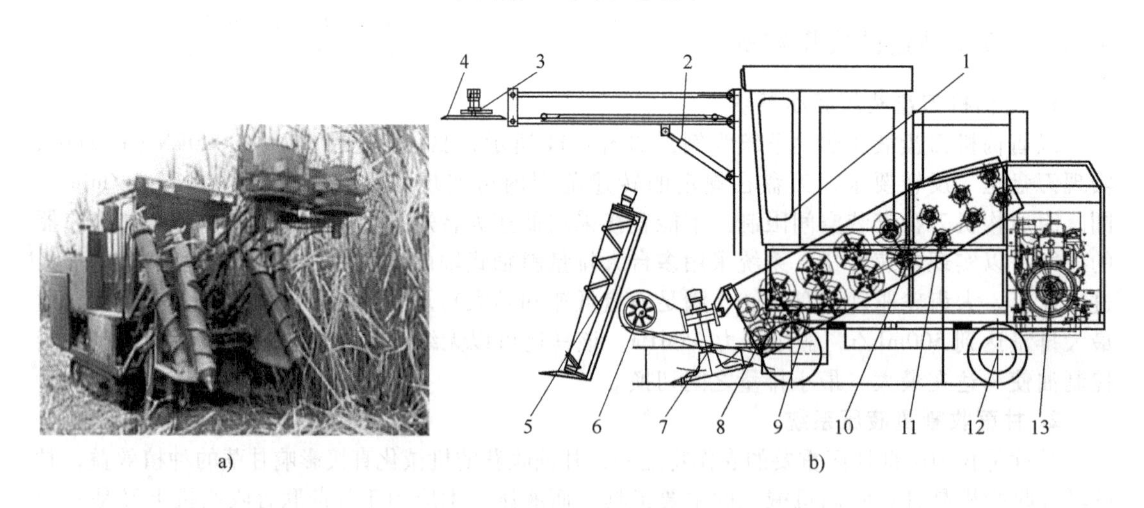

图 4-12 甘蔗联合收割机总体机械构成

a）实物图 b）结构图

1—驾驶室 2—切尾升降机构 3—切尾分叶机构 4—切尾机构 5—扶蔗机构

6—压倒梳理机构 7—刀盘切割机构 8—捡拾机构 9—剥叶机构

10—分叶机构 11—输出机构 12—行走履带 13—发动机

从根部切断，随后由甘蔗捡拾机构 8、剥叶机构 9 和分叶机构 10 通道输出到运输车内。系统执行机构多，且多为旋转运动，行走部分采用高速柱塞马达加减速器，扶蔗机构 5、压倒梳理机构 6、捡拾机构 8、分叶机构 10 因要求转速小于 300r/min，转矩小于 100N · m，故采用低速摆线马达。

4.2 液压缸

液压缸又称为油缸，将液体的压力能转变成工作机构的机械能，实现直线往复或小于 360°摆动的机械运动。液压缸的类型较多，按其结构型式，可分为活塞缸、柱塞缸和伸缩缸等；按作用方式，可分为单作用式和双作用式。液压缸输入为压力和流量，输出为力和速度。

4.2.1 常用液压缸的类型和速度推力特性

1. 活塞缸

活塞缸根据其使用要求不同，可分为双杆活塞液压缸和单杆活塞液压缸两种。

（1）双杆活塞液压缸　两端各有一根相同直径的活塞杆伸出的液压缸称为双杆活塞液压缸，它一般由缸体、缸盖、活塞、活塞杆和密封件等零件构成，其图形符号如图 4-13 所示。

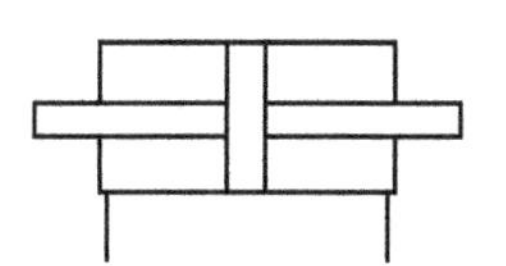

图 4-13　双杆活塞液压缸图形符号

按其安装方式的不同，双杆活塞液压缸分为缸体固定和活塞杆固定两种。图 4-14 所示为缸体固定式安装，工作台与活塞杆连接成一体，若油液进入液压缸的左腔，液压缸右腔的油液流回油箱，则在油液压力的作用下，活塞杆驱动工作台向右运动。若改变油液进、出液压缸的方向，则活塞杆及工作台一起向左运动，如图 4-14 中双点画线所示位置。双杆活塞液压缸采用缸体固定式安装时，其工作台的最大活动范围约为活塞有效行程的三倍。因此这种安装方式占地面积较大，常用于小型机床设备。图 4-15 所示为活塞杆固定式安装，工作台与缸体连接在一起，活塞杆通过支架固定在机床上，采用此种安装方式时，工作台的移动范围等于液压缸有效行程的两倍，因此占地面积小，常用于大中型设备中。

速度和推力特性：由于双杆活塞液压缸两端的活塞杆直径通常是相等的，因此它左、右两腔的有效面积也相等，当分别以相同压力差和流量分别使活塞杆向左和向右运动时，液压缸向左和向右运动的推力和速度的大小也相等，如图 4-16 所示。

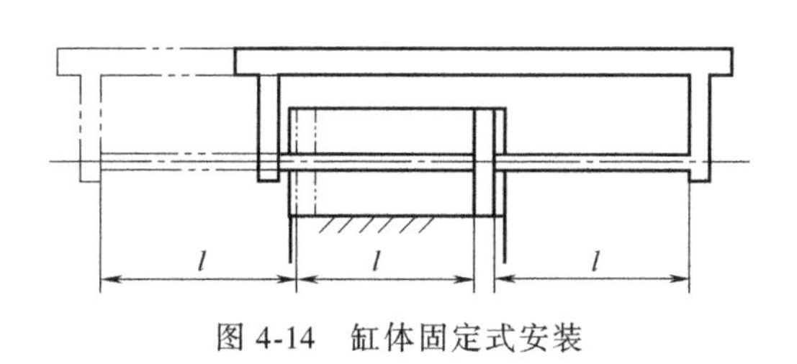

图 4-14　缸体固定式安装

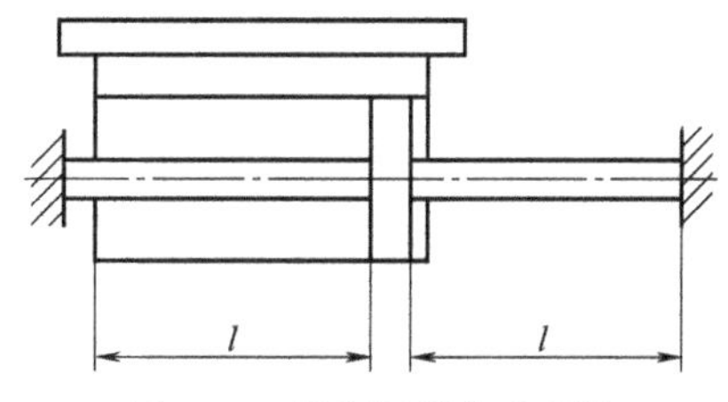

图 4-15　活塞杆固定式安装

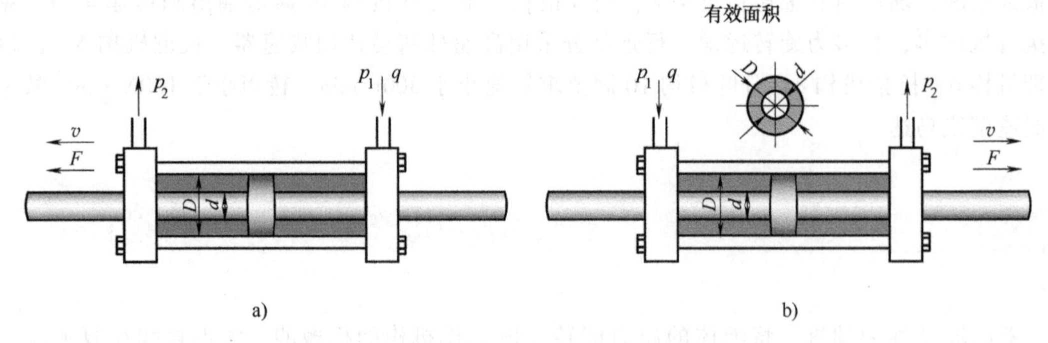

图 4-16 双杆活塞液压缸

a）活塞杆向左运动 b）活塞杆向右运动

当活塞的直径为 D，活塞杆的直径为 d，液压缸进、出油腔的压力为 p_1 和 p_2，输入流量为 q 时，双杆活塞液压缸的推力 F 和速度 v 为

$$F=A(p_1-p_2)\eta_m=\frac{\pi}{4}(D^2-d^2)(p_1-p_2)\eta_m \tag{4-9}$$

$$v=\frac{q}{A}\eta_V=\frac{4q}{\pi(D^2-d^2)} \tag{4-10}$$

式中 A——活塞的有效工作面积，$A=\frac{\pi}{4}(D^2-d^2)$。

（2）单杆活塞液压缸 只有一端带活塞杆的液压缸称为单杆活塞液压缸，其图形符号如图 4-17 所示。单杆活塞液压缸也有缸体固定和活塞杆固定两种形式，它们的工作台移动范围都是活塞有效行程的两倍。

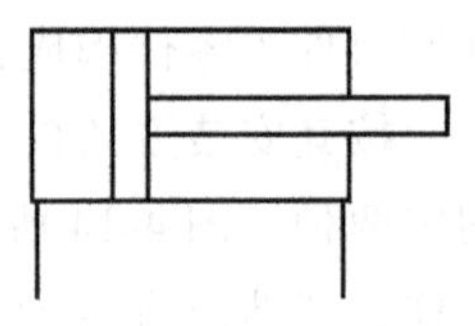

图 4-17 单杆活塞液压缸图形符号

由于单杆活塞液压缸左、右两腔的活塞有效作用面积不相等，因此单杆活塞液压缸具有三种工作方式，如图 4-18 所示。在这三种不同的工作方式中，即使输入液压缸油液的压力和流量相同，其输出的推力和速度大小也各不相同。

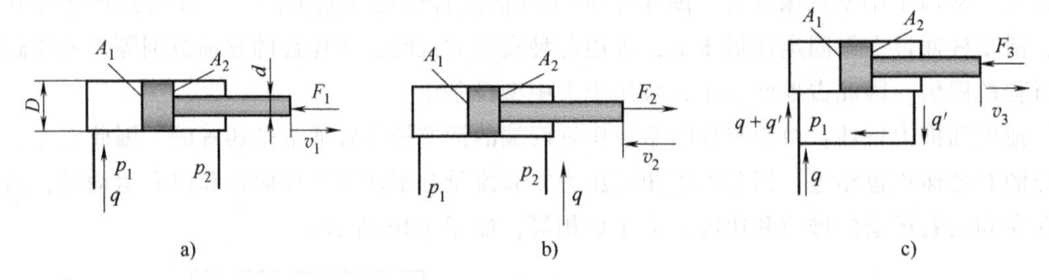

图 4-18 单杆活塞液压缸工作方式

a）无杆腔进油 b）有杆腔进油 c）差动连接

1）如图 4-18a 所示，当无杆腔进油、有杆腔回油时，活塞杆伸出的运动速度为

$$v_1=\frac{q}{A_1}\eta_V=\frac{4q}{\pi D^2}\eta_V \tag{4-11}$$

活塞推力为

$$F_1=(p_1A_1-p_2A_2)\eta_m=\frac{\pi}{4}[D^2p_1-(D^2-d^2)p_2]\eta_m \tag{4-12}$$

若回油腔直接接油箱，则 $p_2\approx0$，则活塞推力为

$$F_1=\frac{\pi}{4}D^2p_1\eta_m \tag{4-13}$$

2）如图4-18b所示，当有杆腔进油、无杆腔回油时，活塞杆缩回的运动速度为

$$v_2=\frac{q}{A_2}\eta_V=\frac{4q}{\pi(D^2-d^2)}\eta_V \tag{4-14}$$

活塞推力为

$$F_2=(p_2A_2-p_1A_1)\eta_m=\frac{\pi}{4}[(D^2-d^2)p_1-D^2p_2]\eta_m \tag{4-15}$$

3）如图4-18c所示，当单杆活塞液压缸两腔同时通入液压油时，由于无杆腔有效作用面积大于有杆腔的有效作用面积，因此活塞上向右的作用力大于向左的作用力，活塞向右运动，活塞杆向外伸出；与此同时，又将有杆腔的油液挤出，使其流入无杆腔，从而加快活塞杆的伸出速度，单杆活塞液压缸的这种连接方式称为差动连接。

差动连接时活塞推力为

$$F_3=p_1(A_1-A_2)\eta_m=\frac{\pi}{4}d^2p_1\eta_m \tag{4-16}$$

活塞杆伸出的运动速度为

$$v_3=\frac{(q+q')\eta_V}{\frac{\pi D^2}{4}}=\frac{q\eta_V+\frac{\pi}{4}(D^2-d^2)v_3}{\frac{\pi D^2}{4}}$$

化简可得

$$v_3=\frac{4q}{\pi d^2}\eta_V=\frac{q}{A_1-A_2}\eta_V \tag{4-17}$$

若将 F_1、F_2、F_3 和 v_1、v_2、v_3 分别比较便可看出

$$F_1>F_2,F_1>F_3,v_1<v_2,v_1<v_3$$

即无杆腔进油时产生的推力大、速度低；差动连接和有杆腔进油时产生的推力小、速度高。所以，单杆活塞液压缸常用在“快进（差动连接）→工进（无杆腔进油）→快退（有杆腔进油）”的液压系统中。如果要求往返速度相等，则由式（4-14）和式（4-17）得

$$\frac{4q}{\pi(D^2-d^2)}=\frac{4q}{\pi d^2},\quad 即\ D=\sqrt{2}d \tag{4-18}$$

把单杆活塞液压缸实现差动连接，并按 $D=\sqrt{2}d$ 设计缸体内径和活塞杆直径的液压缸称为差动液压缸。差动连接是在不增加液压泵容积和功率的条件下，实现快速运动的有效方法。但需要注意的是，退回时要解除差动连接。

例4-1　已知差动液压缸的无杆腔面积 $A_1=50\text{cm}^2$，有杆腔面积 $A_2=25\text{cm}^2$，差动连接时，负载 $F=27.6\text{kN}$，机械效率 $\eta_m=0.92$，容积效率 $\eta_V=0.95$，试求：1）该液压缸的供油压力大

小；2）当活塞以95cm/min的速度运动时所需的供油量；3）液压缸的输入功率。

解：1）差动液压缸推力为

$$F=(A_1-A_2)p\eta_m$$

因此，供油压力为

$$p=\frac{F}{(A_1-A_2)\eta_m}=\frac{27.6\times10^3}{(50-25)\times10^{-4}\times0.92}\text{Pa}=12\times10^6\text{Pa}$$

2）由于差动液压缸的活塞杆伸出运动速度为

$$v=\frac{q\eta_V}{A_1-A_2}$$

因此，供油流量为

$$q=\frac{(A_1-A_2)v}{\eta_V}=\frac{(50-25)\times95}{0.95}\text{mL/min}=2500\text{mL/min}=2.5\text{L/min}$$

3）液压缸的输入功率为

$$P_i=pq=12\times10^6\times\frac{2.5\times10^{-3}}{60}\text{W}=500\text{W}$$

例 4-2 已知单杆活塞液压缸内径 $D=80$mm，活塞杆直径 $d=55$mm，活塞杆推动重量 $G=8500$N 的工作台，通过工作台推动的负载 $F=3000$N，起动0.4s后，液压缸达到稳态速度 $v=50$m/min，设工作台与导轨的摩擦系数 $f=0.2$，液压缸回油压力 $p_2=5\times10^5$Pa，机械效率 $\eta_m=0.95$，试确定驱动液压缸的进油压力 p_1。（$g=10\text{m/s}^2$，忽略负载产生的摩擦力和惯性力）

解：由式（4-12）得，无杆腔进油时液压缸的活塞推力为

$$F_L=(A_1p_1-A_2p_2)\eta_m$$

液压缸的活塞推力等于液压缸所受合外力，即

$$F_L=F+Gf+ma=\left(3000+8500\times0.2+\frac{8500}{10}\times\frac{50/60}{0.4}\right)\text{N}=6.47\text{kN}$$

无杆腔面积为

$$A_1=\frac{\pi}{4}D^2=\frac{\pi}{4}\times(80\times10^{-3})^2\text{m}^2=16\pi\times10^{-4}\text{m}^2$$

有杆腔面积为

$$A_2=\frac{\pi}{4}(D^2-d^2)=\frac{\pi}{4}(8^2-5.5^2)\times10^{-4}\text{m}^2=8.4375\pi\times10^{-4}\text{m}^2$$

代入液压缸的活塞推力式可得，驱动液压缸的进油压力为

$$p_1=\left(\frac{F_L}{\eta_m}+A_2p_2\right)\frac{1}{A_1}=\left(\frac{6.47\times10^3}{0.95}+8.4375\pi\times10^{-4}\times5\times10^5\right)\frac{1}{16\pi\times10^{-4}}\text{Pa}\approx1.63\text{MPa}$$

2. 柱塞缸

图4-19a所示的柱塞缸，它只能实现一个方向的运动控制，反向运动要靠外力，若需要实现双向运动，则必须成对使用。图4-19b所示的这种液压缸中的柱塞1和缸筒2不接触，运动时由导向套3来导向，因此缸筒2的内壁不需要精加工，它特别适合用于行程较长的场合。

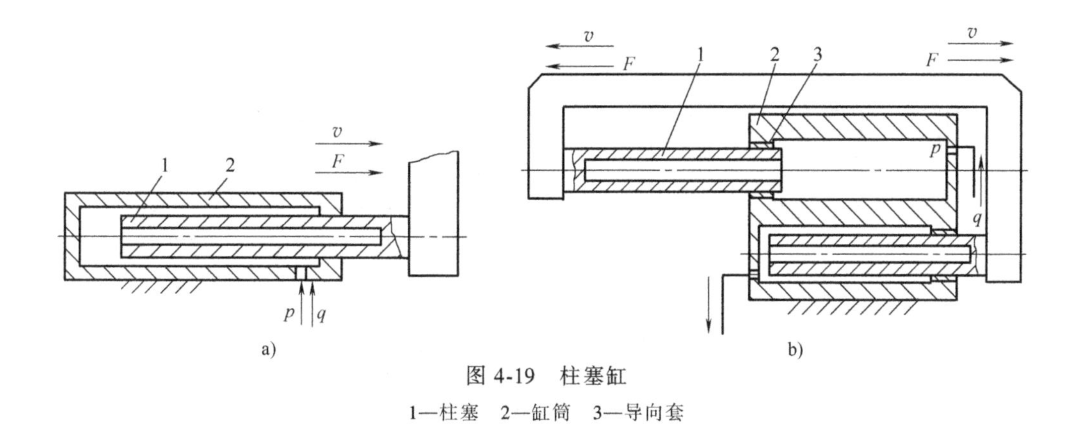

图 4-19　柱塞缸

1—柱塞　2—缸筒　3—导向套

当输入柱塞缸的液体压力为 p，流量为 q，柱塞直径为 d，不考虑效率时，柱塞缸输出的推力和速度分别为

$$F=Ap=\frac{\pi}{4}d^2p \tag{4-19}$$

$$v=\frac{q}{A}=\frac{4q}{\pi d^2} \tag{4-20}$$

4.2.2　其他形式液压缸

1. 增压液压缸

增压液压缸又称为增压器，它利用活塞和柱塞有效面积的不同使液压系统中的局部区域获得高压。增压液压缸有单作用和双作用两种型式，单作用增压液压缸的工作原理如图 4-20a 所示，当输入活塞缸的油液压力为 p_1，活塞直径为 D，柱塞直径为 d 时，柱塞缸中输出的油液压力为高压，其值为

$$p_2=p_1\left(\frac{D}{d}\right)^2=Kp_1 \tag{4-21}$$

式中　K——增压比，代表增压液压缸的增压程度。

增压液压缸的增压能力是在降低有效流量的基础上得到的，也就是说增压液压缸仅仅增大输出的压力，并不能增大输出的能量。

单作用增压液压缸在柱塞运动到终点时，不能再输出高压油液，需要靠外力将活塞退回到左端位置。为了克服这一缺点，可采用双作用增压液压缸，由两个进油端连续交替向增压缸供油，如图 4-20b 所示。

2. 伸缩液压缸

伸缩液压缸由两个或多个活塞缸套装而成，前一级活塞缸的活塞杆内孔是后一级活塞缸的缸筒，伸出时可获得很长的工作行程，缩回时可保持很小的结构尺寸，伸缩液压缸被广泛应用于大型装卸车、起重运输车辆和液压龙门起重机等机械装置中。

伸缩液压缸可以是如图 4-21a 所示的双作用伸缩液压缸，也可以是如图 4-21b 所示的单作用伸缩液压缸，前者靠液压回程，后者靠外力回程。

伸缩液压缸的外伸动作是逐级进行的。当通入液压油时，活塞有效面积最大的缸筒以最低油

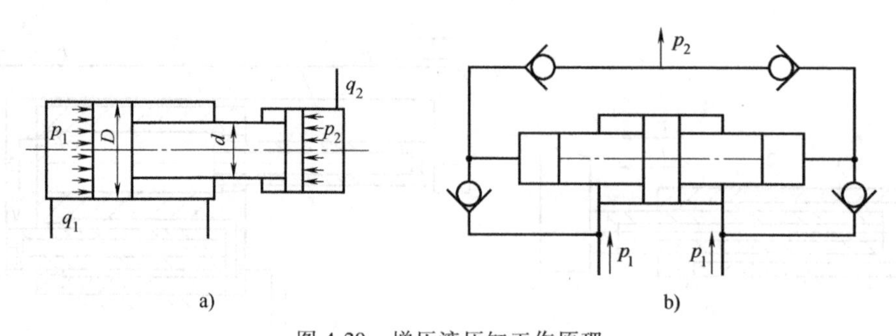

图 4-20 增压液压缸工作原理

a）单作用增压液压缸 b）双作用增压液压缸

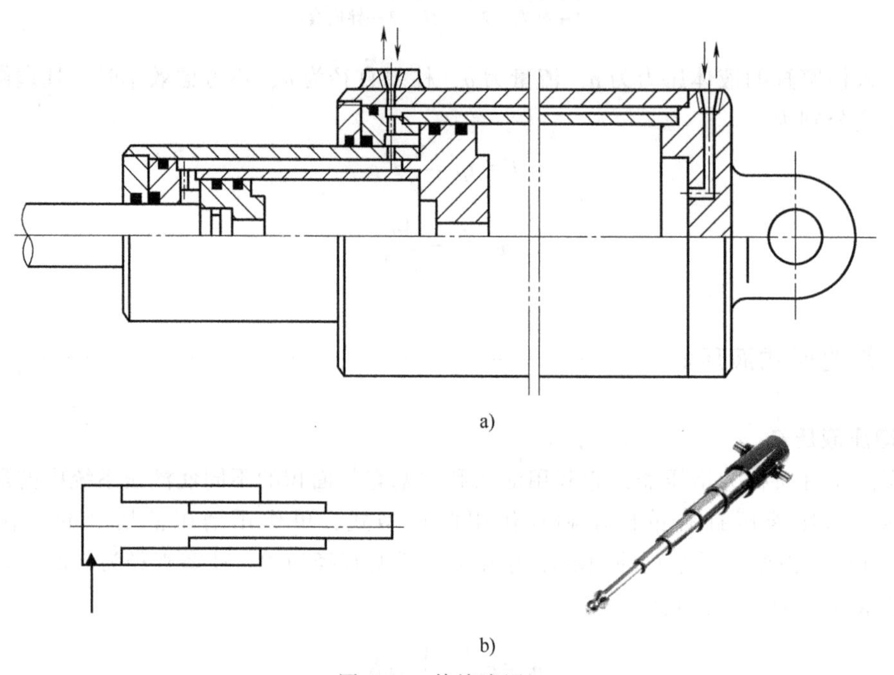

图 4-21 伸缩液压缸

a）双作用伸缩液压缸 b）单作用伸缩液压缸

压力开始外伸，当到达行程终点后，有效面积次之的缸筒开始外伸，依此类推，活塞直径最小的末级最后伸出。在液压缸筒逐级伸出的过程中，随着工作级数变大，外伸缸筒直径变小，工作油液压力变高，伸出速度加快。各级压力和速度可按活塞式液压缸有关公式计算。

3. 齿条活塞液压缸

齿条活塞液压缸由带有齿条杆的双作用活塞缸和齿轮齿条传动机构组成，如图 4-22 所示。液压油进入液压缸后，推动齿条活塞做往复直线运动，进而带动齿轮转动，用于实现工作部件的往复摆动或间歇进给运动。

4. 摆动液压缸

摆动液压缸能实现小于 360°的往复摆动，由于它可直接输出转矩，故又称为摆动液压马达，主要有单叶片式和双叶片式两种结构型式。

如图 4-23 所示，摆动液压缸主要由定子块 1、缸体 2、摆动轴 3、叶片 4、左右支承盘和左右盖板等主要零件组成。定子块 1 固定在缸体 2 上，叶片 4 和摆动轴 3 固连在一起，当两

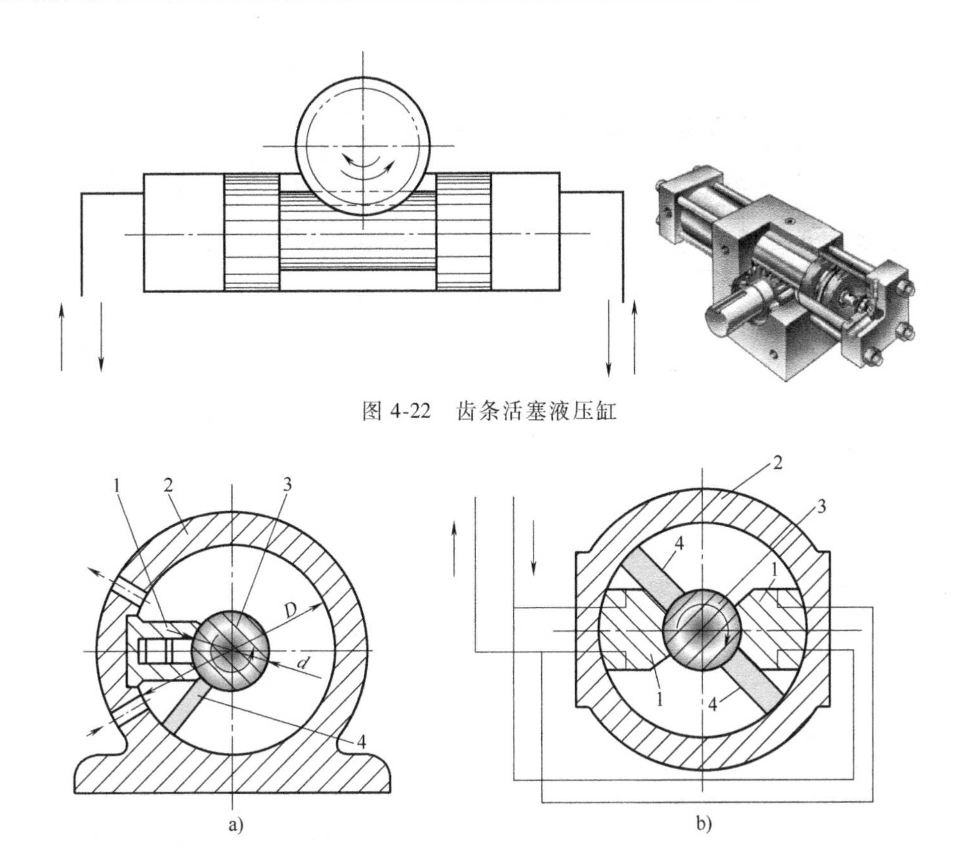

图 4-22 齿条活塞液压缸

图 4-23 摆动液压缸

a）单叶片式 b）双叶片式

1—定子块 2—缸体 3—摆动轴 4—叶片

油口相继通以液压油时，叶片 4 即带动摆动轴 3 做往复摆动。

当输入压力和流量不变时，双叶片摆动液压缸摆动轴输出转矩是相同参数单叶片摆动液压缸的两倍，而摆动角速度则是单叶片摆动液压缸的一半。单叶片摆动液压缸的摆角一般不超过 280°，双叶片摆动液压缸的摆角一般不超过 150°。

摆动液压缸的主要特点是结构紧凑，但加工制造比较复杂。在机床上，摆动液压缸可用于回转夹具、送料装置、间歇进刀机构等中；在隧道机械液压凿岩台车上，摆动液压缸用于实现凿岩臂的摆动；在液压挖掘机、装载机上，摆动液压缸可用于铲斗的回转机构中。

4.2.3 液压缸的典型结构和组成

1. 液压缸的典型结构

液压缸通常由后端盖、缸筒、活塞杆、活塞组件、前端盖等主要部分组成。为防止油液向液压缸外泄漏或由高压腔向低压腔泄漏，在缸筒与端盖、活塞与活塞杆、活塞与缸筒、活塞杆与前端盖之间均设置有密封装置，在前端盖外侧，还有防尘装置。为防止活塞快速退回到行程终端时撞击端盖，液压缸端部还设置缓冲装置，有时还需设置排气装置。

图 4-24 所示为双作用单活塞杆液压缸结构图。该液压缸主要由缸底 1、缸筒 6、端盖 10、活塞 4、活塞杆 7 和导向套 8 等组成。缸筒 6 一端与缸底 1 焊接，另一端与端盖 10 采用

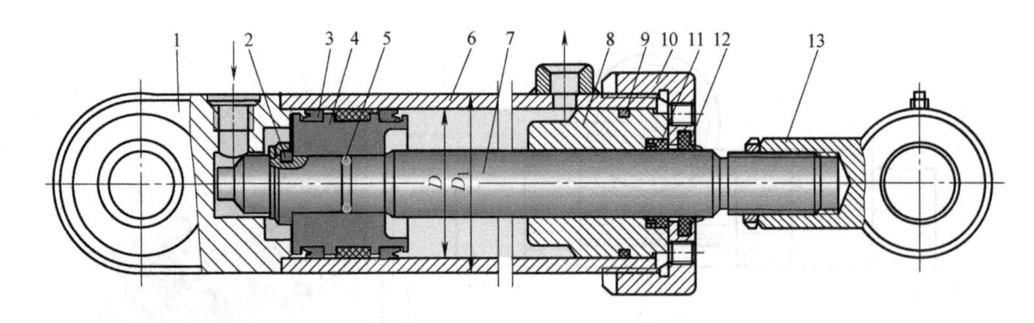

图 4-24 双作用单活塞杆液压缸结构图

1—缸底 2—卡键 3、5、9、11—密封圈 4—活塞 6—缸筒 7—活塞杆

8—导向套 10—端盖 12—防尘圈 13—耳轴

螺纹连接。活塞 4 与活塞杆 7 采用卡键 2 连接。为了保证液压缸的可靠密封，在相应部位设置了密封圈 3、5、9、11 和防尘圈 12。

图 4-25 所示为一空心双活塞杆式液压缸的结构。由图 4-25 可见，液压缸的左、右两腔是通过油口 b 和 d 经空心活塞杆 1 和 15 的中心孔与左、右径向孔 a 和 c 相通的。由于活塞杆 1 和 15 固定在床身上，缸筒 10 固定在工作台上，在径向孔 c 接通高压油、径向孔 a 接回油管路时，工作台向右移动；反之，则工作台向左移动。缸筒 10 两端外圆上套有钢丝环 12、21，用于阻止压板 11、20 向外移动，从而通过螺栓将缸盖 18、24 与压板 11、20 相连(图 4-25 中未画出)，并把缸盖 18、24 压紧在缸筒 10 的两端。空心活塞杆 1 的一端用堵头 2 堵死，并用锥销 9、22 与活塞 8 相连。缸筒 10 相对于空心活塞杆 1、15 的运动由左、右两个导向套 6 和 19 导向。活塞 8 与缸筒 10 之间，缸盖 18、24 与空心活塞杆 1、15 之间，以及缸盖 18、24 与缸筒 10 之间分别用 O 形密封圈 7、V 形密封圈 4、17 和纸垫 13、23 进行密封，以防止油液的内、外泄漏。缸筒 10 在接近行程的左、右终点时，径向孔 a 和 c 的开口逐渐减小，对移动部件起缓冲制动作用。为了排除液压缸中残留的空气，缸盖 18、24 上设置有排气孔 5 和 14，经导向套环槽的侧面孔道引出与排气阀相连。

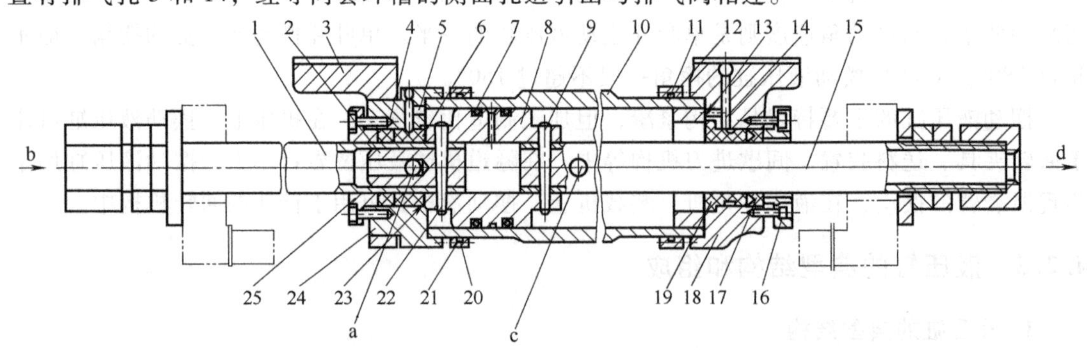

图 4-25 空心双活塞杆式液压缸的结构

1、15—空心活塞杆 2—堵头 3—托架 4、17—V 形密封圈 5、14—排气孔 6、19—导向套 7—O 形密封圈

8—活塞 9、22—锥销 10—缸筒 11、20—压板 12、21—钢丝环 13、23—纸垫

16、25—压盖 18、24—缸盖

2. 液压缸的组成

从上述液压缸典型结构中可以看到，液压缸的结构基本上可以分为缸筒和缸盖、活塞和

活塞杆、密封装置、缓冲装置和排气装置五部分。

（1）缸筒和缸盖　一般来说，缸筒和缸盖的结构型式与其使用的材料有关。当工作压力 $p<10$MPa 时，使用铸铁；当工作压力 10MPa $\leqslant p<20$MPa 时，使用无缝钢管；当工作压力 $p\geqslant 20$MPa 时，使用铸钢或锻钢。

图 4-26 所示为缸筒和缸盖的常见结构型式。图 4-26a 所示为法兰连接式，其结构简单，容易加工，也容易装拆，但外形尺寸和重量都较大，常用于铸铁制的缸筒上。图 4-26b 所示为半圆环连接式，它的缸筒壁部因开了环形槽而削弱了强度，为此有时要加厚缸筒壁，便于加工和装拆，常用于无缝钢管或锻钢制的缸筒上。图 4-26c 所示为螺纹连接式，它的缸筒端部结构复杂，外径加工时要求保证内、外表面同心，装拆要使用专用工具。它的外形尺寸和重量都较小，常用于无缝钢管或铸钢制的缸筒上。图 4-26d 所示为拉杆连接式，这种结构的通用性大，容易加工和装拆，但外形尺寸较大，且较重。图 4-26e 所示为焊接连接式，其结构简单，尺寸小，但缸筒底部内径不易加工，且可能引起变形。

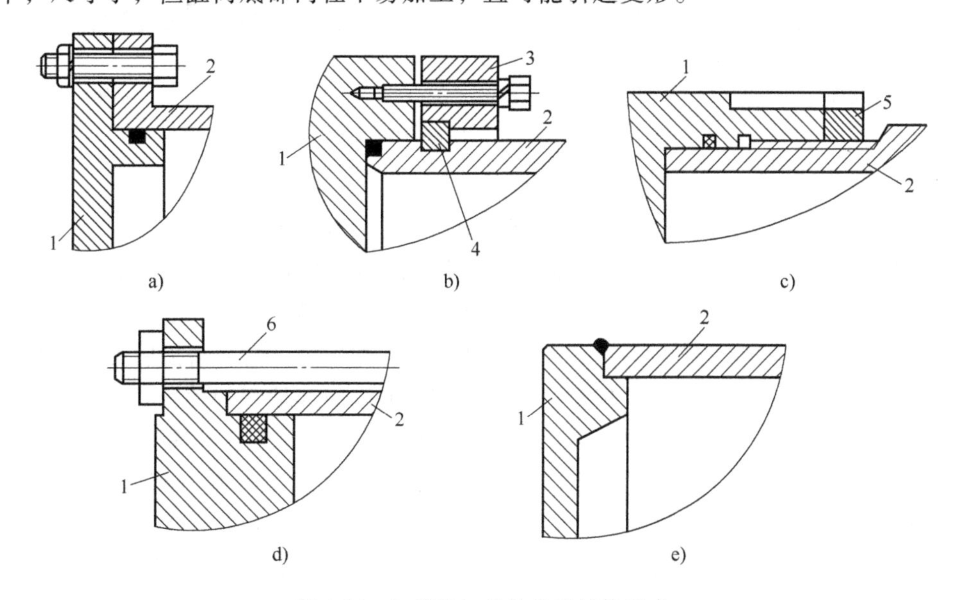

图 4-26　缸筒和缸盖的常见结构型式

a）法兰连接式　b）半圆环连接式　c）螺纹连接式　d）拉杆连接式　e）焊接连接式

1—缸盖　2—缸筒　3—压板　4—半圆环　5—防松螺母　6—拉杆

（2）活塞和活塞杆　短行程的液压缸的活塞杆与活塞可以做成一体，这是最简单的形式。但当行程较长时，这种整体式活塞组件的加工较复杂，所以常把活塞与活塞杆分开制造，然后再连接成一体。图 4-27 所示为几种常见的活塞与活塞杆的连接形式。

图 4-27a 所示为活塞与活塞杆之间采用螺母连接，它适用于负载较小、受力无冲击的液压缸中。螺纹连接虽然结构简单，安装方便可靠，但在活塞杆上车螺纹将削弱其强度。图 4-27b 和 c 所示为卡环式连接方式。图 4-27b 中活塞杆 5 上开有一个环形槽，槽内装有两个半圆环 3 以夹紧活塞 4，半圆环 3 由轴套 2 套住，而轴套 2 的轴向位置用弹簧卡圈 1 来固定。图 4-27c 中的活塞杆 1 使用了两个半圆环 4，它们分别由两个密封圈座 2 套住，圆形的活塞 3 安放在密封圈座的中间。图 4-27d 所示是一种径向锥销式连接结构，用锥销 1 把活塞 2 固连在活塞杆 3 上，这种连接方式特别适用于双出杆式活塞。

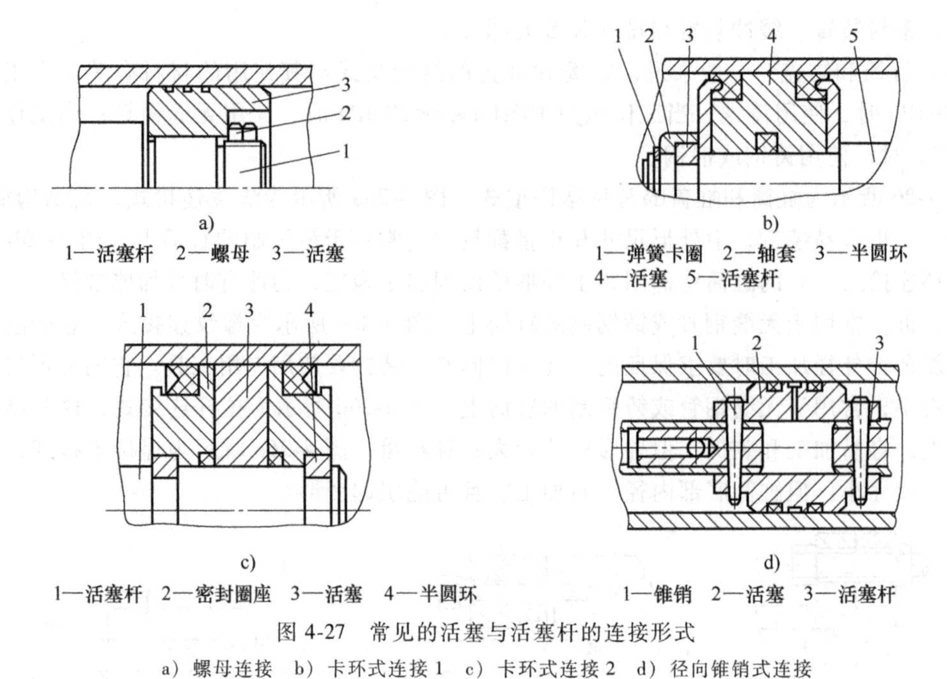
a)
1—活塞杆 2—螺母 3—活塞
b)
1—弹簧卡圈 2—轴套 3—半圆环 4—活塞 5—活塞杆
c)
1—活塞杆 2—密封圈座 3—活塞 4—半圆环
d)
1—锥销 2—活塞 3—活塞杆

图 4-27 常见的活塞与活塞杆的连接形式

a）螺母连接 b）卡环式连接 1 c）卡环式连接 2 d）径向锥销式连接

（3）密封装置　液压缸中需要密封的部位有活塞、活塞杆和端盖等。

图 4-28a 所示为间隙密封装置，它依靠运动零件间的微小间隙来防止泄漏。为了提高这种装置的密封能力，常在活塞的表面上制出几条细小的环形槽，以增大油液通过间隙时的阻力。它结构简单，摩擦阻力小，可耐高温，但泄漏大，加工要求高，磨损后无法恢复原有能力，只能在尺寸较小、压力较低、相对运动速度较高的缸筒和活塞间使用。图 4-28b 所示为橡胶组合密封装置，由 O 形密封圈和聚四氟乙烯做成的斯特圈或格莱圈组合而成，按用途分为活塞杆用组合密封（斯特圈加 O 形密封圈）和活塞用组合密封（格莱圈加 O 形密封圈），利用 O 形密封圈的良好弹性变形性能，通过其预压缩力将格莱圈或斯特圈紧贴在密封偶合面上起密封作用。O 形密封圈不与密封偶合面直接接触，不存在密封圈翻转、扭曲及挤入间隙啃伤等问题。这种密封装置具有极低的摩擦系数且具有自润滑性，与金属组成摩擦副不易黏着，摩擦阻力小，运动平稳，无爬行，可耐高温，已被广泛应用于中、高压液压缸的往复运动密封装置中。图 4-28c、d 所示为 O 形圈、V 形圈密封装置，它利用橡胶或塑料的弹性使各种截面的密封圈贴紧在静配合与间隙配合面之间来防止泄漏。这种密封装置结构简单，制造方便，磨损后有自动补偿能力，性能可靠，在缸筒和活塞之间、缸盖和活塞杆之间、活塞和活塞杆之间、缸筒和缸盖之间都能使用。

对于活塞杆来说，其外伸部分很容易把污物带入液压缸，使油液受污染，使密封件磨损，因此常需在活塞杆密封处增添防尘圈，并放置在向着活塞杆外伸的一端。普通型防尘圈如图 4-29 所示。

（4）缓冲装置　液压缸一般都设置缓冲装置，特别是对大型、高速或要求高的液压缸，为了防止活塞在行程终点时与缸盖发生撞击，引起噪声、冲击，必须设置缓冲装置。

缓冲装置的工作原理是利用活塞或缸筒在其走向行程终点时封住活塞和缸盖之间的部分油液，迫使油液从小孔或间隙中挤出，以产生很大的阻力，使工作部件受到制动，逐渐减慢

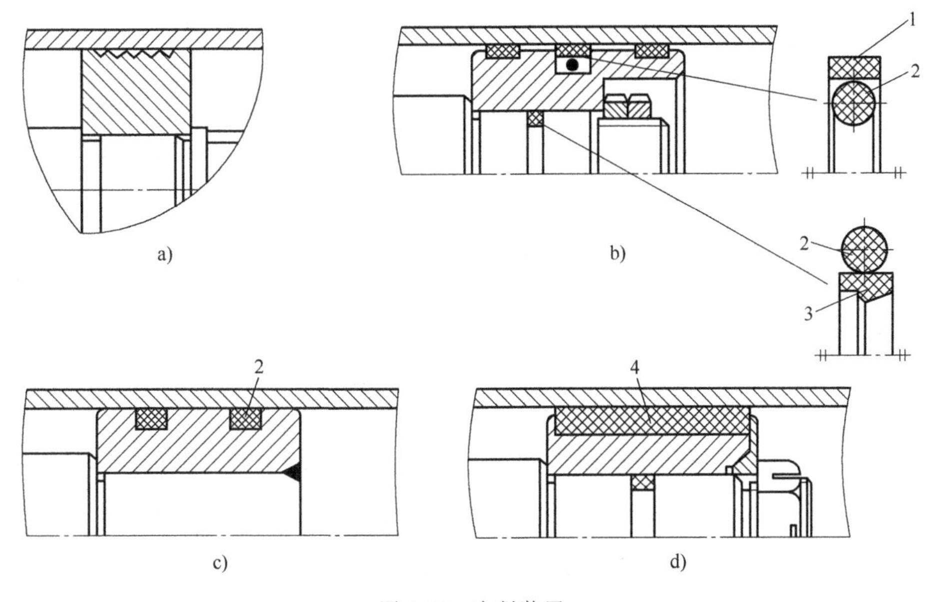

图 4-28　密封装置

a）间隙密封　b）橡胶组合密封　c）O 形圈密封　d）V 形圈密封

1—格莱圈　2—O 形圈　3—斯特圈　4—V 形圈

运动速度，达到避免活塞和缸盖发生撞击的目的。

如图 4-30a 所示，当缓冲柱塞 3 进入与其相配合的缸盖 4 上的内孔时，孔中的液压油只能通过间隙 δ 排出，使活塞速度降低，由于配合间隙不变，故随着活塞 2 运动速度的降低，缓冲作用变弱。如图 4-30b 所示，当缓冲柱塞 3 进入缸盖 4 上的配合孔之后，油腔中的油液只能经节流阀排出，由于节流阀是可调的，因此缓冲作用也可调节，但仍不能解决速度降低后缓冲作用减弱的缺点。如图 4-30c 所示，在缓冲柱塞 3 上开有三角槽，随着缓冲柱塞 3 逐渐进入缸盖 4 上的配合孔中，其节流面积越来越小，解决了在行程最后阶段缓冲作用过弱的问题。

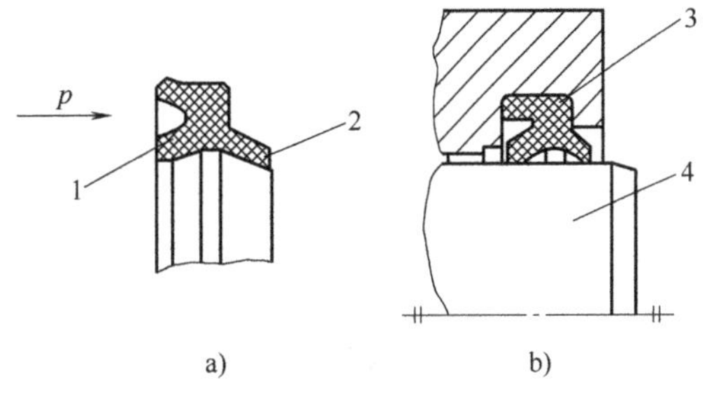

图 4-29　普通型防尘圈

a）防尘圈截面形状　b）装配图

1—内唇　2—防尘唇　3—防尘圈　4—轴（活塞杆）

（5）排气装置　液压缸在安装过程中或长时间停放重新工作时，液压缸和管道系统中会渗入空气，为了防止执行元件出现爬行、噪声和发热等不正常现象，需把液压缸和系统中的空气排出。一般可在液压缸的最高处设置进、出油口把空气带走，也可在最高处设置，放气小孔如图 4-31a 所示，或者用专门的放气阀进行放气，如图 4-31b、c 所示。

4.2.4　液压缸的应用实例

1. 液压龙门吊液压系统

液压龙门吊又称为液压顶升门式起重机，是由液压顶升装置（支腿）、轨道、横梁、吊

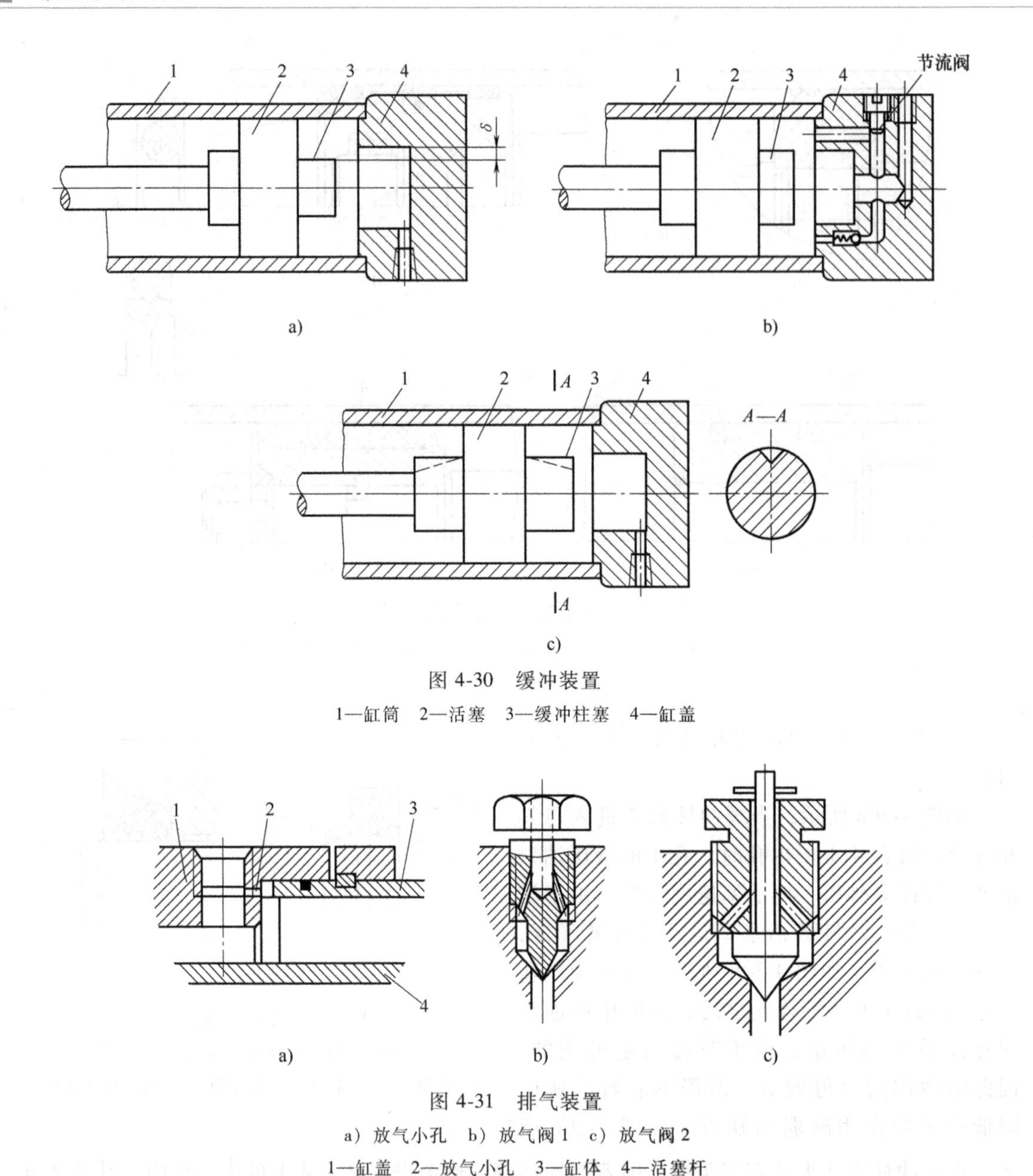

图 4-30 缓冲装置

1—缸筒 2—活塞 3—缓冲柱塞 4—缸盖

图 4-31 排气装置

a）放气小孔 b）放气阀 1 c）放气阀 2

1—缸盖 2—放气小孔 3—缸体 4—活塞杆

钩、高压油管、液压控制站等组成的，能实现带载同步伸缩、负载稳定平移等功能的液压龙门式起重机。它具有移动方便、性能安全、组装和拆卸快速等特点，特别适合在较低矮的厂房和吊装空间比较小的场所施工，用于大型盾构机的拆装、汽车厂大型冲压生产线（压力机）安装、钢铁厂粗轧主电动机安装、钢铁厂轧板安装等各类大型机械设备的吊装，最大起重 1000 吨。液压顶升装置（支腿）采用多级液压缸，顶升高度可达 12m，是典型的多级液压缸应用案例。图 4-32a 所示为洞内拆装盾构设备应用，图 4-32b 所示为厂房内大型机械设备吊装应用。

2. 盾构机液压推进系统

图 4-33 所示为盾构机液压推进系统，液压推进系统负责盾构机的前进动力和预期路线

a)

b)

图 4-32 多级液压缸应用

a）洞内拆装盾构设备应用 b）厂房内大型机械设备吊装应用

的调整，主要通过控制几十个单杆活塞液压缸的运动实现。几十个单杆活塞液压缸分区域布置，提供使盾构机向前掘进的推力，反力通过推进液压缸顶在管片上，管片静止，通过推进缸顶管片，使盾构机向前推进，通过调整各部分区域液压缸的压力和流量来改变盾构机掘进的方向和速度。每个区域的液压缸组都安装有压力传感器和位移传感器，进而实现对液压缸的推力、速度和方向的闭环控制。

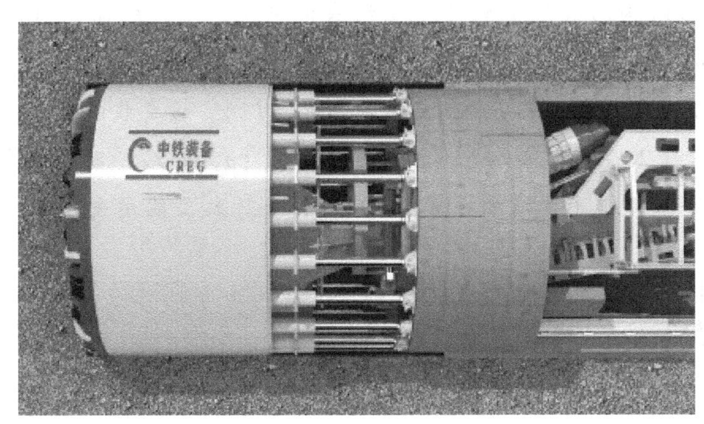

图 4-33 盾构机液压推进系统

课堂讨论

1. 什么是液压缸的差动连接，形成差动液压缸的条件是什么？采用差动连接有什么优点？

2. 单杆活塞缸的三种工作方式在实际工作中如何应用？比较三种情况下的推力和速度。

3. 多级液压缸有哪些形式？讨论在液压龙门起重机中的应用。列举实际工程中的应用。

课后习题

一、简答题

1. 简述液压缸的爬行现象。

2. 液压缸主要类型有哪些？各有什么特点？各适用于什么场合？

3. 液压缸为什么要有缓冲装置？缓冲装置的基本工作原理是什么？常见的缓冲装置有哪几种？

4. 差动液压缸的原理是什么？若输入的油液压力及流量完全相同，差动与非差动连接对所承受的负载、运动速度有何不同？

二、计算题

1. 有一个液压泵，当负载压力为 80×10^5Pa 时，输出流量为 96L/min；当负载压力为 100×10^5Pa 时，输出流量为 94L/min。用此液压泵带动排量为 $V_m=80$mL/r 的液压马达。当负载转矩为 130N·m 时，液压马达的机械效率为 0.94，转速为 1100r/min。求此液压马达的容积效率。

2. 图 4-34 所示为变量泵和液压马达组成的系统，低压辅助泵输出压力 $p_y=0.4$MPa，变量泵最大排量 $V_p=100$mL/r，转速 $n_p=1000$r/min，容积效率 $\eta_{pV}=0.9$，机械效率 $\eta_{pm}=0.85$。液压马达的相应参数为 $V_m=50$mL/r，容积效率 $\eta_{mV}=0.95$，机械效率 $\eta_{mm}=0.82$。不计管道损失，当液压马达的输出转矩 $T=40$N·m，输出转速 $n=60$r/min 时，试求：1）变量泵的实际输出流量；2）变量泵的工作压力；3）变量泵的输入功率。

3. 图 4-35 所示为两个相同结构的液压缸相互串联组成的系统，无杆腔面积 $A_1=100\text{cm}^2$，有杆腔面积 $A_2=80\text{cm}^2$，液压缸 1 输入压力 $p_1=0.9$MPa，输入流量 $q_1=12$L/min，不计管道损失和泄漏，试求：1）两液压缸承受相同负载时（$F_1=F_2$），该负载的数值及两液压缸的运动速度？2）液压缸 2 的输入压力是液压缸 1 的一半（$p_2=p_1/2$）时，两液压缸各能承受多少负载？3）液压缸 1 不受负载（$F_1=0$）时，液压缸 2 能承受多大的负载？

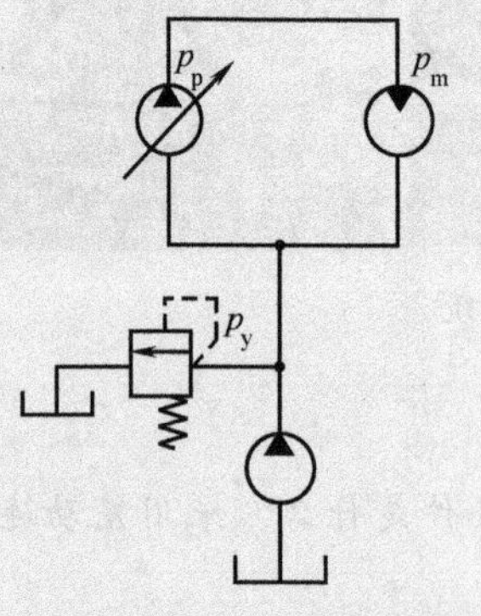

图 4-34 计算题习题 2 图

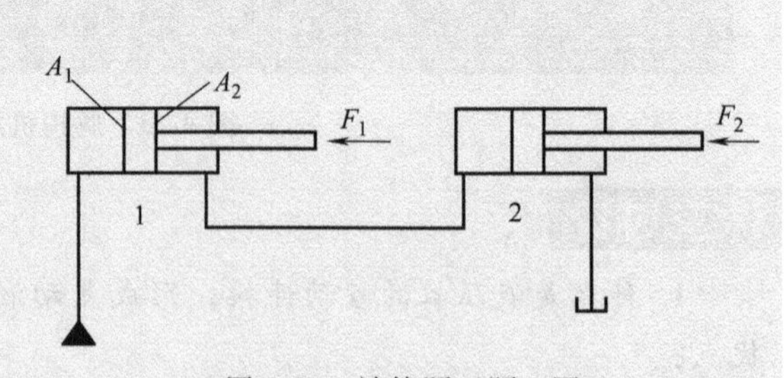

图 4-35 计算题习题 3 图

4. 某一差动液压缸，要求快进速度 v_1 是快退速度 v_2 的两倍，试确定直径为 D 的活塞面积 A 与直径为 d 的活塞杆面积 a 的大小关系。

5. 有一单杆活塞缸，无杆腔的有效工作面积为 A_1，有杆腔的有效工作面积为 A_2，且 $A_1=2A_2$。试求：1）当供油量 $q=30\text{L/min}$ 时，回油量 q' 是多少？2）若液压缸差动连接，其他条件不变，则进入液压缸无杆腔的流量为多少？

6. A_1 和 A_2 分别为两个液压缸的有效面积，$A_1=60\text{cm}^2$，$A_2=20\text{cm}^2$，液压泵流量 $q_p=3\text{L/min}$，负载 $F_1=6000\text{N}$，$F_2=2000\text{N}$，如图 4-36 所示。不计管道损失，求两液压缸的工作压力 p_1、p_2 以及两活塞的运动速度 v_1、v_2。

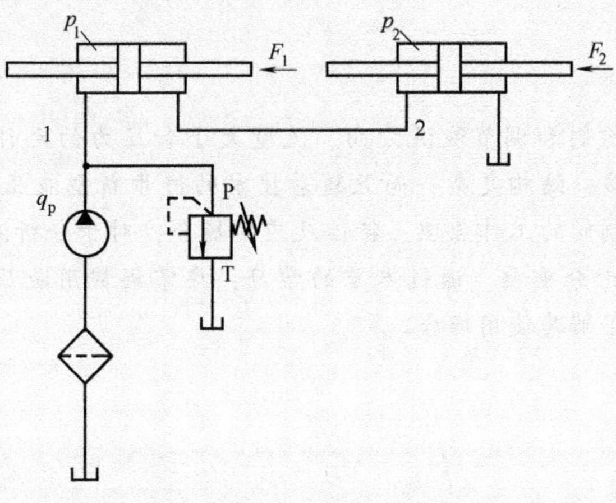

图 4-36　计算题习题 6 图

第5章 液压控制阀概述

学习引导

在液压系统中，控制和调节液流方向、流量大小和压力的元件统称为液压控制阀。液压控制阀的种类繁多、结构复杂，而且随着技术的进步新型液压控制阀不断涌现，分析和研究常用液压控制阀的工作原理、特性及应用场合，对于分析液压设备的工作过程、工作性能和系统设计十分重要。通过本章的学习，应掌握常用液压控制阀的典型结构、工作原理和特性，并了解其使用场合。

5.1 液压控制阀的基本结构原理和分类

5.1.1 液压控制阀的基本结构原理

液压控制阀的作用是通过控制阀口的大小或阀口的通断来控制和调节液压系统中液体的流动方向、压力和流量等参数，以满足工作系统性能的要求。

液压控制阀的基本结构主要包括阀芯、阀体和能够使阀芯和阀体做相对运动的驱动装置三大部分。常用阀芯的主要形式有滑阀、锥阀和球阀。阀体作为液压阀的主体结构，除了包含与阀芯配合的阀体孔或阀座孔外，还包含与外部管道连接的进、出油口。驱动装置可以是电磁铁、弹簧或液压力驱动，也可以是手调机构。

液压控制阀工作时遵循压力流量方程，即流经阀口的流量 q 与阀口前、后压力差 Δp 和阀的开口面积有关。控制阀正是利用阀芯在阀体内的相对运动控制阀口的通断或开口大小，来实现压力、流量和方向控制的。

5.1.2 液压控制阀的分类

液压控制阀的四大分类方式：用途、控制方式、阀芯结构、连接方式。在实际应用中可以组合使用，如手动换向阀（用途+控制方式）、比例流量阀（用途+控制方式）、板式单向阀（用途+连接方式）等。

1. 根据用途分类

（1）控制液流方向　方向控制阀是用来控制液压系统中液流的方向，以实现机构变换运动方向要求的控制阀，如单向阀、换向阀等。

（2）控制油液压力　压力控制阀是用来控制液压系统中油液的压力，以满足执行机构对力的要求的控制阀，如溢流阀、减压阀、顺序阀等。

（3）控制油液流量　流量控制阀是用来控制液压系统中油液的流量，以实现机构所要求的运动速度的控制阀，如节流阀、调速阀等。

在实际使用中，根据实际需要，往往将几种用途的液压控制阀做成一体，形成一种体积小、用途广、效率高的复合阀，如单向节流阀、单向顺序阀等。

2. 根据控制方式分类

（1）开关控制或定值控制方式　采用此类控制方式的液压控制阀是最常见的一类液压控制阀，又称为普通液压控制阀，通常利用手动、机动、电磁、液控、气控等方式来定值地控制油液的流动方向、压力和流量。

（2）比例控制方式　比例控制阀又可分为普通比例阀和高性能比例阀。普通比例阀可以根据输入信号的大小，连续、成比例、远距离地控制液压系统中油液的流动方向、压力和流量。它要求保持调定值的稳定性，一般具有对应于10%~30%最大控制信号的零位死区，多用于开环控制系统。高性能比例阀是一种以比例电磁铁为电-机械转换器的高性能比例方向节流阀，与伺服控制阀一样，没有零位死区，其频率响应介于普通比例阀和伺服控制阀之间，可用于闭环控制系统。

（3）伺服控制方式　伺服控制阀是一类根据输入信号（电气、机械、气动等）及反馈量成比例地连续控制液压系统中油液的流动方向、压力和流量的控制阀，又称为随动阀。伺服控制阀具有很高的动态响应和静态性能，但价格昂贵、抗污染能力差，主要用于控制精度和频率响应要求很高的场合。

（4）数字控制方式　数字控制阀的输入信号是脉冲信号，根据输入的脉冲数或脉冲频率来控制液压系统的流量或压力。数字控制阀具有抗污染能力强、重复性好、工作稳定可靠等优点。但由于数字控制阀按照载频原理工作，故控制信号频宽较模拟器件低。数字控制阀的额定流量较小，只能用作小流量控制阀或作为先导级控制阀。

3. 根据阀芯结构型式分类

（1）滑阀类　滑阀类的阀芯为圆柱形，通过阀芯在阀体孔内的滑动来改变液流通路开口的大小，以实现对油液的流动方向、压力和流量的控制。

（2）提升阀类　提升阀类有锥阀、球阀、平板阀等，利用阀芯相对阀座孔的移动来改变液流通路开口的大小，以实现对油液的流动方向、压力和流量的控制。

（3）喷嘴挡板阀类　喷嘴挡板阀类是利用喷嘴和挡板之间的相对位移来改变液流通路开口的大小，以实现对油液的流动方向、压力和流量的控制，主要用作伺服控制阀和比例控制阀的先导级。

4. 根据连接方式分类

（1）管式连接（螺纹连接）阀　管式连接阀的阀体上的进、出油口通过管接头或法兰与管路直接连接。此类阀连接方式简单，质量小，在移动式设备或流量较小的液压元件中应用较广，缺点是此类阀只能沿管路分散布置，装拆维修不方便。

（2）板式连接阀　板式连接阀由安装螺钉固定在过渡板上，板式连接阀的进、出油口通过过渡板与管路连接。过渡板上可以安装一个或多个阀。过渡板上安装有多个控制阀时，又称为集成块，安装在集成块上的阀与阀之间通过块内的流道连通，可减少连接管路。板式连接阀由于集中布置且装拆时不会影响系统管路，因而操纵、维修方便，应用十分广泛。

(3) 法兰连接阀　法兰连接阀的连接处带有法兰，常用于大流量系统中。

(4) 叠加阀　叠加阀是在板式连接阀基础上发展起来的、结构更为紧凑的一类阀。叠加阀的上、下两面为安装面，并开有进、出油口。同一规格、不同功能的控制阀的油口和安装孔的位置、尺寸相同。使用时根据液压回路的需要将所需的控制阀叠加并用长螺栓固定在底板上，系统管路与底板上的油口相连。

(5) 插装阀　插装阀主要有二通插装阀、三通插装阀和螺纹插装阀。二通插装阀是将其基本组件插入特定设计加工的阀体内，配以盖板、先导阀组成的一种多功能复合阀。因插装阀基本组件只有两个油口，因此称为二通插装阀，简称为插装阀。此类阀具有通流能力大、密封性好、自动化和标准化程度高等特点。三通插装阀具有液压油口、负载油口和回油箱油口，起到两个二通插装阀的作用，可以独立控制一个负载腔，但其通用化、模块化程度不及二通插装阀。螺纹插装阀是二通插装阀在连接方式上的变革，由于采用螺纹连接，使阀的安装简单便捷，整个体积也相对减小。

5.2 液压控制阀上的作用力

液压控制阀的阀芯在工作过程中所受到的作用力是多种多样的，掌握各种作用力的特点及计算方法是设计控制阀的基础，对阀芯的操纵力也起着重要的作用。下面将介绍液压控制阀设计分析中常见的几种作用力。

5.2.1 液压力

在液压元件中，由液体重力引起的液体压力差相对于液压力而言是极小的，可以忽略不计，因此在计算时认为同一容腔中液体的压力相同。

作用在容腔周围固体壁面上的液压力 F_p 的大小为

$$F_p = \iint_A p\mathrm{d}A \tag{5-1}$$

作用在阀芯微元上的液压力 $\mathrm{d}F_p$ 等于压力 p 与阀芯微元有效作用面积 $\mathrm{d}A$ 的乘积，即总的液压力是对阀芯各部分有效作用面积上的液压力的积分。

当阀芯有效作用面积为平面上的面积时，如图 5-1 所示，液压力 F_p 等于压力 p 与作用面积 A 的乘积，即

$$F_p = pA = p\frac{\pi D^2}{4}$$

当阀芯上的液压力作用面为圆球面或圆锥面等曲面时，如图 5-2 所示，因为液压力在曲面 x 方向（竖直向上方向）上的总作用力 F_x 等于液压力 p 与曲面在该方向投影面积 A_x 的乘积，即 $F_x = pA_x$，所以作用在圆球面和圆锥面上的向上的液压力为

$$F_p = pA = p\frac{\pi d^2}{4}$$

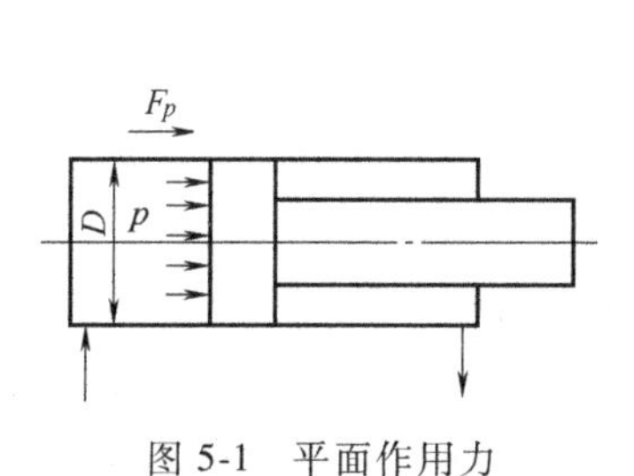

图 5-1　平面作用力

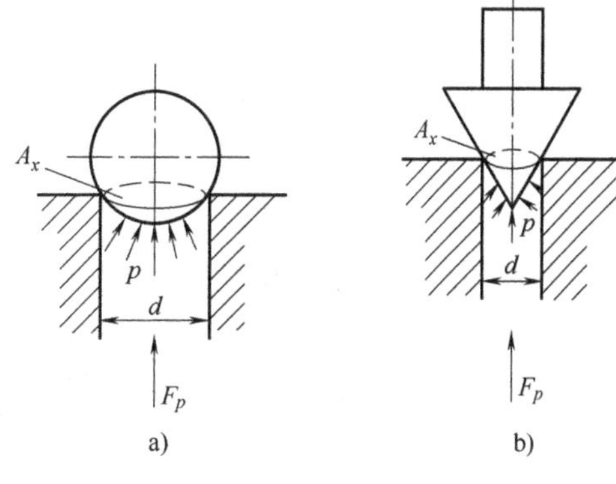

图 5-2　圆球面和圆锥面作用力

a）圆球面　b）圆锥面

5.2.2　液动力

油液流经阀口时，流动方向和流速的变化会造成液体动量的改变，使阀芯受到附加的作用力，这就是液动力。

在阀口开度一定的稳定流动情况下，液动力为稳态液动力；当阀口开度发生变化时，会产生瞬态液动力的作用。

（1）稳态液动力　稳态液动力可分解为轴向分力和径向分力。由于一般将阀体的油腔对称地设置在阀芯周围，因此沿阀芯的径向分力互相抵消，只剩下沿阀芯轴线方向的稳态液动力。

对于某一固定的阀口开度 x 来说，根据动量定理（参考图 5-3 中虚线所示的控制体积），在图 5-3a 所示油液流出阀口时，稳态液动力为

$$\boldsymbol{F}_s=-\rho q(\boldsymbol{v}_2\cos\theta-\boldsymbol{v}_1\cos90°)=-\rho q\boldsymbol{v}_2\cos\theta \tag{5-2}$$

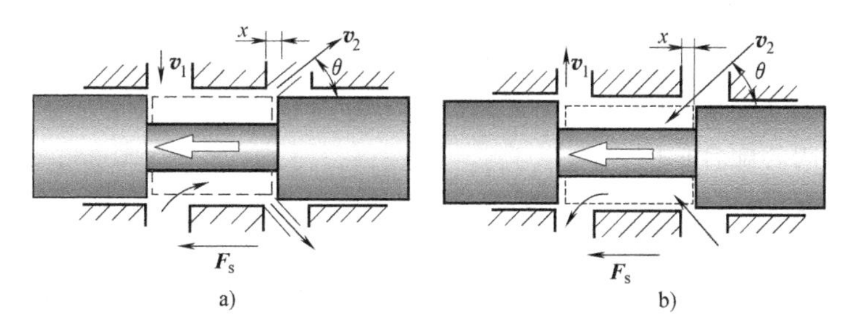

图 5-3　作用在滑阀阀芯上的稳态液动力

a）油液流出阀口时　b）油液流入阀口时

在图 5-3b 所示油液流入阀口时，稳态液动力为

$$\boldsymbol{F}_s=-\rho q(\boldsymbol{v}_1\cos90°-\boldsymbol{v}_2\cos\theta)=\rho q\boldsymbol{v}_2\cos\theta \tag{5-3}$$

图 5-3a 和图 5-3b 中，$\boldsymbol{F}_s$ 的方向分别与 $\boldsymbol{v}_2\cos\theta$ 的方向相反或相同，即 $\boldsymbol{F}_s$ 均指向阀口关闭的方向。由此可以得出结论，对于完整阀腔，不管液流流动方向如何，滑阀上的液动力 $\boldsymbol{F}_s$ 始终是使阀口趋于关闭的。

将式（2-49）的 $v_2=C_v\sqrt{2\Delta p/\rho}$ 和式（2-53）的 $q=C_dWx\sqrt{2\Delta p/\rho}$ 代入式（5-3）又可得

$$F_s=2C_dC_vW\cos\theta\cdot\Delta p\cdot x \tag{5-4}$$

考虑到阀口的流速较高，雷诺数较大，流量系数 C_d 可取为常数，并且令液动力系数 $K_s=2C_dC_vW\cos\theta=$常数，则式（5-4）又可写成

$$F_s=K_s\Delta px \tag{5-5}$$

当压差 Δp 一定时，由式（5-5）可知，稳态液动力与阀口开度 x 成正比。此时液动力相当于刚度为 $K_s\Delta p$ 的液压弹簧的作用。因此，$K_s\Delta p$ 也称为稳态液动力刚度。

从式（5-2）中还可以看出，当控制阀的工作压力高、流量大时，稳态液动力较大，从而使阀芯的操纵困难。这时可采取两级或多级控制方式，必要时应采取有效措施来补偿稳态液动力。因此在分析阀芯受力情况时，稳态液动力往往是一个不可忽视的重要因素。

（2）瞬态液动力　除稳态液动力外，作用在阀芯上的液动力还有瞬态液动力。所谓瞬态液动力，是指由阀口开度变化引起流经阀口的液流速度变化，导致流道中液体动量变化而产生的液动力。或者说，瞬态液动力是指在非稳态和瞬态情况下，由于流经阀腔的流量不稳定，流体的加速度所产生的液动力。

瞬态液动力的作用方向始终与阀腔内液体的加速度方向相反。瞬态液动力对阀芯的运动是一个不稳定因素。在阀芯所受到的各种作用力中，瞬态液动力的数值所占的比例不大，在一般液压控制阀中通常忽略不计，只在频率响应较高的控制阀（如伺服阀或高响应的比例阀）的动态特性分析中才予以考虑。

5.2.3 液压侧向力与摩擦力

如果滑阀的阀芯与阀体孔都是理想的圆柱形，而且径向间隙中不存在任何杂质，径向间隙处处相等，则配合间隙中的压力沿圆周是均匀分布的，阀芯上没有不平衡的径向液压力。但由于制造误差的存在以及阀在实际工作中不可能保持精确的同心位置，因此，阀芯将由于径向液压力分布不均匀而被推向一侧，形成不可忽略不计的液压侧向力与摩擦力。

根据流体力学对偏心环形间隙流动的分析，可计算出侧向力的大小。当阀芯完全偏向一边时，阀芯出现卡紧现象，此时的侧向力最大，最大液压侧向力的近似表达式为

$$F_r=0.27Ld\Delta p \tag{5-6}$$

式中　L——滑阀阀芯配合长度；

d——阀芯直径；

Δp——阀芯与阀套配合间隙两端的压力差。

液压侧向力使阀芯紧贴阀体孔内壁，使阀芯运动时受到摩擦力的作用。摩擦力的计算式为

$$F_f=0.27fLd\Delta p \tag{5-7}$$

式中　f——摩擦系数。

阀芯受到的摩擦力会影响其运动，当液压侧向力过大时甚至会出现卡死现象。

5.2.4 弹簧力

在液压控制阀中，弹簧的应用极为普遍。与弹簧相接触的阀芯及其他构件所受的弹簧力为

$$F_t = k(x_0 \pm x) \tag{5-8}$$

式中　k——弹簧刚度；

x_0——弹簧预压缩量；

x——弹簧变形量。

液压元件中所使用的弹簧主要为圆柱螺旋压缩弹簧，其弹簧力与变形量之间为线性关系，因此弹簧刚度为常数。某些液压控制阀也使用碟形弹簧，通常将单片碟形弹簧重叠成弹簧组，其弹簧力与变形量之间为非线性关系，弹簧刚度是变化的，用在对变形量和弹簧力特性有特殊要求的液压阀（如远程调压阀等）中。

5.2.5　重力和惯性力

一般液压控制阀的阀芯等运动件所受的重力与其他作用力相比可以忽略不计。除了有时在设计阀芯上的弹簧时需要考虑阀芯自重及摩擦力的影响外，一般分析计算通常不考虑重力。

惯性力是指阀芯在运动时，因速度发生变化所产生的阻碍阀芯运动的力，它也是一种质量力。在分析液压控制阀的静态特性时可不考虑，但在进行动态分析时必须计算运动件的惯性力，有时还应考虑包括管道中液体在内的相关的液体质量所产生的惯性力。

除上述几种力之外，作用在阀芯上的力还有操作力（如电磁吸力、手柄推力）等，在此不作细述。还需指出的是，在计算阀芯上的总作用力时，并不能只是把各种作用力简单地相加，这是因为往往会出现一种作用力最大时，另一种作用力并非最大，甚至会出现两种作用力方向相反而有所抵消的情况。因此，必须对具体情况进行具体分析。

5.3　电液比例阀概述

电液比例阀是用电-机械转换器代替传统的手调或开关电磁铁，通过电信号连续控制油液的流量、压力以及流动方向的控制阀。目前在工业上应用的电液比例阀主要有两种形式，一种是在电液伺服阀的基础上降低设计和制造精度而发展起来的，另一种是在原普通压力阀、流量阀和方向阀的基础上装上电-机械转换器以代替原有控制部分而发展起来的。第二种是发展的主流，这种结构的电液比例阀与普通液压控制阀可以互换。

电液比例阀从组成来看，可以分成三大部分：电-机械比例转换装置、液压控制阀本体和检测反馈元件。电-机械比例转换装置将小功率的电信号转换成先导阀芯（或喷嘴挡板）的运动，然后又通过液压控制阀中阀芯的运动去控制流体的压力与流量，完成了电-机-液的比例转换。为了提高电液比例阀的性能，可采用检测反馈元件构成级间反馈回路，有机械、液压、电气反馈等多种方案。

5.3.1　电液比例阀的分类

1. 根据用途分类

电液比例阀根据用途可以分为电液比例压力阀、电液比例流量阀、电液比例方向阀和电液比例复合阀（如电液比例压力流量阀）。前两种为单参数控制阀，后两种为多参数控制阀。电液比例方向阀能同时控制油液的方向和流量，电液比例压力流量阀能同时对压力和流量进行比例控制。有些电液比例复合阀能对单个执行机构或多个执行机构实现压力、流量和方向的同时控制。

2. 根据放大级数分类

根据液压放大级数，电液比例阀可分为直动式和先导式。直动式电液比例阀是由电-机械转换元件直接推动液压功率级，由于受电-机械转换元件输出力的限制，直动式电液比例阀能控制的功率有限。先导式电液比例阀是由直动式电液比例阀与能输出较大功率的主阀级构成，前者称为先导阀或先导级，后者称为主阀功率放大级。

3. 根据级间反馈分类

按电液比例阀是否含级间反馈，电液比例阀又可分为带反馈型和不带反馈型。

不带反馈型是由开关控制或定值控制方式的普通控制阀加以改进，用比例电磁铁代替手动调节部分形成。带反馈型是借鉴伺服阀的各种反馈控制方式发展起来的，保留伺服阀的控制部分，降低液压部分的精度要求，或者对液压部分进行重新设计形成，因此有时也称为廉价伺服阀。

带反馈型电液比例阀的反馈量可分为流量、位移和力，也可以把这些量转换成相应的其他量或电量再进行级间反馈，又可构成多种形式的反馈型电液比例阀，如流量-位移-力反馈、位移电反馈、流量电反馈等类型的电液比例阀。凡带有电反馈的电液比例阀，控制它的电控器需要有能够对反馈电信号进行放大和处理的附加电子电路。

4. 根据控制信号分类

根据控制信号的形式，电液比例阀可分为模拟信号控制式、脉宽调制信号控制式和数字信号控制式等类型。

5.3.2 常见电-机械转换器类型

目前，电液比例阀上采用的电-机械转换器主要有比例电磁铁、动圈式力马达、力矩马达、伺服电动机和步进电动机等。

1. 比例电磁铁

比例电磁铁是一种直流电磁铁，它是在传统湿式直流阀用开关电磁铁的基础上发展起来的。普通电磁铁只要求有吸合和断开两个位置，并且为了增加吸力，在吸合时磁路中几乎没有气隙。而比例电磁铁则要求吸力与输入电流成正比，并在衔铁的全部工作位置上，磁路中都要保持一定的气隙。按输出位移的形式不同，比例电磁铁有单向移动式和双向移动式之分。因两种比例电磁铁的原理相似，下面仅以如图 5-4 所示的一种双向移动式比例电磁铁为例进行介绍。

双向移动式比例电磁铁由两个单向直流比例电磁铁组成，在壳体内对称安装有两对线圈。一对为励磁线圈，它们极性相反，互相串联或并联，由恒流电源供给恒定的励磁电流，在磁路内形成初始磁通。另一对是控制线圈，它们极性相同且互相串联。双向移动式比例电磁铁工作时，当仅有励磁电流时，左、右两端的电磁吸力大小相等、方向相反，衔铁处于平衡状态，此时输出力为零。当有控制电流通过时，两控制线圈分别在左、右两半环形磁路内产生差动效应，形成与控制电流方向和大小相对应的输出力。由于控制电流通过时磁路中有初始磁通，避免了铁磁材料磁化曲线起始阶段的影响，因而双向移动式比例电磁铁不仅具有良好的位移-力水平特性，而且具有无零位死区、线性好、滞环小、动态响应快等特点。

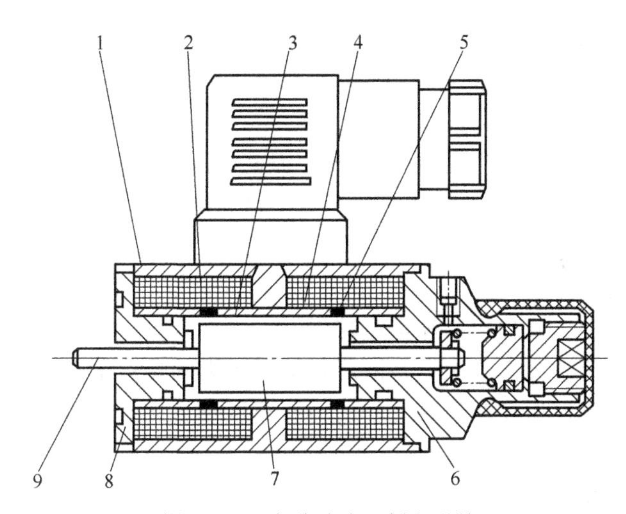

图 5-4 双向移动式比例电磁铁

1—壳体 2、4—线圈 3—导向套 5—隔磁环 6、8—轭铁 7—衔铁 9—推杆

2. 动圈式力马达

动圈式力马达与比例电磁铁不同的是，其运动件是线圈而不是衔铁，当可动的控制线圈内通过控制电流时，线圈在磁场中受力而移动，其移动方向由电流方向及固定磁通方向按左手法则来确定，力的大小则与磁场强度及电流大小成正比。

动圈式力马达具有滞环小、行程大、可动件质量小、工作频率较宽及结构简单等特点。

3. 力矩马达

力矩马达是一种输出力矩和微小转角的电-机械转换器，它的工作原理与前面两种相似，由永久磁铁或励磁线圈产生固定磁场，通过控制线圈上电流的大小来控制磁通，从而控制对衔铁的吸力，使其产生运动。力矩马达的衔铁是带转轴的可转动机构，因而衔铁在失去平衡后产生力矩而偏转，但输出力矩较小。

力矩马达具有自振频率高、功率质量比大、抗加速度零漂性能好等优点，但也具有工作行程很小、制造精度要求高、价格贵等缺点，抗干扰能力也不如动圈式力马达和比例电磁铁。

4. 伺服电动机

伺服电动机是一种可以连续转动的电-机械转换器，较常见的伺服电动机是永磁式直流伺服电动机和并励式直流伺服电动机，直流伺服电动机的输出转速与输入电压成正比，并能实现正、反向速度的控制。作为电液比例阀控制的伺服电动机，它属于功率很小的微特电动机，其输出转速与输入电压的传递函数可近似看作一阶延迟环节，机电时间常数一般在十几毫秒到几十毫秒之间。

伺服电动机具有起动转矩大、调速范围宽、机械特性和调节特性的线性度好、控制方便等特点。无刷直流伺服电动机的发明避免了电刷摩擦和换向干扰，因此具有灵敏度高、死区小、噪声低、寿命长、对周围的电子设备干扰小等特点。

5. 步进电动机

步进电动机是一种数字式旋转运动的电-机械转换器，可将脉冲信号转换为相应的角位移。每输入一个脉冲信号，电动机就会相应转过一个步距角，其转角大小与输入的数字脉冲信号成正比，转速随输入的脉冲频率而变化。若输入反向脉冲信号，步进电动机将反向转动。步进电动机工作时需要专用的驱动电源，一般包括变频信号源、脉冲分配器和功率放大器。

由于步进电动机是直接用数字信号控制的，因此可直接与计算机相连接，且具有控制方便、调速范围宽、位置精度较高、工作时的步数不易受电压波动和负载变化影响等优点。

5.3.3 电液比例阀的特点

1）能实现自动控制、远程控制和程序控制。

2）能将电控的快速、灵活等优点与液压传动功率大的特点结合起来。

3）能连续地、按比例地控制执行元件的力、速度和方向，并能防止压力或速度变化及换向时的冲击现象。

4）简化了系统，减少了液压元件的使用量。

5）具有优良的静态性能和适当的动态性能。

6）抗污染能力较强，使用条件、保养和维护需求与普通液压阀相同。

7）效率较高。

5.4 插装阀概述

传统的液压控制元件大多设计成采用标准连接方式（板式、管式、法兰式）的结构，并根据它们独立的控制功能分为压力控制阀、流量控制阀和方向控制阀三类。这种传统结构的控制元件称为“单个元件”，在设计液压回路或系统时，则根据负载功能要求选择一定规格和功能的标准元件进行组合。随着工业技术的不断进步和发展，实际应用场景对液压控制技术提出了更高的要求，不仅在控制的功率和速度上大大提高了要求，而且提出了实现合理控制和控制过程的柔性连接等要求，依靠传统的结构和控制原理显然难以满足这些要求。

插装阀的主流产品是二通插装阀，它是在20世纪70年代初，根据各类控制阀阀口在功能上都可视作固定的、可调的、可控液阻的原理发展起来的一类覆盖压力、流量、方向及比例控制等的新型控制阀类。它的基本构件为标准化、通用化、模块化程度很高的插装式阀芯、阀套、插装孔和适应各种控制功能的盖板组件，具有通流能力大、密封性好、自动化程度高等特点，已发展成为高压大流量领域的主导控制阀品种。三通插装阀具有液压油口、负载油口和回油箱油口，可以独立控制一个负载腔。但由于三通插装阀结构的通用化、模块化程度远不及二通插装阀，因此未能得到广泛应用。螺纹式插装阀原先多为工程机械用控制阀且往往以主要阀件（如多路阀）的附件形式出现。近十年来，在二通插装阀技术的影响下，插装阀逐步在小流量范畴内发展成为独立体系。

5.4.1 二通插装阀的结构和工作原理

插装阀是以插装单元为主体，配以盖板和不同的先导控制阀组合而成的具有一定控制功能的组件，可以根据需要组成方向阀、压力阀和流量阀。因插装阀基本组件只有两个油口，因此也被称为二通插装阀。从逻辑关系上看，插装阀相当于逻辑元件中的“非”门，因此也称为逻辑阀。

图 5-5 所示的是二通插装阀单元，由阀套 1、阀芯 2、弹簧 3、盖板 4 及密封件组成。阀芯上腔作用着由 X 口流入的油液的液压力和弹簧力，A、B 两个油口的油液压力作用于阀芯的下锥面，也是插装阀的主通道。X 口油液的压力起着控制主通道 A、B 的通断的作用。盖板既可以用来固定插装件及密封，又起着连接插装件与先导件的作用，在盖板上也可装嵌节流螺塞等微型控制元件，还可安装位移传感器等电气附件，以便构成某种控制功能的组合阀。

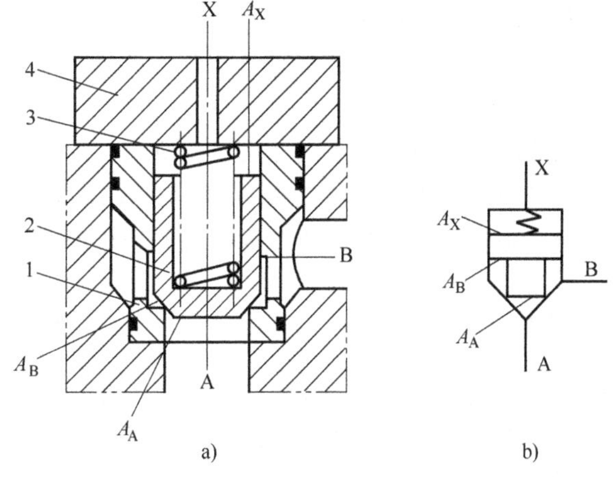

图 5-5　二通插装阀单元

a）结构图　b）图形符号

1—阀套　2—阀芯　3—弹簧　4—盖板

二通插装阀从工作原理上看就相当于一个液控单向阀，A、B 为两个工作油口，形成主通路，X 为控制油口，起控制作用，通过该油口中油液压力大小的变化可控制主阀芯的启闭及主通油路油液的流向及压力。将若干个不同控制功能的二通插装阀组装在一起，就组成了液压回路。

5.4.2　插装阀的类型

插装阀与各种先导阀组合便可组成方向控制插装阀、压力控制插装阀和流量控制插装阀。

1. 方向控制插装阀

插装阀用作各种方向控制阀如图 5-6 所示。

1）图 5-6a 所示为单向阀，当 $p_A>p_B$ 时，阀芯关闭，A 口与 B 口不通；而当 $p_B>p_A$ 时，阀芯开启，油液从 B 口流向 A 口。

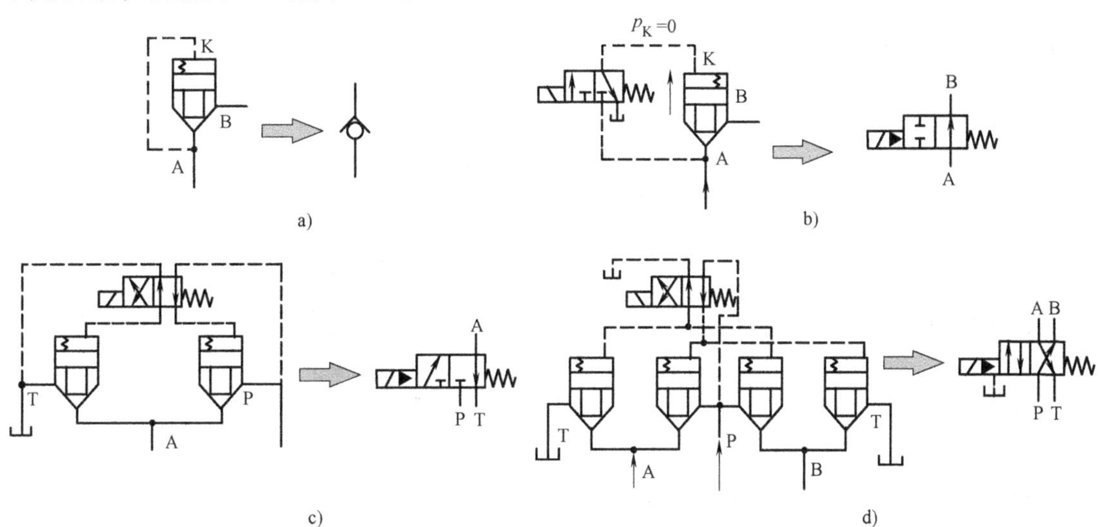

图 5-6　插装阀用作各种方向控制阀

a）单向阀　b）二位二通阀　c）二位三通阀　d）二位四通阀

2）图 5-6b 所示为二位二通阀，先导阀为二位三通电磁换向阀，当先导阀断电时，阀芯开启，A 口与 B 口接通；先导阀通电时，阀芯关闭，A 口与 B 口不通。

3）图 5-6c 所示为二位三通阀，先导阀为二位四通电磁换向阀，当先导阀断电时，A 口与 T 口接通；先导阀通电时，A 口与 P 口接通。

4）图 5-6d 所示为二位四通阀，先导阀为二位四通电磁换向阀，当先导阀断电时，P 口与 B 口接通，A 口与 T 口接通；当先导阀通电时，P 口与 A 口接通，B 口与 T 口接通。

2. 压力控制插装阀

插装阀用作压力控制阀如图 5-7 所示。在图 5-7a 中，若 B 口接油管，则插装阀用作溢流阀，其原理与先导式溢流阀相同。若 B 口接负载时，则插装阀起顺序阀的作用。图 5-7b 所示为电磁溢流阀，当二位二通电磁阀通电时起卸荷作用。

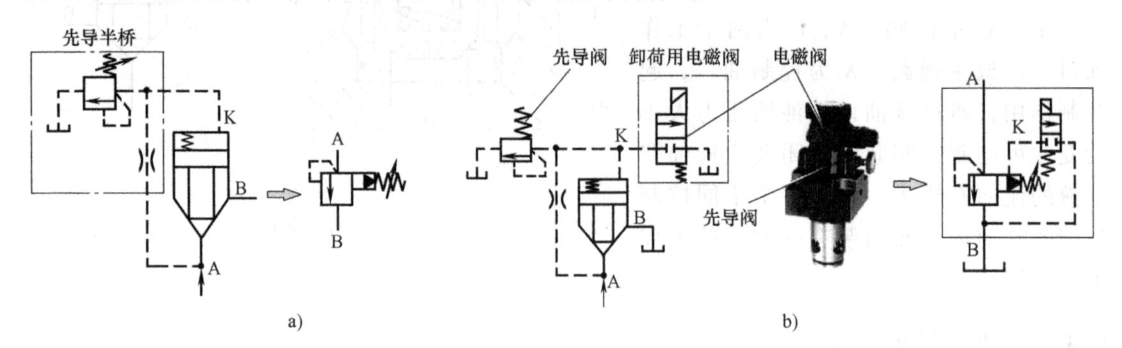

a)　　b)

图 5-7　插装阀用作压力控制阀

a）溢流阀　b）电磁溢流阀

3. 流量控制插装阀

二通插装节流阀的结构及图形符号如图 5-8 所示。在插装阀的控制盖板上有阀芯限位器，用来调节阀芯开度，从而起到流量控制阀的作用。若在二通插装阀前串联一个定差减压阀，则可组成二通插装调速阀。

5.4.3　二通插装阀的特点

与普通液压控制阀相比较，二通插装阀具有以下特点。

1）通流能力较强，特别适合高压、大流量且要求反应迅速的场合。最大流量可达 100000L/min。

2）阀芯动作灵敏，切换时响应快，冲击小。

3）密封性好，泄漏少，油液经插装阀时的压力损失小。

4）结构简单，不同的插装阀有相同的阀芯，一阀多能，易于实现标准化。

5）稳定性好，制造起来工艺性好，便

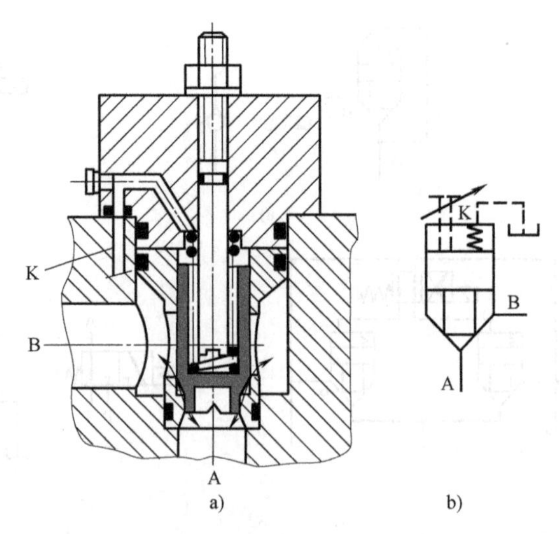

a)　　b)

图 5-8　二通插装节流阀的结构及图形符号

a）结构图　b）图形符号

于维修更换。

课堂讨论

1. 液压控制阀的控制方式有哪些？不同控制方式的特点是什么？

2. 滑阀的稳态液动力对液压控制阀的工作性能有何影响？查阅相关资料，有哪些措施可减小稳态液动力？

3. 电液比例阀有哪些电-机械转换形式？请列举实际工程中的应用。

课后习题

1. 简述液压控制阀的基本工作原理。

2. 液压控制阀有哪些分类方式？不同方式下有哪些具体的类型？

3. 电液比例阀与普通开关阀、电液伺服阀相比较有何特点？

4. 与传统液压控制元件相比，二通插装控制元件有何特点？

5. 请尝试利用两个插装阀插装件组合起来作为主级，以适当的电磁换向阀作为先导级，分别实现二位三通、三位三通和四位三通电磁换向阀的功能。

第6章 压力控制阀

学习引导

压力控制阀是利用作用于阀芯上的液压力和弹簧力（或电磁力）相平衡来进行工作的，本章主要内容为压力控制阀的调压和稳压的基本原理，溢流阀、减压阀、顺序阀和压力继电器等四种压力控制阀的原理、结构、主要性能和应用。本章重点掌握手调压力阀与比例压力阀的典型结构、稳压原理和调压特性，为压力控制回路的分析和设计奠定基础。

6.1 溢流阀

溢流阀是利用被控压力作为信号来改变弹簧的压缩量，从而改变阀口的通流面积和系统的溢流量来达到定压目的的液压控制阀。溢流阀的基本作用有两种：一种是稳压调压作用，如图6-1a所示，通过阀口油液的溢流，保证液压系统中压力的基本稳定，实现稳压、调压或限压的作用，这种功用常用于定量泵系统中，与节流阀配合使用；另一种是安全保护作用，如图6-1b所示，在过载时溢流，系统正常工作时阀口关闭，当系统压力超过调定的压力时，阀口才打开，可见，这时主要起安全保护作用，故此时也称为安全阀。图6-1b所示的是溢流阀与变量泵配合使用的情况。

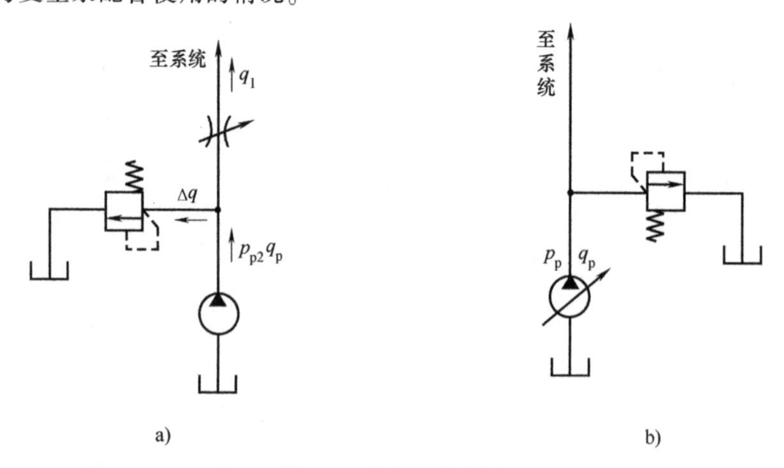

图6-1 溢流阀的应用

a）稳压调压作用 b）安全保护作用

对溢流阀性能主要有以下要求。

1）调压范围要大，且当流过溢流阀的流量变化时，系统中的压力变化要小，启闭特性要好。

2）灵敏度要高。

3）工作平稳，没有振动和噪声。

4）当溢流阀关闭时，泄漏量要小。

溢流阀按其工作原理可分为直动式和先导式两种。

6.1.1　直动式溢流阀

图 6-2 所示为直动式溢流阀的工作原理图，其中，P 为进油口，T 为出油口，阀芯在调压弹簧的作用下处于最下端，在阀芯中开有径向通孔，并且在径向通孔与阀芯下部之间开有一阻尼孔 a。工作时，液压油从进油口 P 进入溢流阀，通过径向通孔及阻尼孔 a 进入阀芯的下部，此时作用于阀芯上的力的平衡方程为

$$pA=F_s+G\pm F_f+F_t \tag{6-1}$$

式中　A——阀芯下部有效作用面积；

F_s——液动力；

G——重力；

F_f——摩擦力；

F_t——弹簧力。

当式（6-1）等号左边的液压力小于等号右边的合力时，溢流阀阀芯不动，溢流阀无油液输出；而当等号左边的液压力大于等号右边的合力时，溢流阀阀芯上移，油液经溢流阀出油口 T 溢出到油箱，弹簧力随着开口量的增大而增大，直至与液压力平衡。调节弹簧的预紧力，便可调整溢流压力 p。当忽略阀芯重力、摩擦力和液动力时，直动式溢流阀的进口压力 p 近似于恒定。

当压力较高、流量较大时，要求直动式溢流阀的调压弹簧具有很大的弹簧力，不仅调压性能变差，而且结构上也难以实现。因此，直动式溢流阀不适合用于控制高压油液的场合。

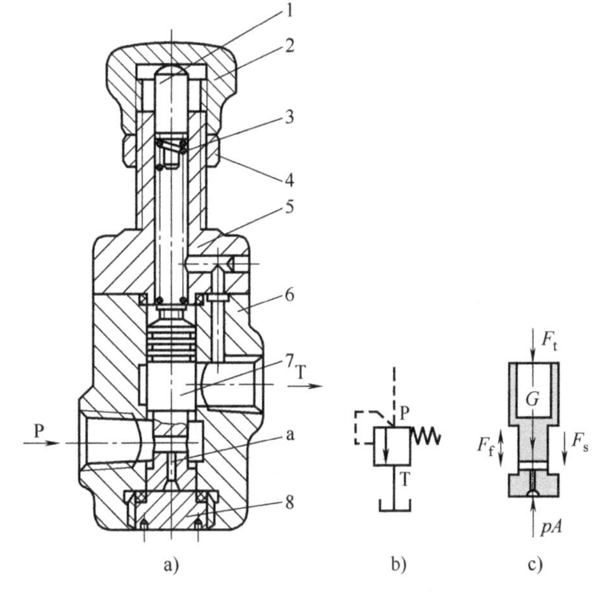

图 6-2　直动式溢流阀工作原理图

a）结构图　b）图形符号　c）阀芯受力图

1—推杆　2—调节螺母　3—弹簧　4—锁紧螺母

5—阀盖　6—阀体　7—阀芯　8—塞堵

6.1.2　先导式溢流阀

先导式溢流阀一般用于中高压系统中，在结构上主要是由先导阀和主阀两部分组成，如图 6-3 所示，其中，P 为进油口，T 为出油口，K 为远程控制油口。

先导式溢流阀工作时，油液从进油

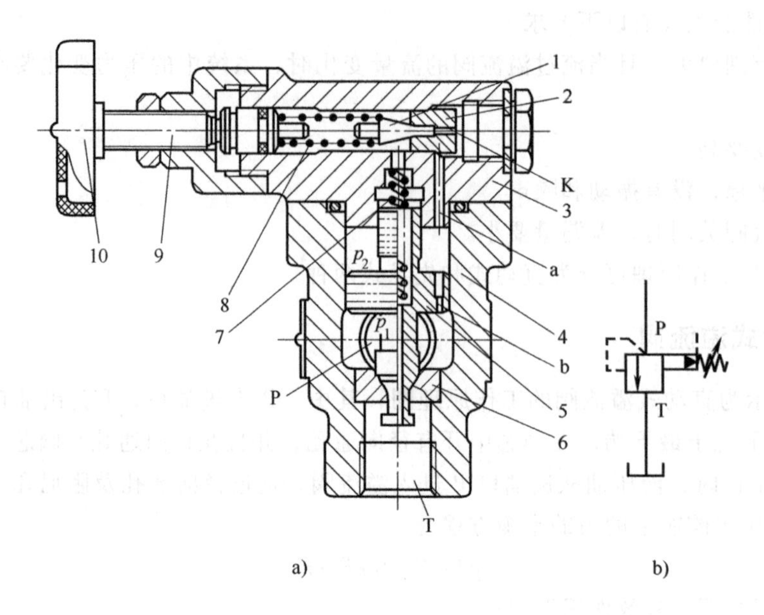

图 6-3 先导式溢流阀

a）结构图 b）图形符号

1—先导阀阀芯 2—先导阀阀座 3—先导阀阀体 4—主阀阀体 5—主阀阀芯 6—主阀座 7—主阀弹簧 8—先导阀调压弹簧 9—调节螺钉 10—调压手轮

口 P 进入（油液的压力为 p_1），并通过阻尼孔 b 进入主阀阀芯 5 上腔（油液的压力为 p_2），由于主阀阀芯 5 上腔通过阻尼孔 a 与先导阀相通，因此油液通过阻尼孔 a 进入到先导阀的右腔中。先导阀阀芯 1 的开启压力是通过调压手轮 10 调节先导阀调压弹簧 8 的预压紧力来确定的，在进油压力没有达到先导阀的调定压力时，先导阀关闭，主阀的上、下腔油液压力基本相等（实际上这种主阀的上端面积略大于下端面积，因此上腔作用力略大于下腔作用力），在弹簧力的作用下，主阀阀芯关闭。当进油压力升高至打开先导阀时，油液通过阻尼孔 a、先导阀阀口、主阀阀芯 5 中心孔至阀底下部的出油口 T 溢流回油箱。当油液通过主阀阀芯 5 上的阻尼孔 b 时，在阻尼孔 b 的两端会产生压力差，当压力差足够大时，压力差产生向上的液压力克服主阀弹簧力推动主阀阀芯 5 向上移动，主阀阀口打开，溢流阀开始溢流。

在这种溢流阀中，作用于主阀阀芯 5 上的力平衡方程为

$$p_1A=p_2A+F_s+G+F_f+F_t$$

即

$$(p_1-p_2)A=F_s+G+F_f+F_t \tag{6-2}$$

式中 A——主阀阀芯上、下端面有效作用面积，忽略两端面面积差；

F_s——液动力；

G——重力；

F_f——摩擦力；

F_t——主阀弹簧力。

比较式（6-2）与式（6-1），可见与合力相平衡的液压力在直动式溢流阀中是阀芯底部的油液压力，而在先导式溢流阀中是主阀阀芯下腔的油液压力与主阀阀芯上腔的油液压力的

差值，即 p_1-p_2。因此，先导式溢流阀可以在弹簧较软、结构尺寸较小的条件下，控制较高的油液压力。

在先导式溢流阀阀体上有一个远程控制油口 K，它的作用是使溢流阀卸荷或进行二级调压。当把远程控制油口 K 与油箱相连接时，溢流阀上腔的油液直接流回油箱，而上腔油液压力为零，由于主阀阀芯弹簧较软，因此，主阀阀芯在进油压力作用下迅速上移，打开主阀阀口，使溢流阀卸荷；若将远程控制油口 K 与一个远程调压阀相连接，则溢流阀的溢流压力可由该远程调压阀在溢流阀调压范围内调节。

6.1.3　电液比例溢流阀

电液比例压力阀是目前应用最广泛的阀类，根据在液压系统中的作用不同，可分为比例溢流阀和比例减压阀；根据控制的功率大小不同，可分为直动式和先导式两种；根据是否带位置检测反馈部分，可分为带位置检测和不带位置检测比例压力阀两种。下面以比较典型的先导式比例溢流阀为例简要介绍其结构特点和工作原理。

先导式比例溢流阀的工作原理如图 6-4 所示，其在结构上主要由比例电磁铁、先导阀、主阀和限压阀组成。与开关型溢流阀不同的是先导式比例溢流阀没有调压弹簧，给定比例电磁铁一电流信号，产生的电磁力通过比例电磁铁 3 的推杆 2 直接作用在先导阀阀芯 1 上。系统油液压力 p 作用在主阀阀芯 5 的下端面上，油液流经阻尼孔 R_1 后作用在先导阀阀芯 1 上，作用在先导阀阀芯 1 上的作用力达到比例电磁铁的电磁力时（忽略液动力、摩擦力等），先导阀阀芯 1 开启而形成先导溢流。主阀阀芯 5 下腔和上腔产生压力差，克服主阀芯弹簧力，主阀阀芯 5 开启而溢流。系统油液压力 p 与电磁力为比例关系。

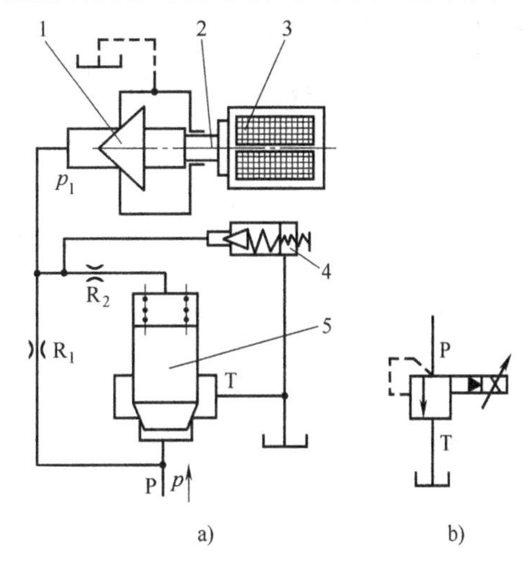

图 6-4　先导式比例溢流阀工作原理图

a）原理图　b）图形符号

1—先导阀阀芯　2—推杆　3—比例电磁铁　4—限压阀　5—主阀阀芯

限压阀 4 是一个开关型直动式微量溢流阀，主要起安全阀作用，保护系统不受峰值压力的损坏。

图 6-5a 所示是 DBEM 型先导式比例溢流阀的结构图，可以看出，力控制型比例电磁铁 9 直接作用于先导阀阀芯 8 上。该阀内通道为铸造流道，压力损失较低，通流能力强。主阀为滑阀结构，由阀套和阀芯组成。阀套固定在阀体上，阀芯相对阀体运动，改变阀口开度。控制油口为 X，P 口与液压泵出口连接，为进油口，B 口单独接通油箱，为出油口。限压阀 10 设有手调弹簧手柄，用来调节系统的最高工作压力，起过载保护作用。

6.1.4　溢流阀工作特性

1. 静态特性

由式（6-1）可知，直动式溢流阀在工作时，阀芯上受力的平衡方程为

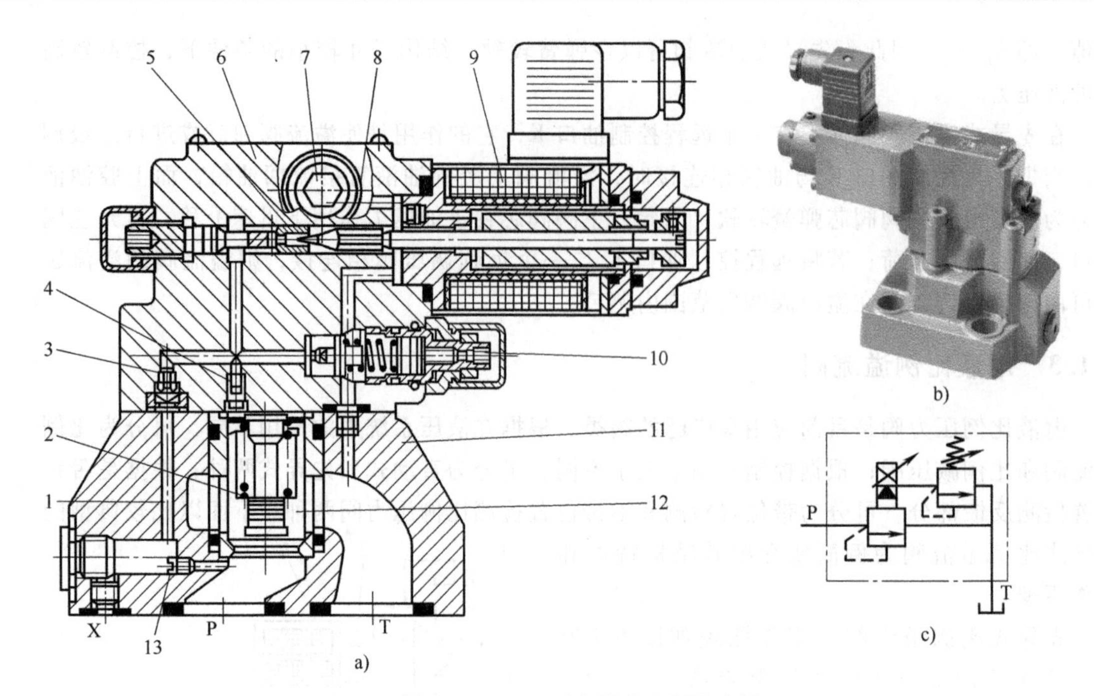

图 6-5 DBEM 型先导式比例溢流阀

a）结构图 b）实物图 c）图形符号

1—控制油通道 2—主阀弹簧 3、4—阻尼 5—先导阀座 6—先导阀体 7—泄油孔 8—先导阀阀芯 9—比例电磁铁 10—限压阀 11—主阀体 12—主阀阀芯 13—阻尼孔

$$pA = F_s + G \pm F_f + F_t$$

若略去重力 G 和摩擦力 F_f，则有

$$pA = F_s + F_t$$

因为根据式（5-2），稳态液动力

$$F_s = 2C_d C_v Wx\cos\theta \cdot \Delta p$$

式中 x——溢流阀阀芯的开度；

C_d——流量系数；

C_v——流速系数；

W——面积梯度；

θ——阀口的射流角，阀芯为锥阀阀芯时，即锥阀阀芯锥角。

则有

$$p = \frac{F_t}{A - 2C_d C_v Wx\cos\theta} \tag{6-3}$$

可见，在这种阀中，阀进口处的压力主要由弹簧力决定，在调整好调压弹簧作用力后，溢流阀进油腔的压力 p 基本是定值。所以，当溢流流量变化时，因为稳态液动力 F_s 变化小，所以进油压力 p 变化也很小，即溢流阀的静态特性好。

在计算弹簧力时，设 x_c 为弹簧调整时的预压缩量，k_s 为弹簧刚度，弹簧力可表示为

$$F_t = k_s(x_c + x) \tag{6-4}$$

将式（6-4）代入式（6-3）有

$$p=\frac{k_s(x_c+x)}{A-2C_dC_vWx\cos\theta} \tag{6-5}$$

当溢流阀阀口开启刚开始溢流时，阀芯的开度 $x=0$，将此时溢流阀进油口的压力称为开启压力，用 p_k 表示，即

$$p_k=\frac{k_sx_c}{A} \tag{6-6}$$

而随着阀口的增大，溢流阀的溢流流量达到额定流量时，将此时溢流阀出口处的压力称为全流压力，用 p_n 表示。对于溢流阀来说，希望在工作时，当溢流流量变化时，系统中的压力较稳定，这一特性称为静态特性或启闭特性，常用静态调压偏差和开启比两个指标来描述，即

$$\text{静态调压偏差}=p_n-p_k \tag{6-7}$$

$$\text{开启比}=\frac{p_k}{p_n} \tag{6-8}$$

由式（6-7）和式（6-8）可见，溢流阀的静态调压偏差越小，开启比越大，控制的系统越稳定，静态特性越好。

在工程实际中，一般按如下过程确定开启压力和闭合压力：首先，将溢流阀压力调至额定压力；然后，在阀口开启过程中，当溢流流量加大到额定流量的1%时，确定系统压力为溢流阀的开启压力；接着，在阀口闭合过程中，当溢流流量减小到额定流量的1%时，确定系统压力为溢流阀的闭合压力。

根据第 2 章式（2-50），可计算通过溢流阀阀口的溢流流量为

$$q=C_dA\sqrt{\frac{2}{\rho}\Delta p}\,C_dWx\sqrt{\frac{2\Delta p}{\rho}}$$

式中，x 可由式（6-5）和式（6-6）计算得

$$x=\frac{A(p-p_k)}{k_s+2pC_dC_vW\cos\theta}$$

再将 Δp 用 p 代入，可得

$$q=\frac{C_dAW}{k_s+2pC_dC_vW\cos\theta}(p-p_k)\sqrt{\frac{2p}{\rho}} \tag{6-9}$$

式（6-9）就是直动式溢流阀的压力-流量特性方程，根据此方程绘制的曲线就是溢流阀的压力流量特性曲线，如图 6-6 所示，由曲线可知，压力随流量的变化越小，特性曲线越接近直线，溢流阀的静态特性越好。

2. 动态特性

当溢流阀的溢流流量由零阶跃变化至额定流量时，其进口压力迅速升高并超过其调定压力值，然后经过振荡衰减到最终的稳定压力，这一过程就是溢流阀的动态响应过程。

图 6-7 所示的是溢流阀阀口开启时进口压力响应特性曲线，根据控制工程理论，若令起始稳态压力为 p_0，最终稳态压力为 p_n，则 $\Delta p_t=p_n-p_0$。

评价溢流阀动态特性的指标主要有压力超调量、压力上升时间和过渡过程时间。

1）压力超调量 Δp：峰值压力与最终稳态压力的差值。

2）压力上升时间 t_1：压力达到 $0.9\Delta p_t$ 的时间与达到 $0.1\Delta p_t$ 的时间差值，即图 6-7 中的点 A、B 之间的时间间隔，该时间也称为响应时间。

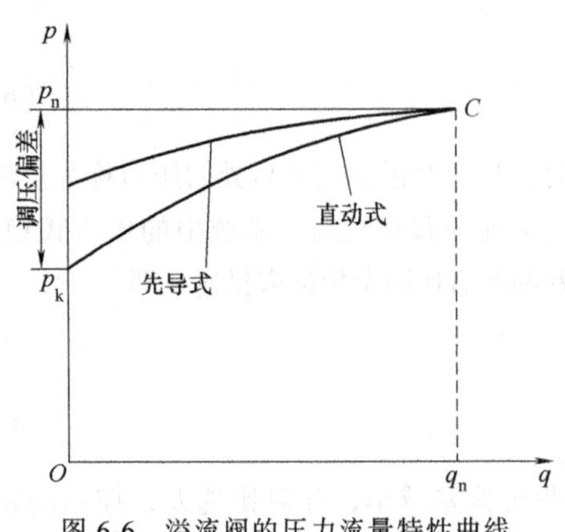

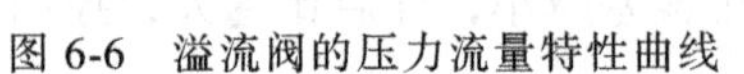
图 6-6 溢流阀的压力流量特性曲线

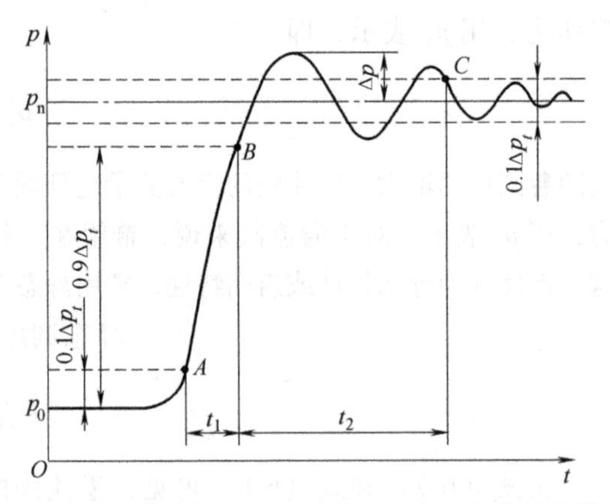

图 6-7 溢流阀阀口开启时进口压力响应特性曲线

3）过渡过程时间 t_2：从 $0.9\Delta p_t$ 的点 B 到点 C 之间的时间。点 C 是压力进入并保持在 $p_n\pm0.05\Delta p_t$ 范围内所对应的时间。

6.2 减压阀

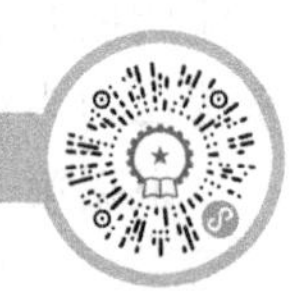

减压阀是一种利用油液流过缝隙产生压力损失，使其出口压力低于进口压力的压力控制阀。按压力调节要求不同，减压阀可分为定压减压阀、定差减压阀和定比减压阀。定压减压阀用于实现出口压力为定值的控制，使液压系统中某一支路得到较供油压力低的稳定压力，例如，机床液压系统的夹紧或定位装置要求得到比主油路低的恒定压力时，可采用定压减压阀实现。定差减压阀用于实现进、出口压力差为定值的控制，可与其他阀组成调速阀、定差减压型电液比例方向流量阀等复合阀，实现节流阀口两端压差补偿以输出恒定的流量。定比减压阀用于实现进、出口压力保持调定不变比例的控制。本节主要介绍定压减压阀和定差减压阀。

6.2.1 定压减压阀

与溢流阀类似，定压减压阀分为直动式和先导式。根据外部连接油口数，还可分为二通型和三通型两种。直动式减压阀一般用作二级阀的先导级，在工程应用中以先导式减压阀为主。

下面以先导式二通型减压阀为例分析定压减压阀的工作原理，图 6-8 所示的是先导式二通型减压阀的结构原理图，其中，P_1 为进油口，P_2 为出油口，K 为远程控制油口，L 为泄油口。

先导式减压阀工作时，高压油从进油口 P_1 进入主阀阀体 6 内，初始时，主阀阀芯 7 处于最下端，进油口 P_1 与出油口 P_2 是相通的，因此，高压油可以直接从出油口 P_2 流出。但在出油口 P_2 中，液压油又通过端盖 8 上的通道进入主阀阀芯 7 的下部，同时又可以通过主

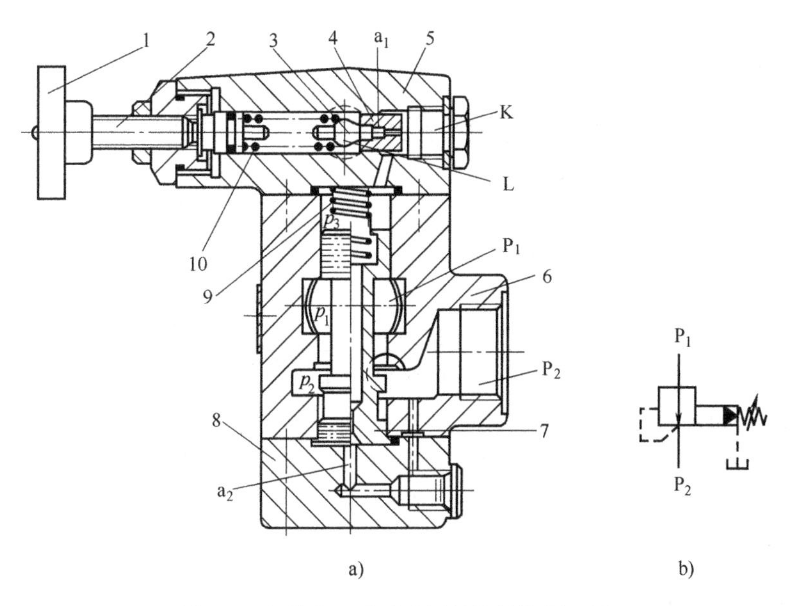

图 6-8　先导式二通型减压阀的结构原理图

a）结构图　b）图形符号

1—调压手轮　2—调节螺钉　3—先导阀阀芯　4—先导阀阀座　5—先导阀阀体

6—主阀阀体　7—主阀阀芯　8—端盖　9—主阀弹簧　10—调压弹簧

阀阀芯 7 中的阻尼孔 a_2 进入主阀阀芯 7 的上端，由先导式溢流阀的讨论可知，此时，主阀阀芯 7 正是在上、下油液的压力差与主阀弹簧力的作用下工作的。

当出油口 P_2 的油液压力较小时，即没有达到克服先导阀调压弹簧 10 的作用力时，先导阀阀口关闭，通过阻尼孔 a_2 的油液不流动，此时，主阀阀芯 7 上、下端面之间无压力差，主阀阀芯 7 在主阀弹簧 9 的作用力下处于最下端位置；而当出油口 P_2 的油液压力大于先导阀调压弹簧 10 的调定压力时，油液经先导阀从泄油口 L 流出，此时，主阀阀芯 7 上、下端面之间有压力差，当这个压力差大于主阀弹簧 9 的作用力时，主阀阀芯 7 上移，阀口开度减小，从而降低了出油口 P_2 的油液压力，并使作用于主阀阀芯 7 上的油液压力与主阀弹簧 9 的作用力达到了新的平衡，而出口压力就基本保持不变。由此可见，先导式减压阀是以出油口压力为控制信号，自动调节主阀阀口开度，改变液阻，保证出油口压力的稳定。

由图 6-8 可见，先导式减压阀与先导式溢流阀的结构非常相似，但注意它们有以下不同点。

1）在油路上，由于减压阀的出口与执行机构相连接，而溢流阀的出口直接接回油箱，因此先导式减压阀通过先导阀的油液有单独的泄油通道，而先导式溢流阀则没有，溢流阀弹簧腔的泄漏油经阀体内流道内泄至出口。

2）在使用上，先导式减压阀保持出口压力基本不变，而先导式溢流阀保持进口压力基本不变。

3）在原始状态下，先导式减压阀进、出油口是常通的，而先导式溢流阀的进、出油口是常闭的。

4）溢流阀并联连接在系统中，减压阀串联连接在系统中。

6.2.2 定差减压阀

定差减压阀可使进、出油口压力差保持为定值。图 6-9 所示的是定差减压阀的结构原理图，高压油（压力为 p_1）经间隙为 x 的节流口减压后以低压 p_2 输出，同时低压油经阀芯中心孔将压力 p_2 引至阀芯上腔，进、出口油压在阀芯上、下两端面有效作用面积上产生的液压力之差与弹簧力相平衡。只要尽量减小弹簧刚度，并使阀芯的阀口开度在与弹簧的预压缩量相比较小的情况下，压力差 p 就能近似保持为定值。定差减压阀主要用来与其他液压阀组成复合阀，例如，将定差减压阀和节流阀串联组成调速阀。

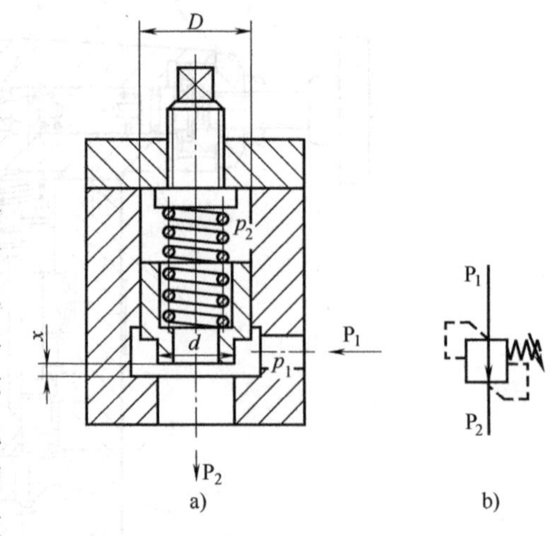

图 6-9 定差减压阀的结构原理图

a）结构图 b）图形符号

6.2.3 电液比例减压阀

1. 先导式二通型比例减压阀

图 6-10a 所示为先导式二通型比例减压阀的工作原理图，图 6-10b 所示为其图形符号。比例减压阀工作时，首先由比例电磁铁 3 输出的电磁力直接作用在先导阀的锥阀阀芯 1 上，输出压力由输入的电信号大小调定。构成主阀减压口的是主阀阀芯 5 上对称布置的若干小孔。压力为 p_1 的一次液压油从 A 口进入，经减压小孔减压后，降为压力为 p_2 的二次液压油，并从油口 B 流出。减压后压力为 p_2 的油液流经阻尼孔 R_1、R_2 后压力下降为 p_3，作用在先导阀锥阀阀芯 1 上，同时经阻尼孔 R_3 作用在主阀阀芯 5 上。当出口压力 p_2 低于输入电信号的调定压力时，先导阀锥阀阀芯 1 关闭，阻尼孔 R_1、R_2、R_3 中没有油液流动，主阀阀芯 5 上、下两端面的油液压力相等。此时，主阀阀芯 5 在弹簧力作用下处于最下端位置，减

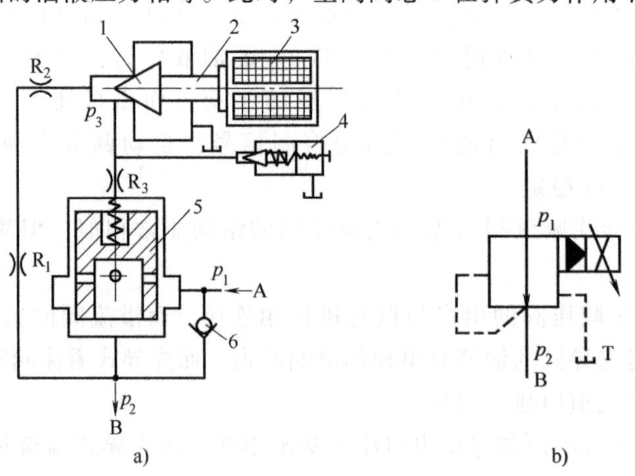

图 6-10 先导式二通型比例减压阀

a）工作原理图 b）图形符号

1—先导阀锥阀阀芯 2—推杆 3—比例电磁铁 4—溢流阀 5—主阀阀芯 6—单向阀

压小孔完全打开，减压阀处于非工作状态，不起减压作用。当出口压力 p_2 上升到调定压力时，先导阀锥阀阀芯 1 被打开，主阀上腔的油液经阻尼孔 R_3 通过锥阀，再由泄油口流回油箱，产生压力降，$p_2>p_3$，主阀阀芯 5 上移，减压小孔进入控制位置，通流面积减小，液阻增大，油液从 A 口通过减压小孔流向 B 口时，产生压力降，使出口压力保持在调定值上。

图 6-11a 所示是 DRE 型先导式比例减压阀的结构图。其先导阀部分与溢流阀的先导阀完全相同，主阀阀芯组件 9 的阀套上均匀分布着 9 个小孔，形成控制减压口，有利于减小液动力对主阀阀芯组件 9 的影响。A 口为一次液压油入口，B 口为二次液压油出口，Y 为泄油口，必须单独接油箱。

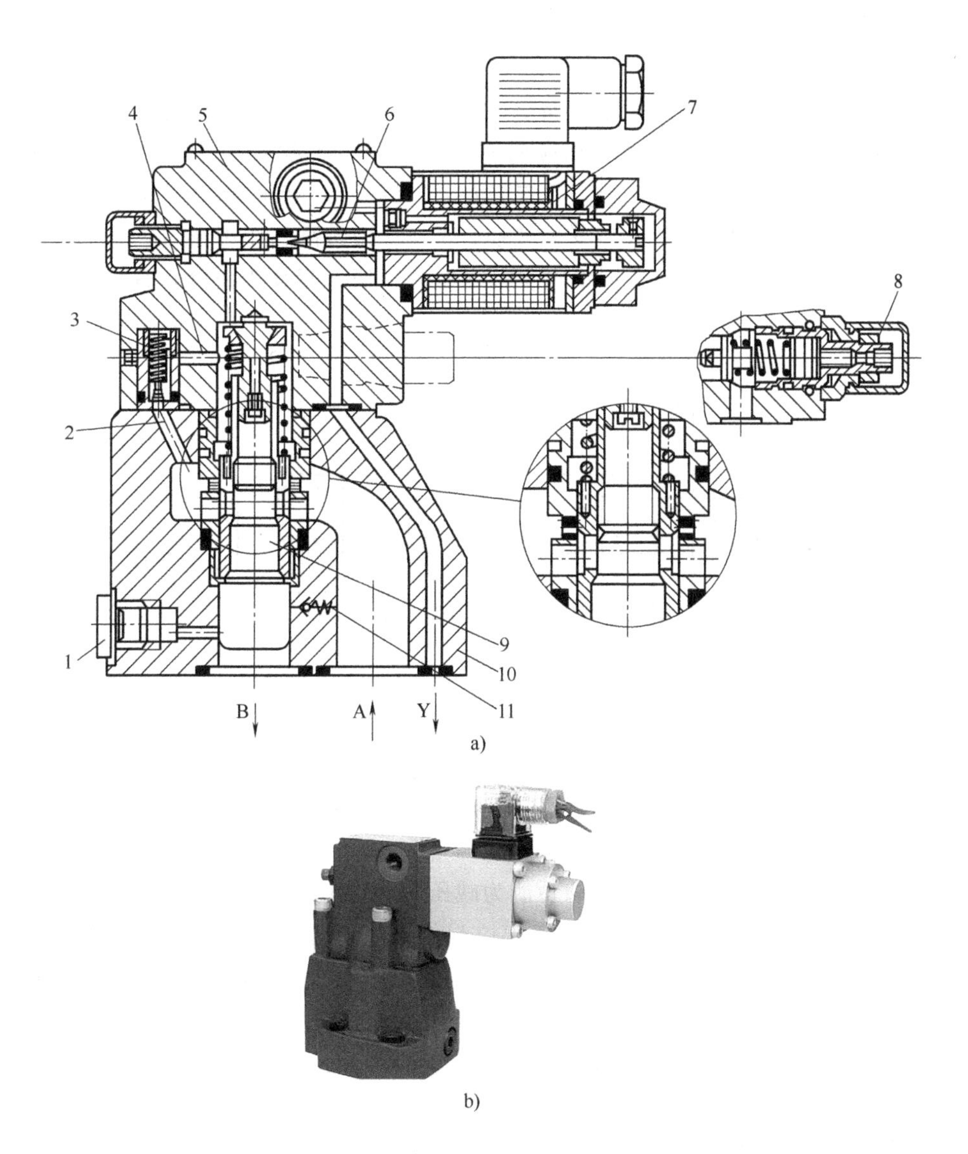

图 6-11 DRE 型先导式比例减压阀

a）结构图 b）实物图

1—压力检测孔堵头 2、4—通道 3—流量稳定器 5—先导阀体 6—先导阀阀芯 7—比例电磁铁 8—限压溢流阀 9—主阀阀芯组件 10—主阀阀体 11—单向阀

2. 直动式三通型比例减压阀

对于二通型减压阀，当其出油口出现反向高压（由于负载反向驱动，使阀的出口压力升高）时，减压阀阀芯运动到使阀口关闭，使得从阀口位置到液压缸的封闭容腔中的高压油没有出路，容易导致设备受损等事故产生。例如，夹紧工件时，液压缸运动到接触工件瞬间，开始出现反向驱动的负载，随后，液压缸内压力升高，有可能夹坏工件。只有从阀口到液压缸的封闭容腔中有泄漏，使封闭容腔中的压力降低到一定程度，减压阀阀口才会重新打开小口（由阀芯受力平衡条件决定），进而使出口压力恢复到与输入信号相对应的大小。

为解决这一问题，就要为负载提供一个溢流通道，将减压阀由二通改为三通（增加溢流口），形成直动式三通型比例减压阀，如图 6-12 所示，P 口为进油口，A 口为出油口，T 口为溢流口，接回油箱。

当无电流信号时，阀芯 3 在对中弹簧 2、5 的作用下处于中位，各油口互不相干。当比例电磁铁 1 上接通控制信号电流时，相应的电磁力使阀芯 3 右移，接通进油口 P 和出油口 A，同时 A 口油液压力反馈作用在阀芯 3 右端面上，当液压力与电磁力平衡后，出油口 A 的压力保持不变，与电磁力成正比。当受到扰动，A 口压力升高，作用在阀芯 3 上的液压力超过电磁力时，阀芯 3 左移，A 口与回油口 T 接通溢流，使 A 口压力下降，直至达到新的平衡状态。

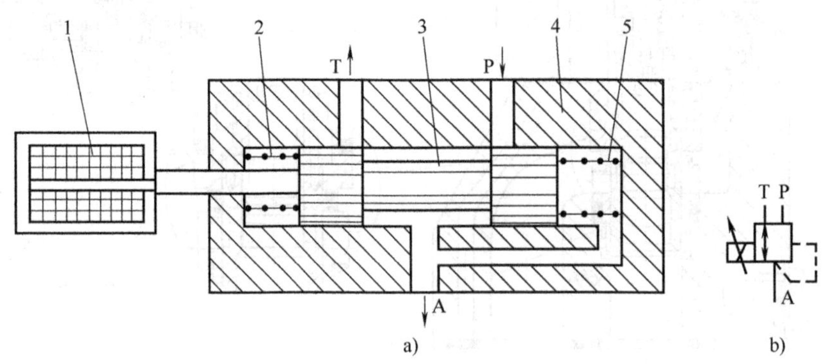

图 6-12 直动式三通型比例减压阀

a）原理简图 b）图形符号

1—比例电磁铁 2、5—对中弹簧 3—阀芯 4—阀体

因此，P 口接通 A 口时比例减压阀功能为减压功能，A 口接通 T 口时比例减压阀功能为溢流功能。当比例减压阀出口压力开始高于控制信号所对应的比例减压阀调定的出口压力时，负载油口 A 与溢流口 T 接通，避免 A 口压力上升可能造成的事故，起到安全保护的作用。

直动式三通型比例减压阀成对组合使用时，主要用作先导式比例方向阀的先导阀。

3. 双向三通型比例减压阀

当三通型比例减压阀用作三位四通比例方向阀的先导级时，由于需要对两个方向进行控制，要两个三通型比例减压阀组合成一个双向三通型比例减压阀。图 6-13 所示为双向三通型比例减压阀。当比例电磁铁 6 接通电流信号时，阀芯 2 在电磁力作用下右移，使 P 口油液流向 A 口，A 口油液通过阀芯 2 上的径向孔进入阀芯 2 内空腔，将反馈柱塞 3 推至右端位置，阀芯2内的油液压力作用在阀芯的有效作用面积上，产生使阀口关闭即阀芯2向左移动的作用力，当液压力与电磁力平衡时，阀芯2处于一个减压开口位置，A口压力保持恒定，并与电磁力成正比。如果受到扰动，A口压力升高，油液压力向右推动反馈柱塞3，使A口与T口接通，A口油液溢流回油箱，降压至与电磁力重新达到平衡，保证A口油液压力始终与电磁力成正比。

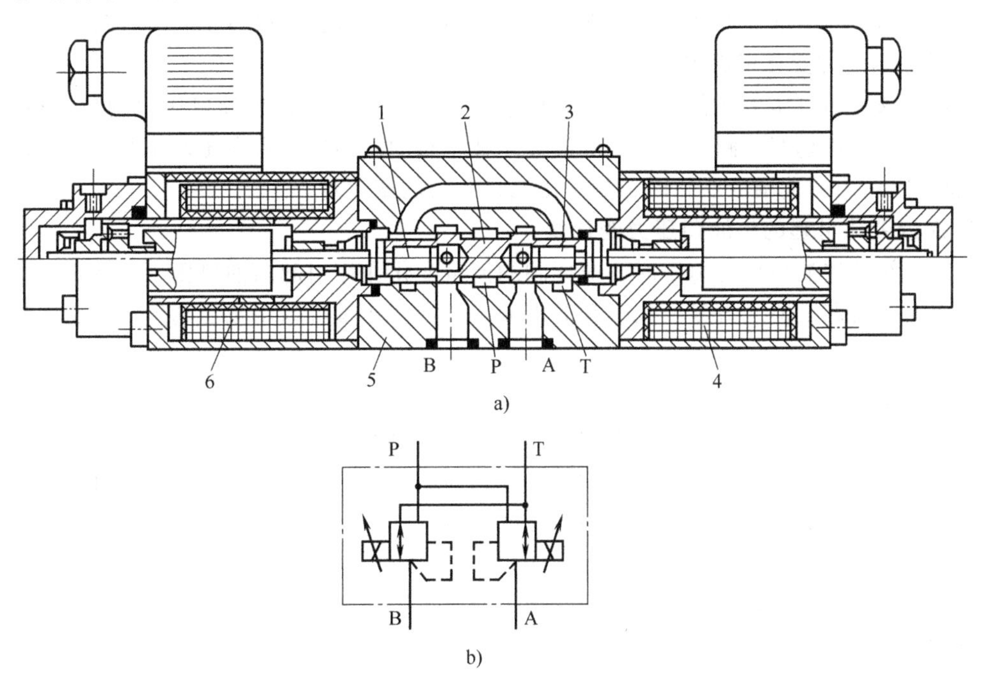

图6-13　双向三通型比例减压阀
a）结构图　b）图形符号
1、3—反馈柱塞　2—阀芯　4、6—比例电磁铁　5—阀体

6.2.4　减压阀工作特性

减压阀的主要静态性能指标有调压范围、压力稳定性、压力偏移、进油口压力变化引起的出油口压力变化量、流量变化引起的出油口压力变化量、外泄漏量、反向压力损失等。

1. 调压范围

减压阀的调压范围是指减压阀出油口压力的可调范围。减压阀的出油口压力应随调压装置的调节而平稳地上升和下降，不应有突变和迟滞现象。在实际应用中，减压阀的最低调定压力一般不能低于0.5MPa，最高调定压力至少比系统压力低0.5MPa。

减压阀的出口压力还与出口处的负载有关，若负载压力低于调定压力，则出口压力由负载决定，此时减压阀不起作用，进、出口压力相等，即减压阀保持出口压力恒定的条件是负载压力大于调定压力，也就是说先导阀要开启，处于工作状态。当减压阀出口处于封闭负载的情况下，仍有少量液压油通过锥阀流回油箱，这也是减压阀在关闭负载通道后仍能减压，并保持压力恒定的原因。使用时，减压阀的外泄油口一定要单独连通油箱。

2. 压力稳定性

压力稳定性是指出油口压力的振摆。对于额定压力为16MPa以上的减压阀，一般要求压力振摆值不超过±0.5MPa；对于额定压力为16MPa以下的减压阀，要求其压力振摆值不超过±0.3MPa。

3. 压力偏移

压力偏移是指出油口的调定压力在规定时间内的偏移量，一般按1min计算。

4. 进油口压力变化引起的出油口压力变化量

当减压阀进油口压力变化时，必然对出油口压力产生影响，出油口压力的波动值越小，减压阀的静态特性越好。测试时，一般使被测减压阀的进油口压力在比调压范围的最低值高2MPa至额定压力的范围内变化时，测量出油口压力的变化量。

5. 流量变化引起的出油口压力变化量

当减压阀的进油口压力恒定时，减压阀的流量变化往往引起出油口压力的变化，使出油口压力不能保持调定值。流量变化引起的出油口压力变化量可以用减压阀出油口压力的变化率表示。

6. 外泄漏量

外泄漏量是指当减压阀起减压作用时，每分钟从泄油口流出的先导流量。其数值一般应小于1.5~2.0L/min。测试时，将被测减压阀的进油口压力调为额定压力，出油口压力为调压范围的最低值，测得的泄油口流量即为外泄漏量。

7. 反向压力损失

当减压阀中反向通过额定流量时，减压阀的压力损失即为反向压力损失。对于单向减压阀，一般规定反向压力损失应小于0.4MPa。

6.3 顺序阀

顺序阀是利用油液压力作为控制信号来控制油路通断的控制阀，可控制多个执行元件的动作顺序。

顺序阀有直动式和先导式之分。根据控制压力来源的不同，有内控式和外控式之分；根据泄油方式的不同，有内泄式和外泄式之分。通过改变控制压力的来源、泄油方式及二次油路的连接形式，顺序阀可发挥多种用途，例如，内控内泄式顺序阀在系统中可用作背压阀，外控内泄式顺序阀可用作卸荷阀。

6.3.1 直动式顺序阀

图6-14所示的是具有控制活塞的直动式顺序阀，其中，P_1口为进油口，P_2口为出油口，L为泄油口。阀芯5为滑阀结构，其进油腔与控制活塞3的油腔相连，外控口用螺塞1堵住，泄油口L单独接回油箱。当液压油通入进油口P_1后，经过阀体4和底盖2上的孔，进入控制活塞3的底部。当进油压力p低于调压弹簧6的预调压力时，阀芯5处于图6-14所示的关闭位置而将进油口P_1与出油口P_2隔开；当进油压力p增至大于调压弹簧6的预调压力时，阀芯5升起，将进油口P_1与出油口P_2接通。图6-14所示的直动式顺序阀中，设置

端面有效作用面积比阀芯 5 小的控制活塞 3，通过控制活塞 3 推动阀芯 5，其目的是减小调压弹簧 6 的刚度。图 6-14b 所示控制油直接由进油口 P_1 引入，泄油口 L 单独接回油箱这种控制形式即为内控外泄式。若将底盖 2 在装配时转动 90°或 180°，同时去掉螺塞 1，并通过远程控制口 K 接入外部控制油，直动式顺序阀则变为外控顺序阀；当出油口 P_2 接回油箱时，若将端盖 7 在装配时转动 90°或 180°，并将泄油口 L 堵住，直动式顺序阀则变为内泄式顺序阀。因此，按照上述变化方式，可得到内控外泄式（图 6-14b）、外控外泄式（图 6-14c）、内控内泄式（图 6-14d）、外控内泄式（图 6-14e）四种形式的顺序阀。

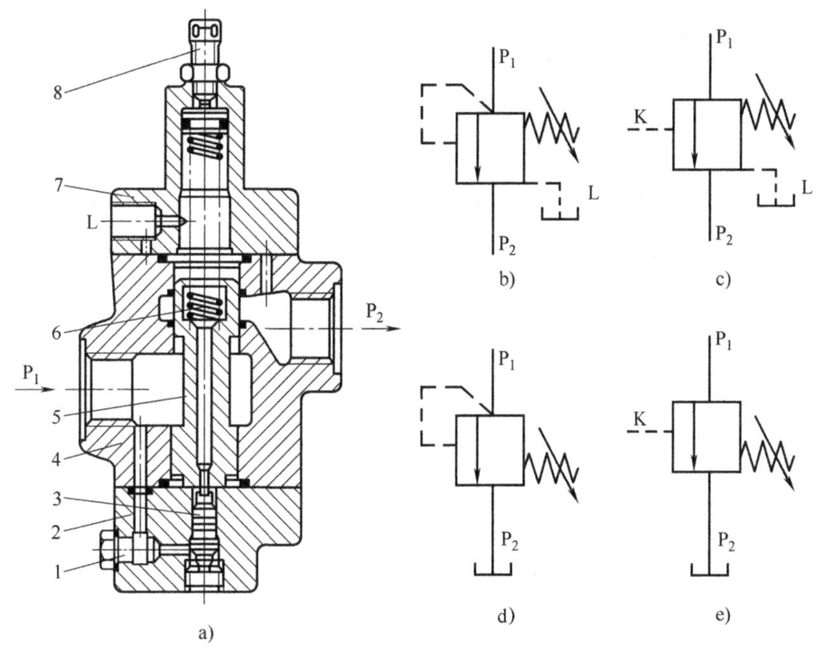

图 6-14　直动式顺序阀

a）结构图　b）内控外泄式顺序阀的图形符号　c）外控外泄式顺序阀的图形符号

d）内控内泄式顺序阀的图形符号　e）外控内泄式顺序阀的图形符号

1—螺塞　2—底盖　3—控制活塞　4—阀体　5—阀芯　6—调压弹簧　7—端盖　8—调节螺钉

由上述分析可知，顺序阀的动作原理与溢流阀相似，两者主要有以下区别。

1）顺序阀的出油口一般与负载油路相通，而溢流阀的出油口要接回油箱。

2）溢流阀的弹簧腔可以与出油口连通，而出油口与负载油路相通的顺序阀的泄油口应单独接回油箱，以免使弹簧腔有油压。

3）溢流阀的进油口最高压力由调压弹簧来限定，由于油液溢流回油箱，因此损失了油液的全部能量。而顺序阀的进油口压力由液压系统工况确定，进油口压力升高时阀口将不断增大，直至全开，出油口液压油对负载做功。

直动式顺序阀即使采用较小的控制活塞，其弹簧刚度仍然较大。由于顺序阀工作时的阀口开度大，阀芯行程较大，因此这种顺序阀的启闭特性不够好，所以直动式顺序阀只用在压力较低（8MPa 以下）的场合。

6.3.2　先导式顺序阀

图 6-15a 和 b 所示为先导式顺序阀的结构原理图，其中，P_1 口为进油口，P_2 口为出油

口，L口为泄油口，K口为远程控制口。从结构上看，顺序阀与溢流阀的结构基本相同。所不同的是顺序阀出油口的油液不是流回油箱，而是直接输出到工作机构。顺序阀打开后，出口压力可继续升高，因此，先导式顺序阀的泄油口需单独接回油箱。图6-15b所示的是内控先导式顺序阀的结构，若将底盖旋转90°并打开螺塞，它将变成外控先导式顺序阀，如图6-15a所示。

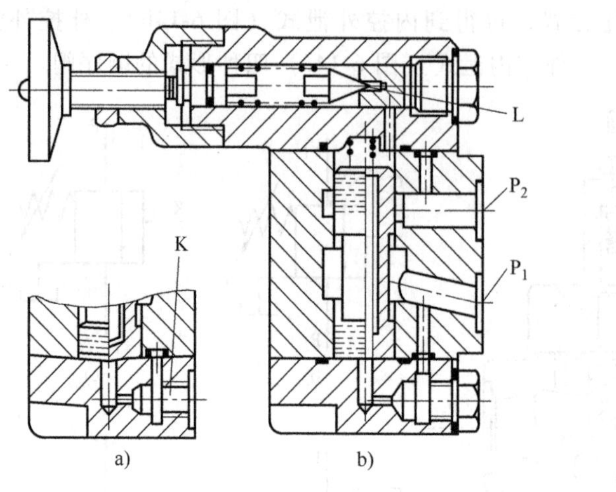

图6-15　先导式顺序阀

a）外控先导式顺序阀结构图　b）内控先导式顺序阀结构图　c）图形符号

内控先导式顺序阀工作时，作用在阀芯上的液压力达到阀的调定压力之前，阀口关闭。作用在阀芯上的液压力达到阀的调定压力后，阀口开启，液压油从出油口 P_2 输出，驱动执行机构工作，此时，油液的压力取决于负载，可随着负载的增大继续增加，而不受顺序阀调定压力的影响。

外控先导式顺序阀底部的远程控制口K在顺序阀需要遥控时启用，当该控制口接到控制油路中时，阀芯的移动就取决于控制油路中的油液压力，而与顺序阀的入口压力无关。

外控先导式顺序阀可以用于差动回路转工进回路的速度换接回路上。

6.3.3　顺序阀的应用实例

可以利用顺序阀使两个以上的执行元件按预定的顺序动作，还可将顺序阀用作背压阀、平衡阀、卸荷阀，或者用来保证油路最低工作压力。

图6-16所示为定位、夹紧顺序动作回路，在夹具上实现先定位后夹紧工作顺序的液压控制。油液经二位四通电磁换向阀4进入定位缸1下腔，实现定位动作。在这个过程中，由于油液压力未达到顺序阀3的调定值，故夹紧缸2不动作。待定位完成，油液压力升高，达到顺序阀3的调定值时，顺序阀3开启，油液经顺序阀3进入夹紧缸2，进行夹紧。为保证可靠工作，顺序阀3的调定压力值大于定位缸调定压力值0.5~0.8MPa。

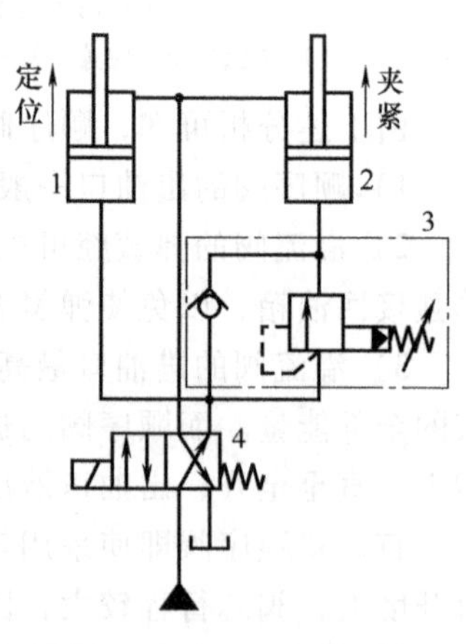

图6-16　定位、夹紧顺序动作回路

1—定位缸　2—夹紧缸　3—顺序阀　4—二位四通电磁换向阀

6.4 压力继电器

压力继电器与前面所述的几种压力控制阀功用不同，它并不是依靠控制油路的压力来使阀口改变的，而是一个依靠液压系统中油液的压力来启闭电气触点的电气转换元件。在输入压力达到调定值时，压力继电器发出一个电信号，以此来控制电气元件的动作，实现液压回路的动作转换、系统遇到故障时的自动保护等功能。压力继电器实际上是一个压力开关。

6.4.1 压力继电器的结构和工作原理

压力继电器由压力-位移转换机构和电气微动开关等组成。前者通常包括感压元件、调压复位弹簧和限位机构等。按感压元件不同，压力继电器有柱塞式、薄膜式（膜片式）、弹簧管式和波纹管式四种结构型式。按照电气微动开关的结构，压力继电器有单触点和双触点之分。

1. 薄膜式压力继电器

薄膜式（膜片式）压力继电器如图6-17所示。当控制油口P的油液压力达到调压弹簧10的调定压力时，液压力通过薄膜2使柱塞3上移。柱塞3压缩调压弹簧10直至弹簧座9达到限位位置。同时柱塞3的锥面推动钢球6和7水平移动，钢球7使杠杆1绕销轴14转动，杠杆1的另一端压下微动开关13的触点，发出电信号。可通过调节预紧螺钉11调节调

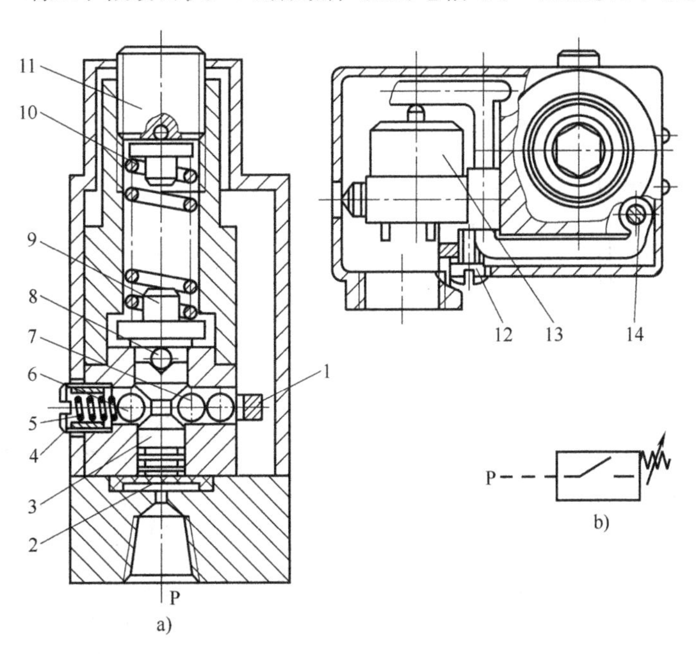

图6-17　薄膜式压力继电器

a）结构图　b）图形符号

1—杠杆　2—薄膜　3—柱塞　4—摩擦力调节螺钉　5—钢球弹簧　6、7、8—钢球　9—弹簧座　10—调压弹簧　11—预紧螺钉　12—连接螺钉　13—微动开关　14—销轴

压弹簧10的预紧力，即调节发出信号的液压力。当控制油口P的压力降到一定值时，调压弹簧10通过钢球8将柱塞3压下，钢球6靠钢球弹簧5的力使柱塞3定位，微动开关13触点的弹簧力使杠杆1和钢球7复位，电路切换。由于柱塞3在上移和下移时存在摩擦力且方向相反，因此压力继电器的开启和闭合压力并不重合。可通过调节摩擦力调节螺钉4调节柱塞3移动时的摩擦力，从而使压力继电器的启闭压力差可在一定范围内改变。薄膜式压力继电器位移小，反应快，重复精度高，但工作压力低，且易受控制压力波动的影响。

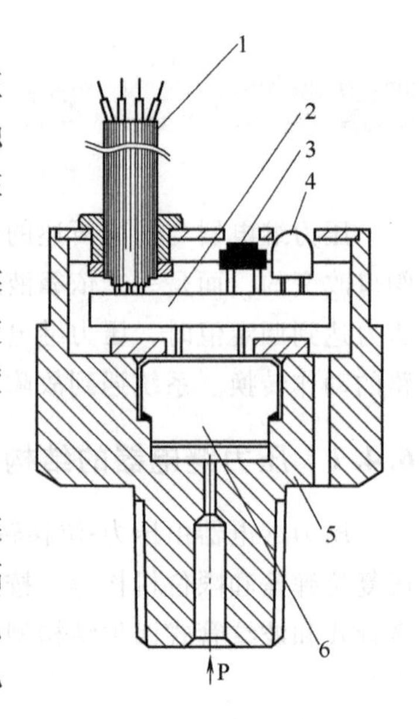

图6-18 半导体式压力继电器
1—电缆线 2—电子回路 3—微调电容器 4—LED指示灯 5—外壳 6—压力传感器

2. 半导体式压力继电器

图6-18所示为半导体式压力继电器，这种压力继电器装有带有电子回路2的半导体压力传感器6，其输出采用光电隔离的光隔接头，由于传感器部分是由半导体构成的，压力继电器没有可动部分，因此耐用性好，可靠性高，寿命长，体积也小，特别适合用于有抗振要求的场合。

3. 柱塞式压力继电器

图6-19所示为柱塞式压力继电器，当液压力达到调定压力时，柱塞1上移，通过顶杆2合上微动开关4，发出电信号。

4. 弹簧管式压力继电器

图6-20所示为弹簧管式压力继电器。弹簧管1既是感压元件，又是弹性元件。当从P

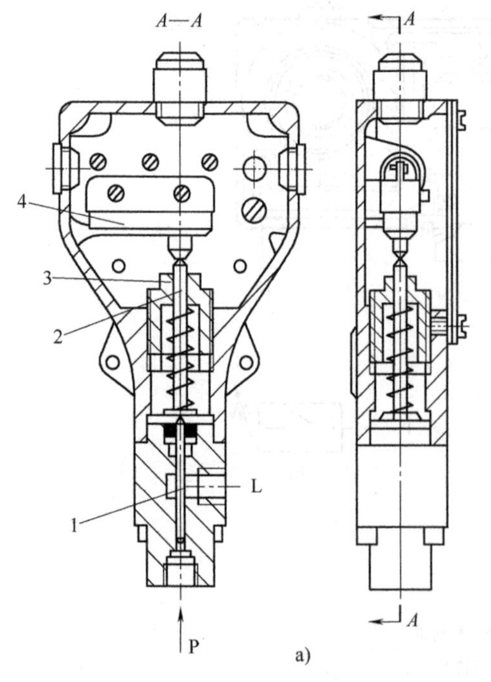

图6-19 柱塞式压力继电器
a）结构图 b）图形符号
1—柱塞 2—顶杆 3—调节螺钉 4—微动开关

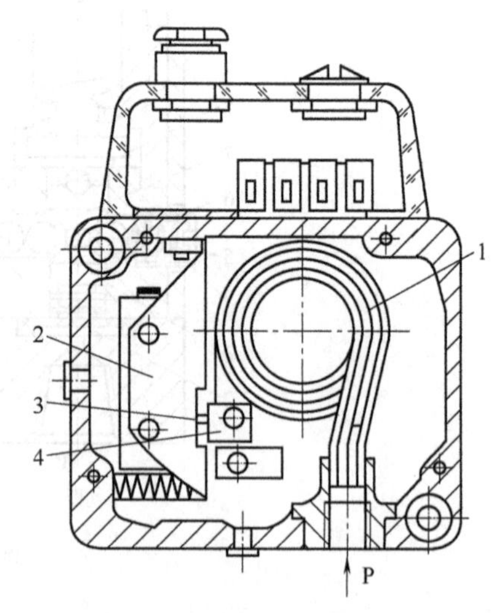

图6-20 弹簧管式压力继电器
1—弹簧管 2—微动开关
3—触点 4—压板

口进入弹簧管 1 的油液压力升高或降低时，弹簧管 1 伸展或复原，与其相连的压板 4 产生位移，从而启、闭微动开关 2 的触点 3，发出信号。

弹簧管式压力继电器的特点是调压范围大、启闭压差小、重复精度高。

6.4.2 压力继电器的主要性能

压力继电器的主要性能包括调压范围、灵敏度和通断调节区间、重复精度以及升、降压动作时间等。

1. 调压范围

调压范围是指压力继电器能发出电信号所对应的最低和最高工作压力所形成的范围。

2. 灵敏度和通断调节区间

系统压力升高到压力继电器的调定值时，使压力继电器动作而接通电信号的压力称为开启压力；系统压力降低，使压力继电器复位而切断电信号的压力称为闭合压力。开启压力与闭合压力的差值称为压力继电器的灵敏度。为避免系统压力波动时压力继电器频繁通、断，要求开启压力与闭合压力之间有一可调的差值，称为通断调节区间。

3. 重复精度

在一定的调定压力下，系统多次升压（或降压）的过程中，压力继电器开启压力（或闭合压力）自身的差值称为重复精度。差值小则重复精度高。

4. 升、降压动作时间

压力继电器入口压力由卸荷压力升至调定压力，微动开关触点接通而发出电信号的时间，称为升压动作时间。系统压力降低，微动开关触点断开而发出断电信号的时间，称为降压动作时间。

6.5 插装压力控制阀

插装阀的压力控制组件有溢流控制组件、顺序控制组件和减压控制组件三类，进而形成插装溢流阀、插装顺序阀和插装减压阀。下面着重介绍插装溢流阀和插装减压阀的工作原理。

1. 插装溢流阀的工作原理

图 6-21 所示的是插装溢流阀，其结构主要由主阀组件 1、先导调压阀组件 2 组成。当系统压力 p_A 低于先导阀调压弹簧的调定压力时，先导阀及主阀均关闭，腔Ⅰ、Ⅱ、Ⅲ中的油液压力都相等。当系统压力 p_A 大于先导阀调压弹簧的调定压力时，先导阀开启，腔Ⅲ中的油液流回油箱，腔Ⅰ中的油液经阻尼孔、腔Ⅱ流到腔Ⅲ，产生压降。当腔Ⅲ中的油液压力低于腔Ⅰ时，主阀阀芯被抬起，进、出油口打开而溢流。

2. 插装减压阀的工作原理

图 6-22 所示的是定值输出型先导式插装减压阀，它也是由主阀（插装件）和先导调压阀两部分组成的，其功用是减压与稳压。A 腔为一次压力（进口压力）油腔，与系统主油路相接通，B 腔为减压后的二次压力（出口压力）油腔，与负载相接通。

插装减压阀的工作过程具体如下。

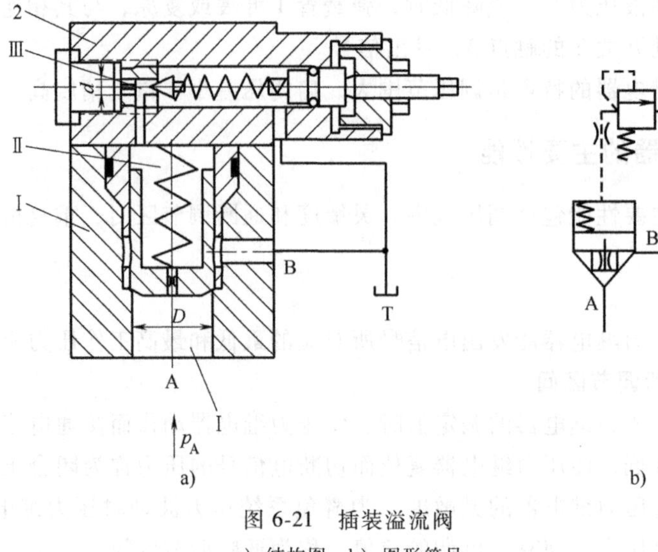

图 6-21 插装溢流阀

a）结构图 b）图形符号

1—主阀组件 2—先导调压阀组件

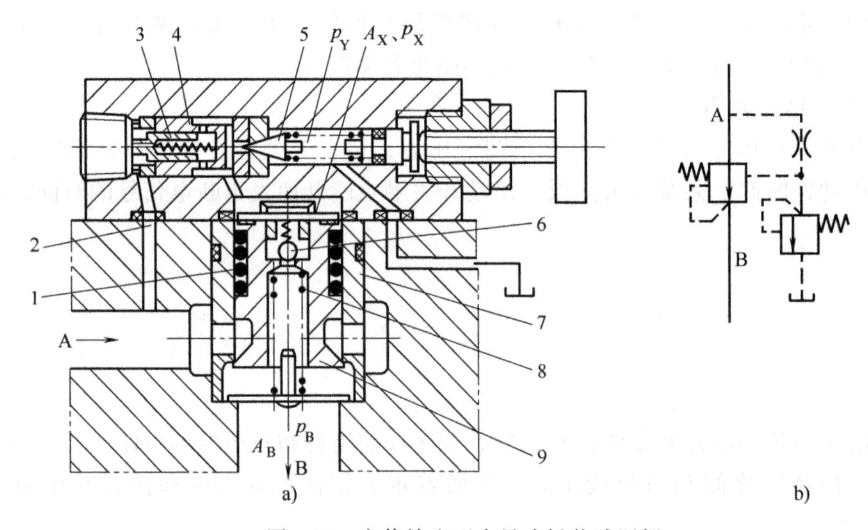

图 6-22 定值输出型先导式插装减压阀

a）结构图 b）图形符号

1—位移轴承 2—阻尼孔 3—节流阀阀芯 4—节流阀阀套 5—先导锥阀阀芯 6—单向阀 7—主阀阀套 8—复位弹簧 9—主阀阀芯

1）当B腔负载压力小于先导调压阀调定压力时，先导锥阀阀芯5关闭。其油路为A腔→阻尼孔2→节流阀阀芯3→节流阀阀套4→主阀阀芯9上端。由于$A_X=A_B$，当$p_X>p_B$时，$p_XA_X>p_BA_B$，使主阀阀芯9向下移动，主阀口打开（复位弹簧8很软），不起减压作用，油液从A腔流向B腔。

2）当B腔负载压力增大时，A腔压力随之增大。当$p_A>p_Y$（p_Y为先导阀调定压力），先导锥阀阀芯5右移，先导阀阀口开启，主阀上腔压力约等于p_X（基本维持先导阀调定压力），若此时减压口（主阀阀口）开度较大，则$p_B>p_X$，因为$A_X=A_B$，所以$p_BA_B>p_XA_X$，使主阀阀芯向上移动，减压口关小，压降增大，p_B 变小，当达到 $p_B=p_X$ 时，主阀阀芯 9 维持在一个新的平衡状态，起到了减压作用。

3）当 B 腔为封闭负载时（如 B 腔所接的液压缸活塞已移动到终止位置），A 腔油液不能流到 B 腔，p_B 升高，主阀阀芯 9 迅速向上移动，减压口完全关闭。若仍是 $p_B>p_X$，则单向阀 6 打开，B 腔与主阀阀芯 9 上腔连通，保持 $p_B=p_X$，在封闭负载情况下此时先导阀仍开启，少量油液经先导阀流回油箱，仍然保持出口压力为先导阀的调定值，起到减压和稳压的作用。

课堂讨论

1. 讨论具有外控口的各种液压控制阀怎样选用？

2. 哪些液压控制阀可以做背压阀用？单向阀当背压阀使用时，需采取什么措施？

3. 若正处于工作状态的先导式溢流阀（阀前压力为某定值时），主阀阀芯的阻尼孔被污物堵塞后，阀前压力会发生什么变化？若先导阀前小孔被堵塞，阀前压力会发生什么变化？

4. 若将减压阀的进油口与出油口反接，会出现什么现象？

5. 试分析内控内泄式顺序阀与溢流阀的区别（从结构特征、在回路中的作用、性能特点加以分析）。

6. 根据结构原理图和图形符号，分别说明顺序阀、减压阀和溢流阀的异同点。

7. 顺序阀和溢流阀是否可以互换使用？

8. 比例控制压力阀的特点是什么？

课后习题

1. 图 6-23a、b 所示两系统中，两个减压阀调定压力分别为 p_{J1} 和 p_{J2}，试回答：

1）随着负载压力的增加，如图 6-23a、b 所示的两种连接方式中液压缸的左腔压力决定于哪个减压阀，为什么？

2）另一个减压阀处于什么状态？

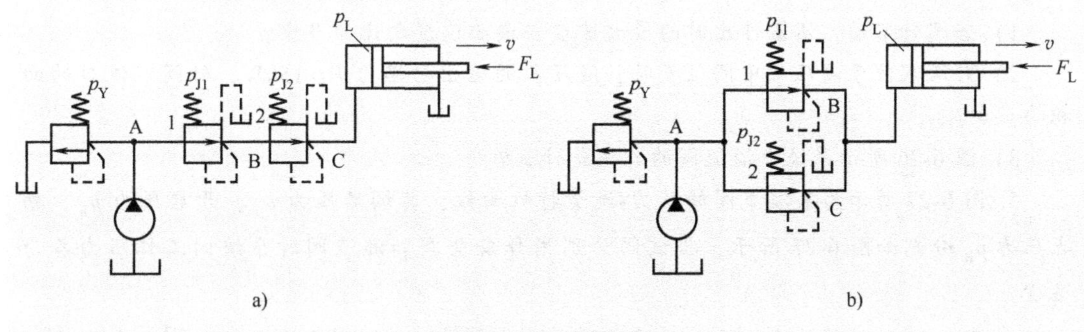

图 6-23　习题 1 图

2. 图 6-24 所示顺序阀与溢流阀串联系统中，两阀的调定压力分别为 p_X 和 p_Y，试回答：

1）随着负载压力的增加，液压泵的出口压力 p_P 为多少？

2）若将顺序阀与溢流阀位置互换，液压泵的出口压力 p_P 又为多少？

3. 图 6-25 所示为一定位夹紧系统。试回答：

1）1、2、3、4 各为什么类型的液压控制阀？各起什么作用？

2）系统的工作过程是怎么样的？

3）如果定位压力为 2MPa，夹紧缸 6 无杆腔面积 $A=0.02\text{m}^2$，夹紧力为 50kN，液压控制阀 1、2、3、4 的调定压力各为多少？

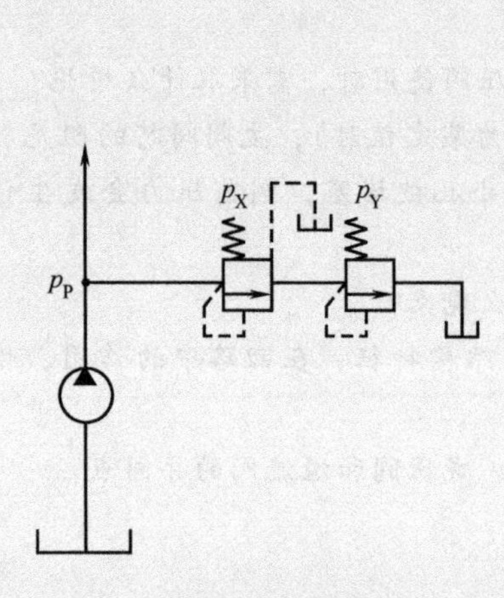

图 6-24　习题 2 图

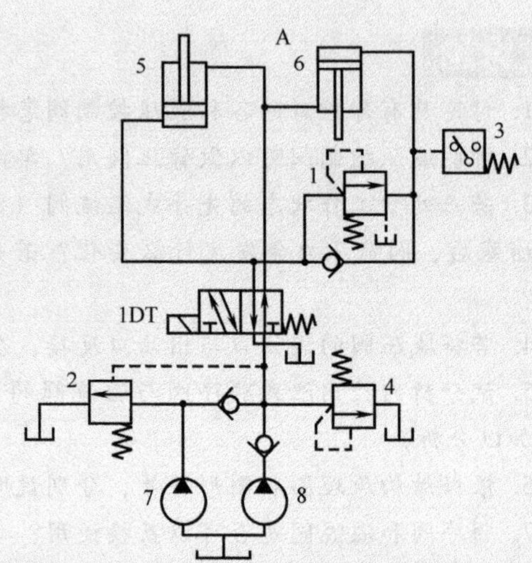

图 6-25　习题 3 图

4. 图 6-26 所示系统中，负载 F 随着活塞从左向右的运动呈线性变化，活塞在液压缸的最左端时，负载 F 最小，其值为 $F_1=1\times10^4\text{N}$，活塞运动到液压缸的最右端时，负载 F 最大，其值为 $F_2=5\times10^4\text{N}$，活塞无杆腔面积 $A=2000\text{mm}^2$，油液密度 $\rho=870\text{kg/m}^3$，溢流阀的调定压力 $p_Y=10\text{MPa}$，节流口的节流系数 $C_q=0.62$。试回答：

1）若阀针不动，活塞伸出时的最大速度与最小速度之比为多少？

2）若活塞位于液压缸中间位置时，液压缸的输出功率为 $P=15\text{kW}$，针阀节流口的面积为多少？

3）图 6-26 所示系统中溢流阀的作用是什么？

5. 图 6-27 所示为某溢流阀的压力-流量特性曲线，其调定压力 p_Y、开启压力 p_K、拐点压力 p_B 分别如图 6-27 所示，将该阀分别用作安全阀和溢流阀时系统的工作压力各为多少？

6. 图 6-28a、b 所示系统的各元件参数相同，液压缸无杆腔面积 $A=50\text{cm}^2$，负载 $F_L=10000\text{N}$，试分别确定这两个系统工作时，在活塞运动时和活塞运动到终点停止时 A、B 两处的油液压力。

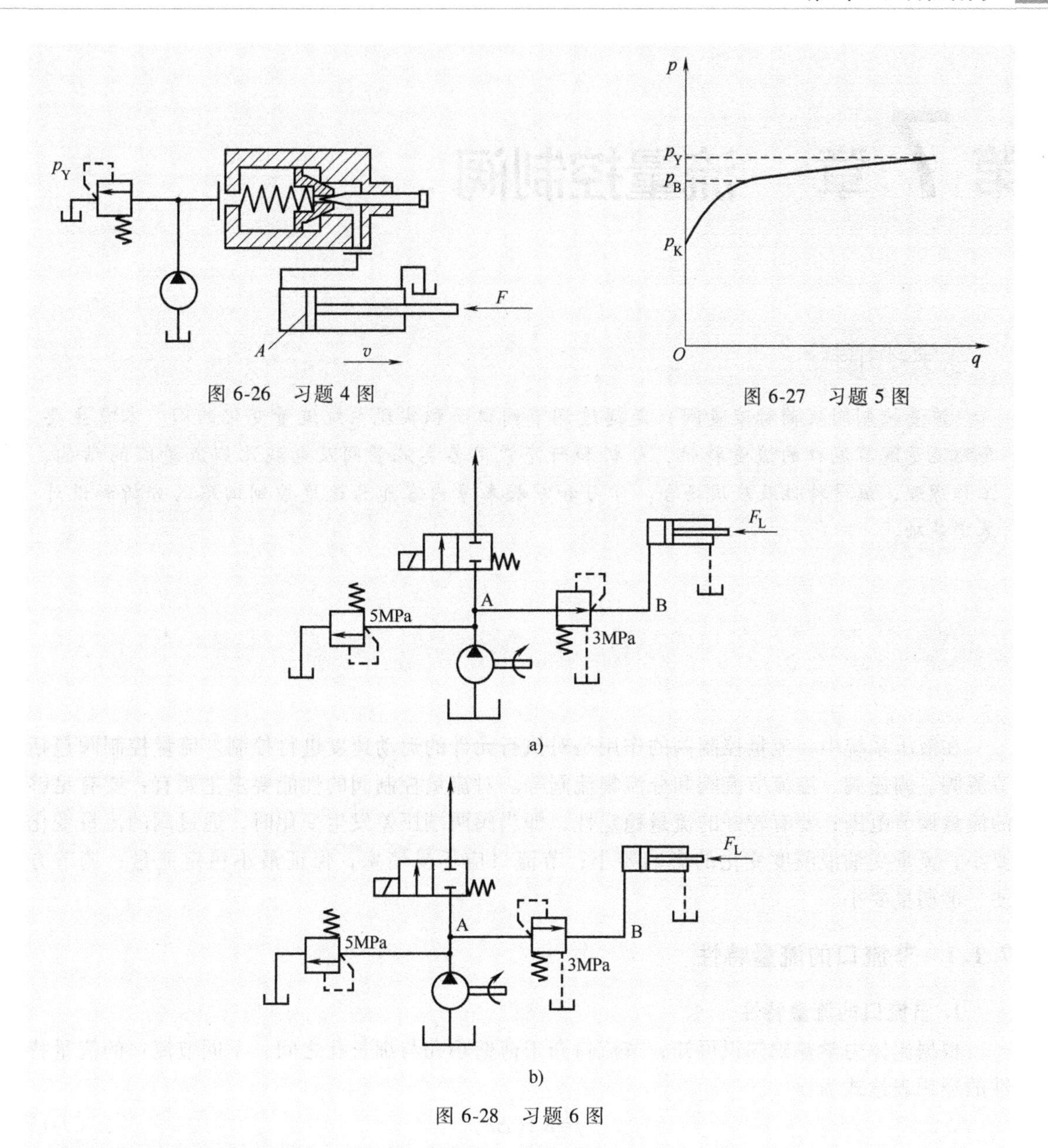

图 6-26　习题 4 图

图 6-27　习题 5 图

a)

b)

图 6-28　习题 6 图

第7章　流量控制阀

学习引导

流量控制阀（简称流量阀）是通过调节阀口面积实现系统流量变化的阀。本章主要介绍流量阀节流口的流量特性，分析和研究常用各类流量阀及电液比例流量阀的结构、工作原理、流量特性及应用场合。学习和掌握本章内容能为速度控制回路的分析和设计奠定基础。

7.1　流量控制阀概述

在液压系统中，流量控制阀的作用是对执行元件的运动速度进行控制。流量控制阀包括节流阀、调速阀、溢流节流阀和分流集流阀等。对流量控制阀的性能要求主要有：要有足够的流量调节范围；要有较好的流量稳定性，即当阀两端压差发生变化时，通过阀的流量变化要小；流量受油液温度变化的影响要小；节流口应不易堵塞，保证最小稳定流量；调节方便，泄漏量要小。

7.1.1　节流口的流量特性

1. 节流口的流量特性

根据流体力学基础知识可知，节流口介于薄壁小孔与细长孔之间，不同节流口的流量特性的通用表达式为

$$q=KA(\Delta p)^m \tag{7-1}$$

式中　K——节流系数，是由节流口形状及油液性质决定的，当节流口为薄壁小孔时，$K=C_d\sqrt{\frac{2}{\rho}}$；当阀口为细长孔时，$K=\frac{d^2}{32\mu l}$；

A——节流口的开口面积；

m——节流指数，由节流口形状和结构决定，一般在0.5~1之间。薄壁小孔 $m=0.5$，细长孔 $m=1$；

Δp——节流口进出口压差。

由式（7-1）可知，在一定压差 Δp 下，通过改变节流口开度可以改变节流口开口面积 A，从而改变了通过节流阀的流量 q，这就是流量控制的基本原理。节流口的流量特性曲线如图7-1所示。

2. 影响流量稳定的因素

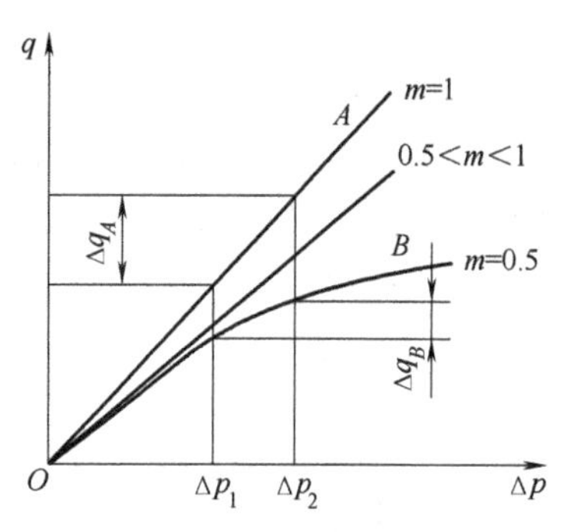

图 7-1 节流口的流量特性曲线

在液压系统工作时，希望流量阀的节流口大小调节好之后，通过阀的流量 q 稳定不变，但由式（7-1）可知，当节流口开口面积确定后，通过节流口的流量与节流口进出口压差密切相关。此外，在实际工作中，通过节流阀的流量还会受到油液温度变化、节流堵塞等因素影响。

（1）节流口进出口压差 Δp 变化　从式（7-1）节流口流量特性公式和图 7-1 所示节流口的流量特性曲线可以看出，流经节流阀的流量与节流口进出口压差的 m 次幂成正比，当压差变化时，流量就会变得不稳定。而且节流指数 m 越大，影响就越大。因此，尽可能使节流口的结构型式接近薄壁小孔（$m=0.5$），这样通过节流阀的流量较平稳。避免采用细长孔（$m=1$）作为节流口，以增加流量控制的不稳定性。

（2）油液温度变化　油液温度的变化会引起黏度的变化，从而对流量产生影响。温度变化对细长孔的流量影响较大，但对于薄壁小孔，因为油液流动呈现紊流状态，所以当雷诺数大于临界雷诺数时，温度对流量几乎没有影响，即流量不受油液黏度变化的影响。因此，节流口的结构型式越接近薄壁小孔，流量稳定性越好。

（3）节流口堵塞　当节流口进出口压差一定，节流口的开口面积较小时，节流口的流量会出现周期性脉动，甚至发生断流，这种现象称为节流口的堵塞。产生这种现象的主要原因有：工作时的高温、高压使油液氧化，生成胶质沉淀物、氧化物等；油液中存在部分没过滤干净的机械杂质；节流口进出口压差较大，造成节流口处油液温升过高，油液氧化变质加剧而析出杂质。这些物质在节流口内形成附着层，随着附着层的逐渐增加，当达到一定厚度时造成节流口堵塞，形成周期性的脉动。

为避免堵塞现象，可选用水力半径大的薄壁刃口作为节流口，选择化学稳定性和抗氧化性好的油液精细过滤、定期换油，选择合适的节流口进出口压差。

3. 流量调节范围和最小稳定流量

流量调节范围是指通过流量阀的最大流量和最小流量之比，与节流口的形状和开口特性有很大关系。一般该比值可达 50 以上，三角槽式节流口的流量调节范围较大，可达 100 以上。

最小稳定流量是指在不发生节流口堵塞现象条件下的最小流量。这个值越小，说明流量阀的通流性越好，允许系统液压执行元件的最低速度越低。因为节流阀口的堵塞现象会使流量阀在很小流量下工作时流量不稳定，以致执行元件出现爬行现象，所以流量阀有一个能正常工作的最小流量限制，这个限制值称为流量阀的最小稳定流量。

流量阀的最小稳定流量与节流口的开口形式关系密切，一般三角槽式节流口的最小稳定流量可达 0.03~0.05L/min，薄壁小孔节流口的最小稳定流量为 0.01~0.015L/min。

7.1.2 节流口的结构型式

流量阀种类很多，阀中节流口的结构型式将直接影响流量阀性能。图 7-2 所示为几种常见的节流阀节流口的结构型式。

1）针式：针形阀芯做轴向移动，调节环形通道的大小以调节流量，如图 7-2a 所示。

2）偏心式：在阀芯上开一个偏心槽，转动阀芯即可改变阀开口大小，如图 7-2b 所示。

3）三角槽式：在阀芯上开一个或两个轴向的三角槽，阀芯轴向移动即可改变阀开口大小，如图 7-2c 所示。

4）周向缝隙式：阀芯沿圆周上开有狭缝并与内孔相通，转动阀芯可改变缝隙大小以改变阀开口大小，如图 7-2d 所示。

5）轴向缝隙式：在套筒上开有轴向狭缝，阀芯轴向移动即可改变缝隙大小以调节流量，如图 7-2e 所示。

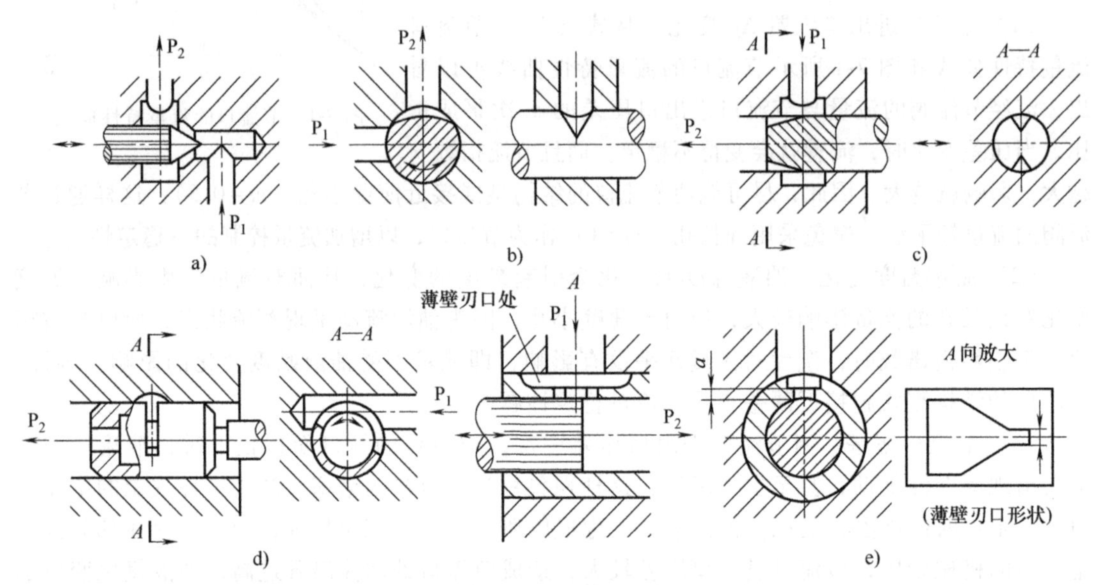

图 7-2 几种常见的节流阀节流口的结构型式

a）针式 b）偏心式 c）三角槽式 d）周向缝隙式 e）轴向缝隙式

针式和偏心式节流口虽然结构简单，但节流口长度大，压差大，受油温影响大，易堵塞，因此用于性能要求不高的场合。三角槽式节流口结构简单，流量稳定性好，不易堵塞，应用广泛。周向缝隙式节流口因阀芯受不平衡径向力，高压环境易导致磨损加剧，性能下降，故适用于低压系统。轴向缝隙式节流口可做成薄壁刃口，性能较好，可得到较低的稳定流量，故可用于流量调节性能要求高的场合。

7.2 节流阀

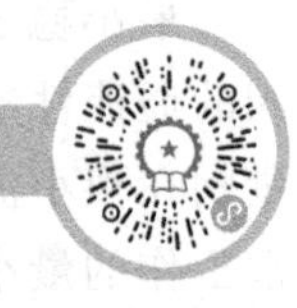

节流阀是最简易的流量控制阀，本质上就是一个可调节的节流口。节流阀按功能分为普通节流阀、单向节流阀和单向行程节流阀等。

7.2.1 普通节流阀

图 7-3 所示为普通节流阀的结构与图形符号，这种节流阀的节流口采用的是三角槽式结构型式。该阀在工作时，油液从进油口 P_1 流入，经节流口从出油口 P_2 流出。旋转调节手轮 1 可通过推杆 3 推动阀芯 6 移动，从而改变阀口开度，调节通过节流阀的流量。阀芯 6 受力基本平衡，只受复位弹簧 7 的作用，因此调节力矩比较小。

7.2.2　单向节流阀

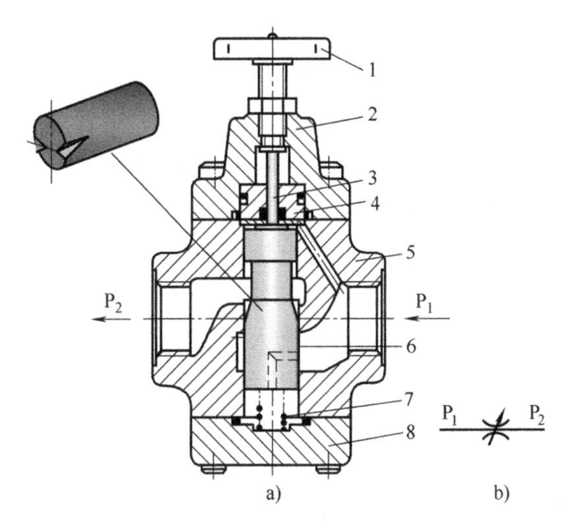

图 7-3　普通节流阀

a）结构图　b）图形符号

1—调节手轮　2—阀盖　3—推杆　4—推杆套　5—阀体　6—阀芯　7—复位弹簧　8—底盖

图 7-4 所示为带载可调单向节流阀的结构与图形符号。该阀结构与图 7-3 所示普通节流阀结构基本相同，不同之处在于阀体腔内零件由活塞 6 与阀芯 7 共同组成。在正向通油时，即油液从 P_1 口进入，经节流口从 P_2 口流出时，其工作原理与普通节流阀相同；当油液从 P_2 口反向流入时，油液压力推动阀芯 7 压缩弹簧 8，节流阀口完全打开，油液从 P_1 口流出，此时阀芯 7 起单向阀的作用。在正向流动时（P_1 到 P_2），液压油经阀体 5 上的斜孔和阀芯 7 上的径向孔分别进入活塞 6 上腔和阀芯 7 下腔，使作用在阀芯 7 及活塞 6 上的轴向液压力基本平衡，减小了手轮的调节力矩。因此，该阀在带载情况下也能调节节流口的大小，进而调节流经阀的流量。

图 7-5 所示为 MK 型管式连接单向节流阀，该阀可以直接安装在管路上。阀口采用轴向三角槽结构，主要由调节套 3、阀体 2 和单向阀 4 等组成。正向流动时，油液由 B 口向 A 口流动，通过调节套 3 和阀体 2 的节流口起节流阀的作用；反向流动时，油液由 A 口向 B 口流动，单向阀开启，该阀起单向阀的作用。旋转调节套 3 即可改变节流口通流面积，实现流量调节。需要注意的是，该阀在流量调节时必须在无油液压力的情况下进行。

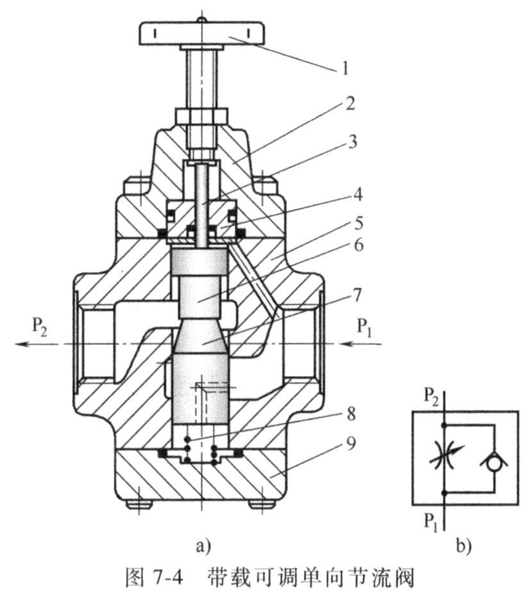

图 7-4　带载可调单向节流阀

a）结构图　b）图形符号

1—调节手轮　2—阀盖　3—推杆　4—推杆套　5—阀体　6—活塞　7—阀芯　8—弹簧　9—底盖

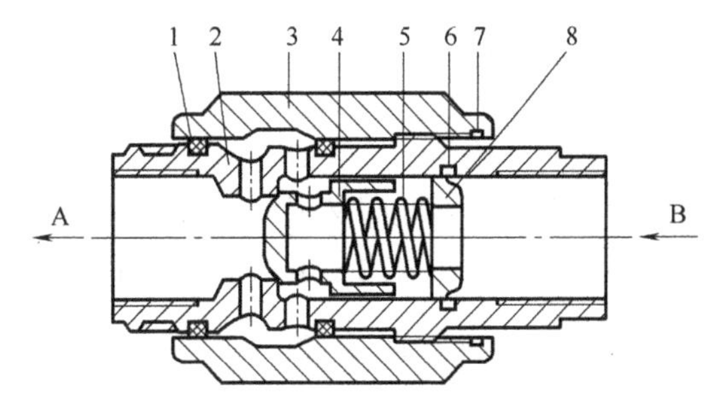

图 7-5　MK 型管式连接单向节流阀

1—密封圈　2—阀体　3—调节套　4—单向阀　5—弹簧　6、7—卡环　8—弹簧座

7.2.3 单向行程节流阀

单向行程节流阀一般用于执行机构有快、慢速度转换要求的场合。图 7-6 所示为单向行程节流阀的结构图。其中，主阀为可调节流阀。当执行机构需要快速进给运动时，节流阀处于原始状态，节流阀阀芯 1 在弹簧的作用下处于最上端，此时阀口全开，油液从进油口 P_1 流入，直接从出油口 P_2 流出。当执行机构快速进给结束后，转为工作进给时，运动件上的挡块则压下节流阀阀芯 1 上的滚轮，节流阀阀芯 1 下移，节流口起作用，油液需经过节流阀才能输出，实现调节流量的目的。当反向通油时，油液从 P_2 口流入，顶开单向阀的球形阀芯 2 直接从 P_1 口流出。

图 7-6 单向行程节流阀
1—节流阀阀芯 2—单向阀球形阀芯

节流阀有如下常见应用。

1）节流调速系统：与定量泵和溢流阀共同使用，组成节流调速系统。

2）负载阻尼：在流量一定时，改变节流口的通流面积可以改变节流阀的进出口压差，此时，节流阀起到负载阻尼的作用，简称为液阻。通流面积越小，液阻越大。

3）延缓压力突变：在油液压力容易发生突变的部位安装节流阀，对其他元件或系统起缓冲和保护作用。

7.3 调速阀

在节流阀中，即使采用节流指数较小的薄壁刃口开口形式，由于节流阀流量是其压差的函数，故负载变化时，节流阀并不能保证流量的稳定，调速刚性差，只适用于工作负载变化不大和速度稳定性要求不高的场合。要想获得稳定的流量，就必须采取措施，保证在负载变化时，通过压力补偿或流量-位移反馈控制，使阀的输出流量基本稳定，这就需要用到调速阀。

按对外连接油口数的不同，调速阀可以分为二通型调速阀和三通型调速阀；按基本工作原理的不同，调速阀又可以分为负载检测压力补偿型调速阀和流量检测反馈型调速阀，流量检测反馈原理主要用于电液比例流量阀。

7.3.1 二通型调速阀

二通型调速阀简称为调速阀，只有进、出油口两个外接油口，是由节流阀与定差减压阀串联组成的复合阀，利用定差减压阀进行节流口进、出油口的压差补偿，从而保证流量稳定。二通型调速阀是一种负载检测压力补偿型调速阀。

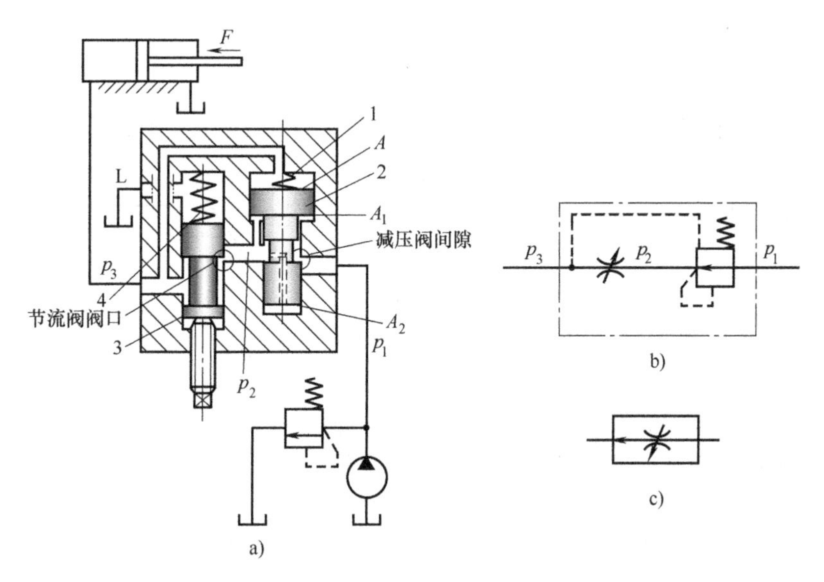

图 7-7　二通型调速阀的工作原理与图形符号

a）工作原理图　b）图形符号　c）简化图形符号

1—减压阀弹簧　2—减压阀阀芯　3—节流阀阀芯　4—节流阀弹簧

二通型调速阀的工作原理与图形符号如图 7-7 所示，这是一种先减压、后节流的调速阀。调速阀进油口就是定差减压阀的入口，直接与泵的出油口相连接，油液的入口压力 p_1 是由溢流阀调定的，基本保持恒定。调速阀的出油口就是节流阀的出油口，与执行机构相连接，油液的出口压力 p_3 取决于液压缸的负载 F。定差减压阀出油口就是节流阀进油口，油液压力为 p_2。

下面进行调速阀的负载检测压力补偿原理分析。当减压阀阀芯 2 在减压阀弹簧 1 作用力 F_t、油液压力 p_2 和 p_3 的作用下处于某一平衡位置时（忽略液动力、摩擦力和自重），则减压阀阀芯 2 的受力平衡方程为

$$p_2A_1+p_2A_2=p_3A+F_t \tag{7-2}$$

式中

$$A_1+A_2=A$$

故

$$p_2-p_3=\Delta p=\frac{F_t}{A}=\frac{k(x_0+x)}{A}$$

因为弹簧刚度 k 较小且不可调，x_0 为弹簧预压缩量，工作时减压阀阀芯位移 x 很小，$x \ll x_0$，所以

$$p_2-p_3=\Delta p=\frac{F_t}{A}\approx\frac{kx_0}{A} \tag{7-3}$$

由式（7-3）可以看出节流阀进、出口压差基本不变。

调速阀在工作时，当节流阀阀口大小调定后，其流量的大小就由节流阀阀口两端的压差 p_2-p_3 决定。稳态工况下，当外负载 F 增大时，调速阀的出口压力 p_3 随之增大，使 p_2-p_3 减小，减压阀阀芯 2 下移，减压阀间隙增大，使减压阀阀口的压差 p_1-p_2 减小，因 p_1 不变，所以 p_2 增大，减压阀阀芯 2 处于新的平衡位置，维持 p_2-p_3 基本不变，这就是减压阀负载检测压力补偿的过程；反之亦然。这样就保证了调速阀的流量不受负载变化的影响，基本保

持恒定。

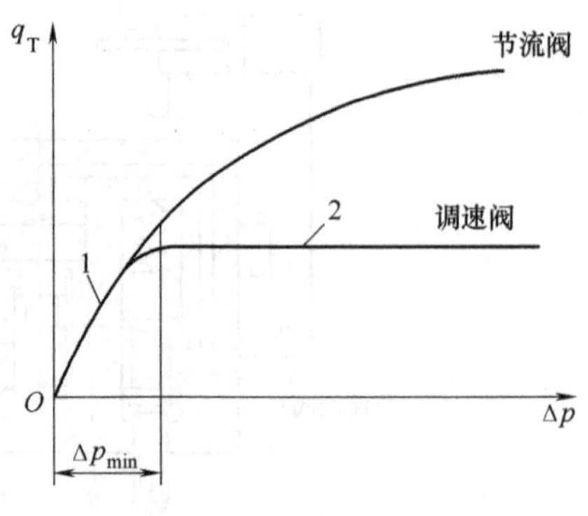

图 7-8 调速阀与节流阀的流量特性比较

图 7-8 所示是调速阀与节流阀的流量特性比较，横坐标是阀的进、出口压差，纵坐标是通过阀的流量。由流量-压力特性曲线可知，调速阀的流量稳定性要比节流阀好，基本可达到流量不随阀的工作压差变化而变化。但是，调速阀流量-压力特性曲线的起始阶段与节流阀重合，这是因为要保证定差减压阀的压力补偿作用，阀的进、出口压差必须达到 0.4~0.5MPa，即不能小于作用在减压阀阀芯上的弹簧力 F_t，否则定差减压阀处于最大开口位置，减压阀间隙不起作用，起不到压力补偿的作用，无法保证流量的稳定。

调速阀可以是定差减压阀在前，节流阀在后，也可以是节流阀在前，定差减压阀在后，原理相同。

7.3.2 三通型调速阀（溢流节流阀）

三通型调速阀又称为溢流节流阀，也称为旁通型调速阀。是由定差溢流阀和节流阀并联组成的复合阀，定差溢流阀起负载检测压力补偿作用，使节流阀进、出口压差基本保持不变，通过调节节流阀开口面积起到流量控制作用。

三通型调速阀原理与图形符号如图 7-9 所示，该阀有 P_1、P_2 和 T 三个外接油口，故称为三通型调速阀。出油口 P_2 接执行元件，溢流口 T 接回油箱，进油口 P_1 接液压泵，泵输出的油液一部分通过节流阀的阀口从出油口 P_2 进入执行元件，一部分油液从溢流口 T 流回油箱。泵出口的溢流阀 3 起安全作用，当负载压力超过其调定值时，溢流阀开启。

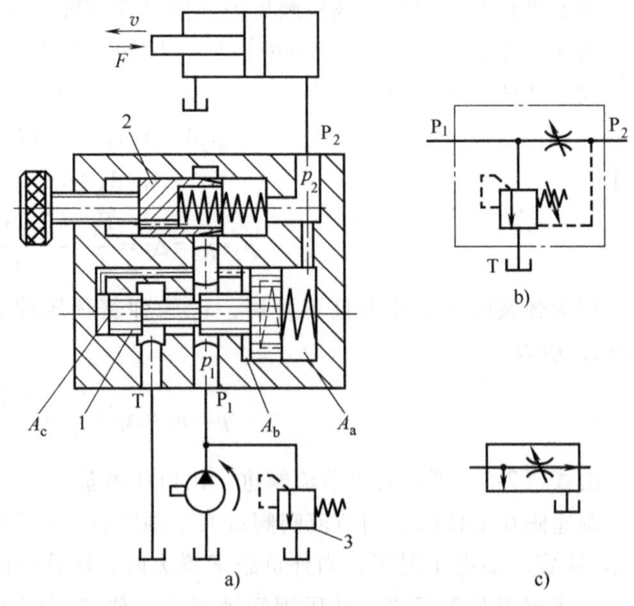

图 7-9 三通型调速阀原理与图形符号

a）工作原理图 b）图形符号 c）简化图形符号

1—定差溢流阀 2—节流阀 3—溢流阀

下面进行三通型调速阀的负载检测压力补偿原理分析。节流阀的进、出口压力分别为 p_1 和 p_2，当定差溢流阀 1 的阀芯在弹簧力 F_t、油液压力 p_1 和 p_2 的作用下处于某一平衡位置时（忽略液动力、摩擦力和自重），溢流阀阀芯的受力平衡方程为

$$p_1A_c+p_1A_b=p_2A_a+F_t=p_2A_a+k(x_0+x) \tag{7-4}$$

设计时使 $A_c+A_b=A_a$，$x \ll x_0$，则有

$$p_1-p_2 \approx \frac{kx_0}{A_a} \tag{7-5}$$

即节流阀的进、出口压差 p_1-p_2 基

本保持恒定。

在稳态工况下，当负载 F 变化时，若负载 F 增大，使 p_2 升高，定差溢流阀 1 阀芯向左移动，则阀口减小，液阻增大，p_1 跟随 p_2 上升，定差溢流阀 1 阀芯处于新的平衡位置，使节流阀 2 进、出口压差 p_1-p_2 保持不变。同理可分析负载减小时的情况。

虽然二通型调速阀与三通型调速阀（溢流节流阀）这两种调速阀都是通过压力补偿来保持节流阀进、出口压差基本恒定的，但在性能和应用上有一定差别。二通型调速阀与三通型调速阀（溢流节流阀）相比主要有如下差别。

1）二通型调速阀通常应用在液压泵和溢流阀组成的节流调速系统中，可以安装在执行元件的进油路、回油路或旁油路上。流量调节稳定性较好，故广泛应用。

2）当三通型调速阀（溢流节流阀）用于调速回路时，三通型调速阀（溢流节流阀）只能安装在液压泵和执行元件之间的进油路上。工作时节流阀进、出口压差不变，所以液压泵的供油压力随负载压力的变化而变化，组成的系统为变压系统，因此功率损失小，效率高，发热量小。因为三通型调速阀（溢流节流阀）本身具有溢流和安全功能，所以在液压泵的出口可以不再设置溢流阀。但三通型调速阀（溢流节流阀）的流量稳定性较差，一般用于速度稳定性要求不太高而功率较大的系统。

7.4　分流集流阀

分流集流阀是分流阀、集流阀与分流集流阀的总称。分流阀的作用是使液压系统中的同一个能源向两个执行机构提供相同的流量（等量分流），或者按一定比例向两个执行机构提供流量（比例分流），以实现两个执行机构在速度上的同步或按比例关系运动。而集流阀则是从两个执行机构收集等流量的液压油，或按比例地收集回油量，同样实现两个执行机构在速度上的同步或按比例关系运动。分流集流阀则是实现上述两个功能的复合阀。

7.4.1　分流阀的工作原理

分流阀的工作原理与图形符号如图 7-10 所示。分流阀由阀体 5，阀芯 6，固定节流口 1、2，可变节流口 3、4 及复位弹簧 7 组成。工作时，若两个执行机构的负载相同，则分流阀与执行机构相连接的两个出油口油液压力 $p_3=p_4$，由于分流阀的结构尺寸完全对称，因而输出的流量 $q_1=q_2=q_0/2$。若其中一个执行机构的负载大于另一个，如 $p_3>p_4$，则当阀芯 6 仍处于中间位置时，根据通过阀口的流量特性，必定使 $q_1<q_2$，而此时作用在固定节流口 1 和固定节流口 2 两端的压差关系为$(p_0-p_2)>(p_0-p_1)$，因而使得 $p_1>p_2$，此时阀芯 6 在两端不平衡的压力作用下向左移动，使可变节流口 3 增大，则可变节流口 4 减小，从而使 q_1 增大而 q_2 减小，直到 $q_1=q_2$，$p_1=p_2$，阀芯 6 在一个新的平衡位置上稳定下来，保证了通向两个执行机构的流量相等，使得两个相同结构尺寸的执行机构速度同步。

7.4.2　分流集流阀的工作原理

图 7-11a 所示为分流集流阀的工作原理与结构符号。初始时，阀芯 3、6 在弹簧力的作用下处于中间平衡位置。工作时，分为分流与集流两种状态。

分流工作状态如图 7-11c 所示，由于 $p_0>p_1$，$p_0>p_2$，因此阀芯 3、6 相互分离，且靠结

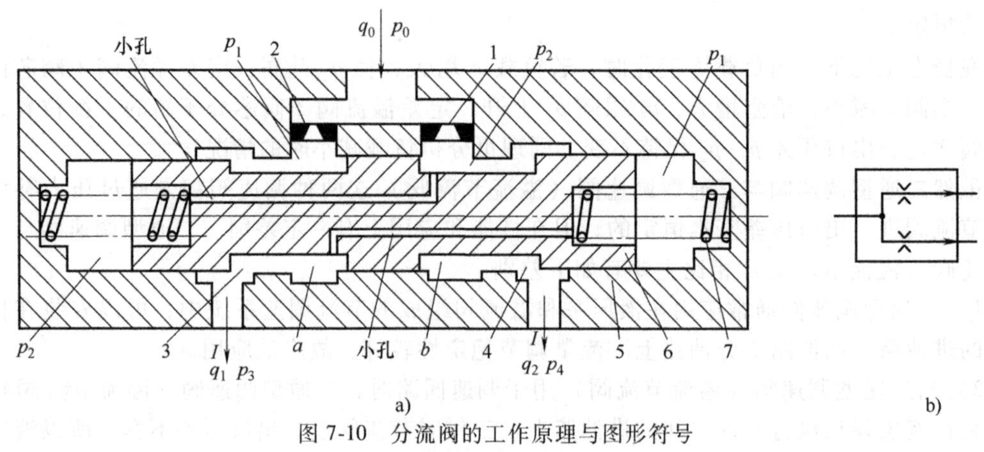

图 7-10 分流阀的工作原理与图形符号

a）工作原理图 b）图形符号

1、2—固定节流口 3、4—可变节流口 5—阀体 6—阀芯 7—复位弹簧

构相互勾住，假设 $p_4>p_3$，必然使得 $p_2>p_1$，使阀芯向左移动，此时，可变节流口 5 相应减小，使得 p_1 增加，直到 $p_1=p_2$，阀芯不再移动。由于两个固定节流口 1、2 的面积相等，因此通过的流量也相等，并不因 p_3、p_4 的变化而变化。

集流工作时如图 7-11d 所示，由于 $p_0<p_1$，$p_0<p_2$，因此阀芯 3、6 相互压紧，仍设 $p_4>p_3$，必然使得 $p_2>p_1$，使相互压紧的阀芯向左移动，此时，可变节流口 4 相应减小，使得 p_2 下降，直到 $p_1=p_2$，阀芯不再移动。与分流工作时同理，由于两个固定节流口 1、2 的面积相等，因此通过的流量也相等，并不因 p_3、p_4 的变化而变化。

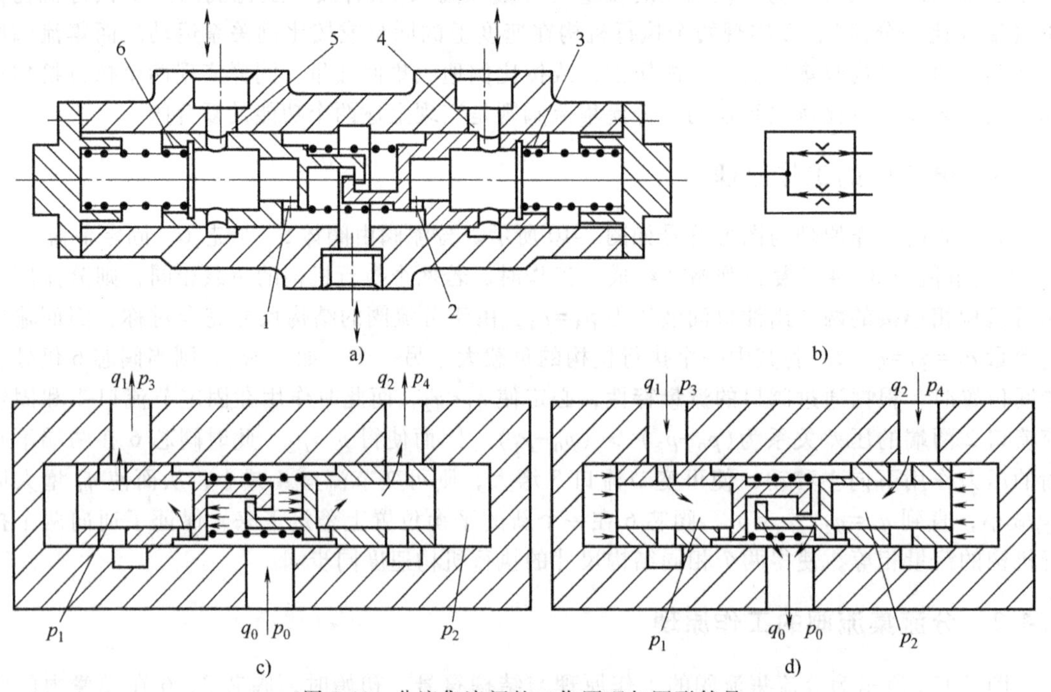

图 7-11 分流集流阀的工作原理与图形符号

a）结构图 b）图形符号 c）分流时的工作原理图 d）集流时的工作原理图

1、2—固定节流口 3、6—阀芯 4、5—可变节流口

7.4.3　分流精度和影响分流精度的因素

分流集流阀的分流精度用相对分流误差 ζ 表示，有

$$\zeta=\frac{q_1-q_2}{q/2}\times100\%=\frac{2(q_1-q_2)}{q_1+q_2}\times100\% \tag{7-6}$$

一般分流集流阀的分流误差为 2%~5%，其值的大小与进油口流量的大小和两出油口油液压差大小有关，此外也与使用情况有关。

影响分流精度的因素有以下几个方面。

1）固定节流口前、后压差对分流误差有影响。压差大，分流集流阀对流量变化反应灵敏，分流效果好；压差太小，分流集流阀分流精度降低，故推荐固定节流口的压差不低于 0.5~1.0MPa。但也需要避免压差过大而造成分流集流阀压力损失加大。

2）可变节流口处的液动力和阀芯与阀套的摩擦力不完全相等而产生的分流误差。

3）阀芯两端弹簧力不等引起的分流误差。

4）两个固定节流口几何尺寸误差引起的分流误差。

综上所述，分流集流阀即使工作在稳态工况，两路流量也会有差值，用于同步控制系统时会带来位置同步误差。因为分流集流阀一般只能用于开环控制系统，自身没有纠正位置偏差的能力，所以分流集流阀组成的同步控制系统同步控制精度较低。

7.5　电液比例流量阀

电液比例流量阀用于控制液压系统的流量，使输出流量与输入的电信号成比例。电液比例流量阀分为电液比例节流阀和电液比例流量阀（调速阀）两大类，电液比例流量阀（调速阀）按基本原理不同分为传统负载检测压力补偿型和新型的流量检测反馈型。传统负载检测压力补偿型电液比例流量阀由电液比例节流阀和压力补偿器组成，压力补偿器有减压型和溢流型两种。电液比例流量阀（调速阀）按其通路数的不同，分为二通型和三通型。电液比例流量阀（调速阀）按电-机械转换器对主功率级控制方式的不同，分为直动式和先导式。电液比例流量阀的分类如图 7-12 所示。本节只介绍电液比例流量阀（调速阀）。

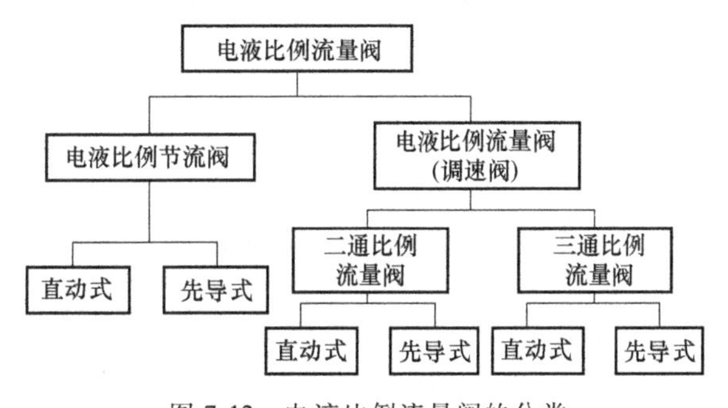

图 7-12　电液比例流量阀的分类

7.5.1　直动式负载检测压力补偿型电液比例流量阀

此类电液比例流量阀是将二通型调速阀和三通型调速阀（溢流节流阀）的手调装置更换为比例电磁铁，阀芯等结构没有改变，通过输入电信号调节节流阀的阀口开度，便可连续成比例地控制输出流量，实现执行机构的速度调节。它是一种直动式电液比例流量阀。

二通型直动式电液比例流量阀的结构原理与图形符号如图 7-13 所示，由比例节流阀与

具有压力补偿功能的定差减压阀串联组成。比例电磁铁 1 的输出力作用在节流阀阀芯 2 上，一定的控制电流对应一定的节流阀的阀口开度，就可以连续成比例地调节通过调速阀的流量。定差减压阀 3 的压力补偿作用保持节流口进、出口压差基本不变。但由于节流阀上依然存在液动力、摩擦力等外在干扰，因此节流阀的静态和动态性能都会受到这些因素的影响。如果采用位移传感器检测节流阀的阀口开度，形成节流阀阀口开度的闭环控制，则可以改善控制性能。

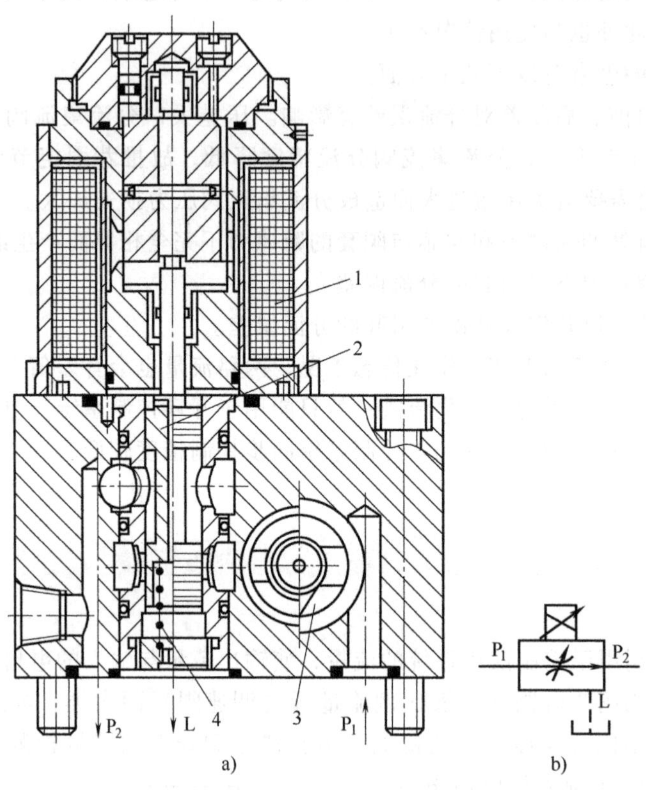

图 7-13　二通型直动式电液比例流量阀的结构原理与图形符号

a）结构原理图　b）图形符号

1—比例电磁铁　2—节流阀阀芯　3—定差减压阀　4—弹簧

7.5.2　先导式流量检测反馈型比例流量阀

由于受比例电磁铁推力的限制，直动式电液比例流量阀只适用于较小通径的阀。当通径大于 10~16mm 时，就要采用先导控制的形式。先导式电液比例流量阀是利用较小的比例电磁铁驱动一个小尺寸的先导阀，再利用先导级的液压放大作用对主节流阀进行控制，适用于高压大流量的液流控制。

流量-位移-力反馈型二通电液比例流量阀的工作原理和图形符号如图 7-14 所示，它是一个先导级控制主阀级的两级阀。给比例电磁铁 4 一个控制电流信号，产生电磁推力 F_y，先导阀 3 阀口开启形成可控液阻，与固定液阻 R_1 构成液压半桥，对主节流阀 1 弹簧腔的压力 p_2 进行控制。先导阀 3 开启后，先导流量经 R_1、R_2、先导阀 3 和流量传感器 2 至负载，流经 R_1 的液流产生压降使 p_2 下降，在压差 $\Delta p=p_1-p_2$ 的作用下，主节流阀 1 开启。流经主节流阀 1 的流量经流量传感器 2 检测后，流向负载。流量传感器 2 将流量线性地转换成阀芯的位移量 z，并通过反馈弹簧转换成力 F_t 作用在先导阀 3 的左端，使先导阀 3 有关小的趋势。当弹簧力 F_t 与电磁力平衡时，先导阀 3 稳定在某一位置。可见流量与流量传感器 2 的位移 z 成正比，位移 z 又与电磁力成正比，最终使通过阀的流量与输入电流成一定的比例关系，形成了流量-位移-力反馈闭环控制。图 7-15 所示为先导式电液比例流量阀流量-位移-力反馈控制原理框图。

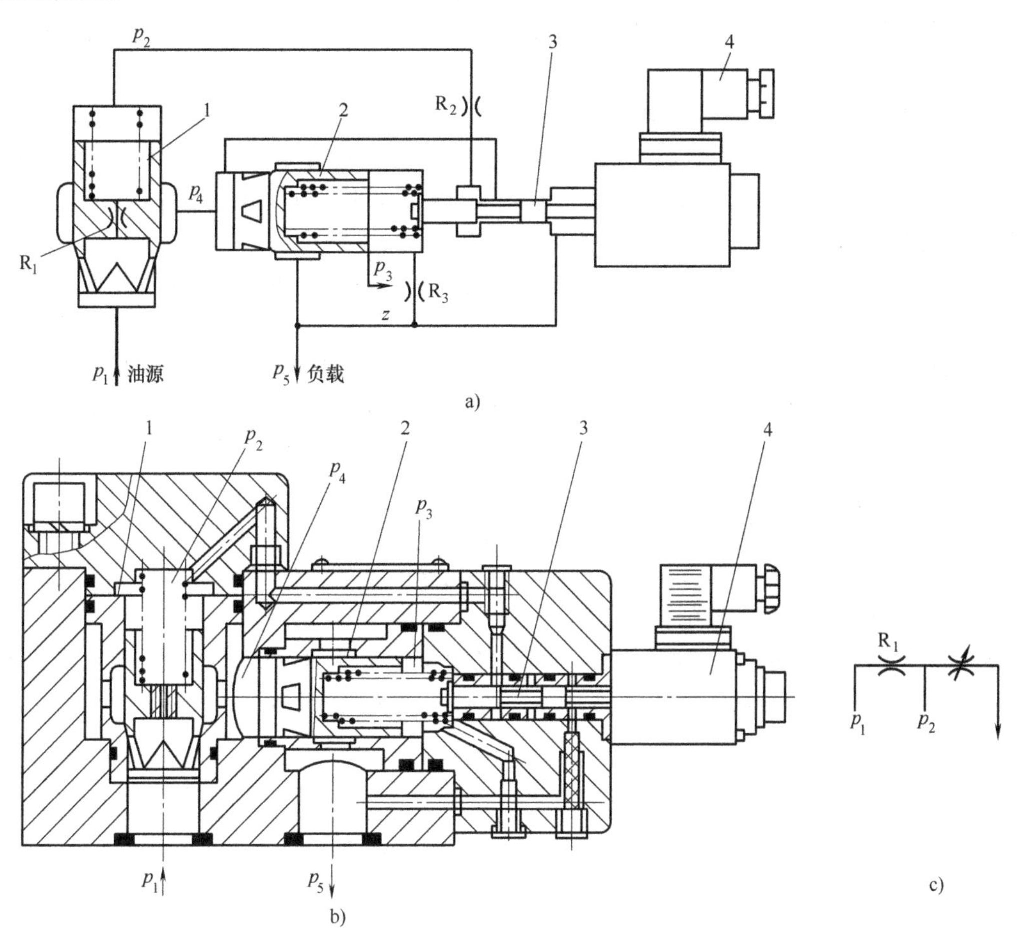

图 7-14　流量-位移-力反馈型二通电液比例流量阀工作原理和图形符号

a）工作原理图　b）结构图　c）液压半桥

1—主节流阀　2—流量传感器　3—先导阀　4—比例电磁铁

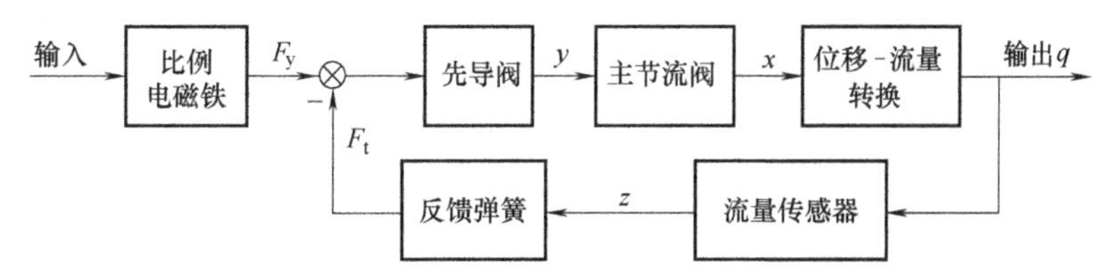

图 7-15　先导式电液比例流量阀流量-位移-力反馈控制原理框图

如果系统负载波动，例如负载压力 p_5 增大，则流量传感器 2 右腔压力 p_3 增大，使阀芯失去平衡，流量传感器 2 的位移量 z 减小，反馈弹簧力减小，由于输入电流不变，电磁力不变，因此先导阀 3 阀口增大，B 型半桥可变液阻减小，使主节流阀 1 上端 p_2 减小，主节流阀 1 阀芯向上移动使阀口开度增大，流量传感器 2 入口压力 p_4 随之增大，则流量传感器 2 位移量 z 重新增大，恢复或接近于与输入电信号相对应的原设定值，输出流量即恢复至调定值。最终调节的结果是流量传感器 2 恢复到原设定位，p_4 增加，使 p_4-p_5 基本恒定；主节流阀 1 的阀口增大，阀口压差 p_1-p_4 减小，保证通过阀的流量不受负载干扰，保持稳定输出。

由以上分析可知，负载的变化引起流量的变化不是依靠主节流阀阀口压差来补偿的，而是通过主节流阀阀口通流面积的变化来补偿的。

图 7-14 所示电液比例流量阀中，R_3 是动态压力反馈液阻，用于改善阀的动态性能，阀的瞬态超调被显著抑制。R_2 为温度补偿液阻。提高阀的控制精度的关键是流量传感器能将流量线性地转化为阀芯位移，所以流量传感器是特殊设计的阀口形式。因此，流量-位移-力反馈型二通电液比例流量阀有良好的静态和动态性能。

直动式负载检测压力补偿型电液比例流量阀与先导式流量检测反馈型电液比例流量阀相比较，主要有如下差异。

1）稳定流量的补偿原理不同。直动式电液比例流量阀是依靠与节流阀串联的定差减压阀或与节流阀并联的定差溢流阀的压力补偿功能来获得稳定的输出流量。先导式电液比例流量阀是依靠主节流阀阀口通流面积的变化来补偿由负载变化引起的流量变化，通过流量-位移-力反馈闭环控制来获得稳定的输出流量。

2）通流能力不同。直动式电液比例流量阀适用于小于 NG10 通径的阀，当通径大于 10~16mm 时，就要采用先导式电液比例流量阀。先导式电液比例流量阀由于采用两级阀控结构，适用于高压大流量液流的控制。

3）先导式流量检测反馈型电液比例流量阀的流量稳定性和控制精度优于直动式负载检测压力补偿型电液比例流量阀。图 7-16 所示为两种流量阀的稳态负载特性。

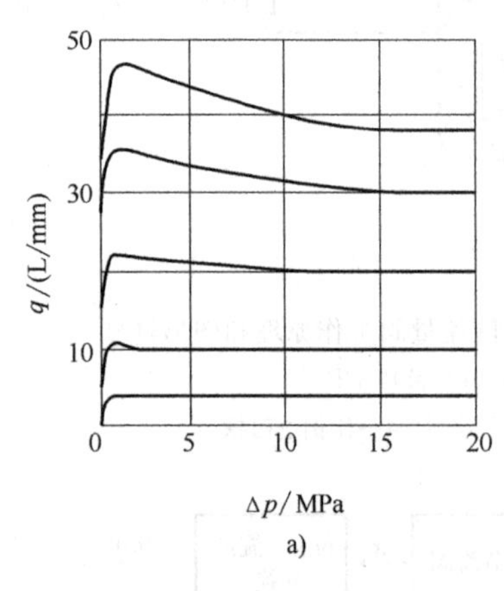

a)

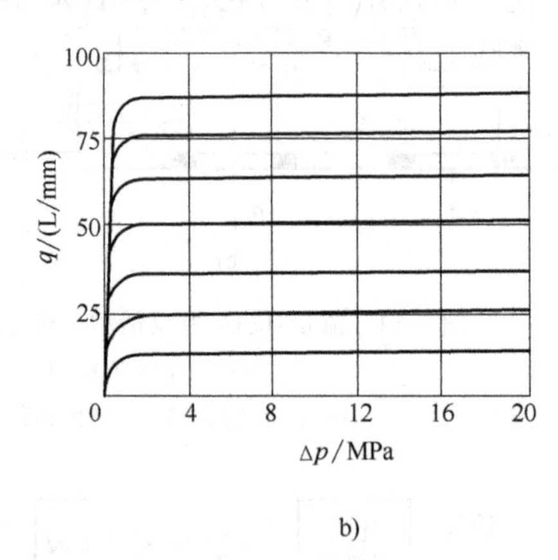

b)

图 7-16 两种流量阀的稳态负载特性

a）直动式负载检测压力补偿型电液比例流量阀 b）先导式流量检测反馈型电液比例流量阀

课堂讨论

1. 讨论流量阀的流量稳定性影响因素：

1）流量阀的节流口为什么越接近于薄壁刃口，节流特性越好？影响节流口流量稳定的影响因素有哪些？

2）根据节流口的流量特性公式分析，要保持流量的稳定性，应该采取哪些措施？

2. 讨论保持流量稳定的措施：

1）分析采取负载检测压力补偿措施的原理。简述压力补偿型二通型调速阀和三通型调速阀各自的压力补偿原理和特点。

2）分析流量检测反馈型电液比例流量阀的原理，讨论图7-14所示的流量-位移-力反馈型二通电液比例流量阀的工作原理。

3）比较负载检测压力补偿型电液比例流量阀和流量检测反馈型电液比例流量阀的特点。

课后习题

1. 调速阀的流量稳定性为什么比节流阀好？调速阀和节流阀分别用于什么场合？

2. 分析定差溢流型三通调速阀和定差减压型二通调速阀在结构、工作原理等方面的异同之处。为什么三通型调速阀只能安装在液压缸的进油路上？

3. 简述分流集流阀的工作原理，分析分流集流阀是如何保证速度同步、如何进行压力补偿的。

第8章 方向控制阀

学习引导

方向控制阀主要是用来控制液压系统中液流的方向，以实现执行机构变换运动方向的要求。本章主要讨论单向阀、换向阀等方向控制阀，重点讨论滑阀式换向阀的工作原理、图形符号、结构型式、中位机能及操纵方式等；讨论电液比例方向阀的类型、结构，以及方向、流量复合控制的工作原理；介绍电液伺服阀的工作原理和控制特性；介绍高速开关阀（数字阀）的结构和工作原理；多路换向阀的结构、工作原理及应用。通过本章的学习，重点掌握常用方向控制阀的典型结构、工作原理和特性，并了解其使用场合。

8.1 单向阀

单向阀包括普通单向阀和液控单向阀两类。

8.1.1 普通单向阀

普通单向阀的作用就是使油液只能向一个方向流动，不可倒流。因此，对普通单向阀的要求是：通油方向（正向）要求液阻尽量小，保证阀的动作灵敏，因此弹簧刚度应适当小些，一般开启压力为0.035~0.05MPa；而对截止方向（反向）要求密封性尽量好一些，保证反向不漏油。如果采用普通单向阀作背压阀时，弹簧刚度要取得较大一些，一般开启压力为0.2~0.6MPa。

1. 普通单向阀的工作原理

普通单向阀由阀芯、阀体及弹簧等组成。根据使用参数不同，阀芯可做成钢球形或圆锥形结构，钢球式直通普通单向阀结构简单，密封性不如锥阀式，因为没有导向部分，工作时易产生振动和噪声，一般用于流量较小的场合。锥阀式普通单向阀因其导向性好、密封可靠和工作平稳而得到广泛应用。图8-1a所示的是一种锥阀式普通单向阀。静态时，阀芯2在弹簧3力的作用下顶在阀体1上，当液压油从阀的左端 P_1 口进入，即正向通油时，液压力克服弹簧3作用力使阀芯2右移，打开阀口，油液经阀口从右端 P_2 口流出；而当液压油从右端 P_2 口进入，即反向通油时，阀芯2在液压力与弹簧2作用力的共同作用下，紧压在阀体1上，油液不能通过。

普通单向阀的图形符号和外观分别如图8-1b和c所示。

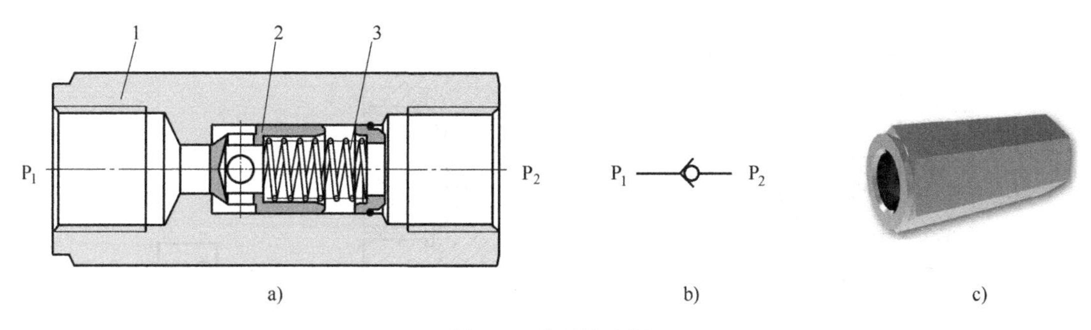

图 8-1　普通单向阀

a）锥阀式普通单向阀结构（产品级结构图）　b）普通单向阀的图形符号　c）普通单向阀的外观

1—阀体　2—阀芯（锥阀）　3—弹簧

2. 普通单向阀的主要用途

1）用普通单向阀将系统和泵隔断：将普通单向阀安装在液压泵的出口，防止系统压力突然升高而损坏液压泵，或者防止系统中的油液在液压泵停机时倒流回油箱。

2）用于分隔油路：防止高、低压油路互相干扰。

3）用作背压阀：安装在执行元件的回油路上，使回油具有一定的背压。

4）与其他阀组成复合阀：可组成单向节流阀、单向调速阀、单向减压阀和单向顺序阀等。

8.1.2　液控单向阀

液控单向阀与普通单向阀两者在功能上的主要差别是液控单向阀可以通过外控液压力操纵先导控制活塞，进而推动主阀芯打开流道，允许反向流动。

1. 液控单向阀的工作原理

液控单向阀是由一个普通单向阀和一个小型控制活塞液压缸组成。图 8-2a 所示是一种板式连接的原理级液控单向阀结构，当控制口 K 处没有液压油输入时，这种阀的原理和功能同普通单向阀一样，油液从 P_1 口流入，顶开阀芯 3 并从 P_2 口流出；而当油液从 P_2 口流入时，阀芯 3 在油液压力和弹簧力共同作用下顶在阀体上，阀口关闭，油路不通；当控制口 K 有液压油输入时，活塞 1 在液压力作用下右移，通过顶杆 2 推动阀芯 3，使阀芯 3 右移，打开阀口，在单向阀中形成通路，油液在两个方向可自由流通。图 8-2b 所示为液控单向阀的图形符号。图 8-2c 所示为产品级液控单向阀结构，图 8-2d 所示为液控单向阀产品外观。

图 8-2 所示的液控单向阀为简式结构的液控单向阀，反向开启的控制压力为工作压力的 40%～50%，故用于中低压系统中。

2. 带卸载阀芯的液控单向阀

在高压系统中，由于油液反向流动时作用在液控单向阀阀芯上的压力很高，因此需要较高的反向开启控制压力，并且当活塞推开阀芯时，封闭在阀芯弹簧腔的油液压力突然释放而产生压力冲击，所以必须采取措施减小反向开启控制压力。图 8-3 所示为带卸载阀芯的液控单向阀。作用在控制活塞 1 上的控制压力推动控制活塞 1 上移，先顶开卸载阀芯 3 使主油路卸压，当 P_2 口压力降低到一定程度后再顶开单向阀阀芯 2，实现油液从 P_2 口到 P_1 口的反向流通。带卸载阀芯的液控单向阀控制压力仅为工作压力的 5%，所以可以用于高压系统。

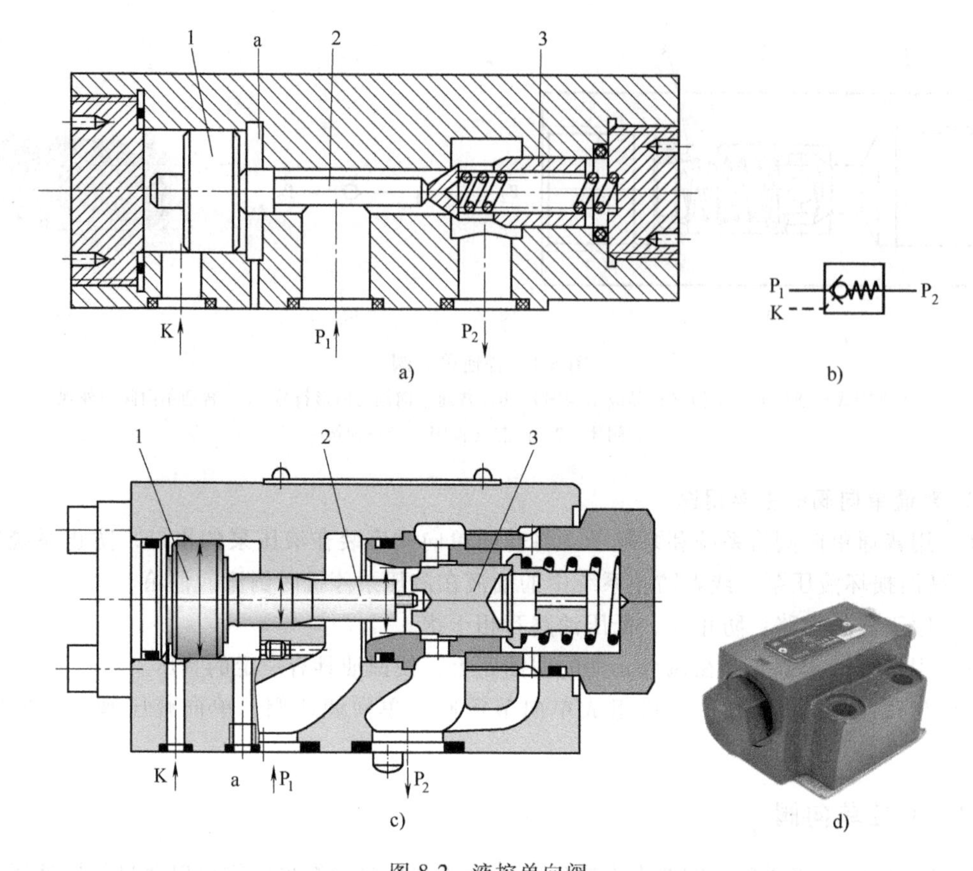

图 8-2 液控单向阀

a）液控单向阀结构（原理级结构图） b）液控单向阀的图形符号 c）液控单向阀结构（产品级结构图） d）液控单向阀产品外观

1—活塞 2—顶杆 3—阀芯

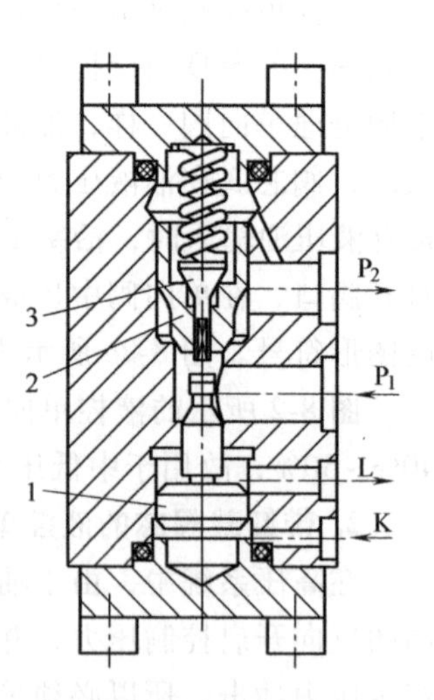

图 8-3 带卸载阀芯的液控单向阀

1—控制活塞 2—单向阀阀芯 3—卸载阀芯

3. 液控单向阀的主要用途

1）两个液控单向阀组合在一起称为液压锁，用在锁紧回路中，实现执行元件的双向锁紧。

2）用在平衡回路中，对立式液压缸起支承作用。

3）用于保压回路中，起到短时保压作用。

8.1.3 双液控单向阀

双液控单向阀又称为液压锁。双液控单向阀是由共用一个阀体 4 和控制活塞 2（顶杆）的两个液控单向阀组成的，如图 8-4 所示。当液压油从油口 A_1 流入时，液压油自动将左侧的单向阀阀芯（钢球 1）顶开，使油液从 A_1 口流到 A_2 口。同时液压油推动控制活塞 2 向右运动，将右侧的单向阀阀芯（钢球 3）顶开，使 B_1 口与 B_2 口接通。由此可见，当一个油口正向进油时（A_1 口连通 A_2 口），另一个油口就反向出油（B_1 口连接 B_2 口），反之亦然；当 A_1 口与 B_1 口都没有液压油时，阀芯

(钢球 1、3) 在弹簧力的作用下顶在阀座上而封闭 A_2 口与 B_2 口的反向油液，这样执行元件被双向锁住。

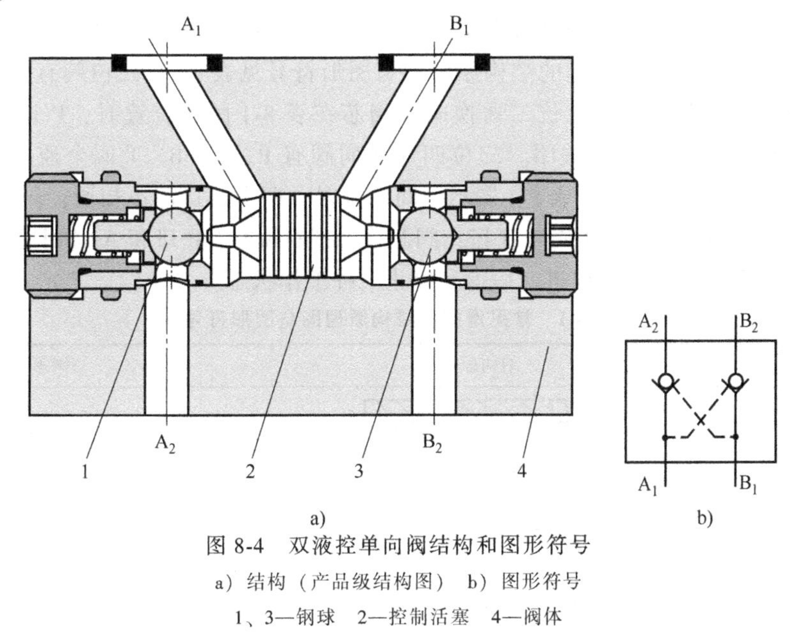

图 8-4 双液控单向阀结构和图形符号

a) 结构 (产品级结构图) b) 图形符号

1、3—钢球 2—控制活塞 4—阀体

双液控单向阀多用于液压缸两腔均需保压或在行程中需要锁紧的液压系统中，如汽车式起重机的液压支腿油路。

8.2 换向阀

换向阀是液压系统中用途很广的一类阀，主要作用是利用阀芯在阀体中的移动来控制阀口的通断，从而改变油液流动的方向，控制执行机构起动、停止或改变运动方向。

1. 换向阀的分类

1) 根据阀芯运动方式不同，可分为转阀和滑阀两种。

2) 根据操纵方式不同，可分为手动换向阀、机动换向阀、液动换向阀、电磁换向阀、电液换向阀。

3) 根据阀芯在阀体中所处的位置不同，可分为二位阀、三位阀。

4) 根据换向阀的通路数不同，可分为二通阀、三通阀、四通阀、五通阀。

2. 换向阀的基本要求

1) 油液流经阀口的压力损失要小。

2) 各不相通的油口间的泄漏量要小。

3) 换向要可靠，换向时要平稳迅速。

8.2.1 换向阀的主体结构

本节主要介绍滑阀式换向阀。滑阀式换向阀是液压系统中使用最为广泛的换向阀。滑阀

阀芯和阀体是滑阀式换向阀的结构主体。“位”和“通”是换向阀的重要概念，“位”就是指在滑阀结构中，阀芯在阀体内移动能有几个不同的停留位置，也就是工作位置。而“通”是指阀体上的通口数。最常见的滑阀类型为二位二通、二位三通、二位四通、二位五通、三位四通及三位五通换向阀，它们的结构原理图与图形符号见表 8-1。二位阀有两个工作位置，控制着油路的两种工作状态。二位二通换向阀阀芯在表 8-1 图示位置时，P 口和 A 口相通；阀芯向左移动时，P 口和 A 口关闭。三位四通换向阀有 P、A、B、T 四个通口，阀芯有左、中、右三个工作位置，阀芯处于表 8-1 图示中间位置时，四个通口都不相通；阀芯移动到左端时，P 口和 B 口相通，P 口进油流向 B 口；阀芯移动到右端时，P 口和 A 口相通，P 口进油流向 A 口，可以控制执行元件的前进、后退和停止三种工作状态。

表 8-1 常见滑阀的结构原理图与图形符号

滑阀类型	结构原理图	图形符号
二位二通换向阀	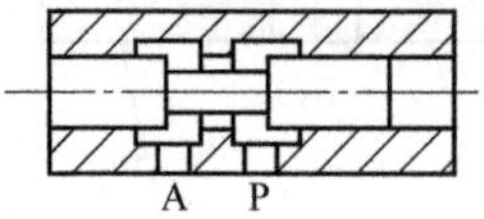 A P	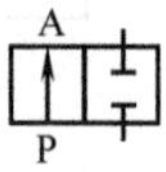 A P
二位三通换向阀	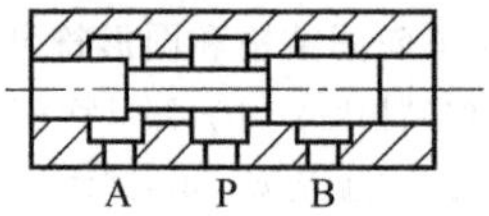 A P B	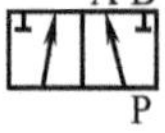 A B P
二位四通换向阀	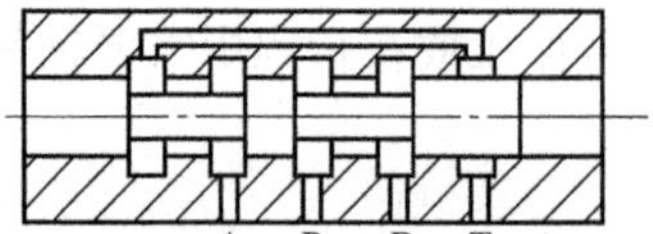 A P B T	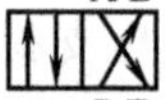 A B P T
二位五通换向阀	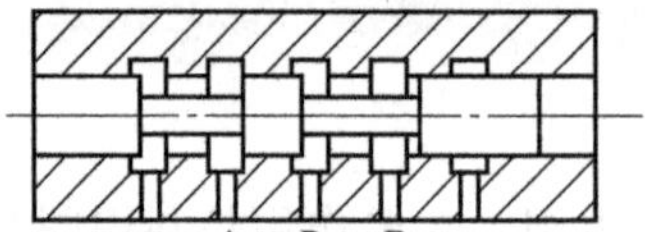 T_1 A P B T_2	 A B T_1PT_2
三位四通换向阀	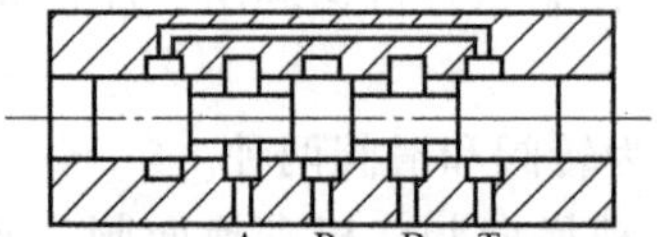 A P B T	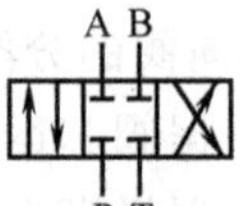 A B P T
三位五通换向阀	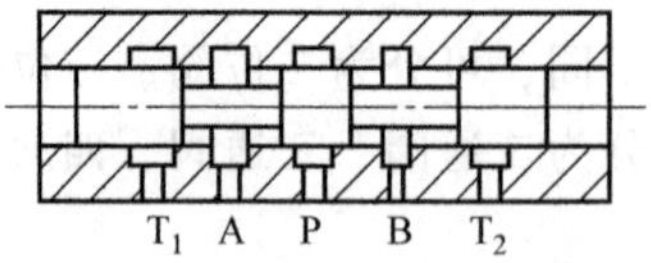 T_1 A P B T_2	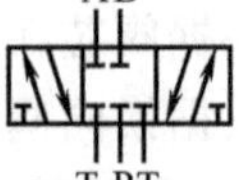 AB T_1PT_2

表 8-1 中图形符号的含义如下。

1）用方框表示阀的工作位置，有几个方框就表示有几“位”，即有几种油路通断工作状态。

2）一个方框上有几个与外部连接的主油口数，就表示是几“通”。

3）方框内符号“┬”或“┴”表示此油路被阀芯封闭，即不通。

4）方框内箭头↑、↓表示通路接通和该油路油液的流动方向。

5）通常情况下，与供油路连接的油口用“P”表示，与系统回油路连接的油口用“T”

表示，与执行元件连接的油口用“A”和“B”表示。有时在图形符号上用“L”表示泄油口。生产厂家会在阀体油口处用字母标出。

6）换向阀都有两个或两个以上的工作位置，阀芯未受到操纵力作用时所处的位置为常态位。图形符号中的中位是三位阀的常态位，利用弹簧复位的二位阀则以靠近弹簧的方框内的通路状态为其常态位。绘制液压系统原理图时，油路连接应绘制在换向阀的常态位上。

8.2.2 换向阀的中位机能

三位换向阀处于中位时，各通口的连通形式称为换向阀的中位机能。表8-2列出了常见三位换向阀的中位机能。

表8-2 常见三位换向阀的中位机能

滑阀机能型号	中位时的滑阀状态	中位符号		中位时的性能特点
		三位四通	三位五通	
O	T(T$_1$) A P B T(T$_2$)	A B P T	A B T$_1$ P T$_2$	各油口全部封闭，系统保持一定压力
H	T(T$_1$) A P B T(T$_2$)	A B P T	A B T$_1$ P T$_2$	各油口全部相通，泵卸荷
Y	T(T$_1$) A P B T(T$_2$)	A B P T	A B T$_1$ P T$_2$	P口封闭保持一定压力，执行元件两腔与回油口相通
J	T(T$_1$) A P B T(T$_2$)	A B P T	A B T$_1$ P T$_2$	P口封闭保持一定压力，B口与回油口相通
C	T(T$_1$) A P B T(T$_2$)	A B P T	A B T$_1$ P T$_2$	执行元件A口与P口相通，而B口封闭
P	T(T$_1$) A P B T(T$_2$)	A B P T	A B T$_1$ P T$_2$	P口与A、B口相通，可形成差动回路

（续）

滑阀机能型号	中位时的滑阀状态	中位符号		中位时的性能特点
		三位四通	三位五通	
K	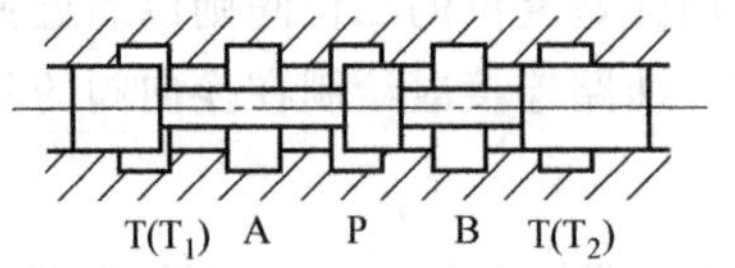 T(T₁) A P B T(T₂)	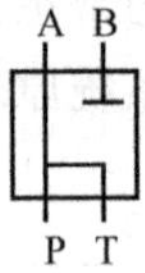 A B / P T	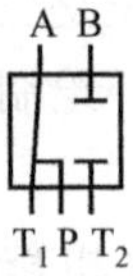 A B / T_1 P T_2	P 口与 A、T 口相通，泵卸荷，B 口封闭
X	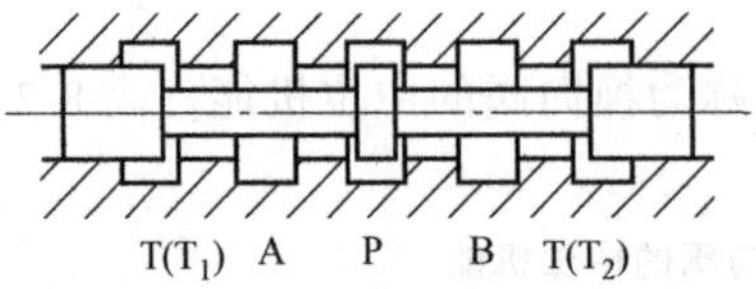 T(T₁) A P B T(T₂)	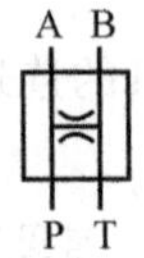 A B / P T	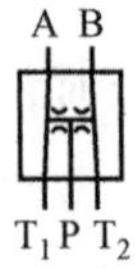 A B / T_1 P T_2	P、T、A、B 口半开启相通，P 口保持一定压力
M	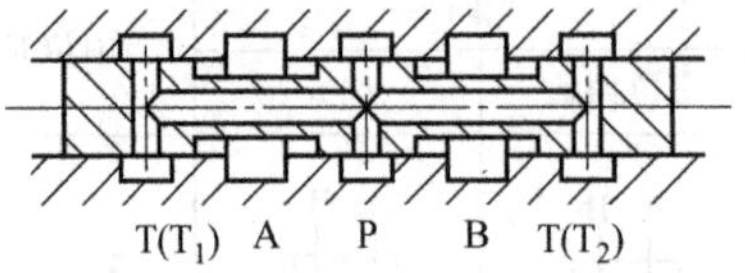 T(T₁) A P B T(T₂)	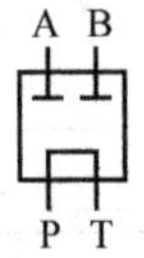 A B / P T	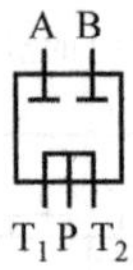 A B / T_1 P T_2	P 口与 T 口相通，泵卸荷，A、B 口封闭
U	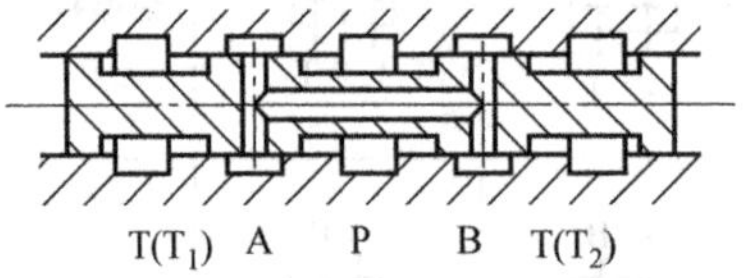 T(T₁) A P B T(T₂)	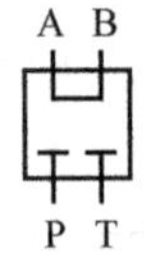 A B / P T	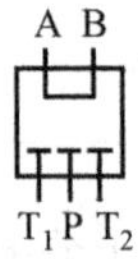 A B / T_1 P T_2	P 口封闭保持一定压力，A 口与 B 口相通

换向阀的中位机能不仅在换向阀阀芯处于中位时对系统工作状态有影响，而且在换向阀切换工作位置时对液压系统的工作性能也有影响。

选择换向阀的中位机能时应注意以下几点。

1. 系统保压

在三位换向阀处于中位时，将 P 口堵住，液压泵即可保持一定的压力，如 O、Y、J、U 型中位机能，这种工作状态适用于一泵多缸的情况。若在 P、T 口之间有一定阻尼，如 X 型中位机能，则系统也能保持一定压力，可供控制油路使用。

2. 系统卸荷

系统卸荷即在三位换向阀处于中位时，泵输出油液直接回油箱，泵的出口无压力，这时只要将 P 口与 T 口相通即可，如 H、M 型中位机能。

3. 换向平稳性和换向精度

在三位换向阀处于中位时，若将 A、B 口都堵住，如 O、M 型中位机能，则当换向时，一侧有油压，一侧为负压，换向过程中容易产生液压冲击，换向不平稳，但位置精度好。若 A、B 口与 T 口相通，如 Y 型中位机能，则作用相反，换向过程中无液压冲击，但位置精度差。

4. 起动平稳性

当三位换向阀处于中位时，有一工作油口与油箱相通，如 J 型中位机能，则工作腔中无油液，不能形成缓冲，液压缸起动不平稳。

5. 液压缸在任意位置上的停止和“浮动”问题

当 A、B 口都封闭时，如 O、M 型中位机能，液压缸可在任意位置上停止；当 A、B 口与 T 口相通时，如 H、Y 型中位机能，当三位换向阀处于中位时，卧式液压缸任意浮动，可用手动机构调整工作台位置。

8.2.3　换向阀的操纵方式

换向阀的操纵方式有手动、机动、液动、电磁、电液五种，不同操纵方式换向阀的图形符号和说明见表 8-3。

表 8-3　不同操纵方式换向阀的图形符号和说明

操纵方式	图形符号	说　明
手动	A B P T	手动操纵，弹簧复位
机动	A B	靠挡块操纵，弹簧复位
液动	A B P T	液压力操纵，弹簧复位
电磁	A B P	电磁铁操纵，弹簧复位
电液	A B P T	由先导阀（电磁换向阀）和主阀（液动换向阀）复合而组成

1. 手动换向阀

手动换向阀一般靠弹簧实现自动复位。此外，还有靠钢球定位的，这种手动换向阀复位时需要手动操纵。一种典型结构的手动换向阀如图 8-5 所示。

2. 机动换向阀

二位二通机动换向阀也称为行程阀，是工程实际中应用较为广泛的一种阀。二位二通机动换向阀靠挡块操纵，弹簧复位，初始位置时处于常闭状态。一种典型结构的机动换向阀如图 8-6 所示。

3. 液动换向阀

液动换向阀靠两端密封腔中的油液压差来实现阀芯移动，推力较大，适用于压力高、流量大、阀芯位移较长的场合。

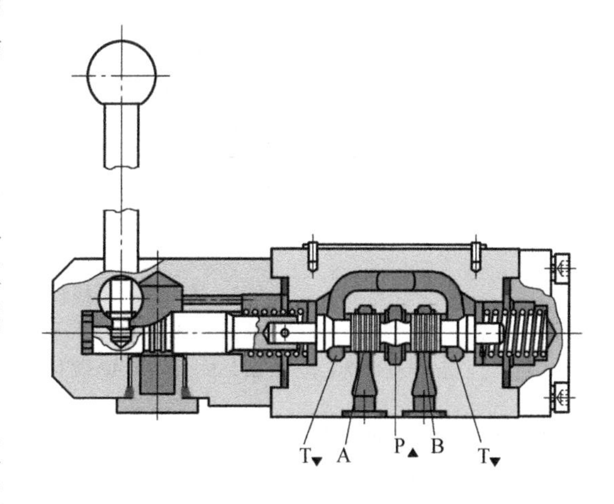

图 8-5　手动换向阀结构图（产品级结构图）

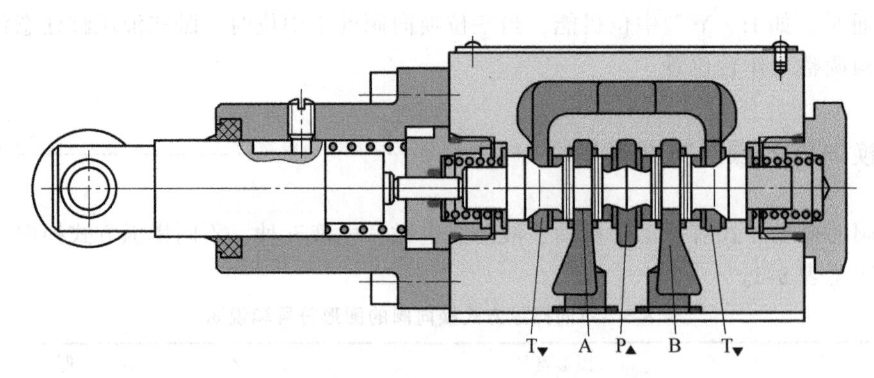

图 8-6　机动换向阀结构图（产品级结构图）

4. 电磁换向阀

电磁换向阀利用电磁铁的吸力推动阀芯换向，是实际应用中最常见的换向阀，有二位、三位等多种结构形式。与电气控制结合，易于实现自动化。图 8-7c 所示为三位四通电磁换向阀的结构图，该阀主要由电磁铁 7、阀体 6、阀芯 5 和复位弹簧 4 组成。电磁铁 7 通常包括衔铁 1、线圈 2 和推杆 3。三位四通电磁换向阀工作时，电磁铁 7 得电，线圈 2 与衔铁 1 产生吸合力，驱动推杆 3 移动，推杆 3 克服复位弹簧 4 的作用力、摩擦力、液动力等，使得阀芯 5 移动，完成阀的换向。

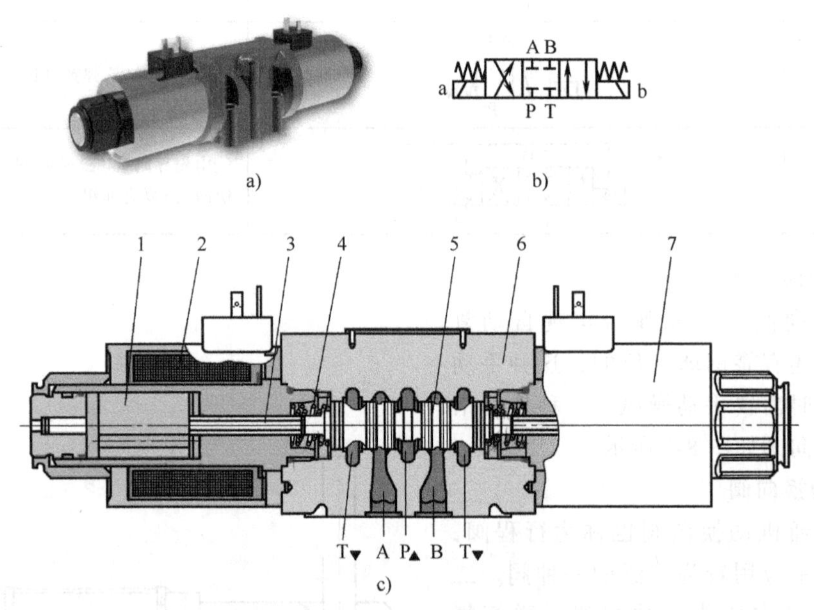

图 8-7　三位四通电磁换向阀

a）实物图　b）图形符号　c）结构图（产品级结构图）

1—衔铁　2—线圈　3—推杆　4—复位弹簧　5—阀芯　6—阀体　7—电磁铁

（1）直流型和交流型电磁换向阀　电磁换向阀所用电磁铁按使用电源的不同，分为直流型和交流型两种。

1）直流型电磁铁一般采用 24V 直流电源，其特点是工作可靠、过载不会烧坏电磁线圈、噪声小、寿命长，但换向时间长、起动力小，工作时需直流电源。

2）交流型电磁铁一般采用220V交流电源，它的特点是不需特殊电源、起动力大、换向时间短，但换向冲击大、噪声大、易烧坏电磁线圈。

（2）干式和湿式电磁换向阀　按电磁铁内部是否有油侵入，又分为干式和湿式两种。干式电磁铁与阀体之间由密封件隔开，电磁铁内部没有油。湿式电磁铁则相反。

（3）电磁换向阀用电磁铁　电磁铁按配套的电磁换向阀分，可分为普通阀用电磁铁（图8-8a）和比例阀用电磁铁（图8-8c）。普通阀用电磁铁吸力随着行程（阀口开度）增加而下降，如图8-8b所示；比例阀用电磁铁吸力与控制电流成正比，几乎不随着行程（阀口开度）而变化，如图8-8d所示。

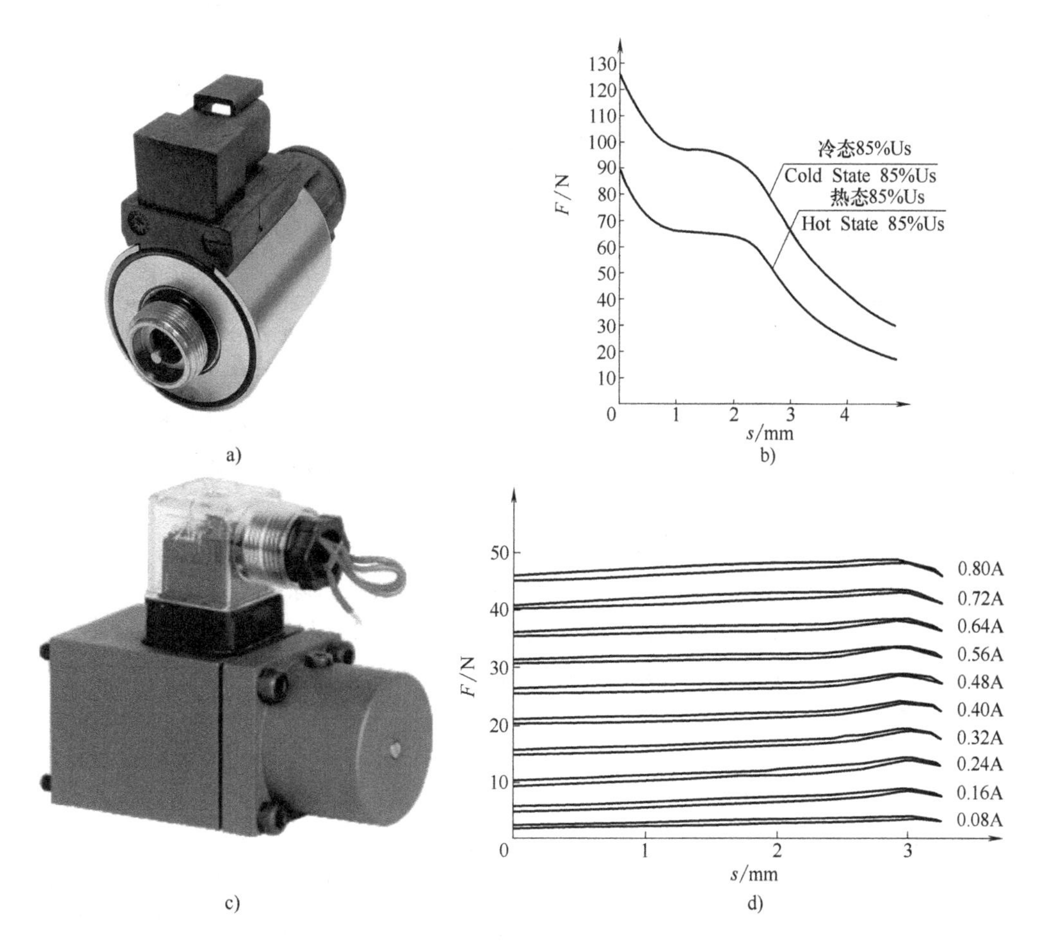

图8-8　普通阀和比例阀用电磁铁外形和 F-s（力-行程）特性曲线

a）普通阀用电磁铁外形图　b）普通阀用电磁铁 F-s 曲线

c）比例阀用电磁铁外形图　d）比例阀用电磁铁 F-s 曲线

电磁换向阀使用方便，特别适合自动化作业，但对于流量大、行程长、需较大作用力移动阀芯的场合来说，由于电磁力的限制，采用直控式电磁换向阀是不适宜的。

5. 电液换向阀

电液换向阀是一种组合阀。电磁换向阀起先导作用，而液动换向阀是以其阀芯位置变化而改变油路上液流方向，起“放大”作用的。阀芯移动速度分别由两个节流阀控制，使系统中执行元件能够平稳换向。有内控内泄、内控外泄、外控内泄和外控外泄四种型式。图 8-9a 和 b 所示为外控外泄电液换向阀的详细图形符号和简化图形符号。

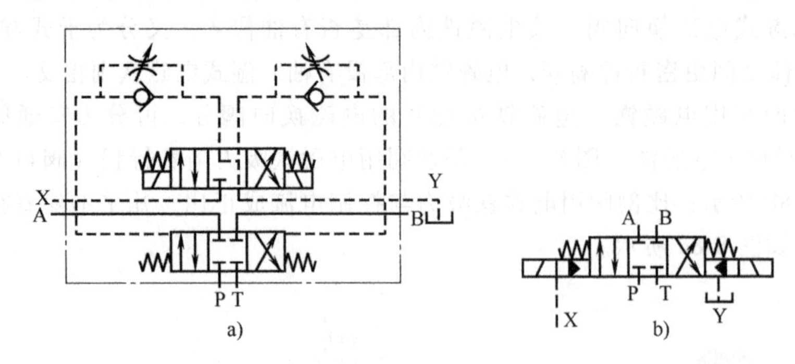

图 8-9　外控外泄电液换向阀

a）详细图形符号　b）简化图形符号

8.2.4　换向阀的性能

1. 换向可靠性

换向阀的换向可靠性包括两个方面：换向信号发出后，阀芯能灵敏地移动到预定的工作位置；换向信号停止作用后，阀芯能在弹簧力的作用下自动恢复到原位。

换向可靠性对于电磁换向阀和用弹簧对中的液动换向阀而言，就是在电磁铁通电后，在电磁力作用下，阀是否能保证可靠换向，而当电磁铁断电后，阀能否在弹簧力作用下可靠地复位。

电磁换向阀换向所施加的电磁力需要克服的阻力包括摩擦力（主要是液压卡紧产生的）、液动力和弹簧力。其中，摩擦力与油液压力有关，液动力除了与油液压力、流量有关外，还与阀的中位机能有关。弹簧力应大于阀芯的摩擦力，以保证滑阀的复位；而电磁力又应大于弹簧力、液动力和摩擦力之和，以保证换向可靠性。

2. 压力损失

换向阀的压力损失包括阀口压力损失和流道压力损失。当阀体采用铸造流道，流道形状接近于流线时，流道压力损失可降到很小。

3. 内泄漏

滑阀式换向阀为间隙密封，内泄漏不可避免。一般应尽可能减小阀芯与阀体之间的径向间隙，并保证足够的同心度，同时阀芯台肩与阀体间要有足够的封油长度。在间隙和封油长度一定时，内泄漏量随工作压力的增大而增大。内泄漏不仅会带来功率损失，而且会引起油液发热，影响系统性能。

8.2.5　换向阀的应用实例

推进液压控制系统是盾构机的核心子系统之一，主要用于推动盾构机刀盘掘进、控制方向等。系统单组推进液压缸方向控制简化原理如图 8-10a 所示，主要由变量泵 1、溢流阀 2、三位四通电液换向阀 5、液控单向阀 6、推进液压缸 7 等组成。溢流阀 2 在此系统中起安全保护作用；三位四通电液换向阀5控制推进液压缸7进行换向，通过与其他几组液压缸形成多组协同控制，可控制盾构机掘进方向；液控单向阀6用于防止推进液压缸7在外负载作用下缩回，起锁紧作用；高压单向阀3用于防止系统压力突然升高而冲击损坏液压泵，或者防止系统中的油液在泵停机时倒流回油箱，在拆装液压泵时，可以自动封闭管路，防止管路中的油液流出；回油单向阀4安装在推进液压缸的回油路上，使回油具有一定背压，保证系统运行平稳。

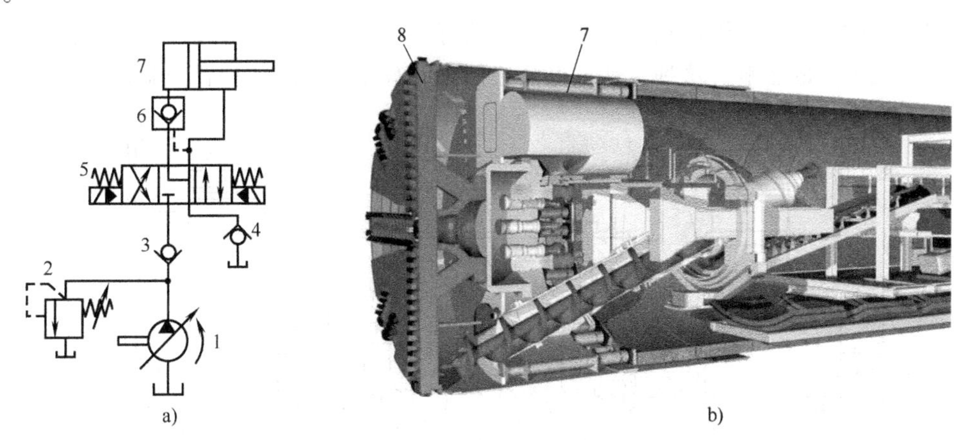

图8-10　换向阀在盾构机上的应用

a）系统单组缸方向控制简化原理图　b）结构示意图

1—变量泵　2—溢流阀　3—高压单向阀　4—回油单向阀　5—三位四通电液换向阀　6—液控单向阀　7—推进液压缸　8—刀盘

8.3 电液比例方向阀

电液比例方向阀是在传统的电磁换向阀的基础上发展起来的，用比例电磁铁取代了电磁换向阀的普通开关电磁铁。因此，电液比例方向阀的开口不只有开和关两种状态，其开口大小与比例电磁铁的输入信号成正比关系，也就可以同时对系统油液的方向和流量进行控制，从而实现对执行机构运动方向和速度的控制。因此，电液比例方向阀实质上是一种兼有流量控制和方向控制功能的复合阀。

电液比例方向阀根据控制性能的不同，可以分为比例方向节流型和比例方向流量型两种。前者具有类似比例节流阀的功能，与输入电信号成比例的输出量是阀口开度的大小，因此，通过阀的流量受阀口压差的影响；后者具有类似于比例流量阀（调速阀）的功能，与输入电信号成比例的输出量是阀的流量，其大小基本不受供油压力或负载压力变动的影响。

8.3.1 直动式电液比例方向节流阀

直动式电液比例方向节流阀由比例电磁铁直接推动阀芯运动来工作。最常见的是二位四通和三位四通两种结构。前者只有一个比例电磁铁，由复位弹簧定位；后者有两个比例电磁铁，由两个对中弹簧定位。复位弹簧或对中弹簧也是电磁力-位移转换元件。由于受电磁力的限制，直动式电液比例方向节流阀只能用于流量较小的场合。直动式电液比例方向节流阀也可分为带位置反馈和不带位置反馈两种。

图 8-11 所示为不带位置反馈的直动式三位四通电液比例方向节流阀。它主要由两个比例电磁铁（1 和 6）、两个对中弹簧（2 和 5）、阀芯 4 和阀体 3 组成。当给比例电磁铁 1 输入一定的电流信号时，电磁力推动阀芯 4 右移，该三位四通阀工作在左位，P 口与 B 口相通，A 口与 T 口相通。当电磁力与稳态液动力、弹簧力等作用力达到平衡时，阀芯 4 稳定工作在某一开度下。改变输入电流的大小就可以成比例地调节阀口开度，从而控制进入负载的流量。同样，当给比例电磁铁 6 输入电流信号时，该三位四通阀工作在右位。由于该阀的四个控制边有较大的遮盖量，因此阀的稳态控制特性有较大的零位死区。此外，受摩擦力、稳态液动力等干扰因素的影响，这种直动式电液比例方向节流阀阀芯的位置控制精度不高。

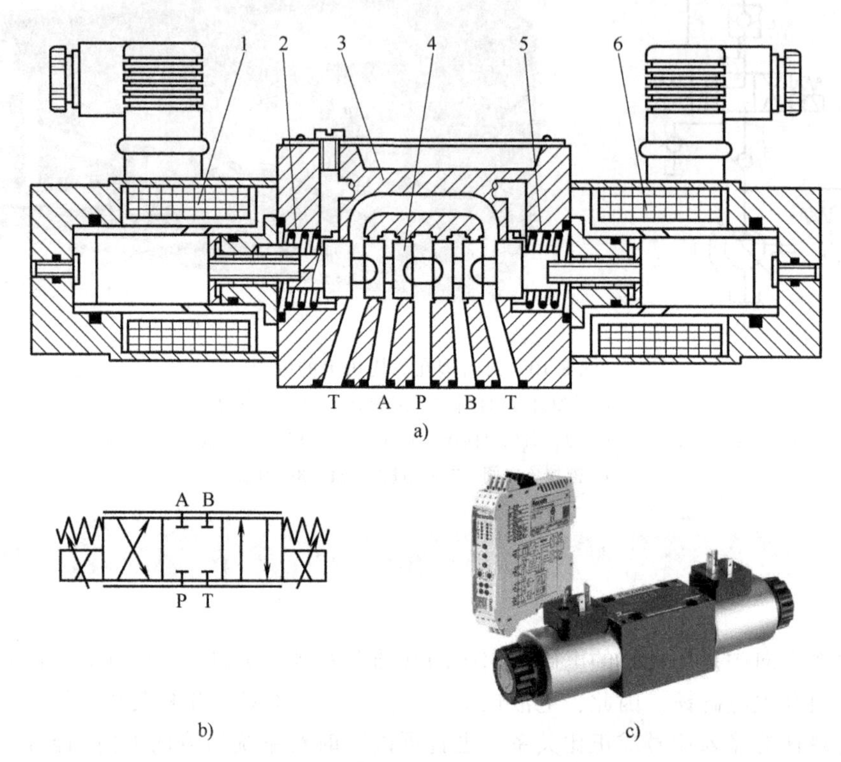

图 8-11 不带位置反馈的直动式三位四通电液比例方向节流阀

a）结构图 b）图形符号 c）实物图

1、6—比例电磁铁 2、5—对中弹簧 3—阀体 4—阀芯

图 8-12 所示为带位置反馈的直动式电液比例方向节流阀。位移传感器 1 是一个直线型的差动变压器，它的动铁心与电磁铁的衔铁固定连接，能在阀芯 5 的两个移动方向上移动约 3mm。当给比例电磁铁（2 或 7）输入电信号时，电磁吸力与弹簧力相比较，使阀芯 5 移动相应的距离，同时也带动位移传感器 1 的铁心离开平衡位置。于是位移传感器 1 感应出一个位置信号并反馈给比例放大器。输入信号与反馈信号相比较，产生一个差值控制信号，以纠正实际输出值与给定值的偏差，最后得到准确的位置。由于有阀芯位置反馈，因此阀芯位移取决于输入信号的大小，而与摩擦力、液动力等因素无关。为了确保安全，用于该阀的比例放大器应有内置的安全措施，使得当反馈一旦断开时，阀芯在对中弹簧的作用下能自动返回中位。

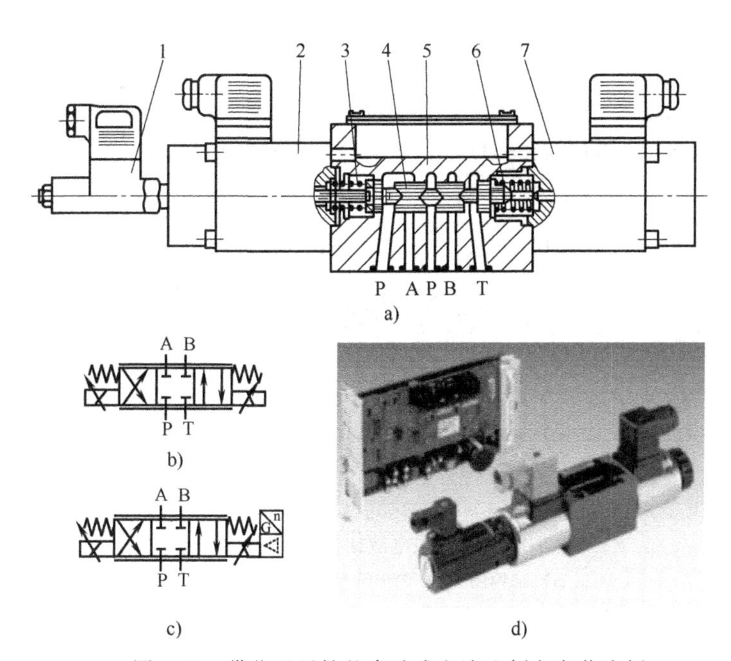

图 8-12　带位置反馈的直动式电液比例方向节流阀

a）结构图　b）一般图形符号　c）带电磁铁闭环位置控制和集成电子放大器的图形符号　d）实物图

1—位移传感器　2、7—比例电磁铁　3、6—对中弹簧　4—阀芯　5—阀体

8.3.2　先导式电液比例方向节流阀

对大流量高压液流实现控制，必须采用先导式二级或多级电液比例方向节流阀。经一级或多级液压功率放大的电液比例方向节流阀足以克服主阀芯上的液动力干扰，在负载变化时具有较高的稳定裕度。图 8-13 所示为一开环控制的先导式电液比例方向节流阀，也是先导减压型二级电液比例方向节流阀，其先导阀是两个三通比例减压阀的组合，起到控制主阀阀芯两端液压力的作用，主阀起节流阀的作用。

下面进行先导式电液比例方向节流阀工作原理分析。当比例电磁铁 1、5 未通电时，先导阀阀芯 3 处于中位，使先导阀的两个输出控制口以及与之相连的主阀左、右两端的控制腔均与回油箱相通，主阀阀芯 7 在复位弹簧的作用下处于中位，此时主阀的 P 口、A 口、B 口、T 口均处于封闭状态。当比例电磁铁 1 通电时，先导阀阀芯 3 右移，先导液压油从控制油口 X 经先导阀阀芯 3 右凸肩的阀口和固定节流孔 b 作用在主阀阀芯 7 右端面，压缩主阀对中弹簧 9 使主阀阀芯 7 左移，主阀 P 口与 A 口相通、B 口与 T 口相通，主阀阀芯 7 左端面的油液则经固定节流孔 a 和先导阀阀芯 3 左凸肩的阀口进入先导阀回油口 Y；同时，进入先导阀阀芯 3 右凸肩阀口的液压油，又经先导阀阀芯 3 右侧的径向圆孔作用于先导阀阀芯 3 右侧轴向孔的底面和右侧反馈活塞 4 的左端面，右侧反馈活塞 4 的右端面圆盘由比例电磁铁 5 限位，而作用在先导阀阀芯 3 右侧轴向孔底面的液压油形成先导减压阀的控制输出压力的反馈闭环。若忽略先导阀液动力、摩擦力、阀芯自重和弹簧力的影响，则先导减压阀的输出压力与电磁力成正比。当作用在主阀上的液压力与复位弹簧力、液动力等达到平衡时，主阀稳定工作在某一开度。通过改变输入比例电磁铁的电流，便可控制主阀阀芯 7 的位移和主阀阀口开度。同理也可分析比例电磁铁 5 通电时的情况。图 8-13 中两固定液阻仅起动态阻尼作用，

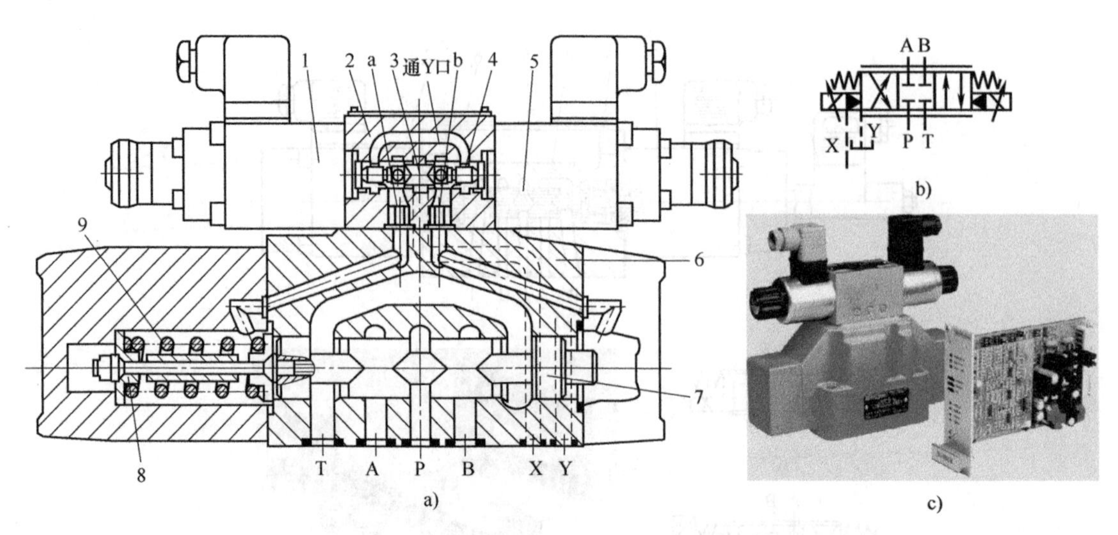

图 8-13 先导式电液比例方向节流阀

a）结构图 b）图形符号 c）实物图

1、5—比例电磁铁 2—先导阀阀体 3—先导阀阀芯 4—反馈活塞

6—主阀阀体 7—主阀阀芯 8—弹簧座 9—主阀对中弹簧

目的是提高先导式电液比例方向节流阀的稳定性。

图 8-13 所示先导式电液比例方向节阀中的先导控制油可以采用内部或外部供油。外部供油时，控制油压一般在 10MPa 以下；内部供油时，若油压高于 10MPa，就必须在先导控制油的进油口处加一先导减压阀块，以降低先导阀的进油压力。否则会导致三通比例减压阀阀口的压力-位移增益过高，而使先导阀的工作稳定性变差。

在图 8-13 所示先导式电液比例方向节阀中，先导阀的输出压力与主阀阀芯位移之间无反馈联系，属于开环控制。因此，主阀阀芯位移会受到液动力、摩擦力等因素的干扰而影响其控制精度。为解决这一问题，可在主阀阀芯上设置位移传感器，将主阀阀芯位移反馈至比例放大器，以构成主阀阀芯位移的闭环控制，提高主阀阀芯开度控制精度。

先导式电液比例方向节流阀也有采用喷嘴挡板作为先导级的结构。图 8-14 所示为喷嘴挡板式位移-力反馈型电液比例方向节流阀结构原理图，它采用力矩马达作为电-机械转换器。当给力矩马达 3 输入电流信号时，衔铁在电磁力矩作用下克服反馈弹簧管 4 的弹性反力矩而发生偏转，并带动挡板偏移。于是，由固定液阻 1 和喷嘴挡板构成的液压半桥所控制的容腔（即主阀阀芯 2 左、右两端容腔）的压力也会发生变化。在主阀阀

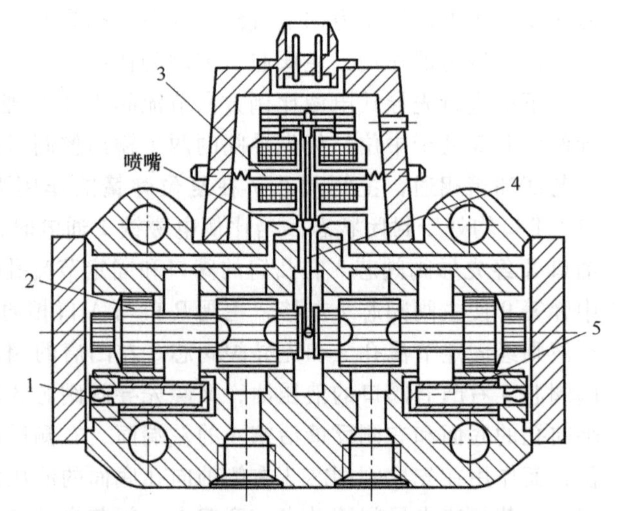

图 8-14 喷嘴挡板式位移-力反馈型电液比例方向节流阀结构原理图

1—固定液阻 2—主阀阀芯 3—力矩马达

4—反馈弹簧管 5—过滤器

芯 2 两端压差作用下，主阀阀芯 2 移动，并使反馈弹簧管 4 发生变形，所产生的反馈力矩与力矩马达 3 的力矩平衡，使挡板又回到中位附近。这样，主阀阀芯 2 的位移通过反馈弹簧管 4 的反馈作用构成位移-力反馈闭环，使一定的输入电流对应一定的主阀阀芯 2 位移。通过改变输入电流的大小和极性，就能连续、成比例地控制输出流量的大小和方向。

8.3.3　电液比例方向流量阀

前面所述的电液比例方向节流阀，其受控参数是主阀阀芯的轴向位移（近似为主阀口的开度），当负载压力变化或进油压力变化引起阀口工作压差变化时，通过阀的流量也会发生变化。电液比例方向流量阀的控制参量是通过阀的流量，它可分为负载检测压力补偿型和流量检测反馈型两大类。从工作原理的角度来看，它们都是在电液比例方向节流阀的基础上加上压力补偿器或流量检测反馈装置组合而成的。

在工程应用中，电液比例方向流量阀以负载检测压力补偿型居多。负载检测压力补偿型又可分为定差减压型、定差溢流型和负载压力补偿型。

（1）定差减压型　图 8-15 所示是定差减压型电液比例方向流量阀结构原理图。图 8-15a 所示为定差减压型电液比例方向流量阀的一般形式，定差减压阀 3 串联于电液比例方向节流阀 2 之前，电液比例方向节流阀 2 的入口压力和出口压力分别引至定差减压阀 3 阀芯的左端

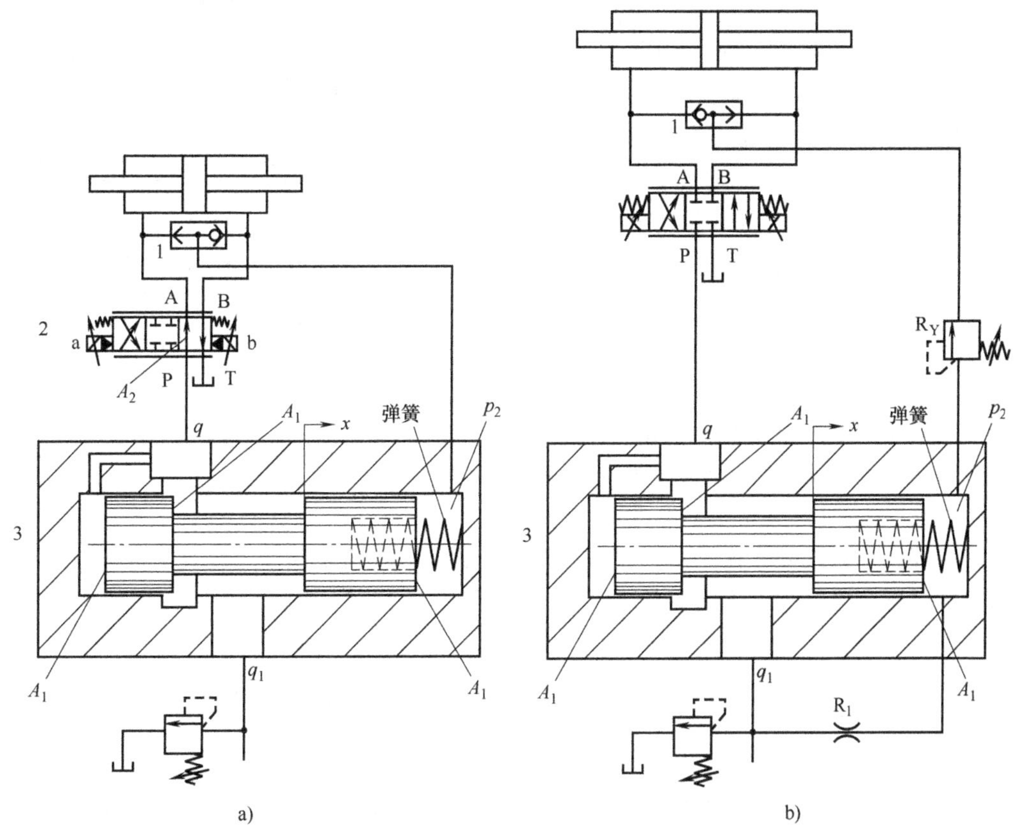

图 8-15　定差减压型电液比例方向流量阀结构原理图

a）一般形式　b）定差减压可调形式

1—梭阀　2—电液比例方向节流阀　3—定差减压阀

和右端，若忽略弹簧力和液动力等因素的影响，则电液比例方向节流阀 2 的入口压力和出口压力之差基本不变。由于电液比例方向节流阀 2 工作时，可能是 A 口或 B 口接负载，因此，需要在电液比例方向节流阀 2 与负载之间加梭阀 1，以选择压力较高的油口进行压力反馈。只有当电液比例方向节流阀 2 的入口压力和出口压力之差大于定差减压阀 3 的最小工作压差时，定差减压阀 3 才能起补偿作用。但是随着通过流量的增大，定差减压阀 3 阀口的压力损失也会增大，此时只有增大外部压差才能使定差减压阀 3 正常工作。因此，对于不同的流量，定差减压型电液比例方向流量阀的最小工作压差也不同。

在图 8-15a 所示阀结构中，由于电液比例方向节流阀 2 的阀口压差基本不变，因此最大控制电流对应的最大控制流量也为一确定值，使用时不能对它进行调整。这对一些需要增大或减小其最大流量的工程应用系统而言是不合理的。

图 8-15b 所示是一种可使电液比例方向节流阀的阀口压差在小范围内调节的定差减压型电液比例方向流量阀形式。它增加了液阻 R_1 和直动式压力阀 R_Y（可变液阻），使电液比例方向节流阀阀口的压差不再由定差减压阀 3 弹簧的预压缩力来确定，而主要由 R_1 和 R_Y 组成的液压半桥的输出压力来决定。通过调节直动式压力阀 R_Y 的弹簧力，就可以方便地调节节流阀阀口的压差。同时，这种结构还具有限压功能。当系统压力达到 R_Y 的调定值时，R_Y 开启，使定差减压阀 3 弹簧腔的压力不再随负载的增大而升高，而是一个定值。由于定差减压阀的补偿作用，负载压力得到限制，不可能再升高，系统中多余的流量将通过与节流阀进油路并联的溢流阀溢流回油箱。

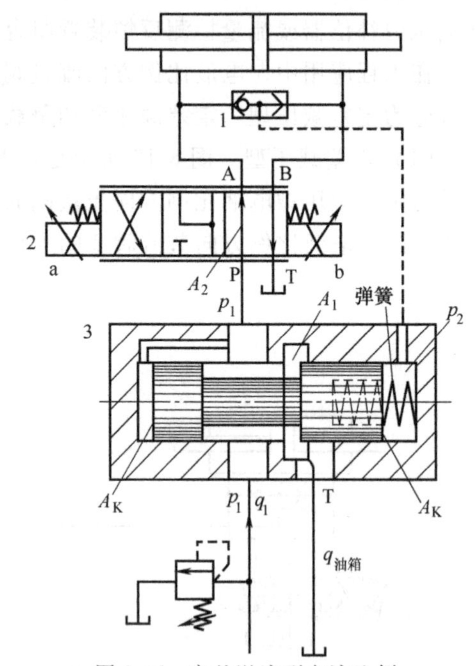

图 8-16 定差溢流型电液比例方向流量阀的工作原理图

1—梭阀 2—电液比例方向节流阀 3—定差溢流阀

（2）定差溢流型 图 8-16 所示是定差溢流型电液比例方向流量阀的工作原理图。它由电液比例方向节流阀 2 和定差溢流阀 3 组成，其补偿原理与传统三通电液比例调速阀相似。液压泵的出口压力与负载压力匹配，仅比负载压力高出节流阀阀口的压差部分，系统效率比采用定差减压型电液比例方向流量阀的系统高。因此，这种阀也称为负载敏感型电液比例方向流量阀。

8.4 电液伺服阀

电液伺服阀是一种通过改变输入信号，连续、成比例地控制流量和压力的控制阀。电液伺服阀既是电液转换元件，又是功率放大元件，它将小功率的电信号输入并转换为大功率的液压能（压力和流量）输出，实现执行元件的位移、速度、加速度及力控制。

电液伺服阀与电液比例阀相比较，响应速度快，控制精度高，频率响应可以高达 200Hz

左右，而电液比例阀最高频率响应一般是几十 Hz，所以电液伺服阀主要应用于要求高频率响应和高精度的闭环控制系统。

8.4.1　动圈（位置反馈）式电液伺服阀

图 8-17a 所示是动圈式电液伺服阀的结构图。图 8-17a 中上半部分是电-机械转换器，下半部分为主控制阀及液压前置放大器。液压油由 P 口进入，A 口和 B 口接执行元件，T 口接回油箱。主滑阀 4 是空心的，由动圈 7 带动的小滑阀 6 与主滑阀 4 的内孔配合，成为液压前置放大器。动圈 7 靠小滑阀副对中，并用上、下弹簧 8、9 定位。小滑阀 6 上的两条控制边与主滑阀 4 上两个横向孔形成可变节流孔 11、12。由 P 口流入的液压油液进入主滑阀 4 后，除经主控油路外，还经过固定节流孔 3、5 和可变节流孔 11、12，然后经过小滑阀 6 的环形槽和主滑阀 4 中部的横向孔从 T 口流回油箱，这是一条辅助回路。

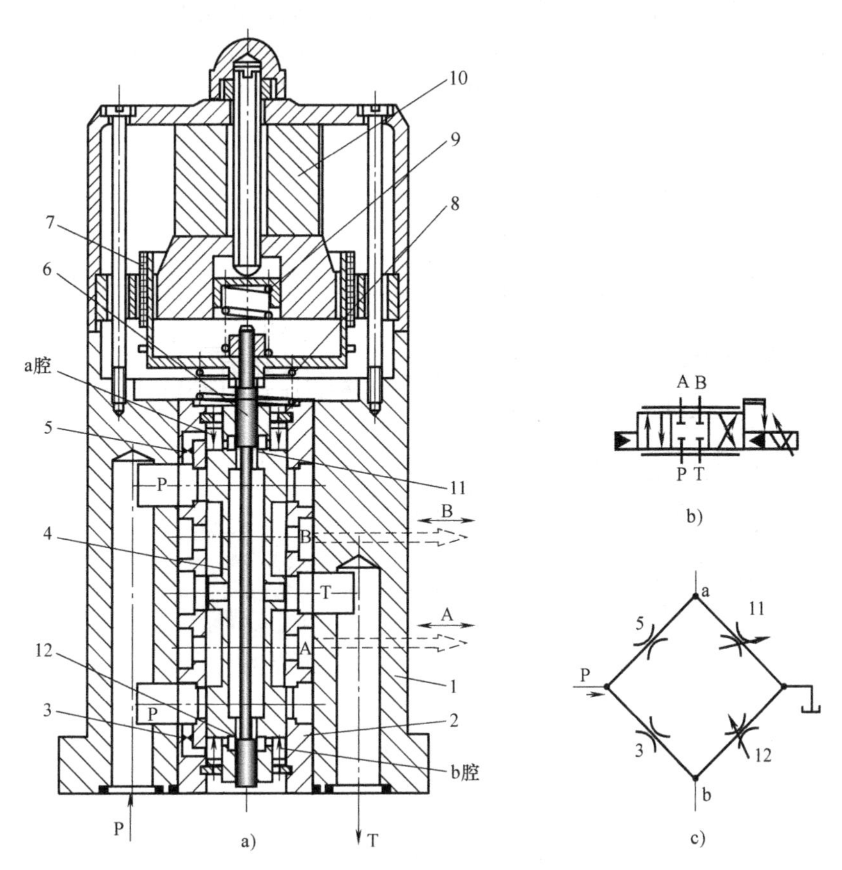

图 8-17　动圈式电液伺服阀

a）结构图　b）图形符号　c）桥路图

1—阀体　2—阀套　3、5—固定节流孔　4—主滑阀　6—小滑阀　7—动圈　8—下弹簧　9—上弹簧　10—磁钢（永久磁铁）　11、12—可变节流孔

由固定节流孔 3、5 和可变节流孔 11、12 组成一个桥路，如图 8-17c 所示，桥路中固定节流孔 3、5 与可变节流孔 11、12 连接的节点 a、b 分别为与主滑阀 4 上、下两个台肩端面连通的 a 腔、b 腔，主滑阀 4 可在节点压力作用下运动。桥路在平衡位置时，节点 a、b 的

压力相同，主滑阀 4 保持不动。如果小滑阀 6 在动圈 7 作用下向上运动，则可变节流孔 11 的开口加大，可变节流孔 12 的开口减小，a 点压力降低，b 点压力上升，主滑阀 4 将随之向上运动。由于主滑阀 4 兼作小滑阀 6 的阀套（位置反馈），故主滑阀 4 向上移动的距离与小滑阀 6 一致时，将停止运动，同样，在小滑阀 6 向下运动时，主滑阀 4 也随之向下移动相同的距离，故这是一个位置反馈系统，起力放大作用。在这种情况下，动圈 7 只需带动小滑阀 6，因此力马达的结构尺寸不至于太大。小滑阀 6 和主滑阀 4 的工作行程为零点几毫米，这也是这种电液伺服阀的最小工作间隙。这一间隙比 8.4.2 小节会讲到的喷嘴挡板式电液伺服阀的工作间隙大得多。因此动圈式电液伺服阀对油液过滤精度的要求较低，或者说抗污染能力好。但一般来说，这种阀的外形尺寸大，响应慢。

8.4.2 喷嘴挡板（力反馈）式电液伺服阀

喷嘴挡板式电液伺服阀是应用比较广泛的一种二级电液伺服阀，如图 8-18 所示，它由电磁和液压两部分组成。电磁部分是一个动铁式力矩马达。液压部分为两级：第一级是双喷嘴挡板阀，称为前置级（先导级）；第二级是四边滑阀，称为功率放大级（主阀）。

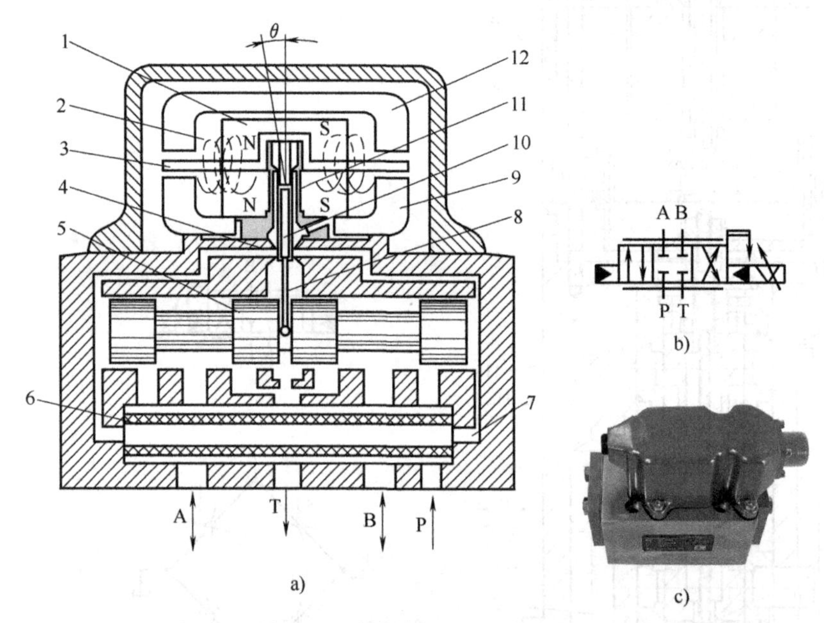

图 8-18 喷嘴挡板式电液伺服阀

a）结构图 b）图形符号 c）实物图

1—永久磁铁 2—线圈 3—衔铁 4—喷嘴 5—主阀阀芯 6—过滤器 7—固定节流孔 8—反馈弹簧杆 9、12—导磁体 10—挡板 11—弹簧管

主阀阀芯 5 两端的容腔可以看成是一个驱动主滑阀的对称液压缸，且由前置级的双喷嘴挡板阀控制。挡板 10 的下部延伸一个反馈弹簧杆 8，通过钢球与主阀阀芯 5 相连。

1）由双喷嘴挡板阀构成的前置级液压桥路如图 8-19 所示，它由 2 个固定节流孔、2 个喷嘴和 1 个挡板组成。两个对称配置的喷嘴共用一个挡板，挡板和喷嘴之间形成可变节流孔，挡板一般由转轴或弹簧支承，可绕支承点偏转，挡板的转动由力矩马达驱动。挡板上没有输入信号时，挡板处于中间位置（即零位），与两喷嘴之间的距离均为 x_0，此时两喷嘴控

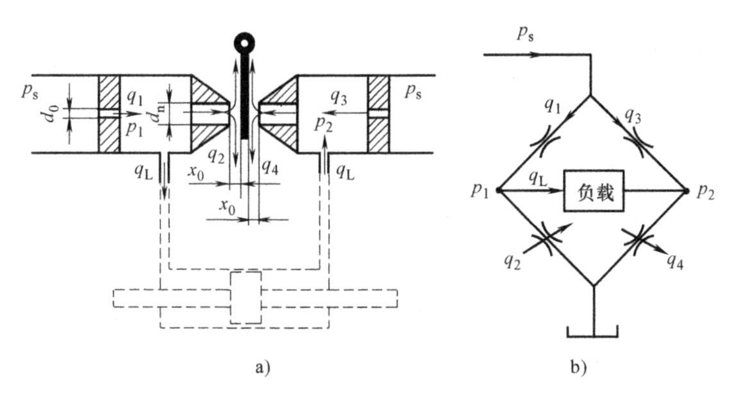

图 8-19　由双喷嘴挡板阀构成的前置级液压桥路

a）双喷嘴挡板阀　b）液压桥路

制腔内的压力 p_1 与 p_2 相等。当挡板转动时，两个控制腔内的压力一边升高，另一边降低，就有负载压力 p_L（$p_L=p_1-p_2$）输出。双喷嘴挡板阀有 4 个通道（1 个供油口、1 个回油口和 2 个负载口）和 4 个节流孔，是一种全桥结构，如图 8-19b 所示。

2）位置-力反馈力矩马达无法直接驱动主阀，解决措施是先用力矩马达驱动挡板（相当于先导阀阀芯），再通过阀内位置反馈控制，让主阀阀芯“跟踪”挡板进行控制。

在图 8-18 所示喷嘴挡板式电液伺服阀中，主阀阀芯 5 的位移通过反馈弹簧杆 8 转化为弹性变形力作用在挡板 10 上与电磁力矩相平衡。当线圈 2 中没有电流通过时，力矩马达无力矩输出，挡板 10 处于两喷嘴的中间位置。当线圈 2 通入电流后，衔铁 3 因受到电磁力矩的作用偏转的角度为 θ，由于衔铁 3 固定在弹簧管 11 上，因此弹簧管 11 上的挡板也相应偏转 θ 角，使挡板 10 与两喷嘴的间隙发生变化，若右侧间隙增加，则左侧喷嘴腔内的压力 p_1 升高，右腔内的压力 p_2 降低，主阀阀芯 5 在此压力差的作用下向右移动。由于挡板 10 的下端为反馈弹簧杆 8，反馈弹簧杆 8 的下端是钢球，钢球嵌放在主阀阀芯 5 的凹槽内，在主阀阀芯 5 移动的同时，钢球通过反馈弹簧杆 8 带动上部的挡板 10 一起向右移动，使右侧喷嘴与挡板的间隙逐渐减小。当作用在衔铁挡板组件上的电磁力矩与作用在挡板 10 下端的因钢球移动而产生的反馈弹簧杆 8 的变形力矩（反馈力）达到平衡时，主阀阀芯 5 便不再移动，并使阀口一直保持在这一开度上。该阀通过反馈弹簧杆 8 的变形将主阀阀芯 5 的位移反馈到衔铁挡板组件上，并与电磁力矩进行比较而构成反馈，故称为力反馈式电液伺服阀。

通过线圈的控制电流越大，使衔铁偏转的转矩、挡板的挠曲变形、主阀（滑阀）两端的压力差以及滑阀的位移量越大，喷嘴挡板式电液伺服阀输出的流量也就越大。

喷嘴挡板式电液伺服阀的结构很紧凑，外形尺寸小，响应快。但由于喷嘴挡板的工作间隙较小（0.025～0.05mm），使用时对系统中油液的清洁度要求较高。

8.4.3　射流管式电液伺服阀

射流管的工作原理如图 8-20 所示，它主要由射流管 1 和接收器 2 组成。射流管 1 由枢轴 3 支承并可绕枢轴 3 摆动。液压油通过枢轴 3 引入射流管 1，射流管 1 喷出的油液由接收器 2 上两个接收孔接收后又转换成压力能。零位时，两接收孔接收的能量相同，转换成的压力（称为压力恢复）也相同，两腔分别与两接收孔相通的液压缸的活塞不动。当射流管 1

偏离零位时，一个接收孔接收的能量多，压力恢复高，而另一个接收孔接收的能量少，压力恢复低，活塞即产生相应的运动。

采用射流管作为前置放大器的射流管式电液伺服阀如图 8-21 所示，该阀采用衔铁式力矩马达带动射流管。两个接收孔直接与主阀阀芯的两端面相通，控制主阀阀芯运动。主阀靠一个板簧定位，其位移与主阀阀芯两端压力差（即两个接收孔的压力恢复）成比例。这种电液伺服阀的最小通流尺寸（喷嘴口直径）为 0.2mm，与喷嘴挡板式电液伺服阀的工作间隙 0.025~0.05mm 相比很大，故对油液的清洁度要求较低。图 8-21 所示结构中，由于力矩马达需带动射流管，负载惯量较大，因此射流管式电液伺服阀的响应速度低于喷嘴挡板式电液伺服阀。改进后的射流管式电液伺服阀的响应速度与喷嘴挡板式接近。

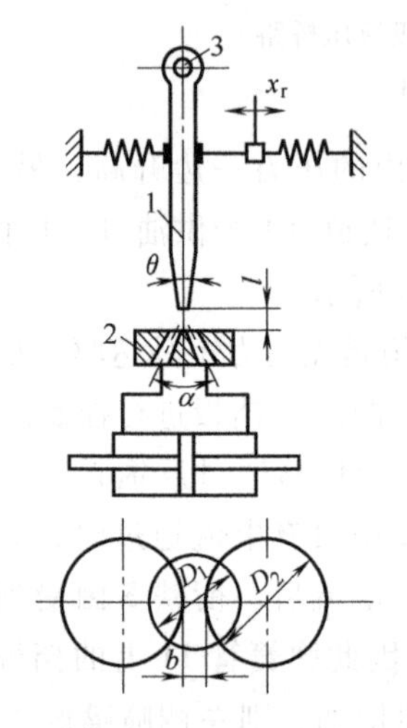

图 8-20 射流管的工作原理

1—射流管 2—接收器 3—枢轴

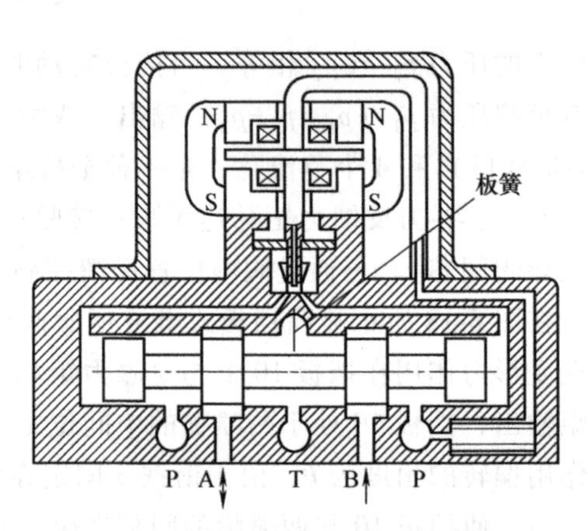

图 8-21 射流管式电液伺服阀

8.4.4 电液伺服阀的应用实例

电液伺服阀目前广泛应用于要求高精度控制的自动控制设备中，用以实现位置控制、速度控制和力控制等。

图 8-22a 所示为飞机起落架制动液压系统原理框图。飞行员通过脚蹬给出制动命令，梭阀根据指令打开，油液通过制动控制伺服阀减压输出到机轮制动盘进行制动。制动控制器同时监测和处理轮胎拖滞信号，这一反馈过程主要通过速度传感器监测机轮转速，当机轮转速

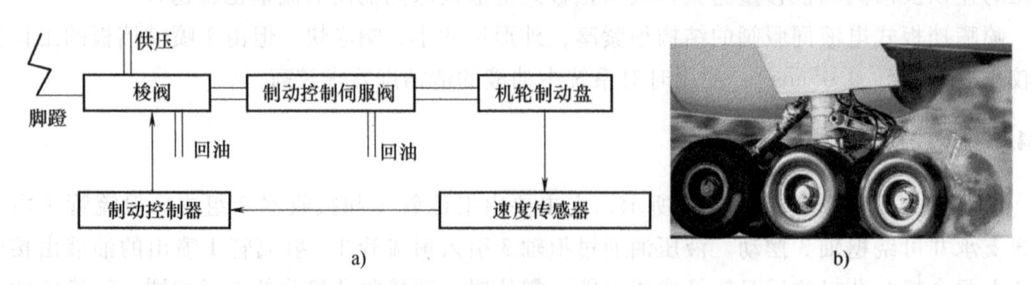

图 8-22 飞机起落架制动液压系统

a）原理框图 b）实物图

低于某一限定值（或高于某一值）时，制动控制器便会发出相应的信号给制动控制伺服阀来控制油液输出压力大小，以保证机轮有足够的制动力同时不至于发生拖胎。电液伺服阀控制着制动液压系统的压力，是整个制动系统中最重要的元件。

制动控制伺服阀本质上是一种负载力反馈伺服阀，在大部分民用飞机和军用飞机上的防滑制动液压系统中都有配备。飞机用制动控制伺服阀的供应商只有欧美几家公司，如美国的Hydro-Aire公司、Parker公司和Meggitt公司等。国内的供应商主要是航空工业南京机电液压中心、上海航天控制工程研究所和中国船舶第704研究所。

8.5 多路换向阀

8.5.1 多路换向阀概述

多路换向阀是一种集成化结构的复合式换向阀，一是多个换向阀集成在一起，因此称为多路换向阀；二是每一路又以换向阀为主体，将溢流阀、单向阀、补油阀等组合在换向阀旁边，形成换向-限压-补油（等）组合阀。其换向阀的个数由多路集成控制的执行机构数目确定，溢流阀、单向阀、补油阀、过载阀等可根据要求装设。与其他类型的换向阀相比，多路换向阀具有结构紧凑、操作简便等优点，主要用于各种起重运输机械、工程机械等的行走机械上，可进行多个执行元件的集中控制。

多路换向阀根据操纵形式不同，分为手动控制、电液比例控制和手动-电液比例复合控制方式。手动控制就是通过人工来手动推动多路换向阀的操纵杆进而驱动滑阀阀芯来实现对执行机构的控制；电液比例控制则是通过给比例电磁铁输入电信号来驱动滑阀阀芯实现执行机构的各种动作；手动-电液比例复合控制既可以电液比例控制也可以手动控制。

1）手动多路换向阀结构简单，造价低，维护成本低，稳定性好，可靠性高。根据阀芯结构和弹簧形式不同，有手动开关型多路换向阀和手动比例多路换向阀。人工手动操作的操作位置仅限于操作台，不能适应智能化装备的需求。

2）电液比例多路换向阀可以通过电信号来控制，通过电线连接到电液比例遥杆上实现有线控制，或者接到控制器上实现无线远程控制，使用灵活方便，易于实现设备的自动化控制。

3）手动-电液比例复合换向阀通常在设备正常工作时采用电液比例控制操纵形式，调试和维修时采用手动控制操纵形式。

8.5.2 多路换向阀的结构

按照阀体的结构型式不同，多路换向阀可分为整体式和分片式两种。

1）整体式多路换向阀是将多片换向阀及某些辅助阀装在同一阀体内。这种换向阀结构紧凑，阀体铸造流道，过流损失小，通流能力强，内泄漏少，阀体刚性好，阀芯配合精度较高，工作压力可以提高。35MPa以上的高压、大流量系统多路换向阀基本上都是整体式。但阀体铸造技术要求高，制造时质量控制难度较大。

2）分片式多路换向阀又称为组合式多路换向阀，它由若干片阀体组成，一个换向阀成为一片或一路，用螺栓将叠加的各片连接起来，如图 8-23a 所示。分片式多路换向阀中，换向阀的片数可根据需要加以选择，通用性较强。图 8-23a 所示的是一个手动四路换向阀，通过手动控制操纵杆驱动阀芯移动，实现换向，结构图如图 8-23b 所示。分片式多路换向阀加工面多，出现渗油的可能性较大，阀体容易变形，不能适应高压、大流量工况。

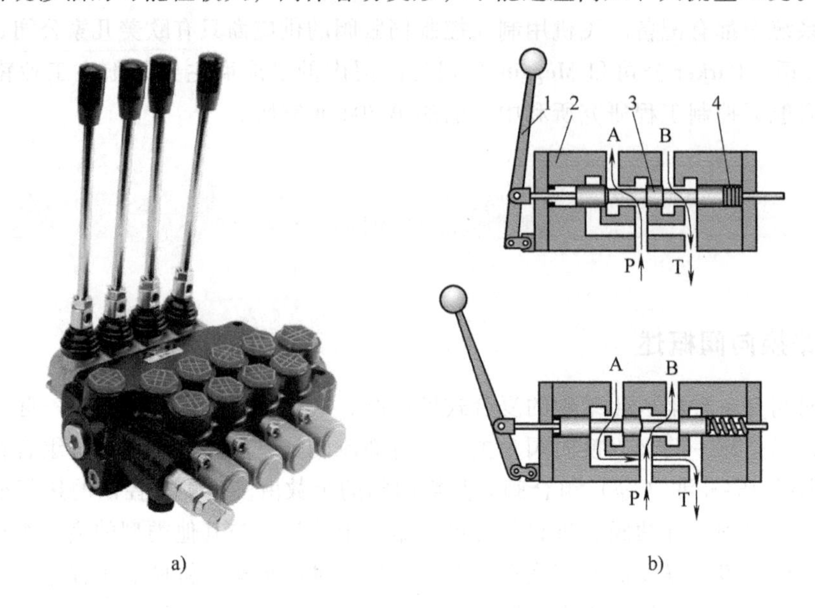

图 8-23　手动四路换向阀

a）实物图　b）结构图（产品级结构图）

1—操纵杆　2—阀体　3—阀芯　4—弹簧

8.5.3　多路换向阀的油路连接方式

多路换向阀的油路连接方式可分为并联油路、串联油路和串并联油路等，如图 8-24 所示。

1）并联油路中，从进油口流入的油液可直接通到各片滑阀的进油腔，各片滑阀的回油腔又直接通到多路换向阀的总回油口。采用这种油路连接方式，当同时操作各换向阀时，负载小的执行元件先动作，并且各执行元件的流量之和等于液压泵的总流量。采用并联油路的多路换向阀的压力损失一般较小。

2）串联油路中，每一片滑阀的进油腔都与前一片滑阀的中位回油口相通，其回油腔又都与后一片滑阀的中位回油口相通。采用这种油路连接方式，可使各片滑阀所控制的执行元件同时工作，条件是液压泵输出的油液压力要大于所有正在工作的执行元件两腔压力差之和。采用串联油路的多路换向阀的压力损失一般较大。

3）串并联油路中，每一片滑阀的进油腔均与前一片滑阀的中位回油口相通，而各片滑阀的回油腔又都直接与总回油口相通，即各滑阀的进油腔串联，回油腔并联。若采用这种油路连接方式，则各片换向阀中不可能有任何两片同时工作，故这种油路也称为互锁油路。操纵上一片换向阀，下一片换向阀就不能工作，从而保证了向前一片换向阀优先供油。

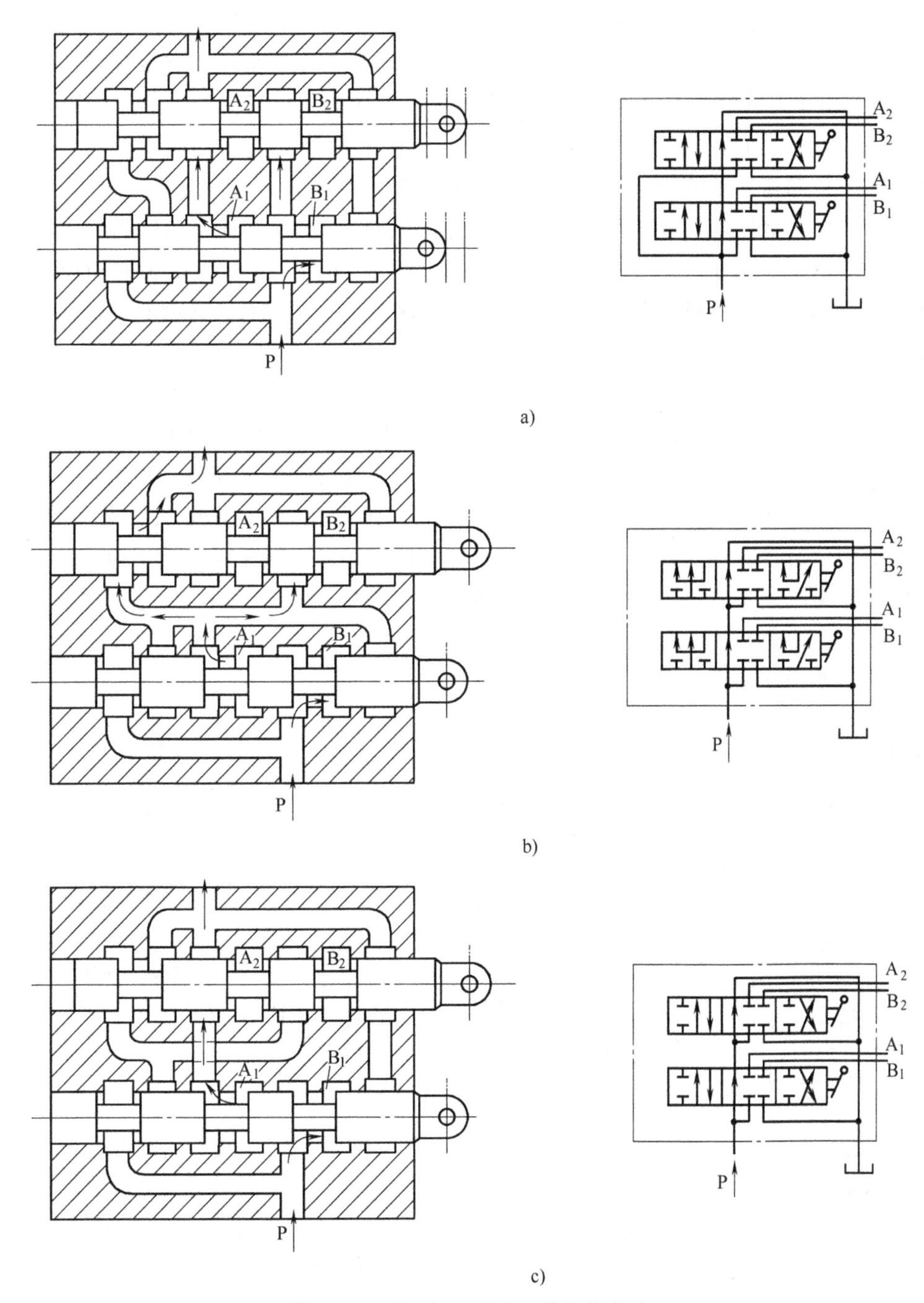

图 8-24　多路换向阀的油路连接方式

a）并联油路　b）串联油路　c）串并联油路

8.5.4　多路换向阀的应用实例

图 8-25a 所示的叉车是一种工程机械，采用手动多路换向阀控制，需控制货叉的升降和货叉的倾斜角度，设有两个柱塞式升降缸 7、一个活塞式倾斜缸 4。换向回路采用两联三位六通多路换向阀，如图 8-25b、c 所示，其中，升降缸换向阀 1 控制柱塞式升降缸 7，左位

升、右位降；倾斜缸换向阀 2 控制活塞式倾斜缸 4，左位缩回、右位伸出。每个（联）换向阀有 P、T、A、B 四个油口，T 口向下汇集通回油箱，P 口油液来自上方接在液压泵 8 出口的单向阀 9。由于升降缸 7 是柱塞缸，因此在升降缸换向阀 1 上只需接一个工作油口 A_1，而将 B_1 口堵住不用。当暂停操作，升降缸换向阀 1、倾斜缸换向阀 2 均回中位时，通过三位六通换向阀中位卸荷，油液直接流回油箱，减少发热。

该多路换向阀油路为并联油路，升降缸换向阀 1、倾斜缸换向阀 2 可同时进油，各缸可同时操纵，缺点是负载小的缸可能先动作，甚至产生误动作，有时需要采取相应的预防措施。升降缸换向阀 1 与倾斜缸换向阀 2 的 P 口和 T 口也是并联关系：两阀 P 口并联接液压泵 8，两阀 T 口并联接总回油口。

该多路换向阀为 ZFS 型两联多路换向阀，由进油阀片 6、回油阀片 3、升降缸换向阀 1、倾斜缸换向阀 2 组成，彼此间用螺栓 5 连接。进油阀片 6 内装有溢流阀 10（图 8-25b 中只表示出溢流阀 10 的进油口 K）。三位六通换向阀的工作原理与一般手动换向阀相同，当升降缸换向阀 1 与倾斜缸换向阀 2 未被操纵时（图 8-25b、c 所示位置），油液从总进油口 P 流入，经阀体内部卸荷通道直通回油阀片 3 的总回油口 T 返回油箱，液压泵 8 处于卸荷状态。当向左扳动倾斜缸换向阀 2 的阀芯时，阀体内卸荷通道被截断，A_2 口和 B_2 口分别接通进油口 P 和回油口 T，活塞式倾斜缸 4 的活塞杆缩回。当向右扳动倾斜缸换向阀 2 的阀芯时，活塞式倾斜缸 4 的活塞杆伸出。

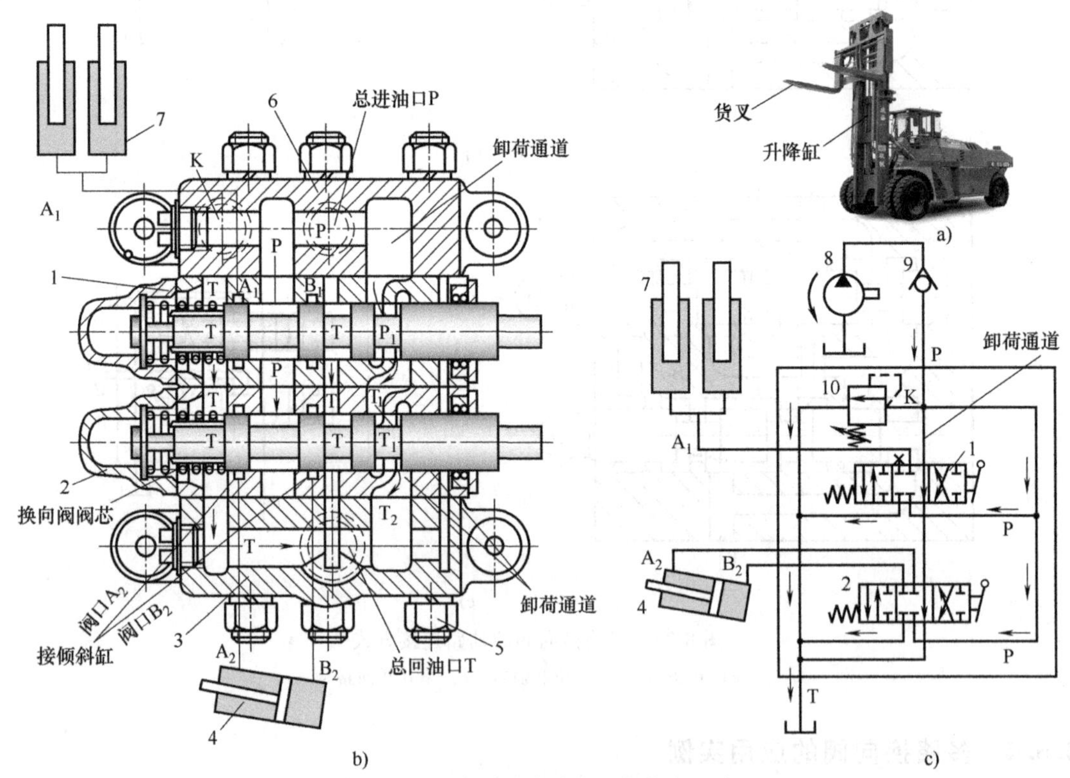

图 8-25 叉车手动多路换向阀换向回路

a）实物图 b）结构图 c）液压原理图

1—升降缸换向阀 2—倾斜缸换向阀 3—回油阀片 4—活塞式倾斜缸 5—螺栓 6—进油阀片 7—柱塞式升降缸 8—液压泵 9—单向阀 10—溢流阀

8.6 高速开关阀

电液比例阀或电液伺服阀是通过数字量和模拟量（D/A）转换接口，把数字控制信号转换为模拟控制信号，从而实现对阀的控制；高速开关阀则不需要 D/A 转换接口，而是用数字信号直接实现对阀的控制，是一种电液数字控制阀，简称为电液数字阀。

8.6.1 高速开关阀的工作原理

高速开关阀由电磁式驱动器和控制阀组成，其驱动部件仍以电磁式电-机械转换器为主，主要有力矩马达、电磁铁等。控制液压阀的信号是一系列幅值相等，但在每一周期内宽度不同的脉冲信号。高速开关阀是一种快速切换的开关，只有全开、全闭两种工作状态。传统的开关阀主要用于控制执行元件的运动方向。高速开关阀与脉冲宽度调制（PWM）控制技术结合后，只要控制脉冲频率或脉冲宽度，此阀就能像其他数字流量阀一样对流量或压力进行连续控制。

在图 8-26a 所示 PWM 液压回路中，二位二通高速开关阀在数字信号的作用下有开和关两种工作状态。以有效通流面积 $\alpha_{\mathrm{v}}(t)$ 作为开关阀的输入信号，对应的 PWM 输出信号是幅值或取 α_{PWM}、或取 0 的数字信号。

如图 8-27 所示，V_{PWM} 是输入到高速开关阀的 PWM 电压控制信号，这是一种具有固定周期的脉冲信号，在每一个周期内，控制指令电压处于高状态的作用时间即为脉冲宽度 $\alpha_i T_{\mathrm{s}}$，其中 $\alpha_i = T_i/T_{\mathrm{s}} \leqslant 1$（$i=1, 2, \cdots, m, m \in N$），$\alpha_i$ 称为第 i 个周期的脉冲宽度的占空比。

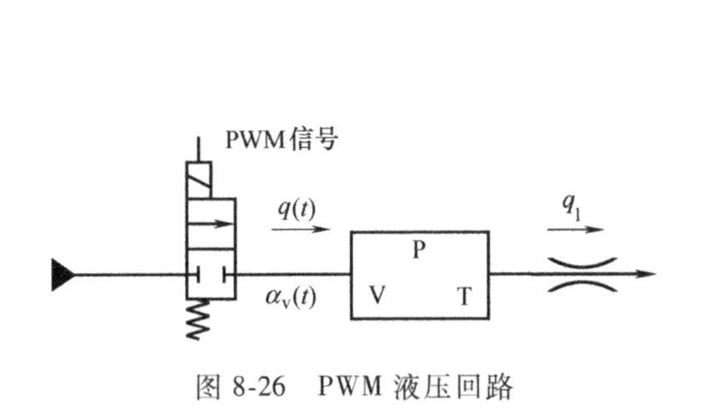

图 8-26 PWM 液压回路

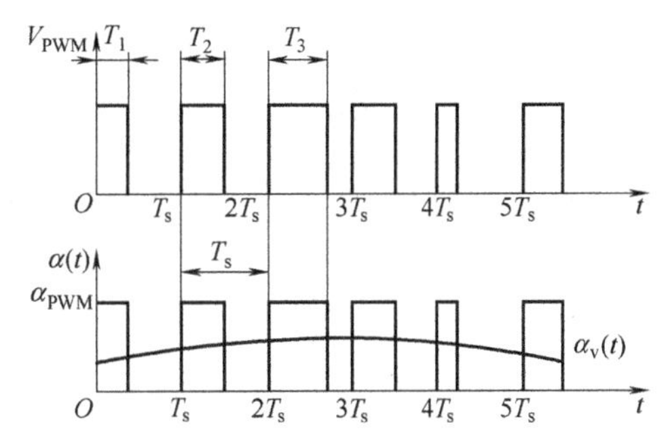

图 8-27 PWM 电压控制信号

在一个周期内，控制指令电压处于高状态时，作用于高速开关阀的驱动线圈上，使阀通路打开，有流量 q 通过；其余时间内，无控制指令电压（电压值为 0）作用在线圈上，高速开关阀关闭，无流量通过。因此，一个周期内高速开关阀的平均流量 q_{a} 可表示为

$$q_{\mathrm{a}} = \alpha_i C_{\mathrm{d}} A \sqrt{\frac{2\Delta p}{\rho}} \tag{8-1}$$

式中 C_{d}——流量系数；

A——高速开关阀的通流面积；

Δp——高速开关阀进、出口压力差；

ρ——液压油密度。

式（8-1）表明，经过高速开关阀的流量与脉冲宽度的占空比成正比，占空比越大，经过高速开关阀的平均流量越大，执行元件的运动速度就越快。

8.6.2 高速开关阀的典型结构

图 8-28 所示为美国 BKM 公司与贵州红林机械厂合作开发的由高速电磁铁驱动的高速开关阀（HSV）。该阀采用球阀结构，通过液压力控制衔铁复位，阀体和衔铁之间采用螺纹插装形式。在工作压力（14～20MPa）下，阀芯的开启时间为 3ms，关闭时间为 2ms，流量为 2～9L/min。

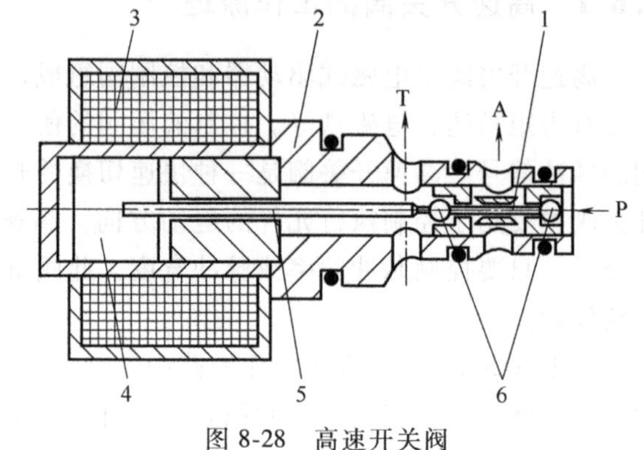

图 8-28 高速开关阀

1—阀芯 2—阀体 3—线圈

4—衔铁 5—推杆 6—球阀

高速开关阀的主要优点是结构简单；对油液污染不敏感，工作可靠，维修方便；阀口压降小，功耗低；元件死区对控制性能影响小，抗干扰能力强；与计算机连接方便。其主要缺点是高速开关时，衔铁的撞击运动和液流的脉冲运动会产生较大噪声，瞬时的流量和压力脉动较大，影响元件和系统的使用寿命和控制精度。另外，为得到高频开关动作，电-机械转换器和阀的行程都受到限制，因此流量难以提高，常用于控制小流量，或者作为先导级来控制大流量，工程应用中已出现了多种高速开关阀组合起来实现大流量控制的阀岛。

8.6.3 高速开关阀的应用实例

图 8-29 所示为基于高速开关阀直接控制的液压数字排量径向柱塞泵，其柱塞由凸轮驱动。每个柱塞腔可以单独打开和关闭，都是由二位二通高速开关阀、单向阀和柱塞位置传感

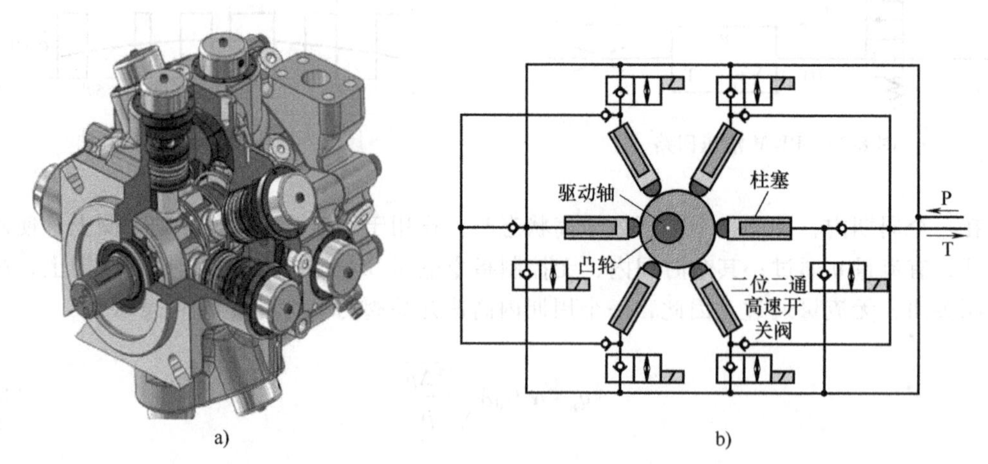

图 8-29 基于高速开关阀直接控制的液压数字排量径向柱塞泵

a）实物模型图 b）原理图

器组成的独立控制系统。这些高速开关阀可以在短至30ms内打开或关闭，以限制在负载需要时通过每个柱塞腔的流量。实质上，该液压数字排量径向柱塞泵是一个多阶流量系统，每阶都对应一种输出流量。在驱动轴旋转时，连续地开闭指定的柱塞腔，以满足液压泵控制器所设定的压力要求。根据应用需要，柱塞的数量、方向和尺寸可以有很大不同。常见配置为使用12个柱塞，分为3组，每组4个。在柱塞数量方面，已经有制造商成功建造带有68个柱塞的单元，并将其应用于风力发电机上。

该液压数字排量径向柱塞泵通过使用液压传动装置代替机械变速箱，实现了节能降耗，其能耗通常不到传统径向柱塞泵的三分之一；同时，其响应时间更短，并消除了高频噪声。该泵应用于挖掘机时，有工程实践案例证明该泵可节省高达20%的燃料，并且提高近30%的生产效率。

课堂讨论

1. 导弹发射勤务塔架是完成导弹的起竖、对接、检测、加注和发射等任务的装置。塔体中的回转工作台和水平工作台统称为平台，由液压系统驱动。回转工作台液压系统完成平台的打开、撤收和合拢工作，水平工作台液压系统完成平台的上升、下降和调平工作。关于图8-30所示导弹发射勤务塔架平台液压系统，进行如下讨论。

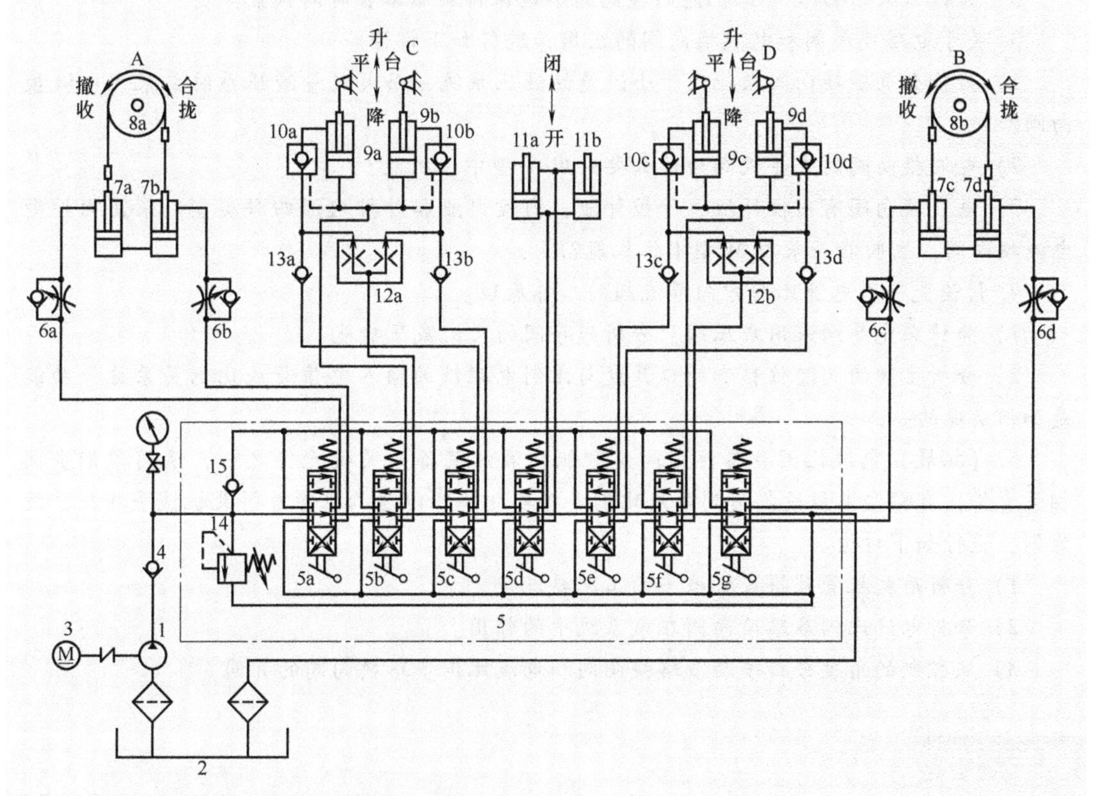

图 8-30　导弹发射勤务塔架平台液压系统

1—液压泵　2—油箱　3—电动机　4、13、15—单向阀　5—手动多路换向阀　6—单向节流阀　7—回转工作台液压缸　8—铰轴　9—水平工作台液压缸　10—液控单向阀　11—开闭锁液压缸　12—分流集流阀　14—溢流阀

1）分析导弹发射勤务塔架平台工况要求。

2）分析单向阀4、13、15在系统中的作用。

3）分析液控单向阀10在系统中的作用。

4）分析手动多路换向阀5采用了哪种油路连接方式，有什么特点？

5）针对手动多路换向阀5，提出采用普通三位四通换向阀代替三位六通换向阀的设计方法。

扩展：电液比例多路换向阀实质上就是多片电液比例方向阀的组合，大功率工程机械、矿山机械、隧道机械等的液压系统目前广泛采用电液比例多路换向阀。图8-30所示系统中的手动多路换向阀更换为电液比例多路换向阀，就可以实现平台各机构的方向和流量的复合控制，结合控制器实现自动化控制。

2. 关于三位四通换向阀的中位机能，进行如下讨论。

1）O型、M型、H型和P型三位四通换向阀可应用在哪些场合？

2）一水平放置的单伸出杆活塞液压缸，采用三位四通电磁换向阀。若要求阀处于中位时，液压缸实现差动连接，则应选用哪一种中位机能？若要求阀处于中位时，液压泵卸荷，且液压缸闭锁不动，则应选用哪一种中位机能？

3）为什么采用O型中位机能的换向阀不能保持液压缸长时间锁紧？

3. 关于电磁换向阀和电液换向阀的应用，进行如下讨论。

1）为什么电磁换向阀只能用于小流量的液压系统，而大流量液压系统要采用电液换向阀？

2）电液换向阀的先导级阀为什么要采用Y型中位机能？

3）电液换向阀有内控外泄、外控外泄、内控内泄和外控内泄四种类型。采用内控型电液换向阀，主阀能否采用M型中位机能？

4. 讨论先导式电液比例方向节流阀的工作原理。

1）为什么先导阀采用减压阀？分析先导阀的比例减压功能。

2）分析主阀的阀芯位移和阀口开度与比例电磁铁的输入电信号成比例关系这一功能是如何实现的。

5.（拓展）电液比例多路换向阀是智能化液压装备的关键元件之一，请同学们查阅相关资料，有哪些工程设备用到电液比例多路换向阀？以盾构机管片拼装机械手液压系统为例，进行如下讨论。

1）分析盾构机管片拼装机械手的工况要求。

2）分析电液比例多路换向阀在该系统中的作用。

3）从控制的角度分析手动多路换向阀和电液比例多路换向阀的异同。

课后习题

1. 画出下列各种方向阀的图形符号：

1）液控单向阀；

2）二位四通电磁换向阀；

3）三位四通M型中位机能电液换向阀；

4）三位四通 O 型中位机能电磁换向阀。

2. 能否用两个二位三通换向阀代替一个二位四通换向阀？绘制图形符号并予以说明。

3. 电液换向阀的先导阀需要选用 Y 型中位机能，为什么？是否可以改用其他中位机能，为什么？

4. 比例电磁铁和普通电磁铁在性能上有什么区别？与之配套的电液比例阀与普通阀相比，有何特点？

5. 图 8-31 所示为由双液控单向阀组成的锁紧回路，简述液压缸是如何实现双向锁紧的。为什么采用 H 型中位机能换向阀？换向阀的中位机能还可以采用什么型式？为什么？

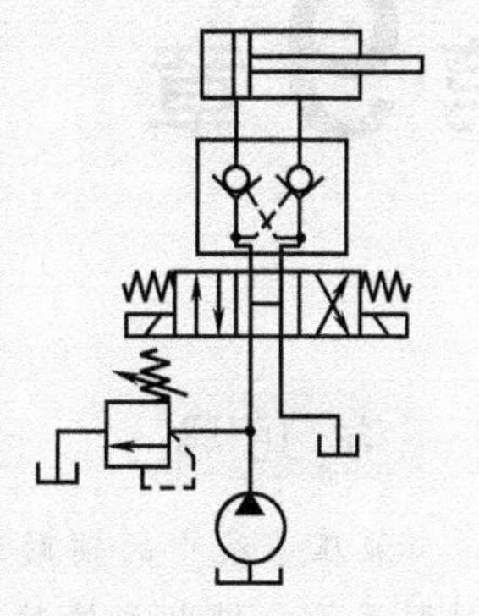

图 8-31　锁紧回路

6. 为什么说电液比例方向阀实质上是一种兼有流量控制和方向控制功能的复合阀？根据控制性能的不同，电液比例方向阀可以分为哪两种类型？

第 9 章 液压辅助元件

学习引导

液压系统中的辅助元件主要有蓄能器、油箱及热交换器、过滤器、连接件和密封装置等，辅助元件对其他液压控制元件和系统的工作状态、工作效率和使用寿命等影响极大。因此，在设计、制造和使用液压设备时，必须对液压辅助元件予以足够的重视。

9.1 蓄能器

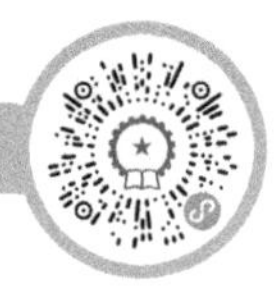

9.1.1 蓄能器的功用

蓄能器能够将液压系统中液压油的压力能储存起来，在需要时重新放出，其主要功用具体表现在以下几个方面。

1. 用作辅助动力源

某些液压系统的执行元件是间歇动作的，总的工作时间很短，在一个工作循环内速度差别很大。使用蓄能器作辅助动力源可降低液压泵的功率，提高效率，降低温升，节省能源。在图 9-1 所示液压系统中，当液压缸 1 的活塞杆接触工件进入工件慢进、系统保压状态时，液压泵 5 的部分流量进入蓄能器 2 被储存起来，蓄能器 2 内油液压力达到设定压力后，外控内泄顺序阀 3 打开，液压泵 5 卸荷。此时，单向阀 4 使液压油路密封保压。当液压缸 1 的活塞快进或快退时，蓄能器 2 与液压泵 5 一起给液压缸 1 供油，使液压缸 1 快速运动，蓄能器 2 起到补充动力的作用。

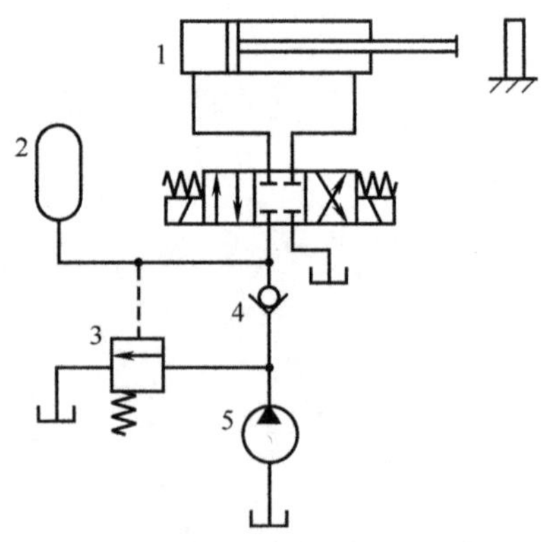

图 9-1 蓄能器用作辅助动力源
1—液压缸 2—蓄能器 3—外控内泄顺序阀 4—单向阀 5—液压泵

2. 保压补漏

对于执行元件长时间不动，而要保持压力恒定的液压系统，可用蓄能器来补偿泄漏，从而使系统压力恒定。图 9-2 所示的液压系统处于压紧工件状态（机床液压夹具夹紧工件），这时可令液压泵卸荷，由蓄能器保持系统压力恒定并补充系统泄漏。

3. 用作紧急动力源

某些液压系统要求在液压泵发生故障或失去动力时，执行元件应能继续完成必要的动作以紧急避险、保证安全。为此可在系统中设置适当容量的蓄能器作为紧急动力源，避免事故发生。

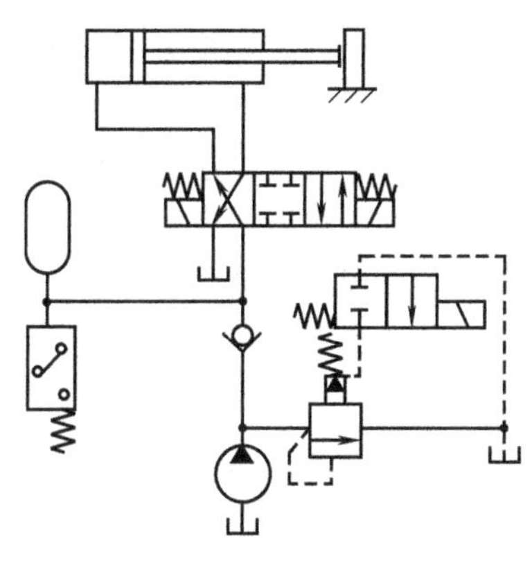

图 9-2　蓄能器保压补漏

4. 吸收脉动，降低噪声

当液压系统采用齿轮泵或柱塞泵时，泵的瞬时流量脉动将导致系统的压力脉动，从而引起振动和噪声。此时可在液压泵的出口安装蓄能器吸收脉动、降低噪声，避免因振动损坏仪表和管接头等元件。

5. 吸收液压冲击

由于换向阀的突然换向、液压泵的突然停止工作、执行元件的突然停止运动等原因，液压系统管路内的油液流动会发生急剧变化，产生液压冲击。这类液压冲击大多发生于瞬间，系统的安全阀来不及开启，因此发生系统中的仪表、密封损坏或管道破裂等。若在冲击源的前端管路上安装蓄能器，则可以吸收或缓和这种压力冲击。

9.1.2　蓄能器的分类

蓄能器有各种结构形状，根据加载方式可分为重锤式、弹簧式和充气式三种。

1. 重锤式蓄能器

重锤式蓄能器的结构原理图及图形符号如图 9-3 所示，它是利用重物的位置变化来储存和释放能量的。重物 1 通过柱塞 2 作用于液压油 3 上，使之产生压力。当储存能量时，油液从孔 a 经单向阀流入蓄能器内，通过柱塞 2 推动重物 1 上升；当释放能量时，柱塞 2 同重物 1 一起下降，油液从孔 b 输出。这种蓄能器结构简单，压力稳定，但容量小，体积大，反应不灵活，易产生泄漏。目前只用于少数大型固定设备的液压系统。

2. 弹簧式蓄能器

弹簧式蓄能器的结构原理图及图形符号如图 9-4 所示，它是利用弹簧的拉伸和压缩来储

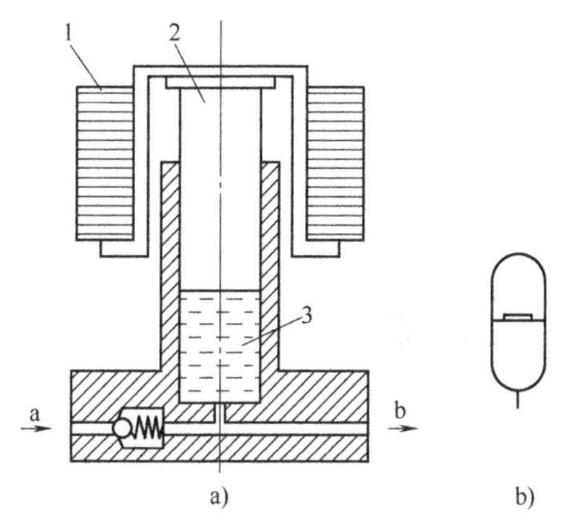

图 9-3　重锤式蓄能器的结构原理图及图形符号

a）结构原理图　b）图形符号

1—重物　2—柱塞　3—液压油

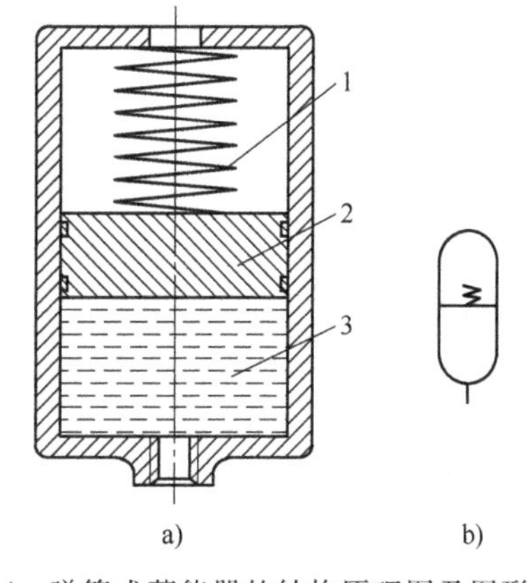

图 9-4　弹簧式蓄能器的结构原理图及图形符号

a）结构原理图　b）图形符号

1—弹簧　2—活塞　3—液压油

存和释放能量的。弹簧 1 的力通过活塞 2 作用于液压油 3 上。液压油 3 的压力取决于弹簧 1 的预紧力和活塞 2 的面积。由于弹簧拉伸和压缩时弹簧力会发生变化，所形成的油液压力也会发生变化。为减少这种变化，弹簧的刚度通常不能太大，弹簧的行程也不能过大，因此这种蓄能器的工作压力也受到限制。这种蓄能器一般用于低压、小容量的液压系统。

3. 充气式蓄能器

充气式蓄能器是利用气体的压缩和膨胀来储存和释放能量的，用途较广，目前常用的充气式蓄能器是活塞式、气囊式、隔膜式蓄能器。

（1）活塞式蓄能器　活塞式蓄能器的结构原理图及图形符号如图 9-5 所示。活塞 1 的上部为压缩气体（一般为氮气），下部为液压油，气体由气门 3 充入，液压油经油孔 a 通入液压系统，活塞 1 的凹部面向气体，以增加气体室的容积。活塞 1 随下部液压油的储存和释放而在缸筒 2 内滑动。为防止活塞 1 上、下两腔互通而导致气液混合，活塞 1 上装有密封圈。这种蓄能器的优点是结构简单、寿命长。但是，这种蓄能器由于活塞运动惯性大和存在密封摩擦力等原因，反应灵敏性差，不宜用于吸收脉动和液压冲击；缸筒与活塞配合面的加工精度要求较高；密封困难，压缩气体将活塞推到最低位置时，由于活塞上部的气体压力稍大于活塞下部的油液压力，活塞上部的气体容易泄漏到活塞下部，导致气液混合，影响系统的工作稳定性。

（2）气囊式蓄能器　气囊式蓄能器结构原理图及图形符号如图 9-6 所示。这种蓄能器有一个均质无缝壳体 2，其形状为两端呈半球形的圆柱体。壳体 2 的上部有个容纳充气阀 1 的开口。气囊 3 固定在壳体 2 的上部，用耐油橡胶制成，能够将气体和油液分开，工作时其内部有通过充气阀 1 充进的有一定压力的惰性气体（一般为氮气）。壳体 3 下端的提升阀 4 是一个受弹簧作用的菌形阀，液压油从此通入。当气囊 3 充分膨胀，即油液全部排出时，提升

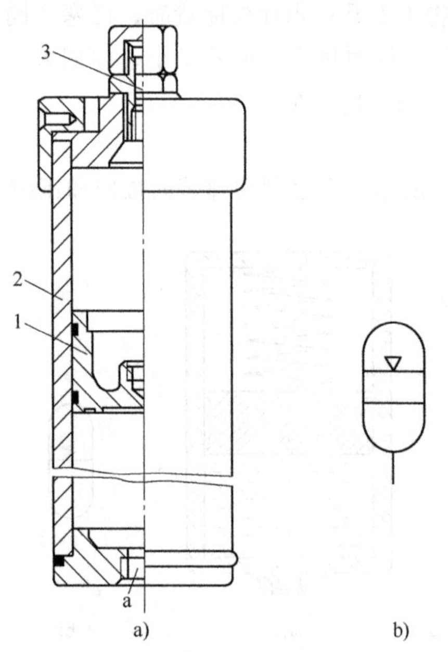

图 9-5　活塞式蓄能器的结构原理图及图形符号

a）结构原理图　b）图形符号

1—活塞　2—缸筒　3—气门

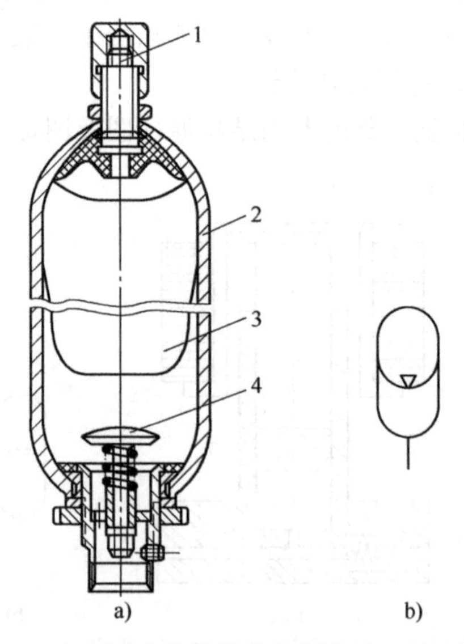

图 9-6　气囊式蓄能器的结构原理图及图形符号

a）结构原理图　b）图形符号

1—充气阀　2—壳体　3—气囊　4—提升阀

阀4关闭，防止气囊3被挤出油口。这种蓄能器气液密封可靠，能使油气完全隔离；气囊惯性小，反应灵敏；结构紧凑。但是，这种蓄能器存在气囊制造困难、工艺性较差的缺点。气囊有折合型和波纹型两种，前者容量较大，适用于蓄能，后者则适用于吸收冲击。

（3）隔膜式蓄能器　隔膜式蓄能器的结构原理图及图形符号如图9-7所示。这种蓄能器以耐油橡胶制成的隔膜代替气囊，实现油气隔离。其优点是壳体为球形，重量与体积的比值最小；缺点是容量小（一般在0.95～11.4L范围内）。这种蓄能器主要用于吸收冲击。

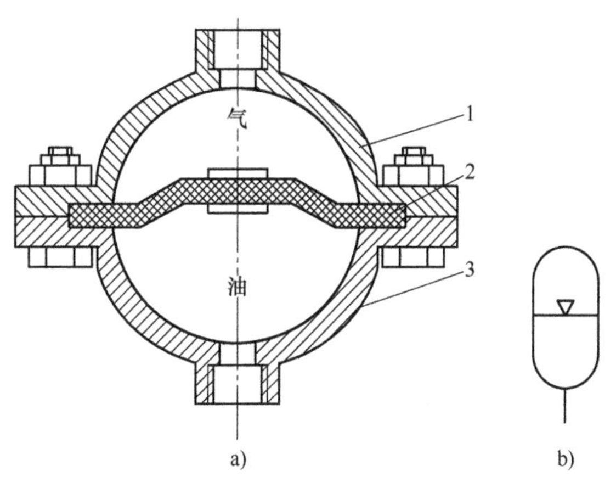

图9-7　隔膜式蓄能器结构与图形符号

a）结构原理图　b）图形符号

1—上壳体　2—隔膜　3—下壳体

9.1.3　蓄能器的容量计算

蓄能器的容量是选用蓄能器的主要指标之一。不同的蓄能器的容量计算方法不同，下面介绍气囊式蓄能器的容量计算方法。

气囊式蓄能器在工作前要先充气，完成充气的气囊会占据蓄能器壳体的全部容积，假设此时气囊内气体的体积为 V_0，压力为 p_0；在工作状态下，液压油进入蓄能器，使气囊受到压缩，假设此时气囊内气体的体积为 V_1，压力为 p_1；液压油释放后，气囊膨胀，假设其中气体的体积变为 V_2，压力降为 p_2。由气体状态方程得

$$p_0V_0^k=p_1V_1^k=p_2V_2^k=\text{常数}$$

式中　k——指数，其值由气体的工作条件决定。当蓄能器用于补偿泄漏，起保压作用时，由于该过程释放能量的速度很低，因此可认为气体在等温下工作，$k=1$；当蓄能器用作辅助动力源时，由于该过程释放能量较快，因此可认为气体在绝热条件下工作，$k=1.4$。

若蓄能器工作时要求释放的油液体积为 V，则由 $V=V_2-V_1$ 可求得蓄能器的容量为

$$V_0=\frac{V\left(\dfrac{1}{p_0}\right)^{\frac{1}{k}}}{\left(\dfrac{1}{p_2}\right)^{\frac{1}{k}}-\left(\dfrac{1}{p_1}\right)^{\frac{1}{k}}} \tag{9-1}$$

为保证系统压力为 p_0 时，蓄能器还能释放液压油，应取充气压力 $p_0<p_2$；对于波纹型气囊，取 $p_0=(0.6\sim0.65)p_2$；对于折合型气囊，取 $p_0=(0.8\sim0.85)p_2$，有利于提高其使用寿命。

例9-1　在一个最高和最低工作压力分别为 $p_1=20\text{MPa}$、$p_2=10\text{MPa}$ 的液压系统中，若蓄能器的充气压力为 $p_0=9\text{MPa}$，求满足油液输出体积 $V=5\text{L}$ 的蓄能器的容量。

解： 当蓄能器慢速输油，保压补漏时，$k=1$，由式（9-1）得

$$V_0=\frac{5\times\frac{1}{9}}{\frac{1}{10}-\frac{1}{20}}\text{L}=11.11\text{L}$$

当蓄能器快速输油，用作辅助动力源时，$k=1.4$，由式（9-1）得

$$V_0=\frac{5\times\left(\frac{1}{9}\right)^{\frac{1}{1.4}}}{\left(\frac{1}{10}\right)^{\frac{1}{1.4}}-\left(\frac{1}{20}\right)^{\frac{1}{1.4}}}\text{L}=13.81\text{L}$$

9.1.4 蓄能器的安装和使用

在安装和使用蓄能器时应考虑以下几点。

1）不能在蓄能器上进行焊接、铆接或机械加工。

2）蓄能器应安装在便于检查、维修且远离热源的位置。

3）必须将蓄能器牢固地固定在托架或基础上。

4）在蓄能器和液压泵之间应安装单向阀，以免液压泵停止工作时蓄能器储存的液压油倒流而使液压泵反转。

5）用于降低噪声、吸收脉动和液压冲击的蓄能器应尽可能靠近振动源。

6）气囊式蓄能器应垂直安装，进油口向下。

9.2 油箱及热交换器

9.2.1 油箱的作用和结构

油箱在液压系统中的主要功用是储存液压系统所需的油液，散发油液中的热量，分离油液中的气体及沉淀污物。另外，在中小型液压系统中，往往把液压泵和一些控制元件安装在油箱顶板上使液压系统结构紧凑。

油箱有整体式和分离式两种。整体式油箱是与机械设备机体做在一起，利用机体空腔部分作为油箱的一种油箱形式；此种形式结构紧凑，泄漏的油液易于回收，但散热性差，易使邻近零件发生热变形而影响机械设备精度，而且维修不方便，机械设备结构复杂。分离式油箱是一个单独的与机械设备主体结构分开的装置，它布置灵活，维修保养方便，可减少油箱发热和液压振动对系统工作精度的影响，便于设计成通用化、系列化的产品，因而得到广泛的应用。油箱还可分为开式油箱和闭式油箱，开式油箱上部开有通气孔，使油箱内液面与大气相通；闭式油箱完全封闭，油箱内充有压缩气体，用于水下、高空或对工作稳定性等有严格要求的场合。本节只介绍应用广泛的开式油箱。

对一些小型液压设备，为了节省占地面积或为了批量生产，常将液压泵、电动机及各种

控制阀安装在分离式油箱的顶部组成一体，称为液压站。对大中型液压设备，一般采用独立的分离式油箱，即油箱与液压泵、电动机及各种控制阀分开放置。

图 9-8 所示为小型分离式油箱。油箱通常用 2.5~5mm 厚的钢板焊接而成。

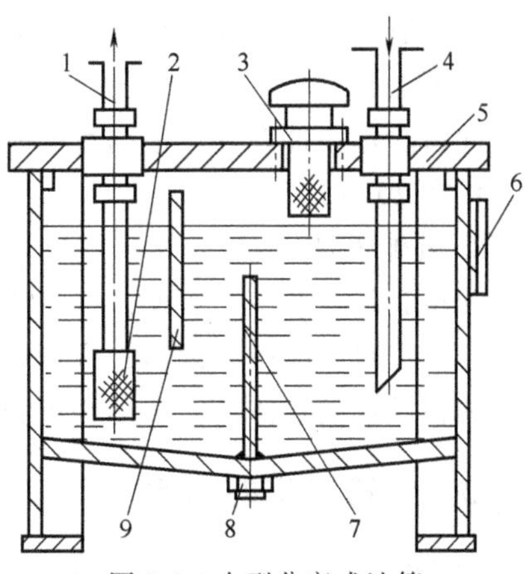

图 9-8　小型分离式油箱

1—吸油管　2—吸油网式过滤器　3—空气过滤器（兼用作加油口）　4—回油管　5—盖板　6—液位指示器　7、9—隔板　8—放油塞

9.2.2　油箱的设计要点

油箱为非标准元件，在液压系统设计中，油箱的结构设计占大部分工作量，因此掌握液压系统中油箱的设计原则十分重要。设计油箱时应注意以下几点。

1. 刚度和强度

油箱应有足够的刚度和强度。油箱一般用 2.5~5mm 厚的钢板焊接而成，尺寸高大的油箱还要考虑加焊脚板和加强筋，以增加强度。油箱盖板上如果安装液压泵、电动机组件和控制阀组件等，盖板要适当加厚。

2. 容量

油箱应有足够的容量（通常取液压泵流量的 2~12 倍进行估算）。液压系统工作时液面应保持一定高度（一般不超过油箱高度的 80%），以防止液压泵吸空。为防止系统油液全部流回油箱时溢出油箱，油箱容积还要有一定余量。

3. 吸油过滤器

油箱中应设置吸油过滤器，要有足够的通流能力，且通流能力应大于液压泵流量的两倍。因为过滤器需要经常清洗，所以在油箱结构设计时要考虑过滤器拆卸方便。

4. 加油口和空气过滤器的设置

常规系统加油口和空气过滤器合二为一，通常情况下设置在油箱盖板上，在加油口上安装规格足够大的空气过滤器，其通气量不小于液压泵流量的 1.5 倍，以保证具有较好的抗污染能力，加油时，打开空气过滤器盖，通过空气过滤器中的过滤网加油。大型油箱的加油口和空气过滤器可以分开，加油口设置在易加油的位置，在油箱盖板上安装空气过滤器，使油箱内液面通大气。

5. 液位指示器设置

在油箱侧壁安装液位指示器，或者在油箱内设置液位传感器，以指示出最低和最高液位。为了防锈、防凝水，新油箱内壁经喷丸酸洗和表面清洗后，可涂一层与工作油液相容的塑料薄膜或耐油清漆。

6. 吸油管、回油管和泄油管的设置

吸油管及回油管要用隔板分开，增加油液循环的距离，使油液有足够的时间分离气泡、沉淀杂质，隔板高度一般取液面高度的 3/4。吸油管口离油箱底面和油箱侧壁面的距离大于 2~3 倍吸油管内径，以使吸油通畅。回油管插入最低液面以下，防止回油时带入空气，距油箱底面和油箱侧壁面距离大于 2~3 倍回油管内径，回油管排油口应面向油箱侧壁面，管端切成 45°斜口，以增大通流面积。阀的泄油管安装在液面以上，以防产生背压；液压泵和液压马达的泄油管安装在液面以下，以防空气混入。

7. 散热

油箱散热条件要好，根据系统需求可安装温度计、温控器和热交换器，以保证油箱内油液工作在20~65℃。

8. 其他设计

油箱底部要有适当斜度，并设置放油塞。对于大油箱，为清洗方便应在油箱侧壁面设计清洗窗孔；对于大中型油箱，应设置起重吊钩装置。

油箱设计的具体尺寸、结构可查阅有关资料及设计手册。

9.2.3 油箱容积的确定

油箱的容积是设计油箱时需要确定的主要参数。油箱体积大时散热效果好，但用油多，成本高；油箱体积小时占用空间少，成本低，但散热条件不足。在实际设计中，可用经验公式初步确定油箱的容积，然后验算油箱的散热量 Q_1，计算液压系统的发热量 Q_2，当油箱的散热量大于液压系统的发热量（$Q_1>Q_2$）时，油箱容积合适；否则需增大油箱的容积或采取冷却措施。

油箱容积的经验公式为

$$V=aq \tag{9-2}$$

式中 V——油箱的容积（L）；

q——液压泵的总额定流量（L/min）；

a——经验系数（min），对低压系统，$a=2\sim4$min；对中压系统，$a=5\sim7$min；对中高压或高压大功率系统，$a=6\sim12$min。

油箱散热量及液压系统发热量计算可查阅有关手册。

9.2.4 热交换器

液压系统的大部分能量损失转化为热量后，除部分热量散发到周围空间外，剩下的大部分热量使油液温度升高。油液温度长时间过高会导致油液黏度下降、泄漏增加、密封材料老化、油液氧化等，严重影响液压系统的正常工作。当自然冷却不能使油液温度控制在所希望的正常工作温度范围（20~65℃）时，需在液压系统中安装冷却器，以将油液温度控制在合理范围内。考虑相反的情况，当户外作业设备在冬季起动时，会出现油液温度过低、油液黏度过大、设备起动困难、压力损失加大并引起过大的振动的现象，在此种情况下，系统中应安装加热器，将油液升高到适合的温度。

热交换器是冷却器和加热器的总称，下面分别进行介绍。

1. 冷却器

冷却器在保证散热面积足够大、散热效率足够高和压力损失足够小的前提下，还应做到结构紧凑、坚固、体积小和重量轻，最好有自动控温装置以保证温度控制的准确性。

根据冷却介质的不同，冷却器可分为风冷式、水冷式和冷媒式三种类型。风冷式冷却器利用自然通风作为冷源与热介质强制交换热量，安装使用方便，不受水源制约，在行走设备上广泛应用。冷媒式冷却器以氟利昂等为冷却介质，利用冷却介质在压缩机中作绝热压缩、在散热器中放热、在蒸发器中吸热的原理，将油液的热量带走而使油液冷却，此种方式冷却效果最好，但价格昂贵，常用于精密机床等设备上。水冷式是一般液压系统常用的冷却方式，水冷式冷却器利用水进行冷却，分为板式、多管式和翅片式等结构型式。冷却器一般安装在回油管路或低压管路上。

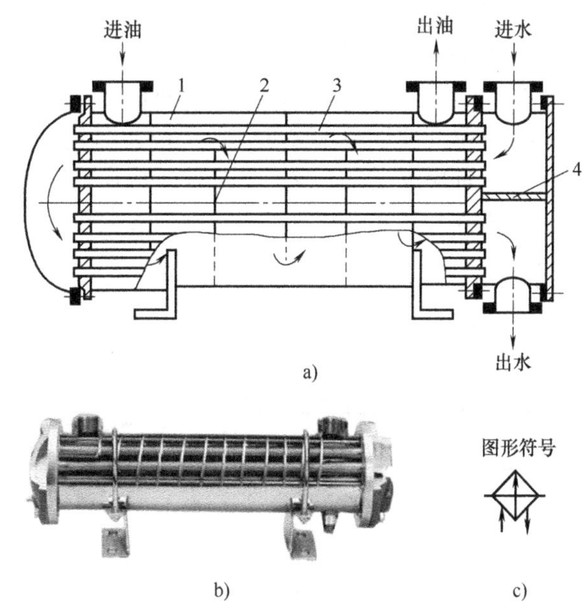

图 9-9 多管式水冷却器
a）结构图 b）实物图 c）图形符号
1—壳体 2—挡板 3—钢管 4—隔板

（1）多管式水冷却器 图 9-9 所示为多管式水冷却器。油液从壳体 1 左端进油口流入，挡板 2 使油液循环路线加长，与水管充分进行热量交换，然后从右端出油口排出。水从右端盖的进水口流入，经上部水管流到左端后，再经下部水管从右端盖出水口流出，由水将油液中的热量带出。此种方法冷却效果较好。

（2）板式水冷却器 图 9-10 所示为可拆板式水冷却器，是板式热交换器的一种典型结构。板式热交换器是由一系列具有一定波纹形状的金属片叠装在一起组成的一种新型高效热交换器，各板片之间形成薄矩形通道，由密封垫片进行密封和导流，板片和垫片的四个角孔形成了流体的分配管和汇集管，同时又合理地将冷、热流体分开，使冷、热流体分别在每块板片两侧的流道中流动，通过板片进行热交换。板式热交换器是液-液、液-气进行热交换的理想设备。

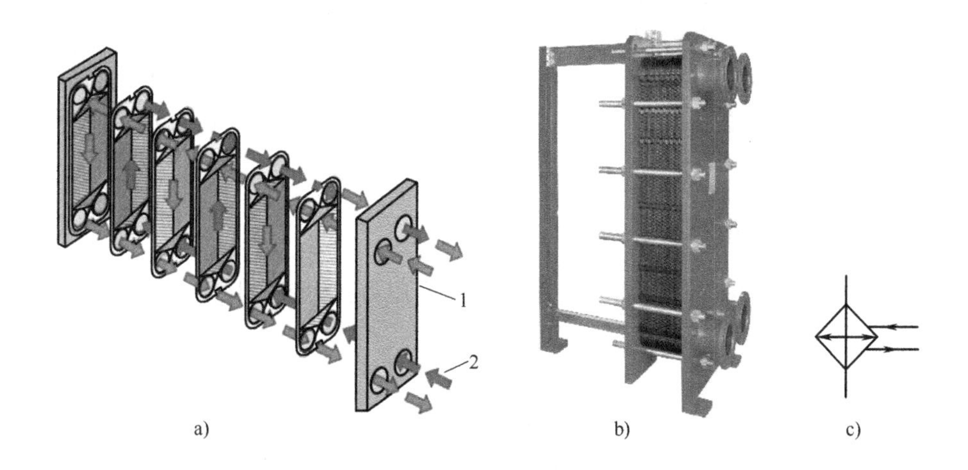

图 9-10 可拆板式水冷却器
a）结构图 b）实物图 c）图形符号
1—热油通道 2—冷水通道

板式热交换器具有结构紧凑、占地面积小、传热效率高、操作灵活性大、应用范围广、热损失小、安装和清洗方便等优点。

2. 加热器

油液加热的方法有热水或蒸汽加热和电加热两种方式。由于电加热器使用方便，易于自动控制温度，故应用较广泛。如图 9-11 所示，电加热器 2 用法兰固定在油箱 1 的内壁上，发热部分全浸在油液的流动处，便于热量交换。电加热器表面功率密度不得超过 $3W/cm^2$，以免油液局部温度过高而变质，为此，应设置联锁保护装置，在没有足够的油液经过加热循环时，或者在加热元件没有被系统油液完全包围时，阻止加热器工作。

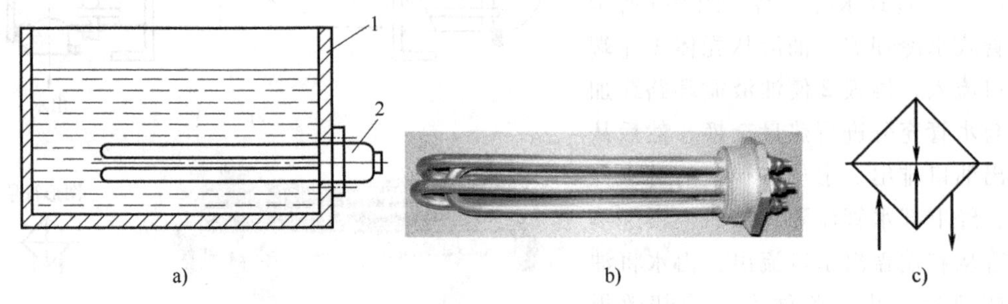

图 9-11　电加热器

a）结构图　b）实物图　c）图形符号

1—油箱　2—电加热器

有关冷却器、加热器具体结构尺寸、性能及参数的设计可查阅有关设计资料。

9.3 过滤器

在液压系统中，由于系统内的形成或系统外的侵入，液压油中难免会存在杂质和污染物，这不仅会加速液压元件的磨损，而且会堵塞阀件内的小孔，卡住阀芯，划伤密封件，使控制阀失灵，系统产生故障。因此，必须对液压油中的杂质和污染物的颗粒进行清理。目前，控制液压油洁净程度最有效方法就是采用过滤器。过滤器的主要功用就是对液压油进行过滤，控制液压油的洁净程度。

9.3.1 过滤器的性能指标

过滤器的主要性能指标有过滤精度、通流能力、压力损失等，其中，过滤精度为最重要的指标。

1. 过滤精度

过滤器的工作原理是用具有一定尺寸过滤孔的滤芯对液压油进行过滤。过滤精度就是指过滤器从液压油中所能过滤掉的杂质颗粒的最大尺寸（用杂质颗粒平均直径 d 表示）。目前，实际应用中的过滤器按过滤精度可分为粗（$d \geqslant 0.1mm$）、普通（$d \geqslant 0.01mm$）、精（$d \geqslant 0.005mm$）和特精（$d \geqslant 0.001mm$）四个等级。

过滤精度选用的原则是：杂质颗粒平均直径 d 要小于液压元件密封间隙尺寸的一半。系统压力越高，液压元件内相对运动零件之间的配合间隙越小，需要过滤器的过滤精度也就越高。液压系统的过滤精度主要取决于系统的压力，不同液压系统对过滤器的过滤精度要求见表 9-1。

表 9-1 各种液压系统的过滤精度要求

系统类别	润滑系统	传动系统			伺服系统	特殊要求系统
压力/MPa	0~2.5	≤7	>7	≤35	≤21	≤35
杂质颗粒平均直径 d/mm	≤0.1	≤0.05	≤0.025	≤0.005	≤0.005	≤0.001

2. 通流能力

过滤器的通流能力一般用额定流量表示，与过滤器滤芯的过滤面积成正比。

3. 压力损失

压力损失指过滤器在额定流量下的进、出油口之间的压力差。一般而言，过滤器的通流能力越强，压力损失越小。

4. 其他性能

过滤器的其他性能主要指滤芯强度、滤芯寿命、滤芯耐腐蚀性等定性指标。不同过滤器的这些性能会有较大差异，可以通过比较确定各自的优劣。

9.3.2 过滤器的典型结构

按过滤机理不同，过滤器可分为机械过滤器和磁性过滤器两类。前者是使液压油通过滤芯的缝隙而将杂质颗粒阻挡在滤芯的一侧，后者是用磁性滤芯将所通过液压油内的铁磁颗粒吸附在滤芯上。普通液压系统常用机械过滤器，要求较高的系统可将上述两类过滤器联合使用。下面着重介绍机械过滤器。

1. 网式过滤器

图 9-12 所示为网式过滤器结构图与实物图。网式过滤器的上端盖 1、下端盖 4 之间由开有若干孔的筒形塑料骨架 3（或金属骨架）相连接，骨架 3 外包裹一层或几层过滤网 2。过滤器工作时，液压油从过滤器外通过过滤网 2 进入过滤器内部，再由上端盖 1 的管口进入系统。该过滤器属于粗过滤器，其过滤精度为 0.04~0.13mm，压力损失不超过 0.025MPa，过滤精度与过滤网（一般为铜丝网）的网孔大小、网的层数有关。网式过滤器结构简单，通流能力强，压力损失小，清洗方便；但是过滤精度低。一般安装在液压泵的吸油管路上以保护液压泵。

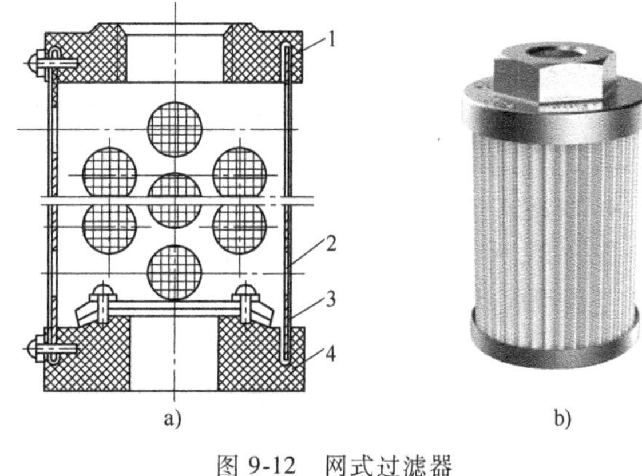

图 9-12 网式过滤器
a）结构图 b）实物图
1—上端盖 2—过滤网 3—骨架 4—下端盖

2. 线隙式过滤器

图 9-13 所示为线隙式过滤器结构图与实物图。线隙式过滤器由端盖 1、壳体 2、带孔眼的筒形骨架 3 和绕在骨架外部的金属绕线 4 组成。工作时，液压油从右端孔 a 进入过滤器内，经金属绕线 4 的间隙、骨架 3 上的孔眼进入过滤器内部，再由左端孔 b 流出。这种过滤器以金属绕线为滤芯，利用金属绕线的间隙过滤，其过滤精度取决于间隙的大小。线隙式过滤器有 0.03mm、0.05mm 和 0.08mm 三种精度等级，额定流量为 6~25L/min，在额定流量

下的压力损失为0.03~0.06MPa。线隙式过滤器分为吸油管用和回油管用两种类型。前者安装在液压泵的吸油管路上，其过滤精度为0.05~0.1mm，通过额定流量时的压力损失小于0.02MPa；后者用于液压系统的回油管路上，其过滤精度为0.03~0.08mm，通过额定流量时的压力损失小于0.06MPa。这种过滤器结构简单，通流性能好，过滤精度较高，所以应用较普遍；但是不易清洗，滤芯强度低。

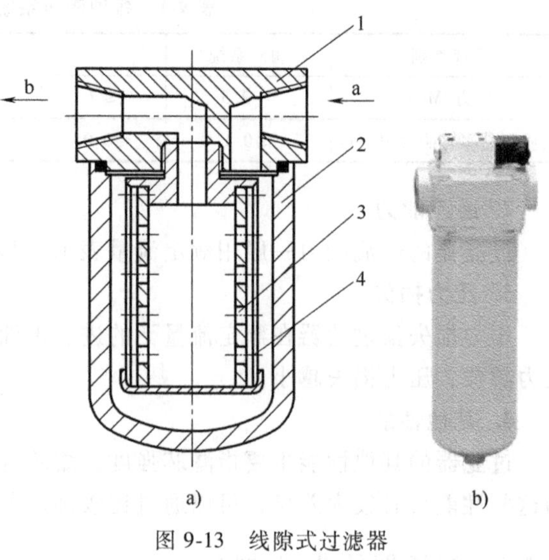

图9-13 线隙式过滤器

a）结构图 b）实物图

1—端盖 2—壳体 3—骨架 4—金属绕线

3. 纸芯式过滤器

图9-14所示为纸芯式过滤器的结构图与实物图。纸芯式过滤器以滤纸为过滤材料，将厚度为0.25~0.7mm的平纹或波纹的酚醛树脂或木浆的微孔滤纸环绕在带孔的镀锡铁皮骨架上，制成滤芯2。油液从孔a流入滤芯2内部，然后从孔b流出。为了增加滤芯的过滤面积，滤纸一般都做成折叠式。纸芯式过滤器过滤精度有0.01mm和0.02mm两种规格，通过额定流量时的压力损失为0.01~0.04MPa。这种过滤器的优点是过滤精度高，缺点是堵塞后无法清洗，需定期更换滤芯，滤芯强度低。这种过滤器一般用于精过滤系统。

4. 烧结式过滤器

图9-15所示为烧结式过滤器结构图。烧结式过滤器由端盖1、壳体2、滤芯3组成，滤芯3是由颗粒状铜粉烧结而成的。液压油从a孔流入，经铜颗粒之间的微孔进入滤芯3的内

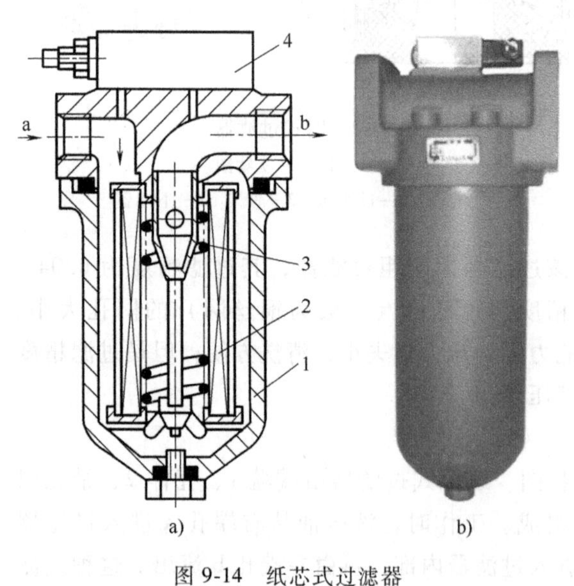

图9-14 纸芯式过滤器

a）结构图 b）实物图

1—壳体 2—滤芯 3—弹簧 4—发信装置

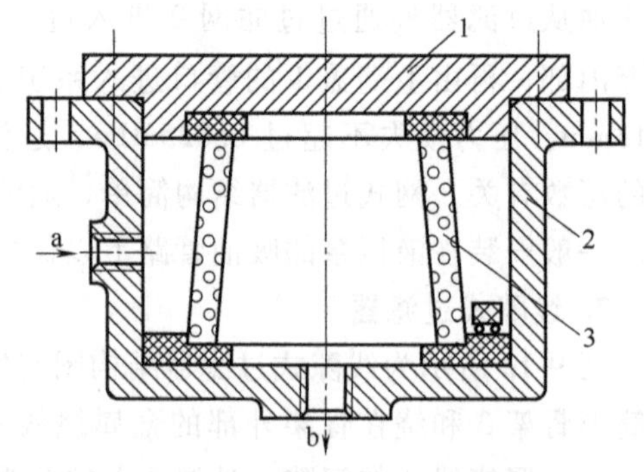

图9-15 烧结式过滤器结构图

1—端盖 2—壳体 3—滤芯

部，从 b 孔流出。烧结式过滤器的过滤精度与滤芯上铜颗粒之间的微孔尺寸有关，选择不同颗粒的粉末制成厚度不同的滤芯，就可获得不同的过滤精度。烧结式过滤器的过滤精度为 0.001~0.01mm，通过额定流量时的压力损失为 0.03~0.2MPa。这种过滤器的优点是强度大、可制成各种形状、制造简单、过滤精度高，缺点是难清洗、金属颗粒易脱落。这种过滤器常用于需要精过滤的场合。

5. 磁性过滤器

磁性过滤器的滤芯采用永磁性材料，可将油液中对磁性敏感的金属颗粒吸附到上面。磁性过滤器常与其他形式滤芯一起制成复合式过滤器，特别适合用于金属加工机床的液压系统。

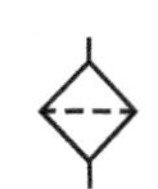

图 9-16　过滤器的图形符号

过滤器的图形符号如图 9-16 所示。

9.3.3　过滤器的选用和安装

1. 过滤器的选用

选择过滤器时，需综合考虑液压系统的技术要求及过滤器的特点来进行选择，一般应主要考虑如下因素：

（1）系统的工作压力　滤芯要有足够的强度，不会因液压力的作用而损坏。

（2）通流能力　过滤器的通流能力是根据系统的最大流量和不同位置而确定的。吸油过滤器的通流能力要大于液压泵流量的 2 倍，压油过滤器和回油过滤器的额定流量大于管路的最大流量即可，否则过滤器的压力损失会增加，过滤器易堵塞，寿命也会缩短。过滤器的额定流量越大，其体积及造价越大，因此应选择合适的流量。

（3）过滤精度　根据系统中的关键元件对过滤精度的要求进行选择。

（4）其他　根据应用场合的不同，有时还要考虑一些特殊要求，如抗腐蚀、磁性、发信、不停机更换滤芯、清洗更换方便等。

2. 过滤器的安装

过滤器的安装是根据系统的需要而确定的，一般可安装在如图 9-17 所示的位置上。

1）安装在液压泵的吸油口：如图 9-17a 所示，过滤器主要用于保护液压泵，为了不影响液压泵的吸油性能，减小吸油管路压力损失，要求过滤器有较大的通流能力、较小的压力损失和阻力，一般选用过滤精度低的网式过滤器。

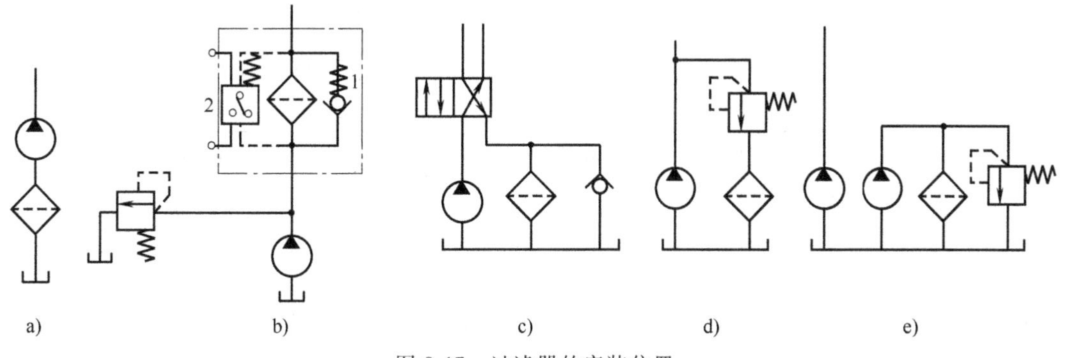

图 9-17　过滤器的安装位置

1—旁路阀　2—堵塞发信器

2）安装在液压泵的出油口：如图 9-17b 所示，这种安装方式可以有效地保护除液压泵和溢流阀以外的其他液压元件，即用来保护系统，称为系统过滤。但由于过滤器是在高压下工作的，滤芯需要有较高的强度，能够通过压油管路的全部流量。为了防止过滤器堵塞而引起液压泵过载或过滤器损坏，常在过滤器旁设置一堵塞发信器或旁路阀来进行保护，旁路阀的开启压力等于过滤器允许的最大压降。

3）安装在回油路上：如图 9-17c 所示，将过滤器安装在系统的回油路上，这种安装方式可以将系统内油箱或管壁氧化层的脱落或液压元件磨损所产生的颗粒过滤掉，以保证油箱内油液足够清洁而使液压泵及其他元件受到保护，由于回油压力较低，因此所需滤芯强度不必过高。

4）安装在支路上：如图 9-17d 所示，当系统流量较大时，系统过滤会使过滤器尺寸过大，因此在系统的支路上安装过滤器。过滤器安装在溢流阀的回油路上，不会增加主油路的压力损失，过滤器的流量也可小于液压泵的流量，比较经济合理。但这种安装方式不能过滤全部油液，也不能完全保证杂质不进入系统。

5）独立循环过滤：如图 9-17e 所示，用一个辅助液压泵和过滤器单独组成一个独立于系统之外的过滤回路，这样可以连续清除系统内的杂质，保证系统内油液清洁。这种安装方式一般用于大型液压系统。

9.4 连接件

连接件在液压系统中用来连接液压元件和输送液压油，主要包括油管和管接头。连接件应保证有足够的强度，密封性能好，压力损失小，拆装方便等。

9.4.1 油管

1. 油管的种类

液压系统常用油管有钢管、紫铜管、尼龙管、塑料管、橡胶软管等。应根据液压装置工作条件和压力大小来选择油管，油管的特点及适用场合见表 9-2。

表 9-2 油管的特点及适用场合

种类		特点及适用场合
硬管	钢管	耐油，耐高压，强度高，工作可靠，但装配时不便弯曲，常在装拆方便处用作压力管道。中压以上场合用无缝钢管，低压场合用焊接钢管
	紫铜管	价高，承压能力低（6.5~10MPa），抗冲击和振动能力差，易使油液氧化，但易弯曲制成各种形状，常用在仪表和液压系统装配不便处
软管	尼龙管	乳白色半透明，可观察流动情况。加热后可任意弯曲成形和扩口，冷却后即定形，安装方便。承压能力因材料而异（2.5~8MPa）
	塑料管	耐油，装配方便，长期使用会老化，只用作压力低于 0.5MPa 的回油管和泄油管
	橡胶软管	用于相对运动部件的连接，分高压和低压两种。高压软管由耐油橡胶夹几层钢丝编织网（层数越多耐压越高）制成，价高，用于高压管路。低压软管由耐油橡胶夹帆布制成，用于回油管路

2. 油管的特征尺寸

油管的特征尺寸为内径 d，它代表油管的通流能力，为油管的名义尺寸，单位为 mm。油管的通流能力和特征尺寸可查阅相应手册。

3. 油管尺寸的计算

根据液压系统的流量和压力，油管的内径 d 可采用的计算式为

$$d=2\sqrt{\frac{q}{\pi v}} \tag{9-3}$$

式中　q——通过油管的流量；

v——流速，推荐值：吸油管取 0.5～1.5m/s，回油管取 1.5～2m/s，压油管取 2.5～5m/s（压力高、流量大、管道短时取大值），控制油管取 2～3m/s，橡胶软管取值应小于 4m/s。

油管壁厚 δ 的计算式为

$$\delta=\frac{pd}{2[\sigma]} \tag{9-4}$$

式中　p——工作压力（Pa）；

d——油管内径（mm）；

$[\sigma]$——油管材料的许用应力，铜管取 $[\sigma]\leqslant 25\text{MPa}$，钢管取

$$[\sigma]=R_m/n$$

式中　R_m——管材的抗拉强度；

n——安全系数，$p\leqslant 7\text{MPa}$ 时取 $n=8$，$7\text{MPa}<p\leqslant 17.5\text{MPa}$ 时取 $n=6$，$p>17.5\text{MPa}$ 时取 $n=4$。

计算出油管内径和壁厚后，应查阅有关手册将尺寸值圆整为标准系列值。

9.4.2　管接头

管接头是油管与油管、油管与液压元件间的可拆式连接件。管接头的型式和质量，直接影响系统的安装质量、油路阻力和连接强度，其密封性能是影响系统外泄漏的重要因素。管接头与其他元件之间可采用普通细牙螺纹连接或锥螺纹连接。

管接头的种类很多，按油管与管接头的连接方式可分为：扩口式、卡套式、焊接式、扣压式、快换式和法兰式等型式。

1）扩口式管接头：如图 9-18a 所示，这种管接头一般用于连接紫铜管和薄壁钢管，也可用于连接尼龙管和塑料管。装配时先将接管 5 扩呈喇叭口，角度为 74°，用接头螺母 2 将管套 3 连同接管 5 一起压紧在接头体 1 的锥面上完成密封。这种接头结构简单，装拆方便，但承压能力较低，工作压力不高于 8MPa。

2）卡套式管接头：如图 9-18b 所示，利用卡套 4 卡住油管 6 进行密封。这种接头结构性能良好，轴向尺寸要求不严格，装拆方便，广泛用于高压系统，但对油管的径向尺寸和卡套的尺寸精度要求较高，需用精度较高的冷拔无缝钢管。

3）焊接式管接头：如图 9-18c 所示，这种管接头用于连接钢管。这种接头结构简单，连接牢固，密封方便可靠，装拆方便，耐压能力高，是目前应用较多的一种管接头。但是这种接头结构焊缝质量要求高，会有焊渣残留，易污染管道。

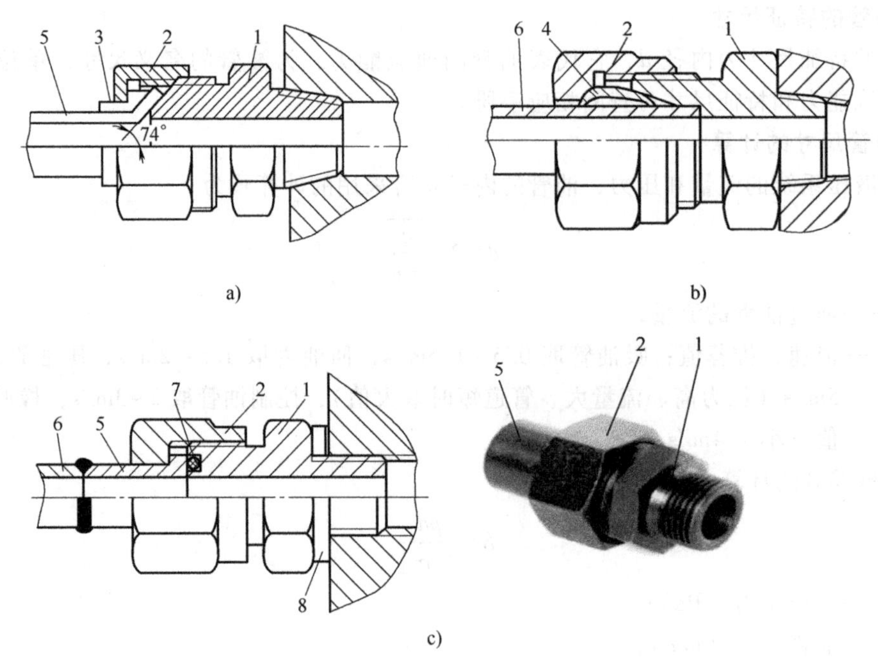

图 9-18 硬管接头

a）扩口式管接头 b）卡套式管接头 c）焊接式管接头

1—接头体 2—接头螺母 3—管套 4—卡套 5—接管 6—油管 7—密封圈 8—组合密封垫圈

4）扣压式管接头：如图 9-19 所示，这种管接头用于连接橡胶软管，需要专用模具在压力机上将外壳 2 进行挤压压缩，可适用于工作压力为 6~40MPa 的系统。

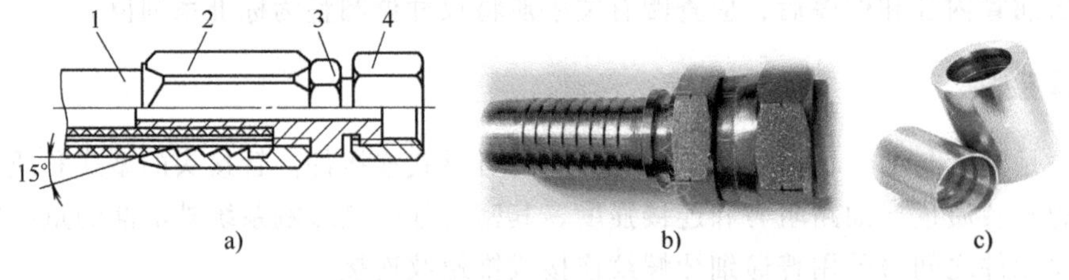

图 9-19 扣压式管接头

a）结构图 b）接头体 c）外壳

1—橡胶软管 2—外壳 3—接头体 4—螺母

5）快换式管接头：快换式管接头是一种机械装置，是不依靠工具就能拆装的液压连接件，可以快速、简单、保险地重复连接和断开流体。快换式管接头的每个接头都是由“一公一母”两端组成，两端都有单向阀，接头打开后可以封闭油路，起到截止作用。图 9-20 所示为钢珠锁定式快换管接头，采用插拔式连接方式，完成连接后，采用一圈钢珠锁紧，当对连接可靠性要求较高时，可选用安全锁紧装置。使用时应注意的是，不要在回路中有油液流动或有动态压力的情况下对接或拆断接口。

6）法兰式管接头：这种管接头就是把两个油管、管件或器材先各自固定在一个法兰上，然后在两个法兰之间加上法兰垫，最后用螺栓将两个法兰拉紧并紧密结合起来的一种可拆卸的接头，可以实现静止的油管与旋转或往复运动的设备之间的连接，主要用于大流量系

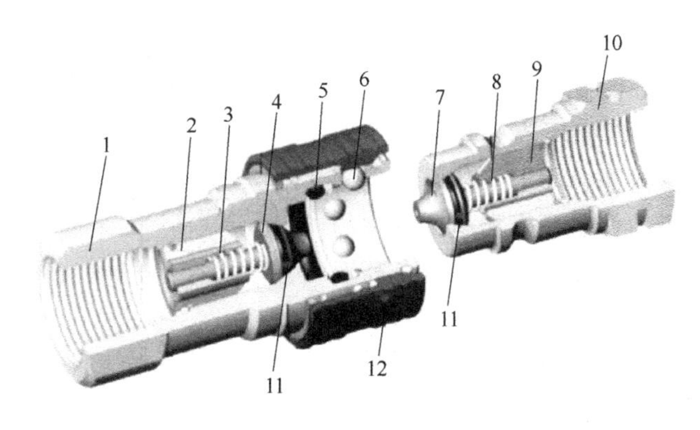

图 9-20　钢珠锁定式快换管接头

1、10—接头本体　2、9—阀杆导套　3、8—弹簧　4、7—单向阀阀芯　5—密封圈　6—钢珠　11—支撑圈　12—外套

统。标准法兰的主要参数是公称直径、公称压力和密封面型式。按形状的不同，大致可分为方形法兰、圆形法兰和腰形法兰等，如图 9-21 所示。

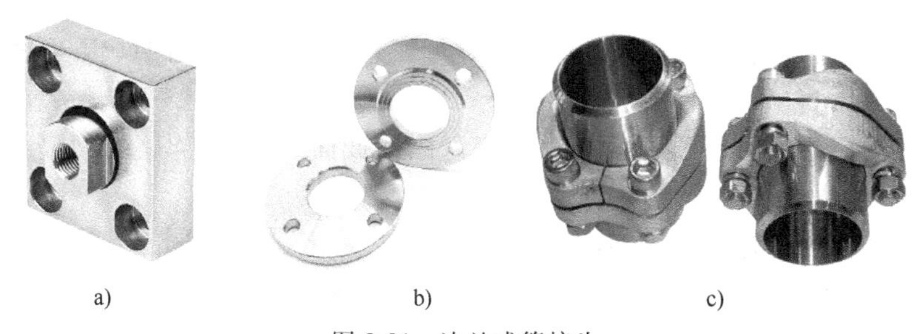

图 9-21　法兰式管接头

a）方形法兰　b）圆形法兰　c）腰形法兰

9.5 密封装置

在液压元件及其系统中，密封装置用来防止工作介质的泄漏及外界灰尘和异物的侵入，其中起密封作用的元件即密封件。

外漏会造成工作介质的浪费，污染机器和环境，甚至引起机械设备操作失灵及人身事故。内漏会引起液压系统容积效率急剧下降，达不到所需的工作压力，甚至不能进行工作。因此，密封件和密封装置是液压设备的重要组成部分。

对密封装置的总要求是：在一定的工作压力和温度范围内具有良好的密封性能；与运动件之间的摩擦系数要小；寿命长，不易老化，抗腐蚀能力强；制造容易，维护使用方便，价格低廉。

通常根据两个需要密封的耦合面之间有无相对运动，将密封分为动密封和静密封。常用的密封方法有接触密封和间隙密封。

9.5.1　接触密封

液压系统中常用的接触密封有活塞环密封和密封圈密封。

1. 活塞环密封

活塞环密封装配图如图 9-22a 所示。在活塞 1 的环形槽中嵌放有开口的金属活塞环 2，其形状如图 9-22b 所示。活塞环依靠其弹性变形所产生的张力紧贴在密封耦合面上，从而实现密封。这种密封方法能自动补偿磨损和温度变化的影响，适应的压力和温度范围均较广，可在高速条件下工作，摩擦力小，工作可靠，寿命长。但是，这种密封方法制造工艺复杂，活塞与密封面间为金属接触，不能实现完全密封。故活塞环密封只适用于高压、高速和高温场合。

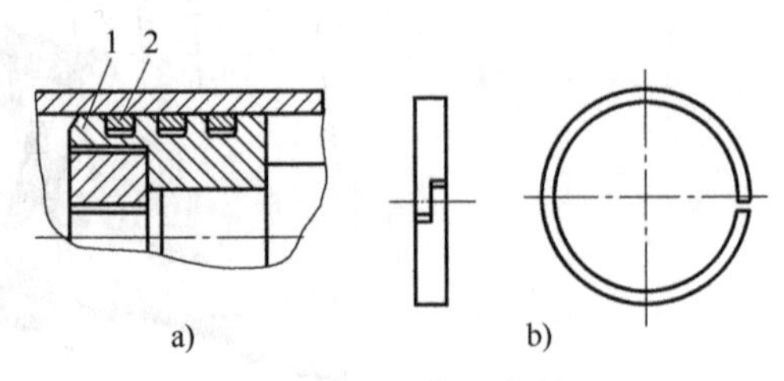

图 9-22 活塞环密封

a）活塞环密封装配图 b）活塞环零件图

1—活塞 2—活塞环

2. 密封圈密封

密封圈密封是应用较广的一种密封方法，可以用于静密封和动密封。密封圈的材料要求具有较好的弹性、适当的机械强度、良好的耐热耐磨性、摩擦系数小、不易与液压油起化学反应等，目前多采用耐油橡胶、尼龙等材料。

常用的密封圈按其截面形状不同可分为 O 形密封圈、Y 形密封圈、V 形密封圈和组合式等。

1）O 形密封圈：如图 9-23 所示，O 形密封圈的截面为圆形，其主要材料为合成橡胶，是广泛用于静密封及滑动密封的一种密封圈。其优点是结构简单、动摩擦阻力较小、密封可靠、寿命长，缺点是用于动密封时起动摩擦阻力较大。一般用于工作压力低于 0.5MPa 的液压系统。

O 形密封圈密封属于挤压密封，当装入密封槽后，其截面产生一定的压缩变形量（δ_1 和 δ_2），从而在密封面上产生预紧力。但预压缩变形量过小不能密封，过大则会导致摩擦力增大，且密封圈易于损坏，因此，安装密封圈的沟槽尺寸和表面粗糙度必须按有关手册给出的数据严格保证。在动密封中，当压力过大时，可设置密封挡圈以防止 O 形密封圈被挤入间隙中而损坏，图 9-24a 所示为 O 形密封圈被挤入间隙的情况，会使密封圈损伤而造成泄漏；图 9-24b 所示为单向受压时在不承受压力侧设置挡圈，图 9-24c 所示为双向受压时在两侧各设置一个挡圈。

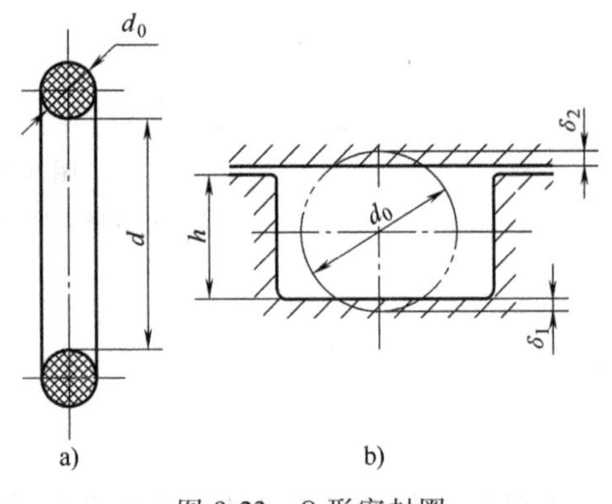

图 9-23 O 形密封圈

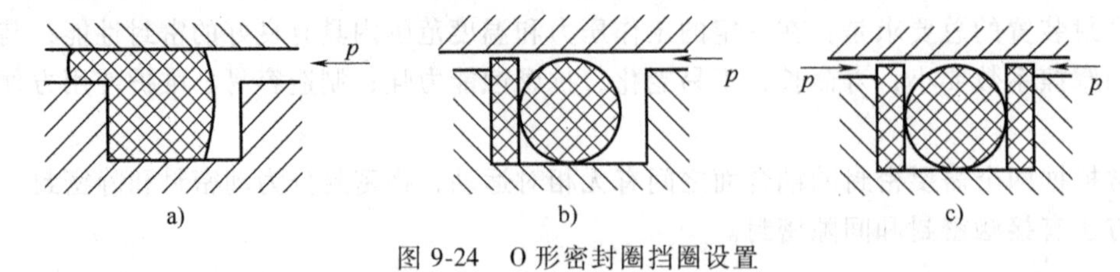

图 9-24 O 形密封圈挡圈设置

2）Y 形密封圈：如图 9-25a 所示，Y 形密封圈的截面为 Y 形，一般用耐油橡胶制成，是一种密封性、稳定性和耐油性较好，摩擦阻力小，寿命较长，应用较广的密封圈。这种密封圈主要用于往复运动的密封。根据截面长宽比例的不同，Y 形密封圈可分为宽断面和窄断面两种形式，其中，窄断面密封圈又分等高唇和不等高唇两种。宽断面 Y 形密封圈一般用于工作压力 $p \leqslant 20\mathrm{MPa}$、使用速度 $v \leqslant 0.5\mathrm{m/s}$ 的场合，窄断面 Y 形密封圈一般用于工作压力 $p \leqslant 32\mathrm{MPa}$ 的场合。

等高唇 Y 形密封圈在安装时，唇口端应对着液压力高的一侧，如图 9-25b 所示。对于不等高唇 Y 形密封圈，又有轴用型（图 9-25c）和孔用型（图 9-25d）之分，安装时，其短唇与密封面接触，滑动摩擦阻力小，耐磨性好，寿命长；其长唇与非运动表面有较大的预压缩量，摩擦阻力大，工作时不窜动。Y 形密封圈工作时受液压力作用而唇口张开，分别贴在两密封耦合面上，起到密封作用。当液压力上升时，唇边与耦合面贴得更紧，接触压力更高，密封性能更好。

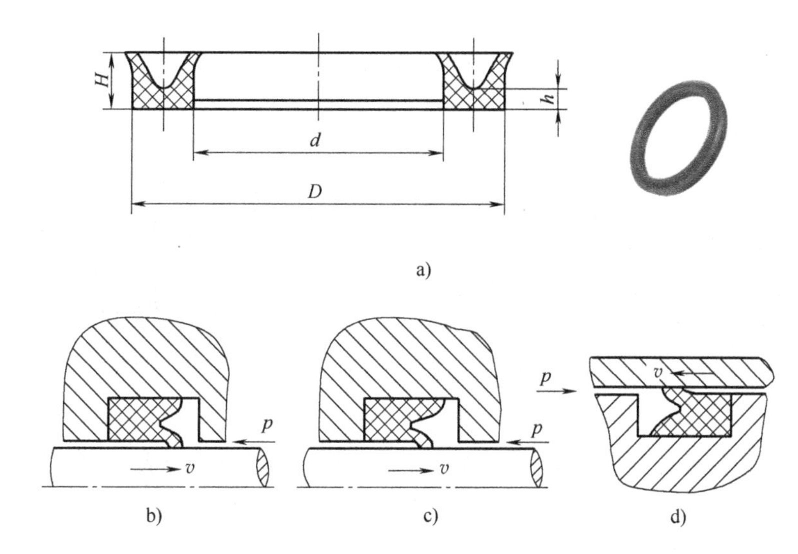

图 9-25　Y 形密封圈形式

a）Y 形密封圈结构图和实物图　b）等高唇 Y 形密封圈

c）不等高唇轴用型 Y 形密封圈　d）不等高唇孔用型 Y 形密封圈

3）V 形密封圈：如图 9-26 所示，V 形密封圈的截面为 V 形，一般用多层涂胶织物压制而成，并由截面不同的支承环、密封环和压环组成，密封环的数量由工作压力大小而定。安装时 V 形密封圈的开口应面向压力高的一侧。

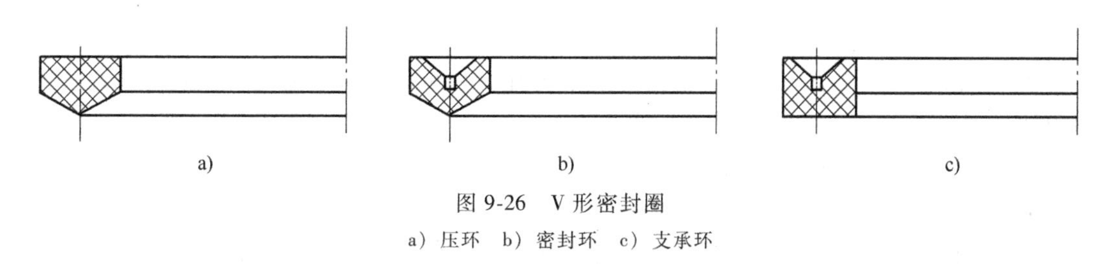

图 9-26　V 形密封圈

a）压环　b）密封环　c）支承环

V 形密封圈的接触面较长，密封性好，耐高压，寿命长，通过调节压紧力，可获得最佳的密封效果，但 V 形密封圈的摩擦阻力及结构尺寸较大，主要用于活塞及活塞杆的往复运动密封，所适应的工作压力 $p \leqslant 50\text{MPa}$。

4）组合密封装置：近年来，组合密封技术发展很快，一套组合密封装置可同时实现两个方向的密封，从而减少密封件的数量同时缩小轴向尺寸。组合密封装置一般以O形密封圈作为弹性体，与密封环组合完成密封。典型的密封环有：星形密封圈、格来圈（图9-27a）和斯特圈（图9-27b）等。

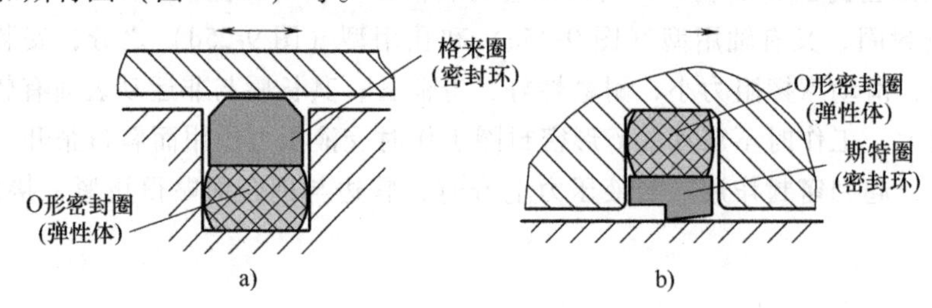

图9-27 组合密封装置

9.5.2 间隙密封

间隙密封是非接触式密封，是靠相对运动的配合表面间的微小间隙来实现密封的。这是一种最简单的密封方式，广泛应用于液压阀、液压泵和液压马达中。常见的结构型式有圆柱面配合（如滑阀与阀套之间）和平面配合（如液压泵的配流盘与转子端面之间）两种。图9-28所示即为圆柱面配合的间隙密封。

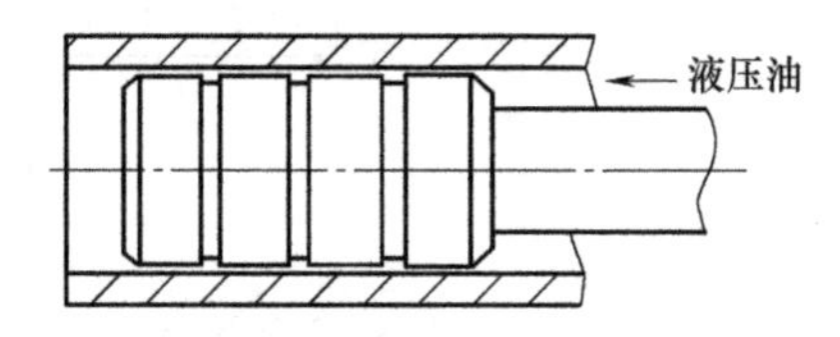

图9-28 圆柱面配合的间隙密封

间隙密封的密封性能与间隙大小和均匀性、压力差，以及配合表面的长度、直径和加工质量等因素有关，其中以间隙大小和均匀性对密封的性能影响最大（泄漏量与间隙的立方成正比），设计时可按有关手册给定的推荐值选用液压元件的间隙值。

间隙密封结构简单，摩擦力小，经久耐用，但对于零件的加工精度要求较高，且难以完全消除泄漏，故适用于低压系统中。

课堂讨论

1. 关于过滤器在系统中的作用，进行如下讨论。

1）为什么要在系统中设置过滤器？油液出现污染会对液压元件和系统造成什么样的危害？

2）过滤器有哪些类型？选用的原则是什么？

3）为保证系统油液的净化，设计液压系统时，应如何选用过滤器？分别安装在管路的什么位置？

2. 关于管路连接设计，进行如下讨论。

1）油管有哪些类型？如何选择？

2）油管内径的选取原则是什么？为什么要限制油管内的油液流速？油管内的油液流速与哪些因素有关？油管内的油液流速过高对系统的工作有什么影响？

3）管接头有哪些类型？各自的特点是什么？

课后习题

一、简答题

1. 蓄能器在液压系统中有哪些功用？

2. 蓄能器有哪些类型？各有什么特点？

3. 过滤器有哪些类型？各有什么特点？

4. 油箱设计时应满足哪些要求？

5. 常见的密封装置有哪些？各有什么特点？分别用于什么场合？

二、计算题

1. 管道流量 $q=25\text{L/min}$，若限制管内流速 $v\leqslant 5\text{m/s}$，应选用多大内径的油管？

2. 有一液压泵从油箱吸油，额定流量 $q_s=25\text{L/min}$，额定压力为32MPa，试确定液压泵的吸油管和压油管的内径和壁厚。

第10章 液压基本回路

学习引导

液压基本回路是由相关液压元件组成的用来完成特定功能的典型结构，是液压系统的基本组成单元，任何一个液压传动系统，即使再复杂，也是由若干个最基本的回路所组成的。本章主要介绍的液压基本回路有速度控制回路、压力控制回路、多执行元件控制回路，由这些基本回路可以组成任意完整的液压系统。熟悉和掌握这些回路的组成、工作原理和性能，是正确分析和设计液压系统的重要基础。

10.1 速度控制回路

速度控制回路有调速回路、快速运动回路和速度换接回路等。调速回路在液压系统中占有重要地位，速度控制性能的好坏，对系统工作速度是否具有足够的平稳性起着决定性的作用。

10.1.1 调速回路的基本概念

调速回路一般应满足如下要求。

1）能在规定的范围内调节执行元件的工作速度。

2）负载变化时，能够稳定维持所调节的速度，或者在允许的范围内变化。

3）具有驱动执行元件所需的力或力矩。

4）功率损耗应尽量小，以节省能量并降低系统的发热。

控制系统的速度就是控制液压执行机构的速度，在液压执行机构中，液压缸速度为

$$v=\frac{q}{A} \tag{10-1}$$

液压马达的转速为

$$n=\frac{q}{V_m} \tag{10-2}$$

式中 q——进入液压缸或液压马达的流量；

A——液压缸的有效工作面积；

V_m——液压马达的排量。

由于液压缸的有效工作面积 A 是定值，因此对于液压缸控制回路来讲，就必须采用改变

进入液压缸流量的方式来调整执行机构的速度。而在液压马达控制回路中，改变进入液压马达的流量 q 或改变液压马达的排量 V_m 都能达到调速的目的。

目前，不同调速方式构成的调速回路主要有如下几种。

1）节流调速回路：由定量泵供油、流量阀调节流量来调节执行机构的运动速度。

2）容积调速回路：通过改变变量泵或变量马达的排量来调节执行机构的运动速度。

3）容积节流调速回路：综合利用流量阀及变量泵来调节执行机构的运动速度。

10.1.2 节流调速回路

节流调速回路是通过在液压回路上采用流量调节元件（节流阀、调速阀或溢流节流阀）来实现调速的一种回路。一般又根据流量控制阀在回路中的安装位置不同，可分为进油路节流调速回路、回油路节流调速回路及旁油路节流调速回路三种形式。

1. 进油路节流调速回路

图 10-1 所示为进油路节流调速回路，这种调速回路采用定量泵供油，在定量泵与执行元件之间串联安装节流阀，在定量泵的出口处并联一个溢流阀。进入液压缸的油液流量可通过调节节流阀开口面积的大小来决定。在转速一定的情况下，定量泵在工作中输出的油液，一部分经过节流阀进入液压缸，推动活塞运动，一部分经溢流阀溢流回油箱。因此，回路在正常调速过程中，溢流阀是常开的，配合节流阀的开口面积调节，溢流多余的流量，同时保证了定量泵的出口压力稳定，因此，该回路又称为定压式节流调速回路。

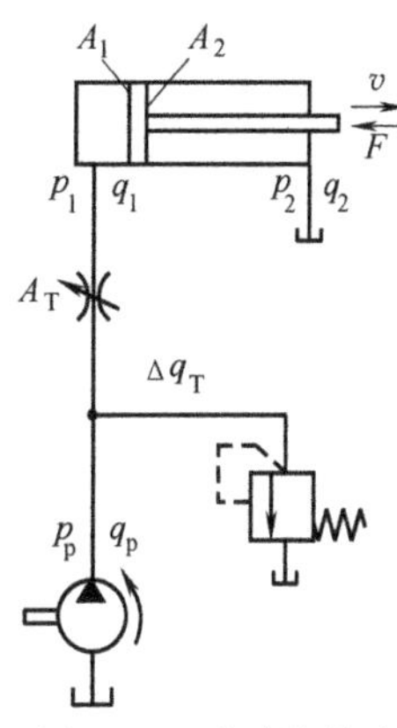

图 10-1 进油路节流调速回路

（1）速度-负载特性 当不考虑回路的泄漏和油液的压缩时，液压缸在稳定工作状态下，液压缸活塞运动速度为

$$v=\frac{q_1}{A_1} \tag{10-3}$$

式中 q_1——通过串联于进油路上的节流阀的流量；

A_1——液压缸无杆腔的有效工作面积。

根据式（2-57），通过节流阀的流量的计算式为

$$q_1=KA_T(\Delta p)^m \tag{10-4}$$

式中 K——节流阀的流量系数；

A_T——节流阀的开口面积；

m——节流指数，薄壁小孔时，取 0.5；

Δp——作用于节流阀两端的压力差，$\Delta p=p_p-p_1$，p_p 为液压泵出口处的压力，由溢流阀调定，而 p_1 根据作用于活塞上的力平衡方程来决定，即

$$p_1A_1=F+p_2A_2 \tag{10-5}$$

式中 F——负载力；

p_2——有杆腔的回油压力，由于有杆腔的油液通过回油路直接流回油箱，忽略管路损失，因此，p_2 为零。

所以，由式（10-5）有

$$p_1=\frac{F}{A_1} \tag{10-6}$$

将式（10-4）、式（10-6）代入式（10-3）中有

$$v=\frac{KA_{\mathrm{T}}\left(p_{\mathrm{p}}-\frac{F}{A_1}\right)^m}{A_1}=\frac{KA_{\mathrm{T}}}{A_1^{m+1}}(p_{\mathrm{p}}A_1-F)^m \tag{10-7}$$

式（10-7）为进油路节流调速回路的速度-负载特性公式，根据此式绘出的曲线即为速度-负载特性曲线。图10-2所示就是进油路节流调速回路在节流阀不同开口条件下的速度-负载特性曲线。从图10-2所示曲线可以分析出，在同一节流阀开口条件下，液压缸负载 F 越小，曲线斜率越小，系统速度稳定性越好；在同一负载 F 条件下，节流阀开口面积越小，曲线斜率越小，系统速度稳定性越好。

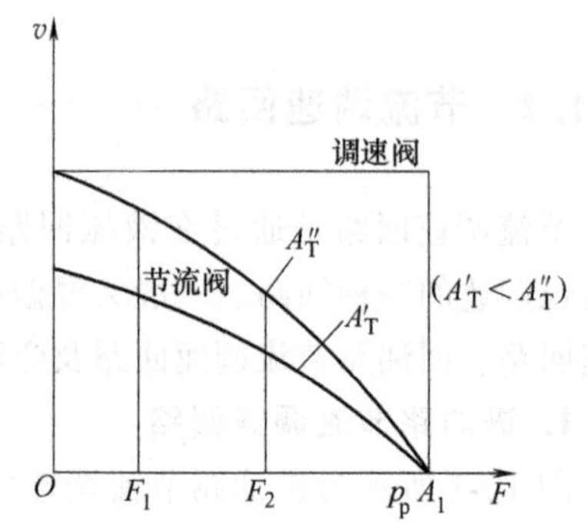

图10-2 进油路节流调速回路在节流阀不同开口条件下的速度-负载特性曲线

速度稳定性常用速度刚性 K_v 来表示，速度刚性 K_v 是指速度因负载变化而产生变化的程度，也就是速度-负载特性曲线上某点处斜率的负倒数。

$$\frac{\partial v}{\partial F}=\frac{KA_{\mathrm{T}}}{A_1^{m+1}}m(p_{\mathrm{p}}A_1-F)^{m-1}(-1)=-\frac{m}{p_{\mathrm{p}}A_1-F}v$$

$$K_v=-\frac{1}{\tan\alpha}=-\frac{\partial F}{\partial v}=\frac{p_{\mathrm{p}}A_1-F}{mv} \tag{10-8}$$

由上述分析可知，速度刚性 K_v 越大，速度稳定性越好。

进油路节流调速回路在低速情况下具有良好的速度刚性，负载变化时，尤其是在负载较小时，速度刚性好，适用于低速小负载系统，且不能承受负向负载。

（2）功率特性　在进油路节流调速回路中，功率特性可以分为以下两种情况讨论。

1）恒负载工况：若不计损失，液压泵的输出功率，即回路的输入功率为

$$P_{\mathrm{p}}=p_{\mathrm{p}}q_{\mathrm{p}}$$

作用于液压缸上的有效输出功率

$$P_1=Fv=F\frac{q_1}{A_1}=p_1q_1$$

该回路的功率损失为

$$\Delta P=P_{\mathrm{p}}-P_1=p_{\mathrm{p}}q_{\mathrm{p}}-p_1q_1=p_{\mathrm{p}}(\Delta q_{\mathrm{T}}+q_1)-p_1q_1=p_{\mathrm{p}}\Delta q_{\mathrm{T}}+q_1(p_{\mathrm{p}}-p_1)=\Delta P_1+\Delta P_2 \tag{10-9}$$

式中　ΔP_1——油液通过溢流阀的功率损失，称为溢流损失；

ΔP_2——油液通过节流阀的功率损失，称为节流损失。

由式（10-9）可知，进油路节流调速回路的功率损失是由溢流损失和节流损失两部分组成的。随着速度的增加，有效输出功率增加，节流损失也增加，而溢流损失减小。这些损失

将使油温升高，进而影响系统的工作。恒负载工况下的功率特性如图10-3所示。

在外负载恒定的条件下，液压泵的出口压力和液压缸的进口压力都是定值，此时，改变液压缸活塞速度是靠调节节流阀的开口面积来实现的。

2）变负载工况：在进油路节流调速回路中，当外负载变化时，则液压缸无杆腔的进油压力 p_1 也随之变化。此时，溢流阀的调定压力按最大压力 p_1 来调定。液压系统的有效输出功率为

$$P_1=p_1q_1=p_1KA_T(p_p-p_1)^m=\frac{F}{A_1}KA_T\left(p_p-\frac{F}{A_1}\right)^m \tag{10-10}$$

由式（10-10）可知，P_1 是随 F 变化的一条曲线，当负载 $F=0$ 时，根据式（10-6）可知压力 $p_1=0$，有效输出功率 $P_1=0$，当 $F=F_{max}=p_pA_1$ 时，$P_1=0$。液压系统的有效输出功率最大值出现在功率曲线的极值点，如图10-4所示。若节流阀阀口为薄壁小孔，$m=0.5$，则可求该回路中的最大有效功率点，首先求

$$\frac{\partial P_1}{\partial F}=\frac{KA_T}{A_1}(p_p-p_1)^{0.5}-\frac{Kp_1A_1}{A_1}0.5(p_p-p_1)^{-0.5} \tag{10-11}$$

令式（10-11）等于0，则有

$$p_p-p_1=0.5p_1$$

即

$$p_1=\frac{2}{3}p_p \tag{10-12}$$

时有效功率最大。

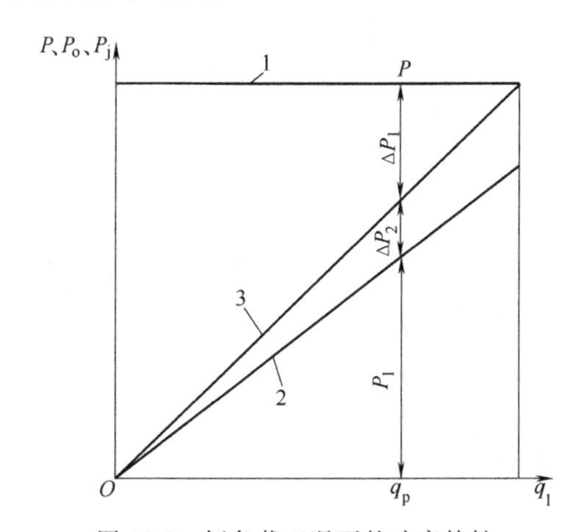

图10-3 恒负载工况下的功率特性

1—液压泵的功率特性曲线 2—液压缸的功率特性曲线

3—节流阀的输入功率特性曲线

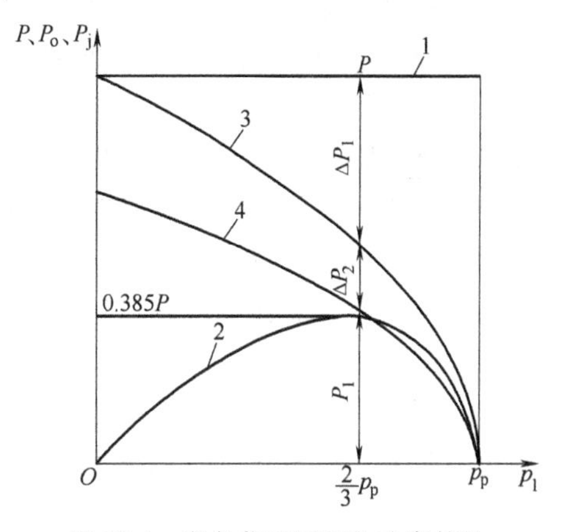

图10-4 变负载工况下的功率特性

1—液压泵的功率特性曲线 2—液压缸的功率特性曲线

3、4—节流阀在不同过流面积时的输入功率特性曲线

将式（10-12）代入式（10-10）中，可计算出该回路的最大效率为

$$\eta=\frac{P_1}{P_p}=\frac{p_1q_1}{p_pq_p}=\frac{\frac{2}{3}p_pq_1}{p_pq_p} \tag{10-13}$$

在式（10-13）中，若令 q_1 最大为 q_p，则系统的最大效率为 0.66。

由上述分析可知，进油路节流调速回路不宜在负载变化较大的工作情况下使用，这种情况下，速度变化大，效率低，主要原因是溢流损失大。

2. 回油路节流调速回路

回油路节流调速回路就是将节流阀安装在液压系统的回油路上，这种调速回路也采用定量泵供油，如图 10-5 所示。调节节流阀的开口面积控制液压缸有杆腔的排出流量，以达到调节液压缸活塞运动速度的目的。溢流阀仍然起到溢流多余流量的作用，同时调定定量泵的出口压力，因此回油路节流调速回路也是定压式节流调速回路。采用同样的分析方法，可以得到其速度-负载特性，即

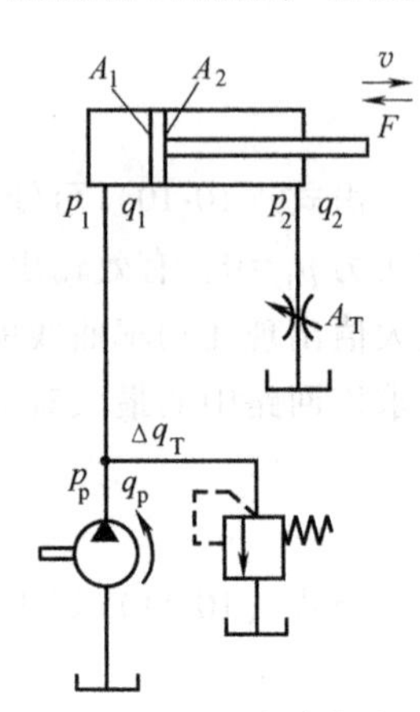

图 10-5 回油路节流调速回路

$$v=\frac{KA_T\left(\frac{p_pA_1-F}{A_2}\right)^m}{A_2}=\frac{KA_T}{A_2^{m+1}}(p_pA_1-F)^m \tag{10-14}$$

式（10-14）为回油路节流调速回路的速度-负载特性公式。由式（10-14）可知，除了公式分母变为 A_2 外，其他与进油路节流调速回路的速度-负载特性公式（10-7）是相同的，因此，它们的速度-负载特性也一样的。回油路节流调速回路同样适用于小功率、小负载的系统。回油路节流调速回路的功率损失也同进油路节流调速回路一样，有溢流损失和节流损失两部分。

虽然进油路节流调速回路与回油路节流调速回路的速度-负载特性与功率特性基本相同，但它们在使用时还是有所差别，下面讨论两回路的三个主要不同点。

1）承受负向负载的能力不同。所谓负向负载，就是与活塞运动方向相同的负载，如起重机向下运动时的重力、铣床上与工作台运动方向相同的铣削（逆铣）力等。很显然，回油路节流调速回路可以承受负向负载，而进油路节流调速回路不能，需要在回油路上加装背压阀才能承受负向负载，同时需提高调定压力，功率损耗大。

2）回油路节流调速回路中油液通过节流阀时油液温度升高，但所产生的热量直接流回油箱时将散掉；而进油路节流调速回路中，热量会进入执行机构中，增加系统的负担。

3）当两种回路结构尺寸相同时，若速度相等，则进油路节流调速回路的节流阀开口面积要大，因而可获得更低的稳定速度。

在调速回路中，还可以在进、回油路中同时设置节流调速元件，使两个节流阀的开口能联动同时调节，以构成进、回油路节流调速回路，例如，由伺服阀控制的液压伺服系统经常采用这种调速方式。

3. 旁油路节流调速回路

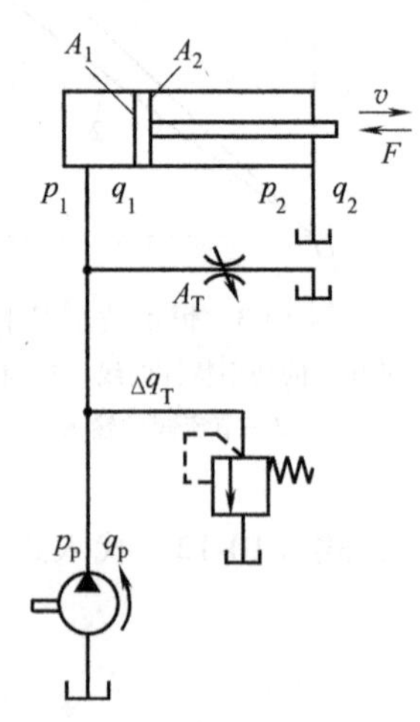

图 10-6 旁油路节流调速回路

图 10-6 所示为旁油路节流调速回路。在这种调速回路中，将调速元件并联安装在液压泵与执行机构油路的一条支路上，正常工作状态下，溢流阀用作安全阀，阀口常闭，只有在过载

时才会打开。液压泵出口处的压力随负载变化而变化，因此，旁油路节流调速回路也称为变压式节流调速回路。此时液压泵输出的油液（不计损失）一部分流入液压缸，另一部分通过节流阀流回油箱，可通过调节节流阀的开口面积大小调节通过节流阀的流量，进而调节进入执行机构的流量，实现对执行机构运行速度的控制。

（1）速度-负载特性　对旁油路节流调速回路采用与前述相同的分析方法，当液压缸在稳定工作状态下，在不考虑泄漏情况下的液压缸活塞运动速度为

$$v=\frac{q_{\mathrm{p}}-KA_{\mathrm{T}}\left(\frac{F}{A_1}\right)^m}{A_1} \tag{10-15}$$

但是由于该回路在正常工作状态下溢流阀是常闭的，液压泵的压力是变化的，液压泵的泄漏量也随之发生变化，输出流量不恒定，执行机构的速度也受到泄漏的影响，因此，考虑泄漏的液压缸活塞运动速度应为

$$v=\frac{q_{\mathrm{p}}-K_1\frac{F}{A_1}-KA_{\mathrm{T}}\left(\frac{F}{A_1}\right)^m}{A_1} \tag{10-16}$$

式中　K_1——液压泵的泄漏系数。

根据式（10-16）绘出的曲线即为旁油路节流调速回路的速度-负载特性曲线。图 10-7 所示就是旁油路节流调速回路在节流阀不同开口条件下的速度-负载特性曲线。从图 10-7 所示曲线上可以分析出，液压缸负载 F 越大，曲线斜率越小，系统速度稳定性越好；节流阀开口面积越小，曲线斜率越小，系统速度稳定性越好。因此，旁油路节流调速回路适用于功率、负载较大的系统。

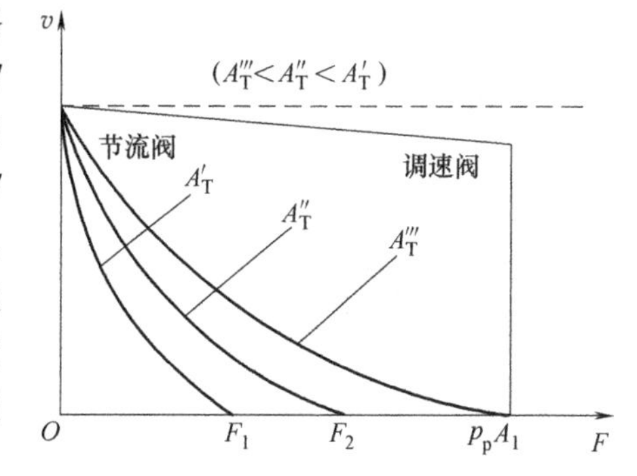

图 10-7　旁油路节流调速回路在节流阀不同开口条件下的速度-负载特性曲线

（2）功率特性　在负载一定的条件下，若不计损失，液压泵的输出功率，即回路的输入功率为

$$P_{\mathrm{p}}=p_{\mathrm{p}}q_{\mathrm{p}}=p_1q_{\mathrm{p}}$$

作用于液压缸上的有效输出功率

$$P_1=p_1q_1$$

回路的功率损失为

$$\Delta P=P_{\mathrm{p}}-P_1=p_1q_{\mathrm{p}}-p_1q_1=p_1(q_{\mathrm{p}}-q_1)=p_1\Delta q_{\mathrm{T}} \tag{10-17}$$

由式（10-17）可知，该回路的功率损失只有通过节流阀的功率损失，$\Delta P_1=p_1\Delta q_{\mathrm{T}}$ 称为节流损失。

回路的效率为

$$\eta=\frac{P_1}{P_{\mathrm{p}}}=\frac{p_1q_1}{p_1q_{\mathrm{p}}}=\frac{q_1}{q_{\mathrm{p}}} \tag{10-18}$$

旁油路节流调速回路具有如下特点。

1）随着执行机构速度的增加，有用功率增加，而节流损失减小。

2）在主油路中没有溢流损失，只有节流损失，回路的效率较高。

3）执行机构低速运行时，节流阀开口面积大，回路所能承受的最大负载较小。因此回路在低速工况工作时承载能力弱，调速范围小，速度-负载特性差。

综上所述，旁油路节流调速回路适用于速度较高、负载较大、负载变化不大且对运动平稳要求不高的大功率系统，如牛头刨床的主运动传动系统等。

4. 采用调速阀（二通调速阀）的节流调速回路

对于采用节流阀的节流调速回路，由于节流阀两端的压差是随着液压缸的负载而变化的，因此其速度稳定性较差。如果用调速阀替代节流阀，由于调速阀本身能在负载变化的条件下保证通过其内部的节流阀两端的压差基本不变，因此，速度稳定性将大大提高。采用调速阀的节流调速回路如图 10-8 所示，采用调速阀的节流调速回路的速度-负载特性曲线仍为如图 10-2 和图 10-7 所示的曲线。当旁油路节流调速回路采用调速阀后，其承载能力也不因活塞速度降低而减小。

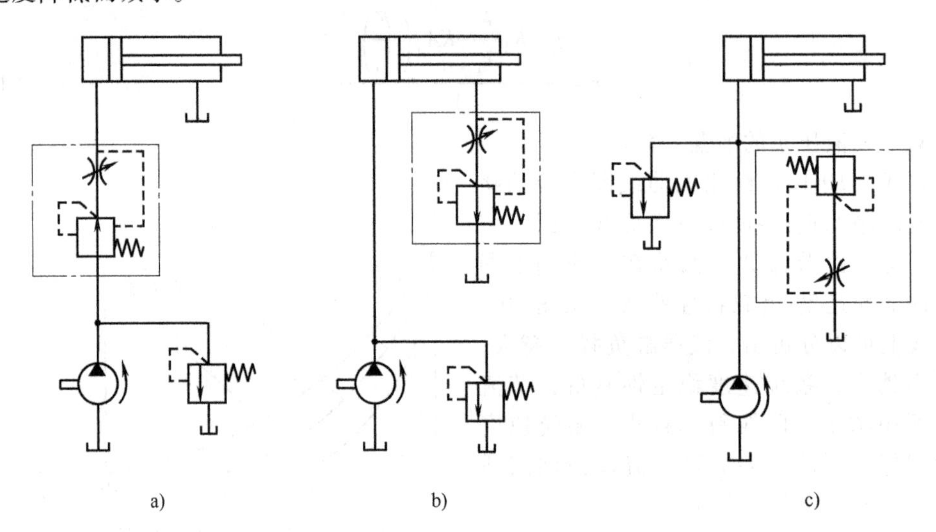

图 10-8　采用调速阀的节流调速回路

a）进油节流　b）回油节流　c）旁油路节流

在采用调速阀的进、回油节流调速回路中，为保证调速阀中的定差减压阀的定差压力补偿作用，调速阀必须保持 0.5～1MPa 的压力差。由于调速阀最小压力差比节流阀的大，因此，液压泵的供油压力相应也高，所以，负载不变时，功率损失要大些。在功率损失中，溢流损失基本不变，节流损失随负载增大而线性下降。该回路适用于速度平稳性要求高的小功率系统，如组合机床等。

在采用调速阀的旁油路节流调速回路中，由于从调速阀流回油箱的流量不受负载影响，因而其承载能力较强，效率高于进油路节流调速回路和回油路节流调速回路。该回路适用于速度平稳性要求高的大功率场合。

5. 采用溢流节流阀（三通调速阀）的节流调速回路

采用溢流节流阀（三通调速阀）的节流调速回路如图 10-9 所示。溢流节流阀只能用于进油路节流调速回路中，因为溢流阀具有定差压力补偿作用，所以溢流阀能使节流阀的进、出口压力差基本保持不变，从而保证了较好的速度稳定性。由于液压泵的出口压力随负载变化，该回路是变压式节流调速回路，因此该回路比采用二通调速阀的回路效率高，故有较好的节能效果。但溢流节流阀的流量稳定性较差，工作在大流量时稳定性才比较好，因此该回路不宜用于对低速稳定性要求较高的精密调速系统中。

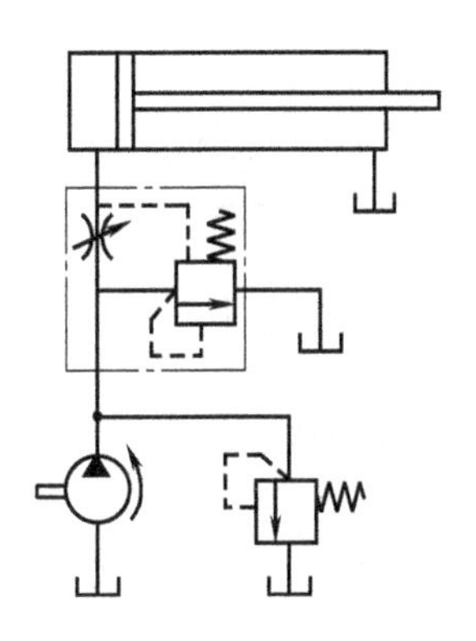

图 10-9　采用溢流节流阀的节流调速回路

6. 采用电液比例流量阀的节流调速回路

采用电液比例流量阀的节流调速回路如图 10-10a 所示。前述节流阀、调速阀都是手动调节开口面积的，不能实时调节进入液压执行机构的流量。而电液比例流量阀的阀芯位移，即阀口开度，与输入电信号成正比，用电液比例流量阀替代普通流量控制阀，可以很方便地通过改变输入电信号实时调节进入执行机构的流量，实现自动无级调速。若配合位移传感器检测液压缸的位移，即可以构成速度、位置闭环控制系统，如图 10-10b 所示，达到精确控制液压缸速度和位置的目的。

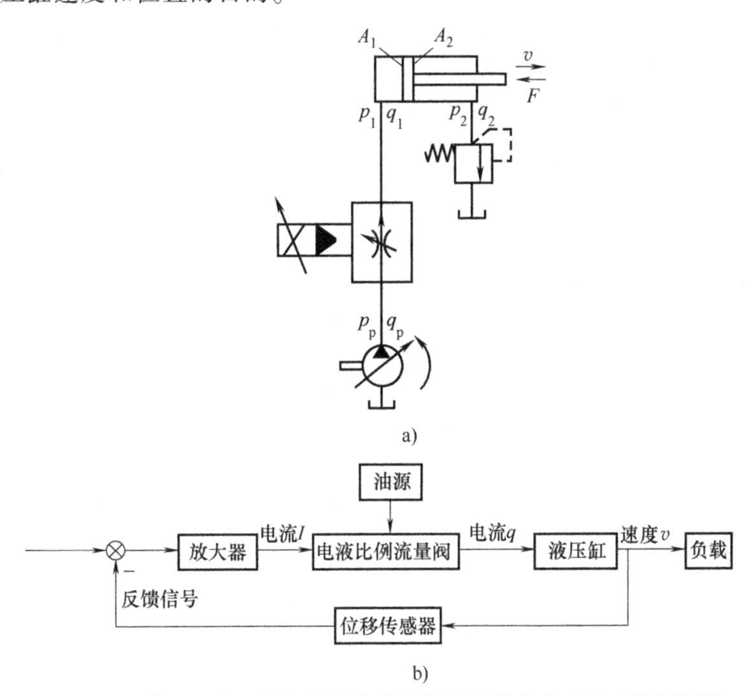

图 10-10　采用电液比例流量阀的节流调速回路和速度闭环控制框图

a）采用电液比例流量阀的节流调速回路　b）速度闭环控制框图

10.1.3　容积调速回路

容积调速回路主要是通用改变变量泵的排量或改变变量马达的排量来实现调节执行机构速度的目的。按照执行元件的不同，可分为泵-缸式回路和泵-马达式回路；按照回路的循环形式不同，可分为开式回路和闭式回路。

在开式回路中，液压泵从油箱中吸油，将液压油输送给执行元件，执行元件排出的油液直接流回油箱，如图 10-11a 所示。开式回路结构简单，冷却性能好，但油箱尺寸较大，空气和杂物易进入回路中，影响回路的正常工作。

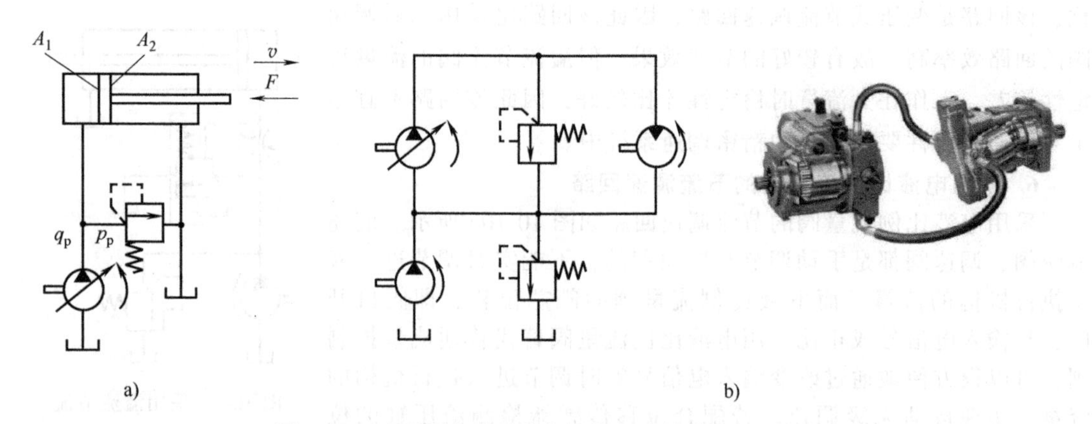

图 10-11　变量泵与定量执行元件组成的容积调速回路

a）开式回路（变量泵与液压缸组成的容积调速回路）　b）闭式回路（变量泵与定量马达组成的容积调速回路）

在闭式回路中，液压泵排油腔与执行元件进油管相连，执行元件的回油管直接与液压泵的吸油腔相连，如图 10-11b 所示。闭式回路油箱尺寸小、结构紧凑，且不易污染，但冷却条件较差，需要液压泵辅助进行换油和冷却。

1. 变量泵与液压缸组成的容积调速回路

变量泵与液压缸组成的容积调速回路采用变量泵供油，执行机构为液压缸，为开式回路，如图 10-11a 所示。溢流阀主要用于防止系统过载，起安全保护作用。执行机构速度的调节是通过改变变量泵排量的方式实现的。

若不计液压回路及变量泵以外元件的泄漏，则液压缸活塞运动速度与负载的关系为

$$v=\frac{q_p}{A_1}=\frac{q_t-K_1\dfrac{F}{A_1}}{A_1} \tag{10-19}$$

式中　q_t——变量泵的理论流量；

K_1——变量泵的泄漏系数。

根据式（10-19）可绘出该回路的速度-负载特性曲线，如图 10-12 所示。从图 10-12 所示曲线可以看出，由于变量泵存在泄漏，液压缸活塞的运动速度会随着外负载的增大而降低，尤其是在低速下，甚至会出现活塞停止运动的情况，可见该回路在低速条件下的承载能力是相当差的。

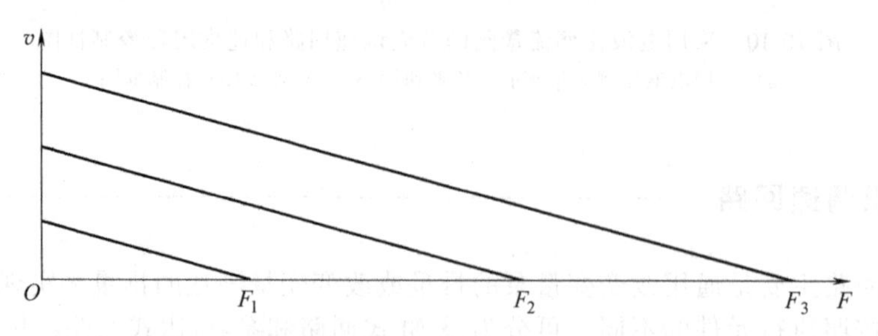

图 10-12　变量泵与液压缸组成的容积调速回路的速度-负载特性曲线

2. 变量泵与定量马达组成的容积调速回路

变量泵与定量马达组成的容积调速回路采用变量泵供油，执行机构为定量马达，为闭式

回路，如图 10-11b 所示。若不计损失，定量马达的转速为

$$n_m = \frac{q_p}{V_m} \tag{10-20}$$

转矩为

$$T_m = \frac{\Delta p_m V_m}{2\pi}\eta_{mm} \tag{10-21}$$

由于液压马达的排量 V_m 是定值，因此改变液压泵的排量 V_p，即改变液压泵的输出流量 q_p，液压马达的转速 n_m 就会随之改变。若系统负载 F 不变，则系统压力 Δp_m 恒定不变，液压马达的输出转矩 T_m 也就恒定不变，因此，该回路称为恒转矩调速回路。

液压马达的输出功率为

$$P_m = \Delta p_m V_p n_p = 2\pi n_m T_m \tag{10-22}$$

可见，液压马达的输出功率 P_m 与液压马达的输出转速 n_m 成正比，即与液压泵的排量 V_p 成正比。变量泵与定量马达组成的容积调速回路特性曲线如图 10-13 所示。

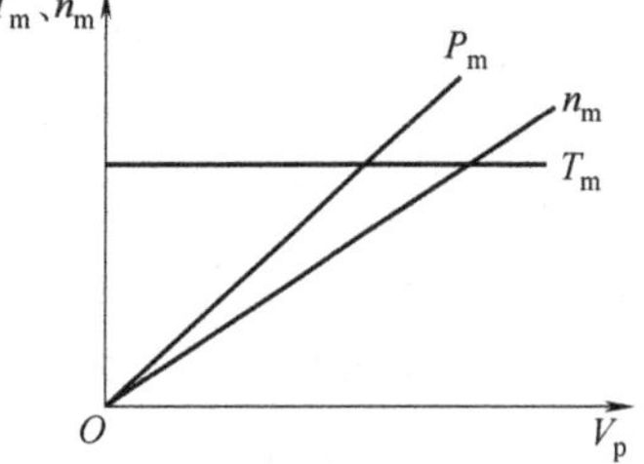

图 10-13　变量泵与定量马达组成的容积调速回路特性曲线

该回路输出转矩恒定；调速范围大，速比可达 40；起动性能好。该回路适用于大功率、要求输出转矩恒定和调速范围大，且对起动性能要求较高的系统。

3. 定量泵与变量马达组成的容积调速回路

定量泵与变量马达组成的容积调速回路采用定量泵供油，执行机构为变量马达，为闭式回路。如图 10-14 所示，执行机构速度的调节是通过改变变量马达 3 的排量来实现的，液压泵 4 为补油泵。

根据式（10-20）~式（10-22），液压泵为定量泵，若转速不变，则液压泵输出的流量 q_p 不变，所以通过改变液压马达的排量 V_m 来改变液压马达的输出转速 n_m。当液压马达排量 V_m 较小，转速较高时，液压马达输出转矩 T_m 较小，以致带不动负载，造成液压马达的“自锁”现象，调速范围较小。这种回路换向时必然经过高转速-零转速-高转速过程，因此速度转换困难。

若不计损失，则当负载恒定，系统压力恒定时，液压泵的输出功率恒定不变。因此，该回路也称为恒功率调速回路，其特性曲线如图 10-15 所示。

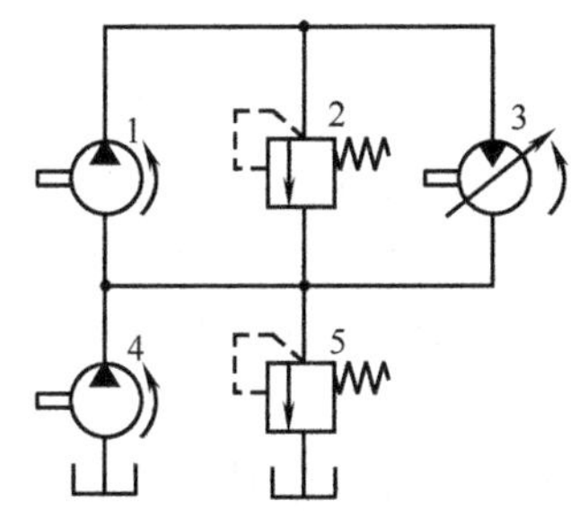

图 10-14　定量泵与变量马达组成的容积调速回路

1、4—定量泵　2、5—溢流阀　3—变量马达

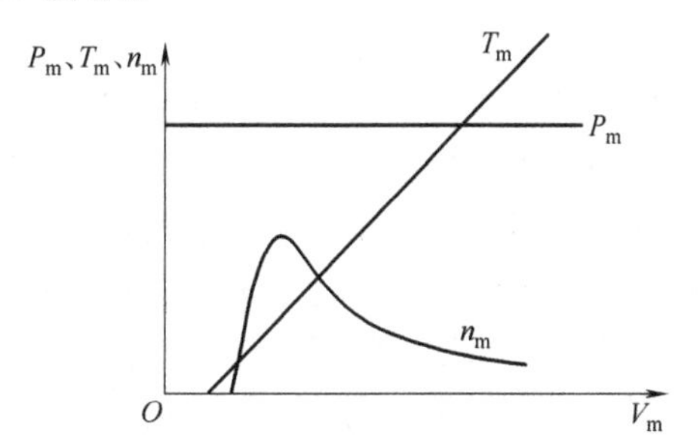

图 10-15　定量泵与变量马达组成的容积调速回路特性曲线

该回路中液压马达的输出转速与自身排量成反比，负载一定时，其输出功率不变，为恒功率输出；调速范围很小，速比一般不超过3~4。该回路不单独使用。

4. 变量泵与变量马达组成的容积调速回路

变量泵与变量马达组成的容积调速回路采用变量泵供油，执行机构为变量马达，为闭式回路，如图10-16所示。在一般情况下，这种回路是双向调速的，改变双向变量泵1的供油方向，可使双向变量马达2的转向改变。单向阀6和8保证补油泵4能双向为双向变量泵1补油，而单向阀7和9能使溢流阀3在双向变量马达2正、反向工作时都起过载保护作用。这种回路在工作中，改变液压泵的排量或改变液压马达的排量均可达到调节转速的目的。

在低速阶段，先将液压马达的排量调至最大，然后从小到大改变液压泵的排量，使液压泵的输出流量增加，此阶段相当于变量泵与定量马达组成的恒转矩调速回路。在高速阶段，将液压泵的排量调至最大，然后从大到小调节液压马达的排量，使液压马达的转速继续增加，此阶段相当于定量泵与变量马达组成的恒功率调速回路。因此该回路的特性曲线如图10-17所示，是变量泵与定量马达、定量泵与变量马达两种回路的组合，调速范围大大增加。

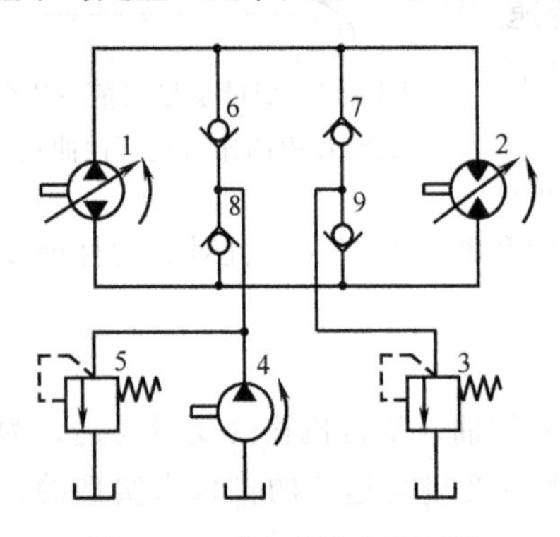

图10-16 变量泵与变量马达组成的容积调速回路

1—双向变量泵 2—双向变量马达 3、5—溢流阀 4—补油泵 6、7、8、9—单向阀

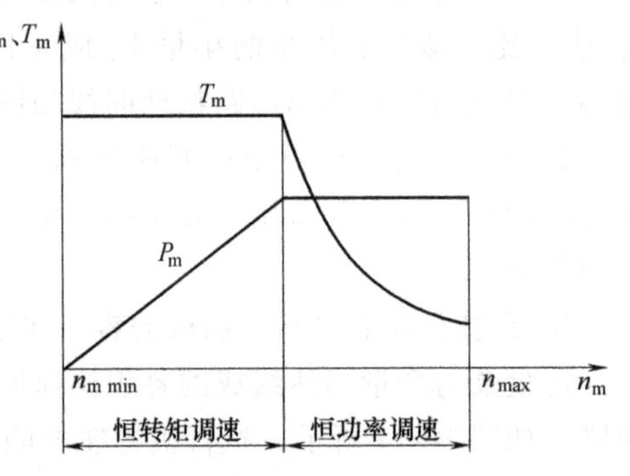

图10-17 变量泵与变量马达组成的容积调速回路特性曲线

该回路在低速时为恒转矩输出；高速时为恒功率输出；调速范围大，速比可达100；起动性能好。该回路适用于大功率、调速范围大的系统。

10.1.4 容积节流调速回路

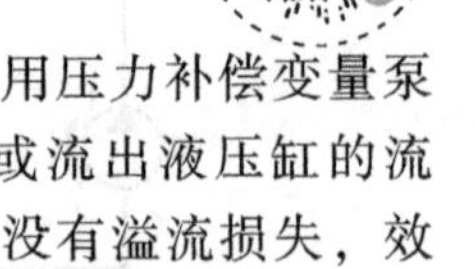

容积节流调速回路是容积调速回路与节流调速回路的组合，一般是采用压力补偿变量泵供油，而在液压缸的进油路或回油路上安装有流量调节元件来调节进入或流出液压缸的流量，并使变量泵的输出流量自动与液压缸所需流量相匹配。这种调速回路没有溢流损失，效率较高，速度稳定性也比节流调速回路好，适用于速度变化范围大、中小功率的系统。

1. 限压式变量泵与调速阀组成的容积节流调速回路

限压式变量泵与调速阀组成的容积节流调速回路由限压式变量泵供油，为获得更低的稳定速度，一般将调速阀安装在进油路中，回油路中装有背压阀，如图10-18所示。

（1）工作原理 变量泵和调速阀联合调速，液压缸的运动速度由调速阀调定，限压式变量泵的流量 q_p 与进入液压缸的流量 q_1 自动适应。

当 $q_p>q_1$ 时，限压式变量泵输出压力 p_p 升高，定子与转子偏心量 e 减小，q_p 减小，直到 $q_p=q_1$。

当 $q_p<q_1$ 时，限压式变量泵输出压力 p_p 降低，定子与转子偏心量 e 增大，q_p 增大，直到 $q_p=q_1$。

由于这种回路中液压泵的供油压力基本恒定，因此，这种回路也称为定压式容积节流调速回路。调速阀能使进入液压缸中的流量保持恒定。

（2）回路效率　若不考虑液压泵的出口至液压缸入口的流量损失，回路的效率为

$$\eta=\frac{\left(p_1-p_2\dfrac{A_2}{A_1}\right)q_1}{p_pq_p}=\frac{p_1-p_2\dfrac{A_2}{A_1}}{p_p} \tag{10-23}$$

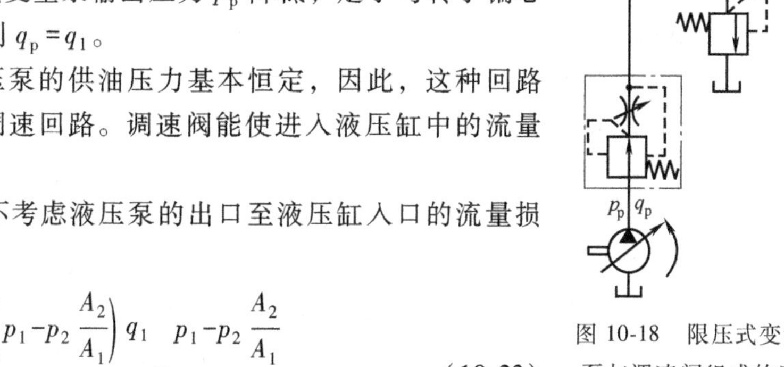

图 10-18　限压式变量泵与调速阀组成的容积节流调速回路

（3）回路特点　这种回路的特性曲线如图 10-19 所示。

1）当调速阀调速一定时，回路的限压式变量泵输出压力 p_p 为一定值，这种回路为定压式容积节流调速回路。

2）回路有节流损失但无溢流损失，效率较高，速度稳定性比单纯的容积调速回路好。

3）当回路工作在低负载工况时，调速阀的工作压力差 $\Delta p=p_p-p_1$ 大，节流损失（如图 10-19 阴影部分所示）大；低速工作时，泄漏量大，系统效率低。

因此，这种回路不宜用于负载变化较大、大部分时间处于低负载、低速工况的系统。

2. 差压式变量泵与节流阀组成的容积节流调速回路

差压式变量泵与节流阀组成的容积节流调速回路由差压式变量泵供油，由节流阀调节进入液压缸的流量，并使变量泵输出的流量自动与通过节流阀的流量相匹配，如图 10-20 所示。变量泵的定子是在左、右两个液压缸的液压力与弹簧力平衡下工作的，其平衡方程为

$$p_pA_1+p_p(A-A_1)=p_1A+F_t$$

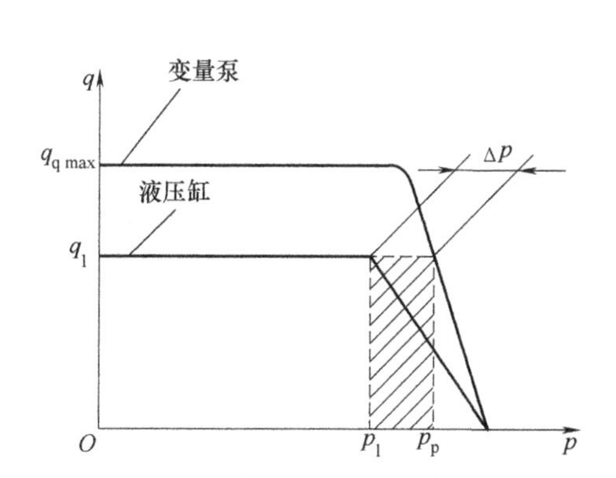

图 10-19　限压式变量泵与调速阀组成的容积节流调速回路特性曲线

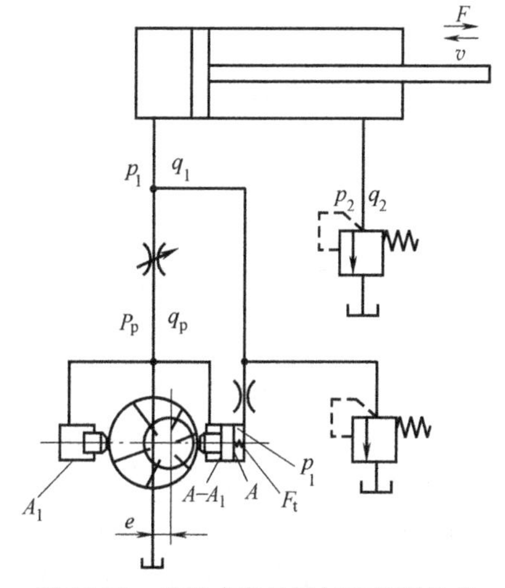

图 10-20　差压式变量泵与节流阀组成的容积节流调速回路

故得出节流阀前、后的压力差

$$\Delta p = p_{\mathrm{p}} - p_1 = \frac{F_{\mathrm{t}}}{A} \tag{10-24}$$

由式（10-24）可看出，节流阀前、后的压力差基本是由液压泵右侧柱塞缸上的弹簧力调定的，由于弹簧刚度较小，工作中的伸缩量也较小，因此基本是恒定值，故作用于节流阀两端的压力差也基本恒定，所以经节流阀进入液压缸的流量基本不随负载的变化而变化。由于这种回路液压泵的输出压力是随负载的变化而变化的，因此，这种回路也称为变压式容积节流调速回路。

这种回路中变量泵的流量与节流阀调定的液压缸所需流量相适应，没有溢流损失，而且变量泵的工作压力能自动跟随负载的增减而增减。因此，回路效率高，且发热量小。若采用比例节流阀，则变量泵的压力和流量均适应负载的需求，因此这种回路又称为功率适应调速回路或负载敏感调速回路。

节流调速回路、容积调速回路和容积节流调速回路三种调速回路的主要性能比较见表 10-1。

表 10-1　三种调速回路的主要性能比较

回路类型	节流调速回路				容积调速回路	容积节流调速回路	
	节流阀调节		调速阀或溢流节流阀调节		泵-马达回路	定压	变压
	定压	变压	定压	变压			
调速范围和特性	调速范围大	调速范围小	调速范围大		调速范围较大，难以获得稳定低速运动	调速范围较大，能获得较稳定的低速运动	
效率	效率低	效率较高	效率低	效率较高	效率高，发热量小	效率较高，发热较小	效率高，发热小
结构组成	结构简单				结构复杂	结构较简单	
适用范围	适用于小功率轻载的中低压系统				适用于大功率、重载高速的中高压系统	适用于中小功率、中压系统，在机床液压系统中获得广泛的应用	

10.1.5　快速运动回路

快速运动回路的功用就是提高执行元件的空载运行速度，缩短空行程运行时间，以提高系统的工作效率。常见的快速运动回路有以下几种。

1. 液压缸采用差动连接的快速运动回路

单杆活塞液压缸在工作时，两个工作腔连接起来就形成了差动连接，其运行速度可大大提高。图 10-21 所示的就是一种差动连接的回路，二位三通电磁换向阀右位接通时，形成差动连接，液压缸快速进给。差动连接回路用于在不增加液压泵流量的前提下提高运行速度的场合。这种回路应用广泛，较经济，但增速值有限。

2. 采用蓄能器的快速运动回路

图 10-22 所示的是采用蓄能器的快速运动回路。当三位四通电磁换向阀处于中位时，蓄能器储存能量，达到调定压力时，控制顺序阀打开，使液压泵卸荷。当三位四通电磁换向阀换向使液压缸进给时，蓄能器和液压泵共同向液压缸供油，使其快速运动。这种快速运动回

路只能用于需要短时间快速运动的场合，行程不宜过长，且快速运动的速度是渐变的。

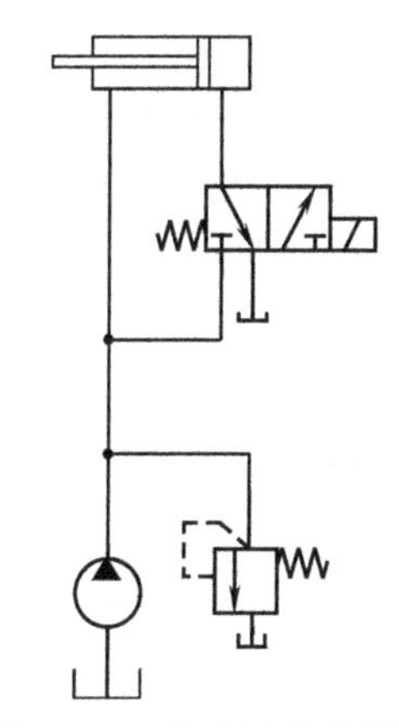

图 10-21 差动连接的回路

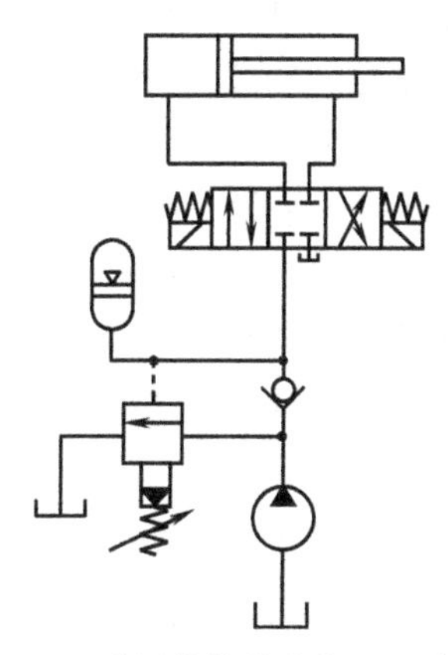

图 10-22 采用蓄能器的快速运动回路

3. 采用双泵供油系统的快速运动回路

图 10-23 所示的是双泵供油系统。溢流阀 5 用于调定系统工作压力，外控内泄顺序阀 3 用作卸荷阀。当执行机构需要快速运动时，系统负载较小，低压大流量泵 1 和高压小流量泵 2 同时供油；当执行机构转为工作进给时，系统压力升高，打开外控内泄顺序阀 3，低压大流量泵 1 卸荷，高压小流量泵 2 单独供油。这种回路的功率损耗小，系统效率高，目前使用较广泛。

10.1.6 速度换接回路

速度换接回路的功用是当液压系统工作时，使执行机构从一种工作速度转换为另一种工作速度。

1. 快速运动转为工作进给运动的速度换接回路

图 10-24 所示为最常见的一种快速运动转为工作进给运动的速度换接回路，由行程阀 3、

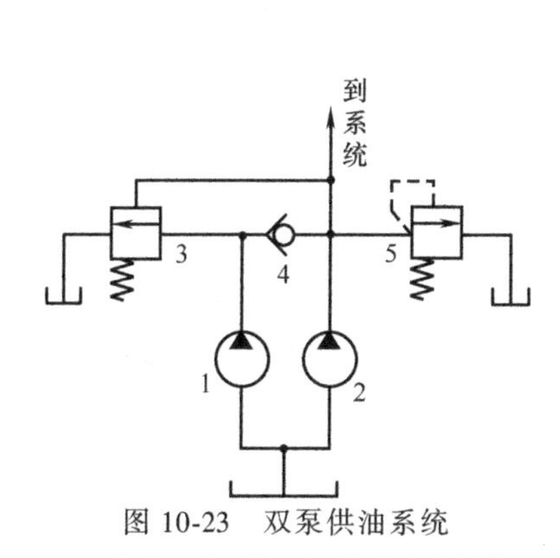

图 10-23 双泵供油系统

1—低压大流量泵 2—高压小流量泵

3—外控内泄顺序阀 4—单向阀 5—溢流阀

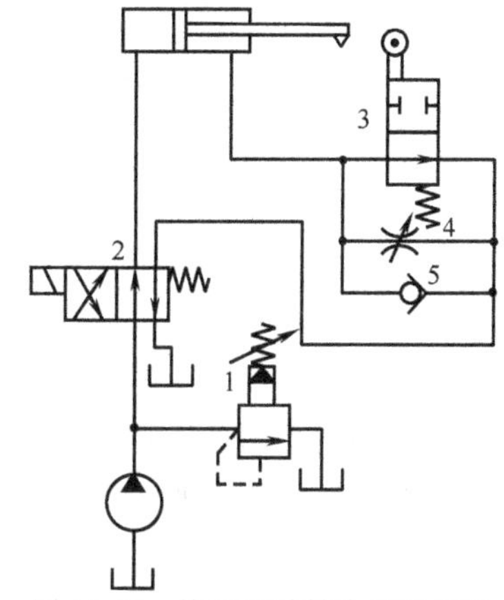

图 10-24 快速运动转为工作进给运动的速度换接回路

1—溢流阀 2—二位四通电磁换向阀 3—行程阀 4—节流阀 5—单向阀

节流阀 4 和单向阀 5 并联而成。当二位四通电磁换向阀 2 右位接通时，液压缸快速进给，当活塞杆上的挡块碰到行程阀 3 并压下行程阀 3 时，液压缸的回油只能从节流阀流通，液压缸转换为工作进给；当二位四通电磁换向阀 2 的电磁铁通电，阀 2 左位接通时，液压油经单向阀 5 进入液压缸有杆腔，活塞反向快速退回。这种回路与采用电磁阀代替行程阀的回路相比较，其优点是换向平稳、有较好的可靠性、换接点的位置精度高，缺点是行程阀的安装位置不能任意布置、管路连接比较复杂、容易造成泄漏和振动。

2. 两种不同工作进给速度的速度换接回路

两种不同工作进给速度的速度换接回路一般采用两个调速阀串联或并联而成，如图 10-25 所示。

图 10-25a 所示为两个调速阀并联的速度换接回路，两个调速阀（调速阀 3 和调速阀 4）分别调节两种工作进给速度，互不干扰。但在这种调速回路中，一个调速阀处于工作状态，另一个调速阀则无油通过，使定差减压阀 2 处于最大开口位置，速度换接时，油液大量进入执行元件使其突然前冲。因此，这种回路不适合在工作过程中进行速度换接。

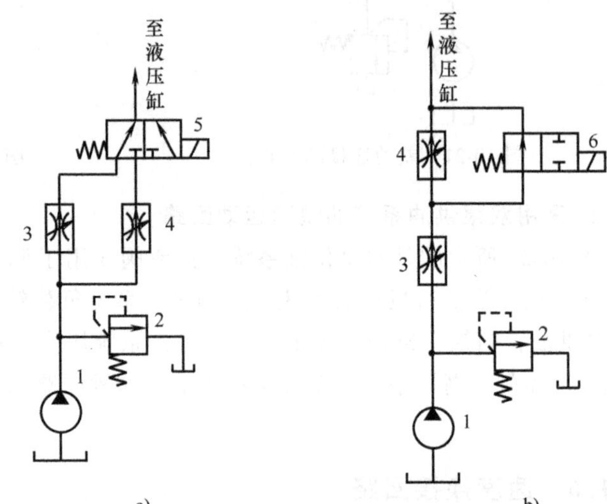

图 10-25 两种不同工作进给速度的速度换接回路

a）两个调速阀并联的速度换接回路

b）两个调速阀串联的速度换接回路

1—定量泵 2—定差减压阀 3、4—调速阀 5—二位三通电磁换向阀 6—二位二通电磁换向阀

图 10-25b 所示为两个调速阀串联的速度换接回路，速度的换接是通过二位二通电磁换向阀 6 的两个工作位置的切换实现的。在这种回路中，调速阀 4 的开口一定要小于调速阀 3，工作时，油液始终通过两个调速阀，速度换接的平稳性较好，但能量损失也较大。

10.2 压力控制回路

压力控制回路的功用是利用压力控制阀来控制系统中油液的压力，以满足系统中执行元件对力和转矩的要求。压力控制回路主要包括调压、减压、增压、保压、卸荷、平衡、锁紧等回路。

10.2.1 调压回路

调压回路的功用是使液压系统整体或某一部分的压力保持恒定或不超过某个数值。调压回路又分为单级调压回路和多级调压回路。

1. 单级调压回路

图 10-26 所示为单级调压回路，也是进油路节流调速回路，这是液压系统中最常见的回路，在液压泵的出口处并联一个溢流阀来调定系统的压力。

2. 多级调压回路

图 10-27 所示为多级调压回路。液压泵 1 的出口处并联一个先导式溢流阀 2，其远程控制口上串接一个二位二通电磁换向阀 3 及一个远程调压阀 4。当先导式溢流阀 2 的调定压力低于远程调压阀 4 的调定压力时，系统压力由先导式溢流阀 2 决定；当先导式溢流阀 2 的调定压力高于远程调压阀 4 的调定压力时，可通过二位二通电磁换向阀 3 的换向得到两种系统压力，若二位二通电磁换向阀 3 的电磁铁断电，则其左位接通，系统压力由先导式溢流阀 2 决定；若二位二通电磁换向阀 3 的电磁铁通电，则其右位接通，系统压力由远程调压阀 4 决定。若将先导式溢流阀 2 的远程控制口接一个多位换向阀，并联多个调压阀，则可获得多级调压。

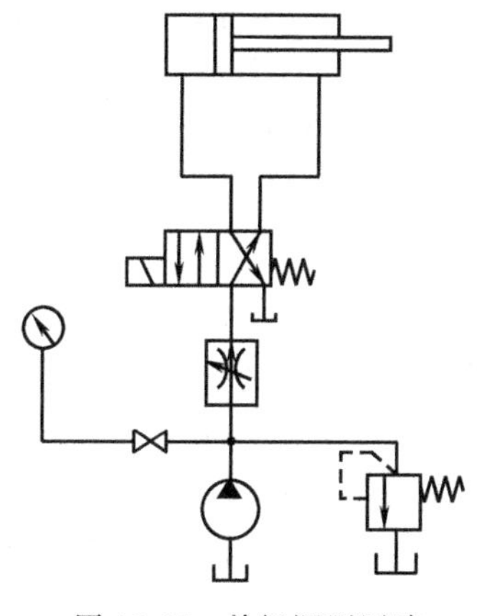

图 10-26　单级调压回路

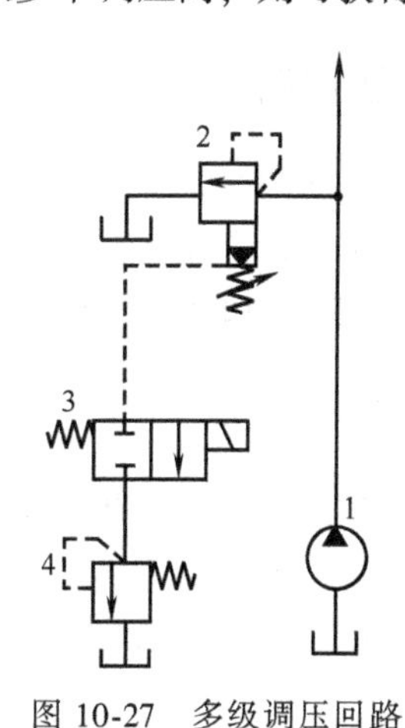

图 10-27　多级调压回路

1—液压泵　2—先导式溢流阀

3—二位二通电磁换向阀　4—远程调压阀

需要注意的是，利用先导式溢流阀的远程控制口进行远程调压时，先导式溢流阀的调定压力必须大于远程调压阀的调定压力。

3. 无级调压回路

若将图 10-26 所示回路中的溢流阀换成比例溢流阀，则回路变成无级调压回路，如图 10-28 所示。调节比例溢流阀的输入电流值，即可实现系统压力的无级调节。这种回路结构简单，可连续对系统压力进行调节，并能方便地进行远程控制或程序控制。

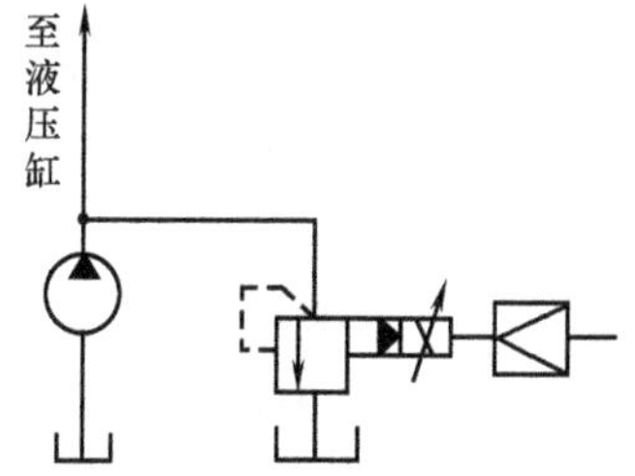

图 10-28　无级调压回路

10.2.2　减压回路

减压回路的功用是使系统中的某一部分具有较低的稳定压力。

机床液压系统中的定位、夹紧以及液压元件的控制油路等，往往都需要比主油路低的压力。图 10-29 所示为减压回路，两个执行元件，即液压缸 4 和 5 需要的压力不一样，在压力较低的回路上安装一个减压阀 2 以获得较低的稳定压力，单向阀 3 的作用是当主油路的压力低于减压阀 2 的调定值时，防止液压缸 4 油液倒流，起短时保压作用。

为使减压阀所在回路工作可靠，减压阀的最低调定压力不应小于 0.5MPa，最高调定压力至少比系统压力低 0.5MPa。当回路执行元件需要调速时，调速元件应安装在减压阀之后，以免减压阀的泄漏对执行元件的速度产生影响。

减压回路也可以采用类似多级调压回路的方法获得多级减压，也可以采用比例减压阀实现连续无级减压。采用减压回路虽能方便地获得稳定的支路低压，但缺点是液压油经减压阀口时会产生能量损失。

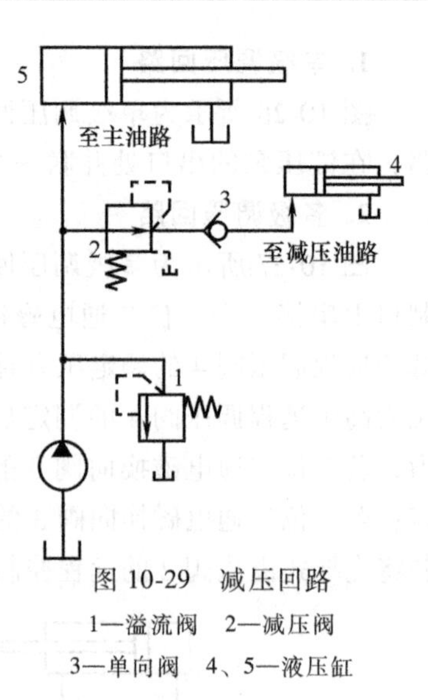

图 10-29 减压回路

1—溢流阀 2—减压阀

3—单向阀 4、5—液压缸

10.2.3 增压回路

增压回路的功用是提高系统中局部油路中的压力，使系统中的局部压力远远大于液压泵的输出压力。增压回路中提高压力的主要元件是增压器。

1. 单作用增压器的增压回路

图 10-30 所示的是一种采用单作用增压器的增压回路。增压器 1 的两端活塞面积不一样，因此，当活塞面积较大的腔中通入液压油时，另一端活塞面积较小的腔中就可获得较高的油液压力，增压的倍数取决于大、小活塞面积的比值。

增压回路用来使系统中某一支路获得较系统压力高且流量不大的油液供应，适用于单向作用力大、行程小、作业时间短的场合。这种回路只能间歇增压，所以也称为单作用增压回路。

2. 双作用增压器的增压回路

图 10-31 所示的是采用双作用增压器的增压回路，能连续输出具有较高压力的液压油，在图 10-31 所示位置，液压泵输出的液压油经二位四通电磁换向阀 6 和单向阀 1 进入双作用

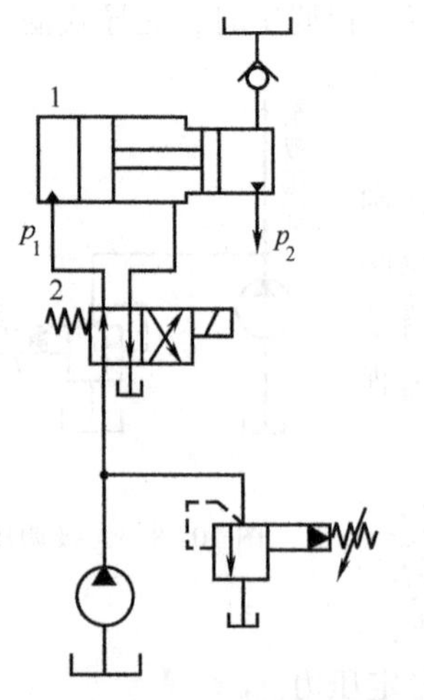

图 10-30 采用单作用增压器的增压回路

1—单作用增压器

2—二位四通电磁换向阀

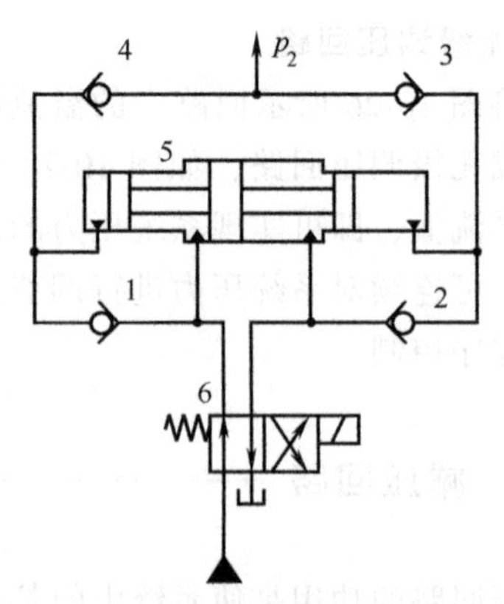

图 10-31 采用双作用增压器的增压回路

1、2、3、4—单向阀 5—双作用增压器

6—二位四通电磁换向阀

增压器 5 的左端大、小活塞腔，活塞向右移动，右端大活塞腔的回油流回油箱，右端小活塞腔增压后的液压油经单向阀 3 输出，此时单向阀 2、4 被关闭。当双作用增压器 5 的活塞移到右端时，二位四通电磁换向阀 6 得电换向，双作用增压器 5 的活塞向左移动。与活塞向右移动过程同理，左端小活塞腔输出的液压油经单向阀 4 输出。双作用增压器 5 的活塞不断往复运动，其两端便交替输出具有较高压力的液压油，从而实现连续增压。这种回路适用于要求增压行程较长、需要连续输出具有较高压力液压油的场合。

10.2.4　保压回路

保压回路的功用是在执行元件工作循环的某一阶段中保持系统中规定的压力。

1. 采用蓄能器的保压回路

图 10-32 所示的是一种用于夹紧工件的采用蓄能器的保压回路。当三位四通电磁换向阀 1 左位接通时，液压缸进给，进行夹紧工作。当系统压力升至调定压力时，压力继电器 6 发出信号，使二位二通电磁换向阀 5 换向，液压泵卸荷。此时，夹紧油路利用蓄能器 2 进行保压。

2. 采用液压泵的保压回路

图 10-23 所示的双泵供油系统既是一种快速运动回路，也是一种保压回路。在系统压力较低时，低压大流量泵 1 和高压小流量泵 2 同时供油。当系统压力升高时，低压大流量泵 1 卸荷，高压小流量泵 2 起保压作用。

3. 采用液控单向阀的保压回路

图 10-33 所示的是一种采用液控单向阀和电接触式压力表的自动补油式保压回路，主要是保证液压缸上腔通油时系统压力在一个调定的稳定值。当电磁铁 2YA 通电时，三位四通电磁换向阀 3 右位接通，液压油进入液压缸上腔，处于工作状态。当系统压力升至电接触式压力表 1 上触点调定的上限压力值时，电接触式压力表 1 发出信号，电磁铁 2YA 断电，三位

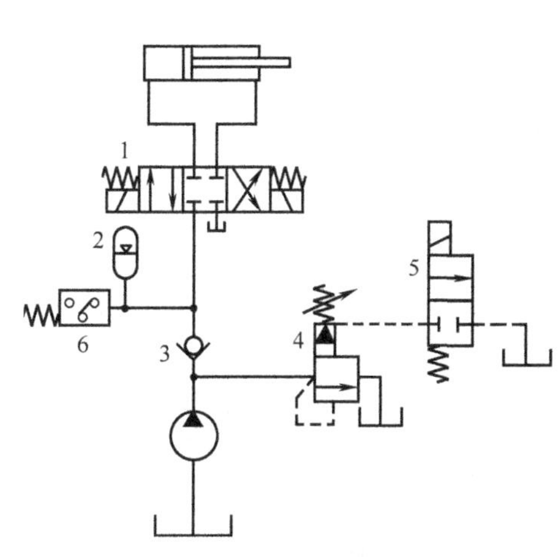

图 10-32　采用蓄能器的保压回路

1—三位四通电磁换向阀　2—蓄能器　3—单向阀
4—电磁溢流阀　5—二位二通电磁换向阀
6—压力继电器

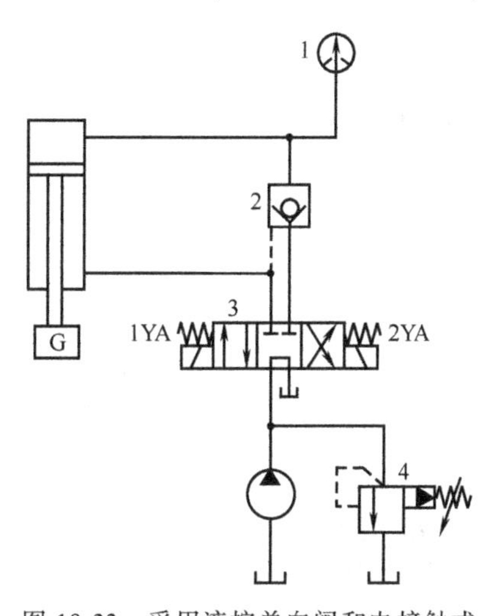

图 10-33　采用液控单向阀和电接触式压力表的自动补油式保压回路

1—电接触式压力表　2—液控单向阀
3—三位四通电磁换向阀　4—电磁溢流阀

四通电磁换向阀 3 回到中位，系统卸荷。当系统压力降至电接触式压力表 1 上触点调定的下限压力值时，压力表 1 又发出信号，电磁铁 2YA 通电，三位四通电磁换向阀 3 右位再次接通，液压泵向系统补油，系统压力回升。

10.2.5 卸荷回路

卸荷回路的功用是使液压泵在接近零压的工作状态下运转，以减少功率损失和系统发热，延长液压泵和电动机的使用寿命。

1. 采用电磁溢流阀的卸荷回路

图 10-32 所示的保压回路也是一种采用电磁溢流阀的卸荷回路，当二位二通电磁换向阀 5 通电时，其远程控制口与油箱接通，电磁溢流阀 4 打开，液压泵实现卸荷。

2. 采用三位四通电磁换向阀中位机能的卸荷回路

图 10-33 所示保压回路的三位四通电磁换向阀 3 处于中位时为 M 型中位机能，液压泵输出的油液直接流回油箱，液压泵即可卸荷。M、H 和 K 型中位机能的三位四通换向阀处于中位时，液压泵都可以实现卸荷。

10.2.6 平衡回路

平衡回路的功用是防止立式液压缸或倾斜放置的液压缸及其工作部件在自重作用下自行下落或由自重引起运动失控。

1. 采用单向顺序阀的平衡回路

图 10-34 所示的就是采用单向顺序阀的平衡回路。在这种回路中，当活塞向下运动时，立式液压缸有杆腔中油液压力在大于单向顺序阀的调定压力后才能将单向顺序阀打开，使回油流回油箱，单向顺序阀可以根据需要调定压力，以保证系统达到平衡，活塞平稳下落。由于单向顺序阀是滑阀形式，因此存在内泄漏，活塞不可能长时间停在任意位置，所以这种回路只适用于工作部件重量不大、活塞锁住时定位要求不高的场合。

2. 采用远控平衡阀的平衡回路

图 10-35 所示的是采用远控平衡阀的平衡回路，其中的远控平衡阀采用特殊的锥阀结构。当活塞下行时，可以根据负载变化，由液压缸无杆腔主油路的压力控制远控平衡阀的开

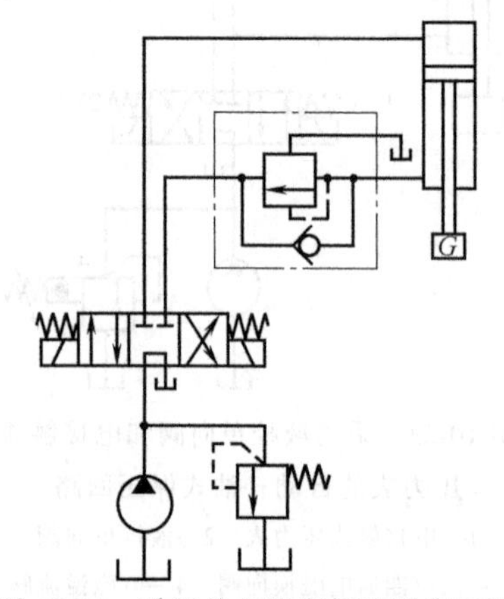

图 10-34 采用单向顺序阀的平衡回路

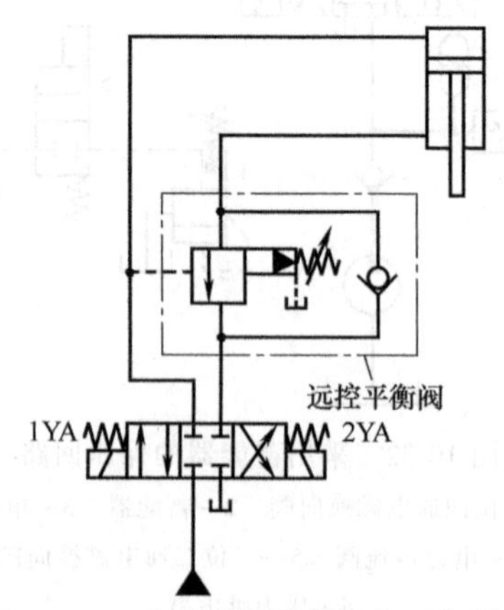

图 10-35 采用远控平衡阀的平衡回路

口面积大小，以平稳活塞下落速度，具有限速作用，且具有很好的密封性能，可以长时间停留在任意位置，所以这种回路适用于变重力负载系统，在起重机、高空作业车等工程机械液压系统中应用。

10.2.7　锁紧回路

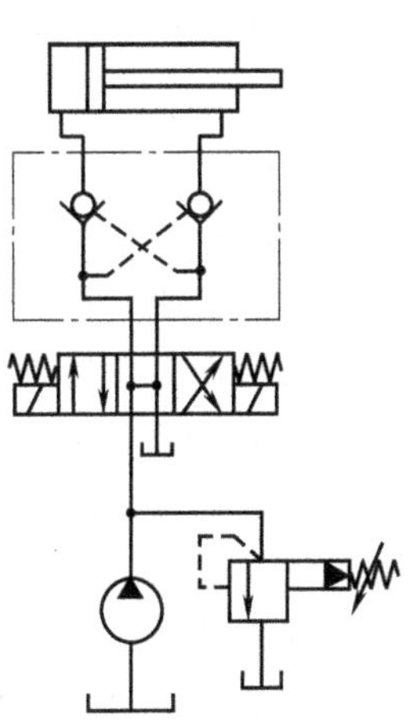

图 10-36　采用双向液控单向阀的液压锁紧回路

锁紧回路的功用是使执行机构在所需要的任意运动位置上锁紧。图 10-36 所示的就是一种采用双向液控单向阀（液压锁）的液压锁紧回路。在液压缸的进、回油路中都串联液控单向阀，活塞可以在行程的任意位置锁紧。这种回路的锁紧精度只受液压缸内少量内泄漏的影响，因此，锁紧精度较高。采用液控单向阀的锁紧回路中，换向阀的中位机能应使液控单向阀的控制油液卸荷（换向阀采用 H 型或 Y 型中位机能），此时，液控单向阀便立即关闭，活塞停止运动。若换向阀采用 O 型中位机能，则在换向阀中位时，液控单向阀的控制腔被封闭而不能立即关闭液控单向阀，直至换向阀的内泄漏使液控单向阀的控制腔泄漏降压，液控单向阀才能关闭，因此采用 O 型中位机能会影响其锁紧精度。

10.3 多执行元件控制回路

在液压系统中，用一个能源（液压泵）向多个执行元件（液压缸或液压马达）提供液压油，并能按各执行元件之间的运动关系要求进行控制、完成规定动作顺序的回路，称为多执行元件控制回路。

10.3.1　顺序动作回路

顺序动作回路的功用是保证各执行元件严格地按照给定的动作顺序运动。顺序动作回路分为行程控制式、压力控制式和时间控制式。

1. 行程控制式顺序动作回路

行程控制式顺序动作回路就是将控制元件安装在执行元件行程中的一定位置，当执行元件触动控制元件时，控制元件就发出控制信号，控制下一个执行元件的动作。

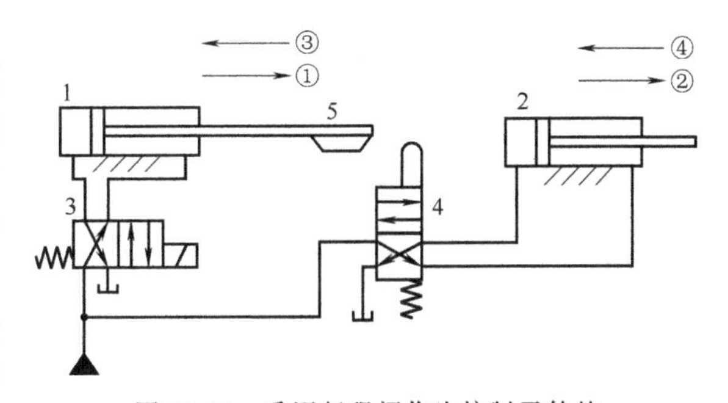

图 10-37　采用行程阀作为控制元件的行程控制式顺序动作回路

1、2—液压缸　3—二位四通电磁换向阀　4—二位四通行程阀　5—挡块

图 10-37 所示的是采用行程阀作为控制元件的行程控制式顺序动作回路。当二位四通电磁换向阀 3 通电后，其右位接通，液压油进入液压缸 1 的无杆腔，液压缸 1 的活塞向右进给，完成动作①。

当活塞上的挡块5碰到二位四通行程阀4时，压下行程阀，使其上位接通，液压油通过二位四通行程阀4进入液压缸2的无杆腔，液压缸2的活塞向右进给，完成动作②。当二位四通电磁换向阀3断电后，其左位接通，液压油进入液压缸1的有杆腔，液压缸1的活塞向左退回，完成动作③。当液压缸1活塞上的挡块5脱离二位四通行程阀4时，二位四通行程阀4的下位接通，液压油进入液压缸2的有杆腔，液压缸2的活塞随之向左退回，完成动作④。这种回路换向可靠，但改变运动顺序较困难。

图10-38所示的是采用电磁换向阀和行程开关的行程控制式顺序动作回路。当二位四通电磁换向阀7通电时，其左位接通，液压油进入液压缸6的无杆腔，液压缸6的活塞向右进给，完成动作①。当液压缸6活塞上的挡块碰到行程开关2时，行程开关2发出电信号，使二位四通电磁换向阀8通电，其左位接通，液压油进入液压缸5的无杆腔，液压缸5的活塞向右进给，完成动作②。当液压缸5活塞上的挡块碰到行程开关4时，发出电信号，使二位四通电磁换向阀7断电，其右位接通，液压油进入液压缸6的有杆腔，液压缸6的活塞向左退回，完成动作③。当液压缸6活塞上的挡块碰到行程开关1时，行程开关1发出电信号，使二位四通电磁换向阀8断电，其右位接通，液压油进入液压缸5的有杆腔，液压缸5的活塞向左退回，完成动作④。当液压缸5活塞上的挡块碰到行程开关3时，行程开关3发出电信号表明整个工作循环结束。这种回路行程调整方便，阀安装位置不受限制，便于更改动作顺序，容易实现自动控制，更适合采用PLC控制，因此，得到广泛的应用。

2. 压力控制式顺序动作回路

图10-39所示的是采用顺序阀的压力控制式顺序动作回路。当三位四通电磁换向阀5处于左位时，液压油进入液压缸1的无杆腔，液压缸1的活塞向右运动，完成动作①。当液压缸1的活塞运动到终点时，油液压力升高，打开顺序阀4，液压油进入液压缸2的无杆腔，液压缸2的活塞向右运动，完成动作②。当三位四通电磁换向阀5处于右位时，液压油进入液压缸2的有杆腔，液压缸2的活塞向左运动，完成动作③。当液压缸2的活塞运动到终点时，油液压力升高，打开顺序阀3，液压油进入液压缸1的有杆腔，液压缸1的活塞向左运动，完成动作④。

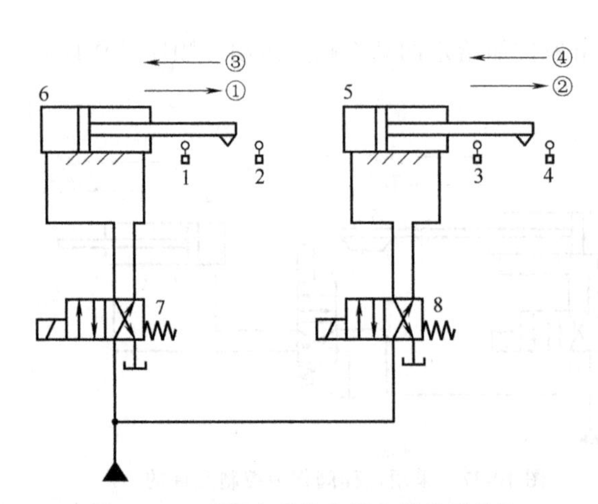

图10-38　采用电磁换向阀和行程开关的行程控制式顺序动作回路

1、2、3、4—行程开关　5、6—液压缸

7、8—二位四通电磁换向阀

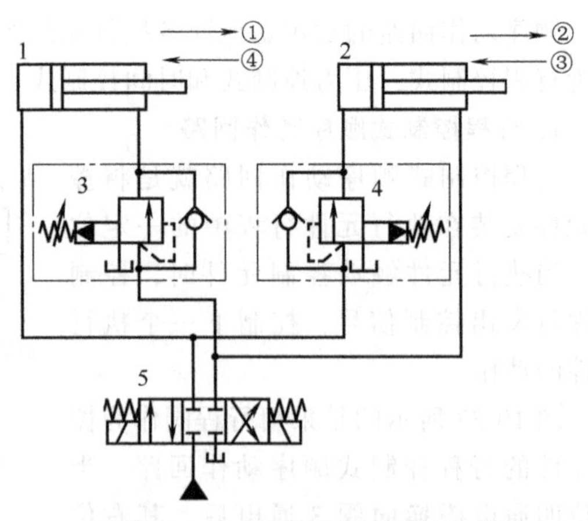

图10-39　采用顺序阀的压力控制式顺序动作回路

1、2—液压缸　3、4—顺序阀

5—三位四通电磁换向阀

这种顺序动作回路的可靠性在很大程度上取决于顺序阀的性能及其调定压力。顺序阀的调定压力应比先动作的液压缸的工作压力高 $8\times10^5\sim10\times10^5$ Pa，以免在系统压力波动时发生误动作。

此外，还有采用压力继电器的压力控制式顺序动作回路，这种回路控制比较方便、灵活，但油路中会有液压冲击，容易产生误动作，目前应用较少。

10.3.2 同步回路

同步回路的功用是保证液压系统中两个以上执行元件以相同的位移或速度（或一定的速比）运动。

从理论上讲，只要保证多个执行元件的结构尺寸相同、输入油液的流量相同，就可使执行元件保持同步动作，但由于泄漏、摩擦阻力、外负载、制造精度、结构弹性变形及油液中的含气量等因素，很难保证多个执行元件的同步。因此，在同步回路的设计、制造和安装过程中，要尽量避免这些因素的影响，必要时可采取一些补偿措施。如果想获得高精度的同步回路，则需要采用闭环控制系统才能实现。

1. 容积式同步回路

容积式同步回路通常采用相同规格的液压泵和执行元件，以机械连接等方法实现同步动作。图 10-40 所示的是一种采用同步液压缸的同步回路，单向阀 3、4 的作用是当液压缸 1 或 2 的活塞先运动至终点时，使其进油腔中多余的液压油经溢流阀 5 流回油箱。

2. 节流式同步回路

图 10-41 所示的是采用分流集流阀的同步回路。分流集流阀 3、4 能保证进入液压缸 1、2 的液压油等量，以保证两缸的同步运动，若液压缸 1 或 2 的活塞先到达终点，则可经过分流集流阀 3 或 4 内节流口的调节，使油液进入另一个液压缸内，使其活塞到达终点，以消除积累误差。

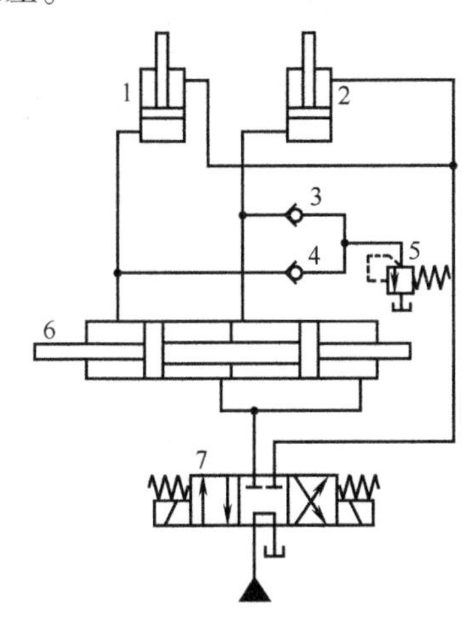

图 10-40 采用同步液压缸的同步回路

1、2—液压缸 3、4—单向阀 5—溢流阀

6—同步液压缸 7—三位四通电磁换向阀

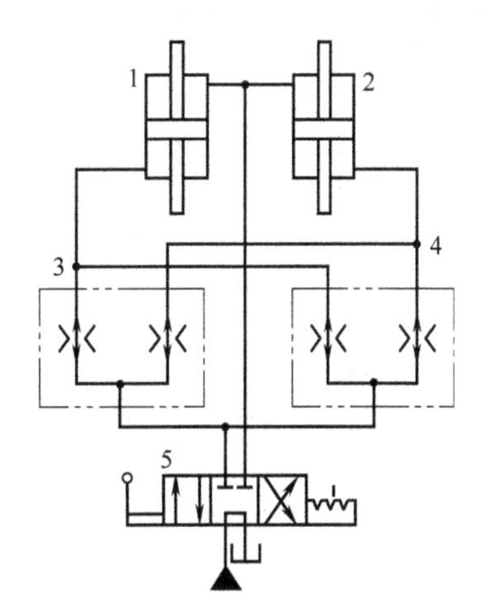

图 10-41 采用分流集流阀的同步回路

1、2—液压缸 3、4—分流集流阀

5—二位四通电磁换向阀

采用分流集流阀的同步回路的优点是分流集流阀可自动调整进入或流出液压缸的流量，使用方便，并能使液压缸在承受不同负载时仍保证速度同步。但缺点是压力损失大、效率

低、不适用于低压系统。

3. 采用电液比例调速阀的同步回路

图 10-42 所示的是采用电液比例调速阀的同步回路。回路中调节流量的是普通调速阀 3 和电液比例调速阀 4，分别控制液压缸 1、2 的运动。当液压缸 1、2 出现位置误差后，检测装置会发出信号，自动调节电液比例调速阀 4 的开度，以保证液压缸 1、2 的同步。

采用电液比例调速阀的同步回路的同步精度较高，位置精度可达 0.5mm，已能满足大多数工作部件的同步精度要求。电液比例调速阀性能虽然比不上电液伺服阀，但成本低，系统对环境适应性强，因此得到广泛应用。

10.3.3 多缸工作运动互不干扰回路

多缸工作运动互不干扰回路的功用是防止两个以上执行机构在工作时速度不同而引起动作上的相互干扰，保证各自运动的独立和可靠。

图 10-43 所示的是双泵供油的多缸快慢速运动互不干扰回路。高压小流量泵 11 负责液压缸 1、2 的工作进给的供油；低压大流量泵 12 负责液压缸 1、2 快速进给时的供油。调速阀 9、10 的作用是在液压缸 1、2 工作进给时调节活塞的运动速度。在这种回路中，每个液压缸均可单独实现快速进给、工作进给及快速退回的动作循环，两个液压缸的动作之间互不干扰。

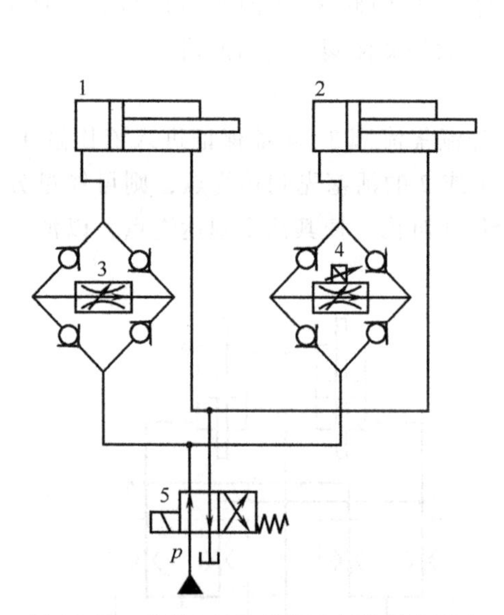

图 10-42 采用电液比例调速阀的同步回路

1、2—液压缸 3—调速阀 4—电液比例调速阀 5—二位四通电磁换向阀

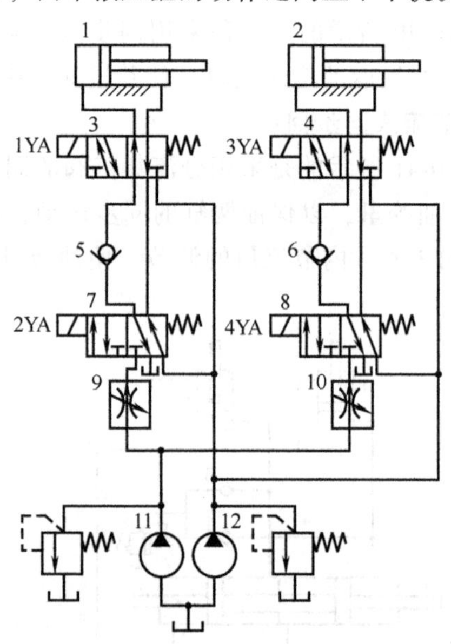

图 10-43 双泵供油的多缸快慢速运动互不干扰回路

1、2—液压缸 3、4、7、8—二位五通电磁换向阀 5、6—溢流阀 9、10—调速阀 11—高压小流量泵 12—低压大流量泵

课堂讨论

1. 在哪些调速回路中溢流阀用作定压阀？在哪些调速回路中溢流阀用作安全阀？

2. 如何调节液压执行元件的运动速度？常用的调速方式有哪几种？分别叙述调速原理和特性。

3. 节流调速回路具有哪些特点？进油路节流调速回路和回油路节流调速回路中，溢流阀的压力调定值根据什么确定，写出具体的计算式。

4. 查阅混凝土搅拌车的相关资料，以混凝土搅拌车为例，如图 10-44 所示，说明采用变量泵与定量马达组成的容积调速回路的特点、系统中如何解决系统的补油和发热问题。

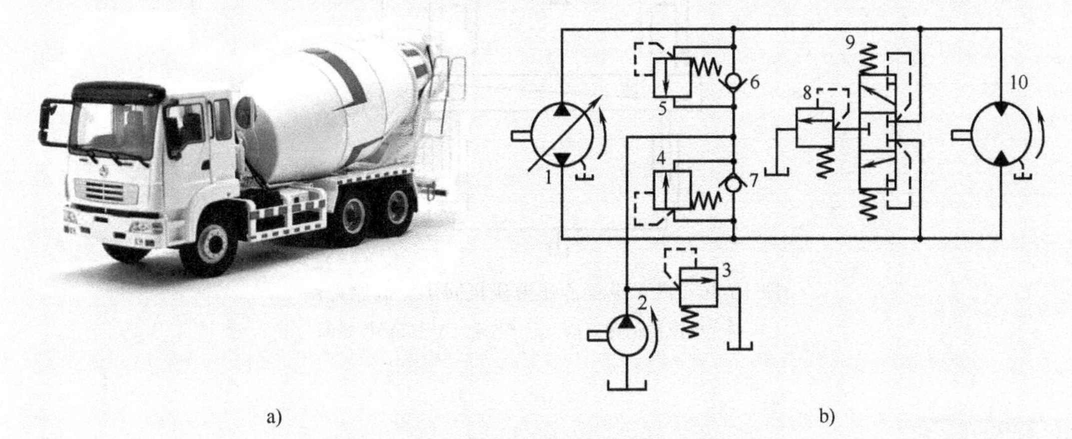

图 10-44　混凝土搅拌车实物图与液压原理图

a）实物图　b）液压原理图

5. 查阅土压平衡盾构机的相关资料，以推进液压系统为例，其实物图如图 10-45a 所示，推进液压缸分组控制，每组有一个液压缸内置位移传感器，如图 10-45b 所示，单组推进速度控制液压原理简图如图 10-45c 所示，说明电液比例变量泵与比例调速阀组成的容积节流调速回路的调速特点，分析系统的调速原理和回路效率。

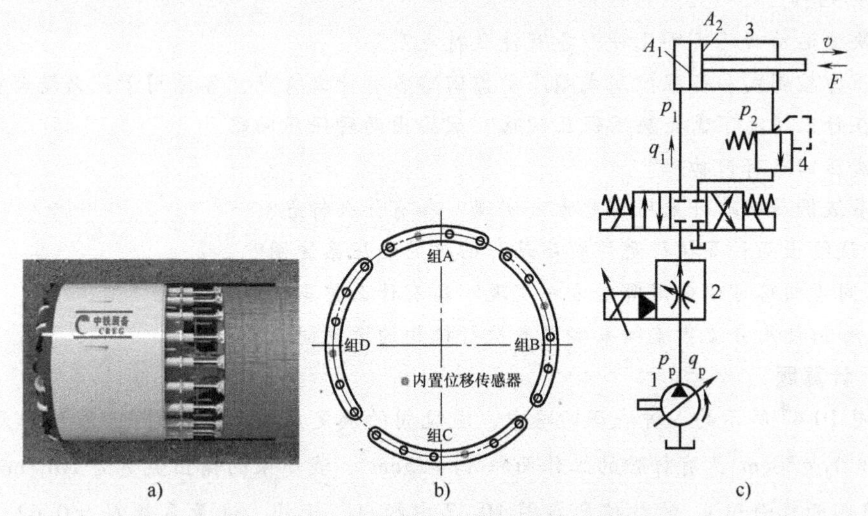

图 10-45　土压平衡盾构机推进液压系统

a）推进液压系统实物图　b）推进液压缸布置示意图　c）单组推进速度控制液压原理简图

6. 图 10-46 所示的是汽车纵梁冲压液压机同步控制原理图，1 和 2 是电液比例调速阀，4 是位移传感器，要求纵梁 3 同步升降。试分析采用电液比例调速阀同步控制的原理，运用控制工程基础知识，绘制出闭环控制结构框图。

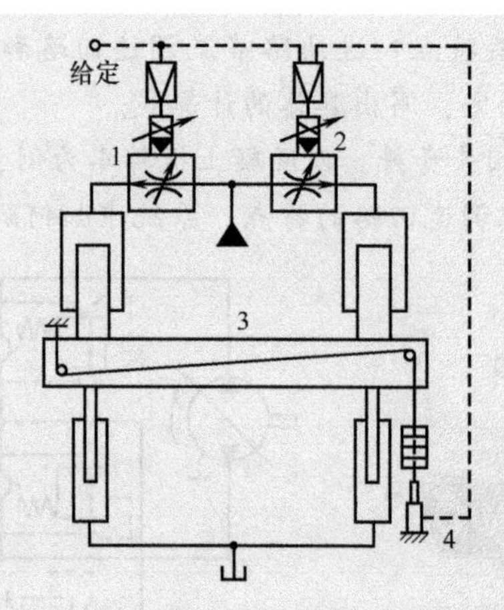

图 10-46　汽车纵梁冲压液压机同步控制原理图

1、2—电液比例调速阀　3—纵梁　4—位移传感器

课后习题

一、简答题

1. 试举例说明什么是开式回路，什么是闭式回路，各适用于什么场合？

2. 节流调速回路、容积调速回路各有什么特点？

3. 如何利用行程阀来实现两种不同速度的换接？

4. 利用两个调速阀实现两种不同工作速度换接时，串联与并联分别如何连接？两种方法有何不同？

5. 快速运动回路有哪几种？各有什么特点？

6. 压力控制式和行程控制式顺序动作回路各有什么特点，各适用于什么场合？

7. 在什么情况下需要应用保压回路？试绘出两种保压回路。

8. 减压回路有何功用？

9. 多级调压回路可采用哪些方式实现？各有什么特点？

10. 试绘出两种多执行元件顺序动作回路的液压系统图？

11. 同步回路可以采用哪些方式实现？各有什么特点？

12. 如何使用分流集流阀来实现多执行机构的运动同步？

二、计算题

1. 图 10-47 所示的八种液压回路中，溢流阀的调定压力为 2.4MPa，液压缸无杆腔的工作面积 $A_1=50\text{cm}^2$，有杆腔的工作面积 $A_2=25\text{cm}^2$，液压泵的输出流量为 10L/min，负载 F 及节流阀开口面积 A_T 的数值已在图 10-47 中标出，此外，流量系数 $C_d=0.62$，油液密度 $\rho=900\text{kg/m}^3$。试分别计算各回路中液压缸活塞的运动速度和液压泵的输出压力。

2. 图 10-48 所示的液压系统中，无杆腔的工作面积 $A_1=100\text{cm}^2$，有杆腔的工作面积 $A_2=50\text{cm}^2$，负载 $F=25000\text{N}$，节流阀的流量系数 $C_d=0.62$，油液密度 $\rho=900\text{kg/m}^3$，试回答下列问题：

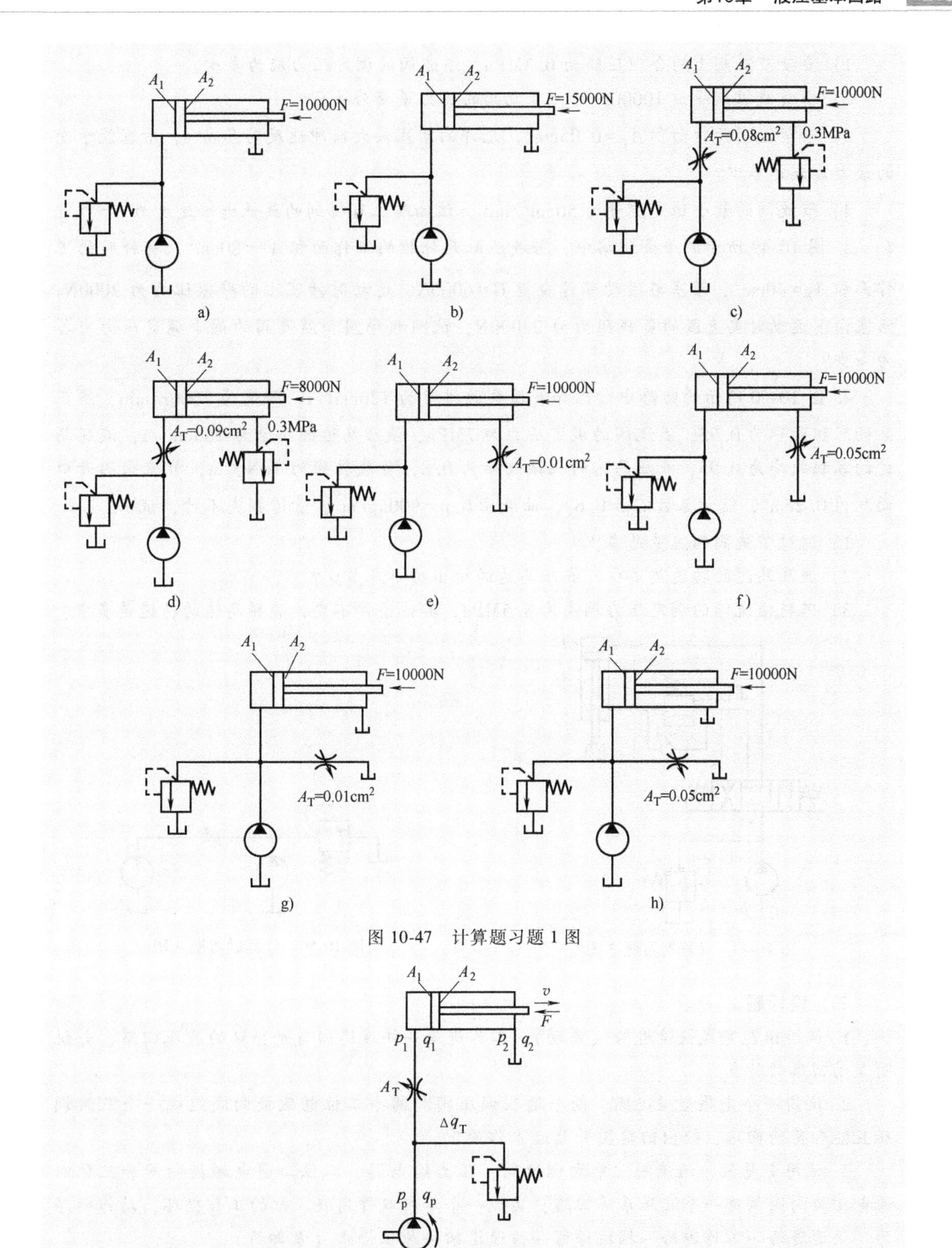

图 10-47　计算题习题 1 图

图 10-48　计算题习题 2 图

1）要使节流阀上的合理压降为0.3MPa，溢流阀的调定压力应为多少？

2）当负载短期降为10000N时，节流阀的压力差变为多少？

3）若节流阀开口面积$A_T=0.05\text{cm}^2$，允许的活塞最大前冲速度为5cm/s，活塞能承受的最大负载是多少？

4）节流阀的最小稳定流量为$50\text{cm}^2/\text{min}$，该油路上可得到的最低进给速度为多少？

3. 图10-49所示的平衡回路中，若液压缸无杆腔的工作面积$A_1=80\text{cm}^2$，有杆腔的工作面积$A_2=40\text{cm}^2$，活塞与运动部件自重$G=6000\text{N}$，运动时活塞上的摩擦阻力为2000N，活塞向下运动时要克服的负载阻力为24000N，试问顺序阀和溢流阀的最小调定压力应各为多少？

4. 图10-50所示的回路中，已知液压泵的排量为$120\text{cm}^3/\text{r}$，转速为1000r/min，液压泵的容积效率为0.95，溢流阀的调定压力为7MPa，液压马达的排量为$160\text{cm}^3/\text{r}$，液压马达的容积效率为0.95，液压马达的机械效率为0.8，负载转矩为16N·m，节流阀的开口面积为0.2cm^2，流量系数$C_d=0.62$，油液密度$\rho=900\text{kg/m}^3$，管道损失不计，试求：

1）通过节流阀的流量是多少？

2）液压马达的转速是多少？液压马达的输出功率是多少？

3）若将溢流阀的调定压力调高为8.5MPa，其他条件不变，液压马达的转速是多少？

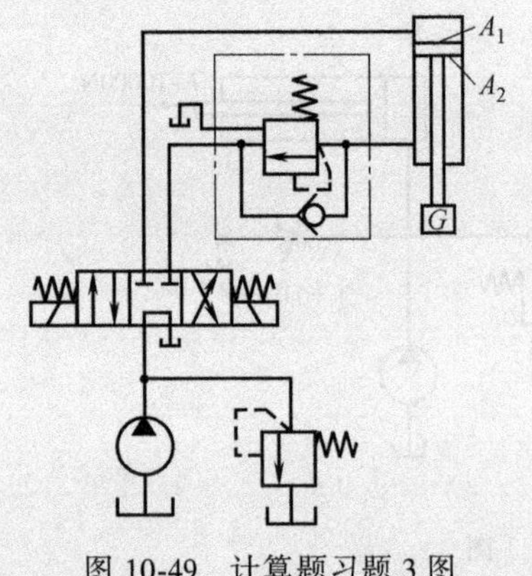

图10-49 计算题习题3图

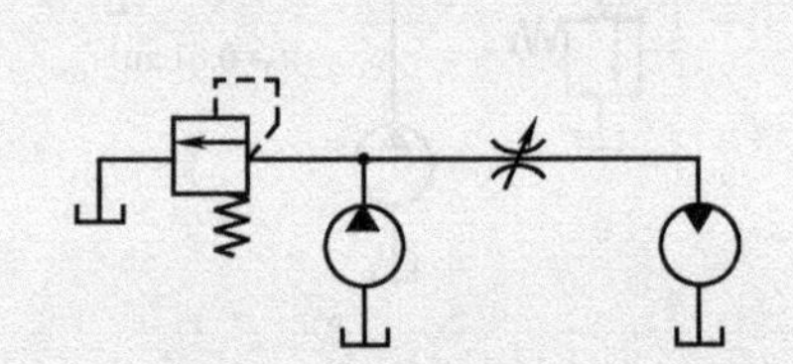
图10-50 计算题习题4图

三、设计题

1. 试绘出能完成快速进给（差动）→工作进给→快速退回自动循环的液压回路，并说明差动回路的特点。

2. 试用一个先导型溢流阀、两个远程调压阀和两个二位电磁换向阀组成一个三级调压且能卸荷的回路，绘出回路图并简述工作原理。

3. 试用变量泵、溢流阀、单向调速阀、压力继电器、二位二通电磁换向阀和三位四通电磁换向阀构建一个液压系统回路，实现一个单杆双作用液压缸的工作循环，动作顺序为：快速进给→工作进给→挡块停留→快速退回→原位停止（泵卸荷）。

第11章 典型液压系统

学习引导

液压传动广泛应用于机械制造、冶金、轻工、起重运输、工程机械、隧道机械、船舶、航空、武器装备等各个领域。根据液压主机的工况特点、动作循环和工作要求，液压传动系统的组成、作用和特点不尽相同。本章将通过组合机床动力滑台液压系统、汽车起重机液压系统、三块双层升降舞台液压系统、地空导弹发射装置液压系统这四种典型液压系统，介绍液压技术在各行各业中的应用，带领读者熟悉各类液压元件在系统中的作用和各种基本回路的构成，进而掌握分析液压系统的步骤和方法。

11.1 液压系统分析方法概述

分析一个较复杂的液压系统，大致可以按以下步骤进行。

1）了解设备的功能、工作循环及其工况对液压系统提出的要求。

2）根据设备对系统的要求，以执行元件为中心将整个系统分解为若干子系统。

3）研究各子系统中的所有液压元件及它们之间的联系，理解各个液压元件的类型、原理、性能及其在系统中的作用。

4）根据对执行元件的动作要求，参照电磁铁动作顺序表，逐步分析各子系统的换向回路、调速回路、压力控制回路等。

5）根据设备各执行元件间的互锁、同步、顺序动作和防干扰等要求，分析各子系统之间的联系。

6）归纳总结整个系统的特点，以加深对系统的理解。

11.2 组合机床动力滑台液压系统

11.2.1 组合机床动力滑台液压系统概述

组合机床一般由通用部件（如动力头、动力滑台等）和部分专用部件（如主轴箱、夹具等）组合而成。组合机床具有加工能力强、自动化程度高、经济性好等优点。而动力滑台是组合机床上实现进给运动的一种通用部件，配上动力头和主轴箱后可以对工件完成钻、扩、铰、镗、铣、攻螺纹孔、车端面等加工工序。YT4543 型动力滑台液压系统由液压缸驱动，在电气和机械装置的配合下可以实现各种自动工作循环。图 11-1 所示为组合机床动力滑台液压系统及工作循环图。

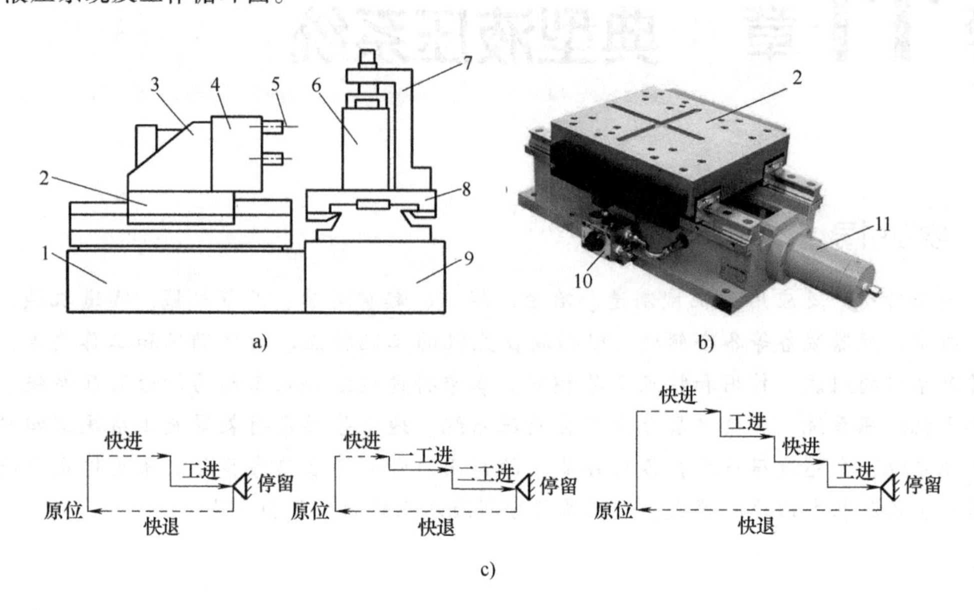

图 11-1 组合机床动力滑台液压系统及工作循环图

a）结构示意图 b）实物图 c）工作循环图

1—床身 2—动力滑台 3—动力头 4—主轴箱 5—刀具

6—工件 7—夹具 8—工作台 9—底座 10—调速阀 11—液压缸

11.2.2 YT4543 型动力滑台液压系统工作原理

图 11-2 所示为 YT4543 型动力滑台液压系统图。该系统用叶片式恒压变量泵供油，电液换向阀换向，液压缸差动连接实现快进，调速阀调节工进速度，行程阀控制快、慢速度的换接，电磁阀控制两种工进速度的换接，用挡块保证进给的位置精度。滑台的动作循环是：快进→一工进→二工进→固定挡块停留→快退→原位停止。

1. 快进

按下起动按钮，电磁铁 1YA 得电，电液换向阀 7（其先导阀为三位四通电磁换向阀 7A，主阀为三位五通液动换向阀 7B）的先导阀 7A 处于左位，在控制油路的驱动下，电液换向阀 7 的主阀 7B 切换至左位，因此主油路的进油路：恒压变量泵 2→单向阀 3→电液换向阀 7 的主阀 7B 左位→行程阀 11 常位→液压缸 14 左腔。由于快进时动力滑台负载小，恒压变量泵 2 的出口压力较低，液控顺序阀 5 关闭，因此主油路的回油路：液压缸 14 右腔→电液换向阀 7 的主阀 7B 左位→单向阀 6→行程阀 11 常位→液压缸 14 左腔。液压缸 14 形成差动连接，且此时恒压变量泵 2 流量最大，动力滑台向右快进。

2. 一工进

当动力滑台快进到预定位置时，其上的行程挡块压下行程阀 11，切断原来进入液压缸 14 左腔的油路。此时电磁铁 3YA 处于失电状态，因此主油路的进油路：电液换向阀 7 的主阀 7B 左位→调速阀 8→电磁阀 12 常位→液压缸 14 左腔。由于调速阀 8 的接入，恒压变量

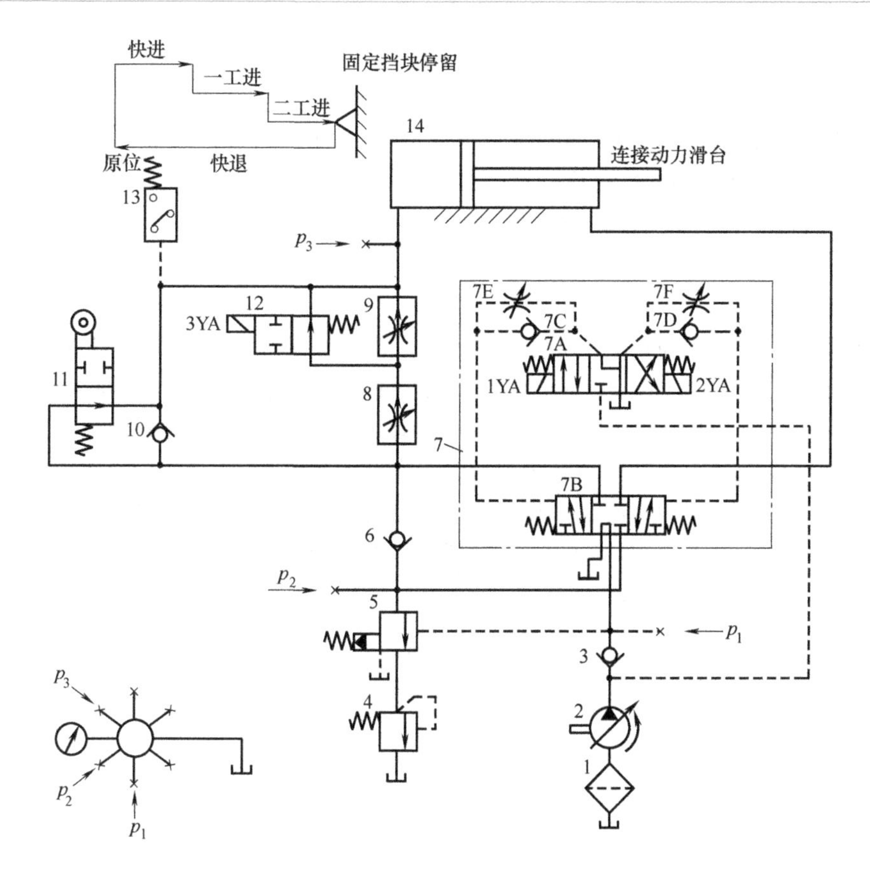

图 11-2　YT4543 型动力滑台液压系统图

1—过滤器　2—恒压变量泵　3、6、10—单向阀　4—背压阀　5—液控顺序阀　7—电液换向阀　8、9—调速阀　11—行程阀　12—电磁阀　13—压力继电器　14—液压缸

泵 2 的压力升高，一方面恒压变量泵 2 的流量减小到与调速阀 8 调定的流量一致，另一方面使液控顺序阀 5 打开，液压缸 14 右腔油液不再进入左腔，而是经电液换向阀 7 的主阀 7B 左位流回油箱，因此主油路的回油路：电液换向阀 7 的主阀 7B 左位→液控顺序阀 5→背压阀 4→油箱。此时单向阀 6 关闭，动力滑台以一工进速度继续向右运动。

3. 二工进

当动力滑台以一工进速度运动到一定位置时，行程挡块压下电气行程开关，使电磁铁 3YA 得电，经电磁阀 12 的通路被切断，从调速阀 8 流出的油液须再经调速阀 9 进入液压缸 14 左腔，由于调速阀 9 的开口比调速阀 8 的小，动力滑台的进给速度降低，它将以调速阀 9 调定的二工进速度继续向右运动。

4. 固定挡块停留

为了在加工端面和台肩孔时提高其轴向尺寸精度和表面质量，动力滑台需要在固定挡块处停留。当动力滑台以二工进速度运动碰上固定挡块后，动力滑台停止运动。这时恒压变量泵 2 的压力升高，流量减小，直至输出流量仅能补偿系统泄漏为止。此时液压缸 14 左腔压力随之升高，压力继电器 13 动作并发出信号给时间继电器，使动力滑台在固定挡块停留一定时间后开始下一个动作。

5. 快退

当动力滑台停留一段时间后，时间继电器发出快退信号，电磁铁 1YA 失电，电磁铁 2YA 得电，电液换向阀 7 的主阀 7B 处于右位，因此主油路的进油路：恒压变量泵 2→单向阀 3→电液换向阀 7 的主阀 7B 右位→液压缸 14 右腔。主油路的回油路：液压缸 14 左腔→单向阀 10→电液换向阀 7 的主阀 7B 右位→油箱。由于此时系统空载，因此恒压变量泵 2 的供油压力低，输出流量大，动力滑台快速退回。

6. 原位停止

当动力滑台快退到原位时，行程挡块压下原位行程开关，使电磁铁 1YA、2YA 和 3YA 都失电，电液换向阀 7 的主阀 7B 处于中位，动力滑台停止运动，恒压变量泵 2 通过电液换向阀 7 的主阀 7B 中位（M 型）卸荷。为了使卸荷状态下控制油路保持一定的预控压力，恒压变量泵 2 和电液换向阀 7 之间装有单向阀 3，单向阀 3 的开启压力 $p_k = 0.4\mathrm{MPa}$。

表 11-1 为 YT4543 型动力滑台动作顺序表（表中“+”表示电磁铁得电）。

表 11-1 YT4543 型动力滑台动作顺序表

<table>
<tr><th rowspan="2">动作名称</th><th rowspan="2">信号来源</th><th colspan="3">电磁铁工作状态</th><th colspan="5">液压元件工作状态</th></tr>
<tr><th>1YA</th><th>2YA</th><th>3YA</th><th>液控顺序阀 5</th><th>电液换向阀 7 先导阀 7A</th><th>电液换向阀 7 主阀 7B</th><th>电磁阀 12</th><th>行程阀 11</th></tr>
<tr><td>快进</td><td>起动按钮</td><td>+</td><td></td><td></td><td>关闭</td><td rowspan="4">左位</td><td rowspan="4">左位</td><td rowspan="2">右位</td><td>常位</td></tr>
<tr><td>一工进</td><td>行程挡块压下行程阀 11</td><td>+</td><td></td><td></td><td rowspan="3">打开</td><td rowspan="3">压下</td></tr>
<tr><td>二工进</td><td>行程挡块压下行程开关</td><td>+</td><td></td><td>+</td><td rowspan="3">左位</td></tr>
<tr><td>固定挡块停留</td><td>动力滑台靠压在固定挡块处</td><td>+</td><td></td><td>+</td></tr>
<tr><td>快退</td><td>压力继电器 13 发出信号</td><td></td><td>+</td><td>+</td><td rowspan="2">关闭</td><td>右位</td><td>右位</td><td rowspan="2">常位</td></tr>
<tr><td>原位停止</td><td>行程挡块压下终点开关</td><td></td><td></td><td></td><td>中位</td><td>中位</td><td>右位</td></tr>
</table>

11.2.3 YT4543 型动力滑台液压系统特点

1. 调速回路

采用恒压变量泵和调速阀组成的容积节流调速回路保证了动力滑台具有较好的低速运动稳定性（$v_{\min} = 0.0066\mathrm{m/min}$）、较好的速度刚性和较大的调速范围（$Re \approx 100$ 以上）。动力滑台进给时，回油路上的背压阀除了防止空气渗入系统外，还可以使动力滑台承受一定的负值负载。

2. 快速进给回路

采用恒压变量泵和液压缸差动连接两项措施来实现动力滑台快进，可以得到较大的快进速度，系统能量利用合理。恒压变量泵在液压缸快进时输出最大流量，工进时自动减小流量，同时匹配调速阀的调节以适应液压缸的速度要求，只有节流损失，没有溢流损失，系统工作效率高。

3. 快速进给与工进速度换接回路

采用行程阀和顺序阀实现了快进与工进的换接，不仅简化了油路，而且使动作可靠，转换的位置精度也比较高。

4. 两种工进速度换接回路

采用布置灵活的电磁阀，以及两个调速阀串联来实现两种工进速度的换接，速度换接平稳。

5. 方向控制回路

采用换向时间可调的三位五通液动换向阀来切换主油路，提高了动力滑台的换向平稳性。

6. 卸荷回路

动力滑台停止运动时，三位五通液动换向阀的 M 型中位机能使恒压变量泵在低压下卸荷，五通结构又使动力滑台在退回时没有背压，减小了能量损失。

11.3 汽车起重机液压系统

11.3.1 汽车起重机液压系统概述

汽车起重机实质上就是将起重机安装到汽车底盘上的一种可移动的起重设备。由于汽车起重机具有行驶速度较高、机动性好、工作效率高等特点，因此广泛应用于各种起重作业设备中。汽车起重机属于工程机械，要求能在冲击、振动、温差大和环境较差的条件下工作。Q2-8 型汽车起重机是一种中小型起重机，其工作机构如图 11-3 所示，汽车起重机分上车和下车两大部分，上车由起升机构 6、吊臂变幅机构 4、吊臂伸缩机构 5 和回转机构 2 组成，

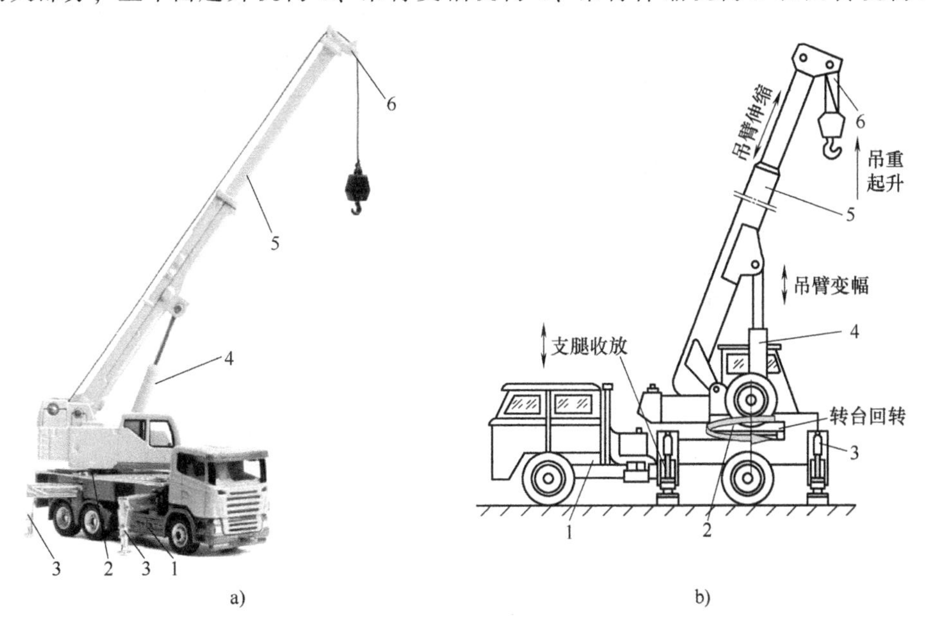

图 11-3 Q2-8 型汽车起重机工作机构

a）实物图 b）结构示意图

1—汽车底盘 2—回转机构 3—支腿机构 4—吊臂变幅机构 5—吊臂伸缩机构 6—起升机构

下车由汽车底盘 1 和支腿机构 3 组成，上车可以通过回转机构 2 相对于下车回转。最大起重量在起重高度为 3m 时达到 80kN，最大起重高度为 11.5m，上车可连续回转。

11.3.2 Q2-8 型汽车起重机液压系统工作原理

Q2-8 型汽车起重机液压系统原理如图 11-4 所示。系统中的液压泵由汽车发动机通过汽车底盘变速器上的取力箱传动。液压泵为高压定量齿轮泵，工作压力为 21MPa，排量为 40mL/r，额定转速为 1500r/min，通过回转接头 9、截止阀 10、过滤器 11 从油箱吸油，输出的液压油经手动双联阀组 1 和手动四联阀组 2 串联地输送到各个执行元件，所有换向阀均为相互串联的 M 型中位机能的三位四通手动换向阀，可实现液压泵卸荷。根据起重工作的具体要求，通过手动操纵手动换向阀阀芯的位移量来实现对执行元件的流量控制，手动换向阀既可以控制执行元件的运动方向，又可以控制进入执行元件的流量，达到调节执行元件运动速度的目的，所以利用手动换向阀实现了手动比例控制的效果。溢流阀 3 调节系统最高工作压力 19MPa，手动换向阀起调速作用时，溢流阀 3 起定压作用；手动换向阀全开口使执行元件快速运行时，溢流阀 3 起限压作用，防止系统过载，系统压力由压力表 12 指示。起重机液压系统有 5 个组成部分，分别是支腿收放回路、转台回转回路、吊臂伸缩回路、吊臂变幅回路和吊重起升回路，各部分都具有相对独立性，下面分别进行叙述。

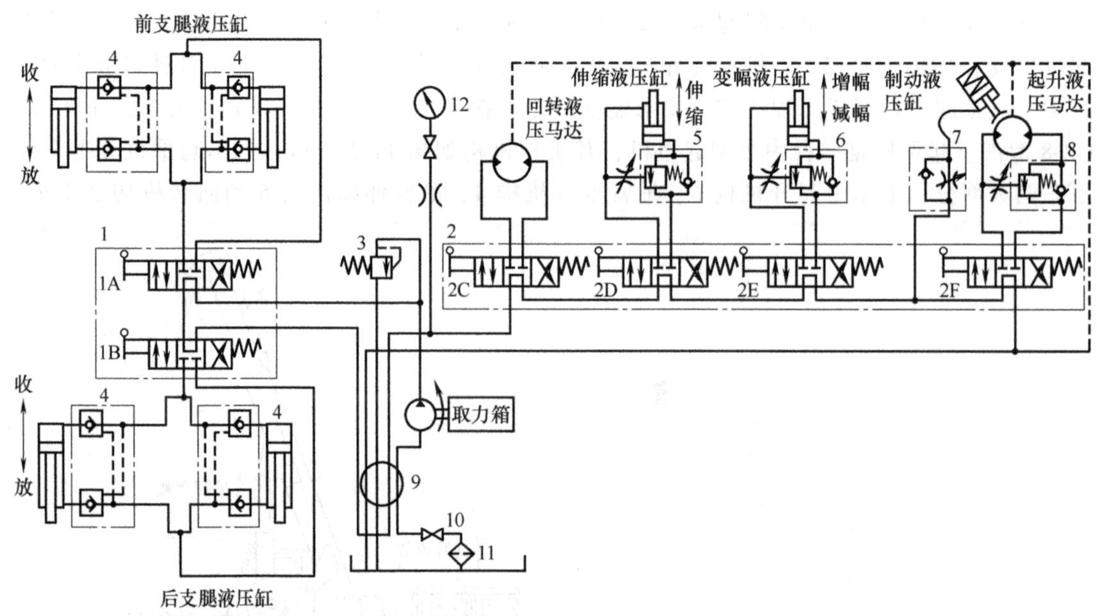

图 11-4 Q2-8 型汽车起重机液压系统原理图

1—手动双联阀组 2—手动四联阀组 3—溢流阀 4—双液控单向阀（液压锁） 5、6、8—平衡阀 7—单向节流阀 9—回转接头 10—截止阀 11—过滤器 12—压力表

1. 支腿收放回路

汽车底盘前、后各有两条支腿，每一条支腿由一个液压缸驱动。两条前支腿和两条后支腿分别由三位四通手动换向阀 1A 和 1B 控制其伸出和缩回的方向和速度。每条支腿液压缸上均安装一个双液控单向阀 4 作为液压锁，以保证支腿被可靠地锁紧在确定的位置，防止在起重作业时发生“软腿”现象或行车过程中支腿自行滑落。

需要注意的是，在进行吊装工作时不能用车轮作为承重点，必须先将四条支腿放下。放支腿时应该先放前支腿，再放后支腿，顺序不允许颠倒。收支腿时，应该先收后支腿，再收前支腿。

2. 转台回转回路

回转机构采用液压马达作为执行元件，通过蜗轮蜗杆减速器和一对内啮合的齿轮来驱动转盘回转，转盘可获得 1~3r/min 的低速，因转速不高，不需设置液压马达的缓冲和制动回路。换向阀 2C 工作在左位、右位、中位时分别控制液压马达的正转、反转、停止三种工作状态。

3. 吊臂伸缩回路

起重机的吊臂由基本臂和伸缩臂组成，伸缩臂套在基本臂之中，用换向阀 2D 控制伸缩液压缸来驱动吊臂的以所需方向和速度伸缩。吊臂缩回时，因为所受负载是变化的负值负载，所以为保证缩回运动的平稳性，在油路中设有采用外控顺序阀的平衡回路。在汽车起重机移动位置时，应将吊臂缩回。

4. 吊臂变幅回路

吊臂变幅就是用一个液压缸来改变起重臂的角度，要求带载变幅，动作平稳。变幅液压缸由换向阀 2E 控制。同样，为保证变幅作业中吊臂下落运动的平稳性，在油路中也设有平衡回路。

5. 吊重起升回路

吊重的提升和落下是由一个大转矩的起升液压马达带动卷扬机来完成的。换向阀 2F 控制起升液压马达的正转、反转和变换速度。在液压马达的回油路上设有平衡回路，以防止重物自由下落。考虑到起升液压马达的内泄漏因素，回路上单独增加了制动液压缸。制动液压缸油路中设置了单向节流阀 7，实现了制动回路的制动快、松闸慢的动作要求，以避免卷扬机起停时发生溜车下滑现象。

Q2-8 型汽车起重机液压系统的工作情况见表 11-2。

表 11-2 Q2-8 型汽车起重机液压系统工作情况

<table>
<tr><th colspan="6">手动换向阀位置</th><th colspan="7">系统工作情况</th></tr>
<tr><th>手动换向阀 1A</th><th>手动换向阀 1B</th><th>手动换向阀 2C</th><th>手动换向阀 2D</th><th>手动换向阀 2E</th><th>手动换向阀 2F</th><th>前支腿液压缸</th><th>后支腿液压缸</th><th>回转液压马达</th><th>伸缩液压缸</th><th>变幅液压缸</th><th>起升液压马达</th><th>制动液压缸</th></tr>
<tr><td>左位</td><td rowspan="2">中位</td><td rowspan="4">中位</td><td rowspan="6">中位</td><td rowspan="8">中位</td><td rowspan="10">中位</td><td>伸出</td><td rowspan="2">不动</td><td rowspan="4">不动</td><td rowspan="6">不动</td><td rowspan="8">不动</td><td rowspan="10">不动</td><td rowspan="10">制动</td></tr>
<tr><td>右位</td><td>缩回</td></tr>
<tr><td rowspan="10">中位</td><td>左位</td><td rowspan="10">不动</td><td>伸出</td></tr>
<tr><td>右位</td><td>缩回</td></tr>
<tr><td rowspan="8">中位</td><td>左位</td><td rowspan="8">不动</td><td>正转</td></tr>
<tr><td>右位</td><td>反转</td></tr>
<tr><td rowspan="6">中位</td><td>左位</td><td rowspan="6">不动</td><td>缩回</td></tr>
<tr><td>右位</td><td>伸出</td></tr>
<tr><td rowspan="4">中位</td><td>左位</td><td rowspan="4">不动</td><td>减幅</td></tr>
<tr><td>右位</td><td>增幅</td></tr>
<tr><td rowspan="2">中位</td><td>左位</td><td rowspan="2">不动</td><td>正转</td><td rowspan="2">松开</td></tr>
<tr><td>右位</td><td>反转</td></tr>
</table>

11.3.3 Q2-8型汽车起重机液压系统特点

由以上分析可知，Q2-8型汽车起重机液压系统由调压、调速、方向控制、锁紧、平衡、制动和卸荷等基本回路组成，系统具有如下特点。

1. 调速特性

系统采用了手动换向阀串联组合，不仅可以灵活方便地控制各执行机构的换向动作，还可以通过手柄操纵来控制流量，以实现节流调速。在系统正常工作中，将此节流调速方法与控制发动机转速的方法相结合，可以实现各工作部件的微速动作。另外在空载或轻载吊重作业中，可以实现各执行机构任意组合动作及同时动作，以提高生产率。相比于采用电液比例多路换向阀，采用手动换向阀成本低，调整灵活，但劳动强度大。

2. 回路卸荷

系统采用M型中位机能的三位四通手动换向阀，各手动换向阀都处于中位时，能使系统卸荷，减少功率损失。

3. 平衡回路

系统设置了采用外控单向顺序阀的平衡回路，避免因重物下降以及吊臂收缩和变幅液压缸缩回时受负值负载而发生超速下降的危险。

4. 制动回路和锁紧回路

系统采用了带制动液压缸的制动回路和采用液压锁的锁紧回路，保证了起重机操作安全、工作可靠、运行平稳。

11.4 三块双层升降舞台液压系统

11.4.1 三块双层升降舞台液压系统概述

升降舞台是舞台设备中应用最广泛的设备之一，在专业歌剧院、舞剧院、话剧院以及许多国际知名的音乐厅中都配备着大量的各种类型的升降舞台。升降舞台具有快速迁换布景、满足舞台工艺布置及舞美设计的需要、制造特殊的气氛和效果、根据不同剧目表演的需求改变舞台的形式等作用。三块双层升降舞台利用各块、各层之间的单动、联动和同步运动构成各种不同高度的台阶，以组成大型的立体道具，为舞台艺术提供更加完美的表现空间。

三块双层升降舞台的结构示意图如图11-5所示。每块升降舞台长6m，宽2m，分为上、下两层。上层台1升高后，上、下层之间的空间可用来表演。下层台2采用双面剪叉式结构，由一个下层台驱动液压缸4驱动，实现下层台2的升降。上层台1采用双缸直顶结构，可

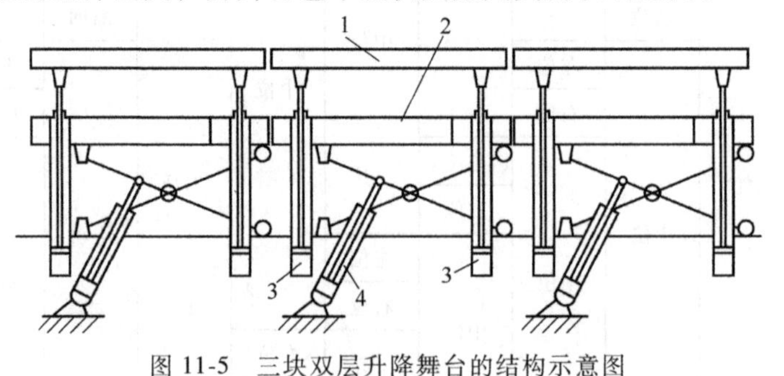

图11-5 三块双层升降舞台的结构示意图

1—上层台 2—下层台 3—上层台驱动液压缸 4—下层台驱动液压缸

给出必要的表演空间。两上层台驱动液压缸 3 同步驱动，实现上层台 1 的升降。三块双层升降舞台应具有各自独立的升降运动，可以在任意位置停留，为避免各块之间的相互干扰，该舞台采用了三套完全相同的独立液压系统驱动，每一套液压系统控制一块升降舞台动作，而三块双层升降舞台之间的协调动作由计算机进行实时控制。

11.4.2 三块双层升降舞台液压系统工作原理

图 11-6 所示为一块双层升降舞台的液压系统原理图，该液压系统属于电液比例同步控制系统，电磁铁动作顺序表见表 11-3（其中“+”代表电磁铁得电），由图 11-6 和表 11-3 可以了解系统在各工况下的油液流动路线。

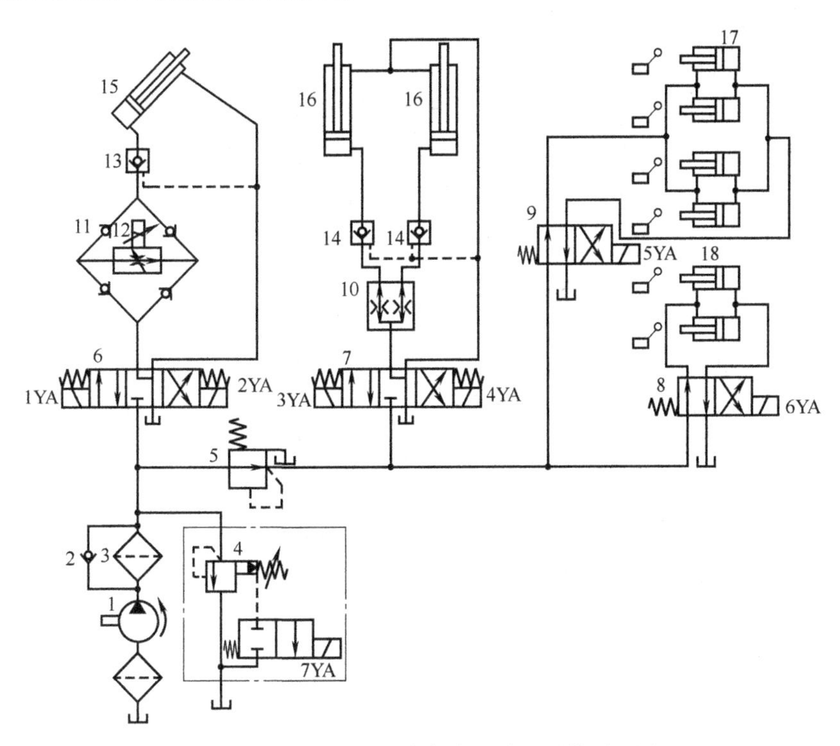

图 11-6 一块双层升降舞台的液压系统原理图

1—定量泵 2、11—单向阀 3—过滤器 4—电磁溢流阀 5—减压阀 6、7、8、9—电磁换向阀 10—分流集流阀 12—电液比例调速阀 13、14—液控单向阀 15—下层台驱动液压缸 16—上层台驱动液压缸 17—上层台锁紧液压缸 18—下层台锁紧液压缸

表 11-3 一块双层升降舞台电液比例同步控制系统的电磁铁动作顺序表

工况	1YA	2YA	3YA	4YA	5YA	6YA	7YA
下层台升	+				+		
下层台降		+			+		
上层台升			+			+	
上层台降				+		+	
液压泵卸荷							+
停止							

下层台驱动液压缸15活塞的运动速度由电液比例调速阀12来控制。将设定的电流值输入给电液比例调速阀12，可使下层台驱动液压缸15的活塞得到相应的运动速度，而改变输入电流的大小便可按比例改变活塞的运动速度。计算机实时控制的同步过程和原理可概括为：位置误差检测→速度控制→纠正位置偏差。控制系统的原理框图如图11-7所示，这是一个闭环的间接位置控制同步系统，此同步控制原理可扩展到若干个液压缸的同步。

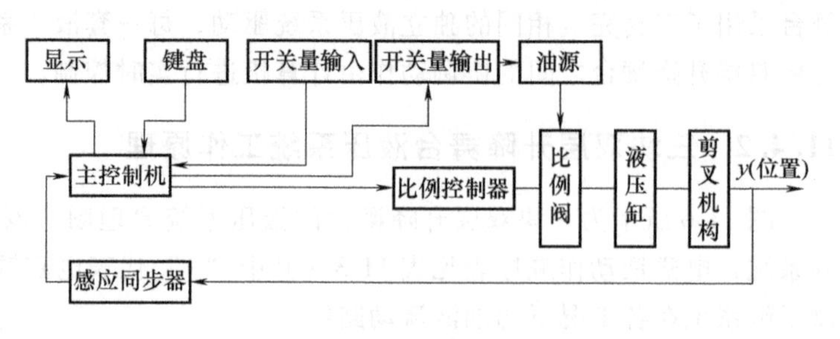

图11-7 控制系统的原理框图

为提高静态定位精度，当台面运动至接近设定位置时，可由计算机控制，将比例阀输入电流逐渐减小，从而使台面减速后到位停止，既避免了冲击和振动，又提高了定位精度。

本系统还设有一套完全独立的手动操纵控制线路，一旦计算机部分出现故障，手动操作可单独实现各台面的运动，且运动速度可由操作人员任意调节。

11.4.3 三块双层升降舞台电液比例同步控制系统特点

1）系统采用定量泵供油，通过恰当选择液压缸的工作面积，实现上、下层台的平均速度一致。采用电液比例控制和计算机控制技术，保证三块升降舞台同步运动平稳，同步误差小。

2）系统采用单向阀与电液比例调速阀组成的液桥控制下层台驱动液压缸的升降速度，用以消除正、负负载变化对倾斜的下层台驱动液压缸活塞运动速度的影响，并保证下层台的升、降速度相同；采用分流集流阀控制上层台两个驱动液压缸的同步运动。

3）系统采用双液控单向阀结构和液压控制机械锁紧机构实现各层面的严格定位。

4）由于采用定量泵供油和调速阀节流调速方式，因此系统效率较低。若改为变量泵供油，则系统效率可得到改善。

11.5 地空导弹发射装置液压系统

11.5.1 地空导弹发射装置液压系统概述

地空导弹是从地面发射，攻击来袭飞机、导弹等空中目标的一种导弹武器，是现代防空武器系统中的一个重要组成部分。某型号的地空导弹发射装置为四联装置，左、右两侧为相同的双联载弹发射梁结构，如图11-8所示。发射梁1的俯仰运动由双联载弹发射梁电液伺服系统驱动伺服液压缸3实现，根据火控计算机的指令，发射梁1在俯仰方向精确地自动跟踪

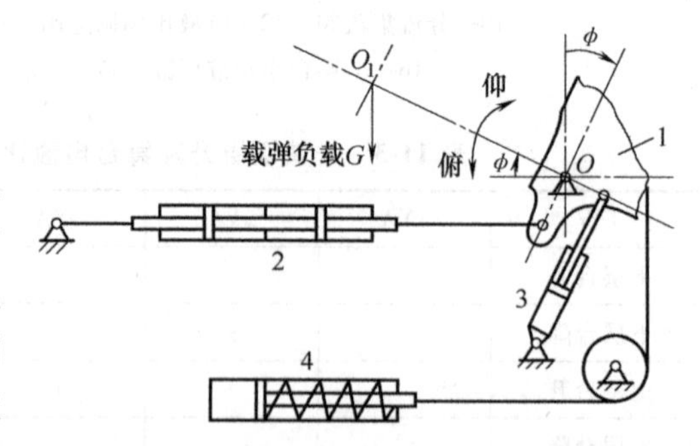

图11-8 双联载弹发射梁结构示意图

1—发射梁 2—变载自动平衡液压缸 3—伺服液压缸 4—弹簧平衡机

瞄准飞行目标，还可以进行手动操纵。变载液压自动平衡系统驱动变载自动平衡液压缸 2，根据载弹情况的不同，自动平衡载弹负载 G 引起的不平衡力矩。

11.5.2 地空导弹发射装置液压系统工作原理

1. 变载液压自动平衡系统

图 11-9 所示为变载液压自动平衡系统原理图，双缸串联式左、右变载自动平衡液压缸 14、15 分别采用一组三位四通电磁换向阀 10、13 和二位四通电磁换向阀 11、12 进行控制。左、右变载自动平衡液压缸 14、15 由同一油源，即定量泵 1 供油，定量泵 1 的压力由溢流阀 9 设定，溢流阀 4 起安全保护作用。

工作时，二位四通液动换向阀 7 与二位二通电磁换向阀 8 使电动机空载起动，待电动机带动定量泵 1 起动后，电磁铁 7YA 得电使二位二通电磁换向阀 8 切换至右位，油路升压到溢流阀 9 的调定值。根据不同的载弹情况，双联载弹发射梁上相应的行程开关发出使电磁铁 1YA、2YA、5YA 和 6YA 通断的电信号，对各电磁换向阀进行控制，以提供所需的平衡力矩。二位四通电磁换向阀 11 和 12 参与工作可给左、右变载自动平衡液压缸 14、15 提供更大的拉力，利用不同的组合可提供不同的平衡力矩。

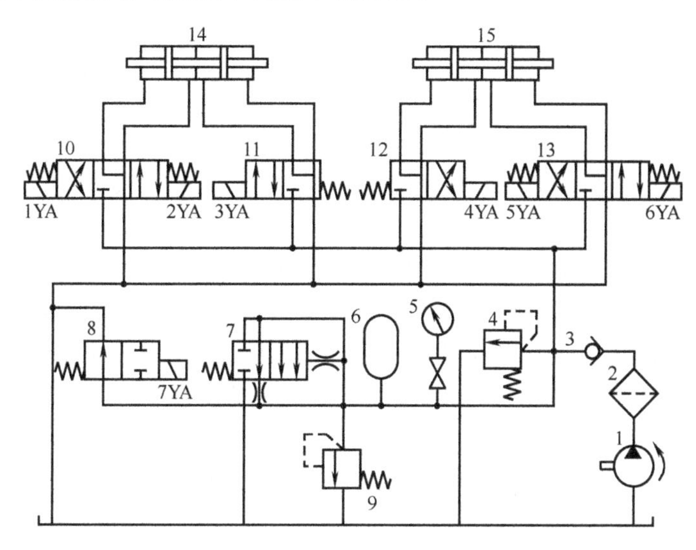

图 11-9 变载液压自动平衡系统原理图

1—定量泵 2—过滤器 3—单向阀 4、9—溢流阀 5—压力表及其开关 6—蓄能器 7—二位四通液动换向阀 8—二位二通电磁换向阀 10、13—三位四通电磁换向阀 11、12—二位四通电磁换向阀 14、15—左、右变载自动平衡液压缸

2. 双联载弹发射梁电液伺服系统

图 11-10 所示为双联载弹发射梁电液伺服系统液压原理图。左、右双联载弹发射梁电液伺服装置由同一油源，即变量泵 1 供油，伺服液压缸 10 和 11 分别由三位四通电液伺服阀 6 和 7 控制。系统压力由溢流阀 5 设定。系统工作时，二位四通液动换向阀 4 与二位二通电磁换向阀 3 保证电动机空载起动，待电动机带动变量泵 1 起动后，电磁铁 1YA 得电使二位二通电磁换向阀 3 切换至右位，使油路升压到要求值。电磁铁 2YA 得电，二位四通电磁换向阀 16 切换至右位，反向导通液控单向阀 17，使变量泵 1 的液压油通向三位四通电液伺服阀

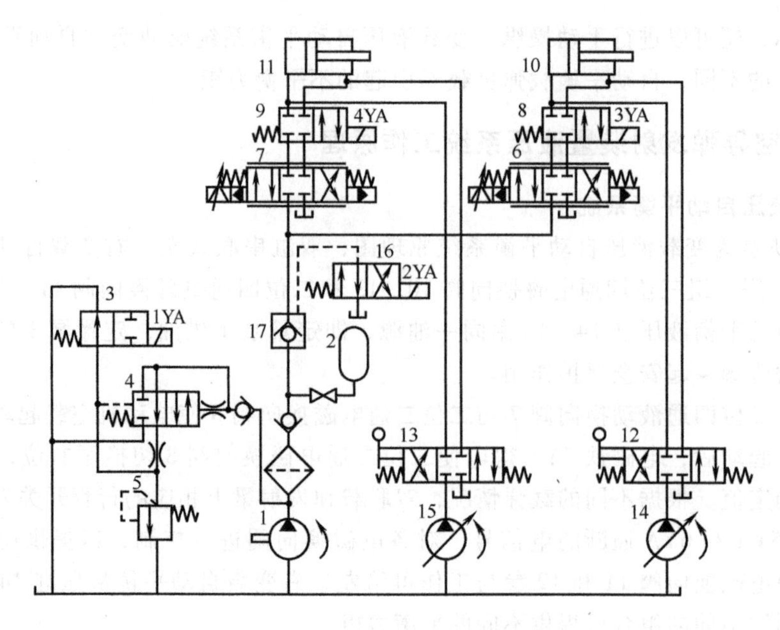

图 11-10 双联载弹发射梁电液伺服系统液压原理图

1—变量泵 2—蓄能器 3—二位二通电磁换向阀 4—二位四通液动换向阀 5—溢流阀
6、7—三位四通电液伺服阀 8、9—二位四通电磁换向阀 10、11—伺服液压缸
12、13—三位四通手动换向阀 14、15—手动变量泵 16—二位四通电磁换向阀 17—液控单向阀

7 和 6；同时，电磁铁 3YA 和 4YA 得电使二位四通电磁换向阀 8 和 9 切换至右位，进而驱动伺服液压缸 10 和 11 工作。

系统中备有手动变量泵 14 和 15 及三位四通手动换向阀 12 和 13。在断电时，二位四通电磁换向阀 8 和 9 使三位四通电液伺服阀 6、7 与伺服液压缸 10、11 间的油路切断，用三位四通手动换向阀 12 和 13 接通手动变量泵 14 和 15 到伺服液压缸 10 和 11 的供油和回油回路，即可驱动伺服液压缸 10 和 11 活塞按要求的方向带动发射梁的耳轴转动，实现对发射梁的手动操纵。

左、右双联载弹发射梁的电液伺服系统完全相同，其原理框图如图 11-11 所示。旋变接收机的转子轴与发射梁的耳轴相连，接收耳轴转角为 ϕ_o，火控计算机给出的俯仰指令角为 ϕ_i，其与耳轴转角 ϕ_i 的差值即为误差角 $\Delta\phi$，旋变接收机的输出电压为 $U_{\Delta\phi}$。$U_{\Delta\phi}$ 经放大器进行放大变换后输出直流电流 i_c 来控制电液伺服阀工作，驱动伺服液压缸的活塞带动耳轴

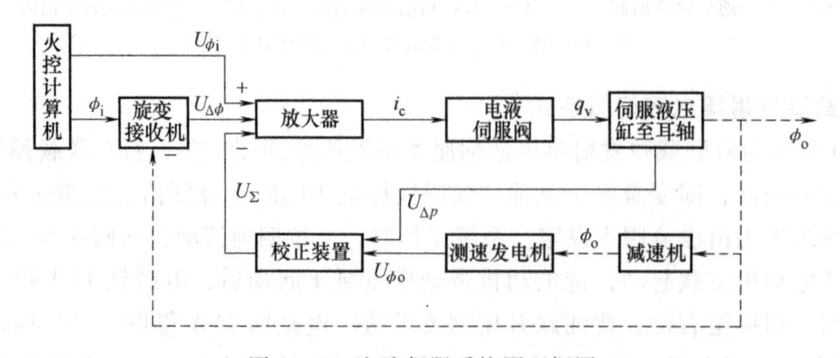

图 11-11 电液伺服系统原理框图

向减小误差角的方向转动，最终精确控制俯仰角度。

为保证系统的动态精度，改善系统的动态特性，控制系统采用复合控制、速度反馈、加速度反馈及伺服液压缸压力反馈等校正措施。

11.5.3 地空导弹发射装置液压系统特点

1）变载液压自动平衡系统有效解决了不同载弹情况下会出现不平衡力矩的问题，改善了系统的负载条件，同时也为系统提供了有利的外液压阻尼作用。

2）采用电液伺服系统，可以快速精确地控制发射梁的俯仰角度，使发射梁在俯仰方向精确地自动跟踪瞄准飞行目标。

3）电液伺服系统设有备用的手动变量泵，便于断电或出现故障时实现对发射梁的手动操纵。

课堂讨论

1. 讨论怎样阅读和分析一个液压系统。

2. 关于图 11-4 所示的 Q2-8 型汽车起重机液压系统原理图，进行如下讨论。

1）支腿收放回路中，每条支腿的支腿液压缸为什么要安装双向液控单向阀？不安装会出现什么问题？支腿的“软腿”现象是什么原因造成的？如果出现支腿液压缸自行下落，可能是什么元件出了故障？

2）若将手动四联阀组中的手动换向阀换成电液比例多路换向阀，则系统各部分装置的速度如何控制？

3. 关于图 11-6 所示的一块双层升降舞台的液压系统原理，进行如下讨论。

1）系统由哪些基本回路组成？各回路具有什么特点？

2）根据控制工程基础知识，讨论如何实现下层台的升降速度和位置控制？三块平台是如何实现同步升降或协调控制的？同步控制精度如何？

3）如何优化液压系统，提高系统工作效率？

4）若将定量泵改为变量泵，是否需要泵出口的电磁溢流阀？下层台系统变为什么调速回路？写出回路效率计算表达式。

5）若将定量泵出口的电磁溢流阀改为电液比例溢流阀，如何调节电液比例溢流阀的压力，使系统工作效率提高？

课后习题

1. 图 11-12 所示为一定位夹紧系统，阀 A、B、C、D 各是什么阀？起什么作用？说明系统的工作原理。

2. 分析图 11-13 所示的液压系统，写出电磁铁动作顺序表，并分析该油路由哪些基本回路组成，这些回路的选择是否合理？

3. 分析图 11-14 所示系统工作原理。

1）根据动作要求写出电磁铁动作顺序表。

2）说明阀 5、阀 7、阀 15、阀 16 在系统中的作用。

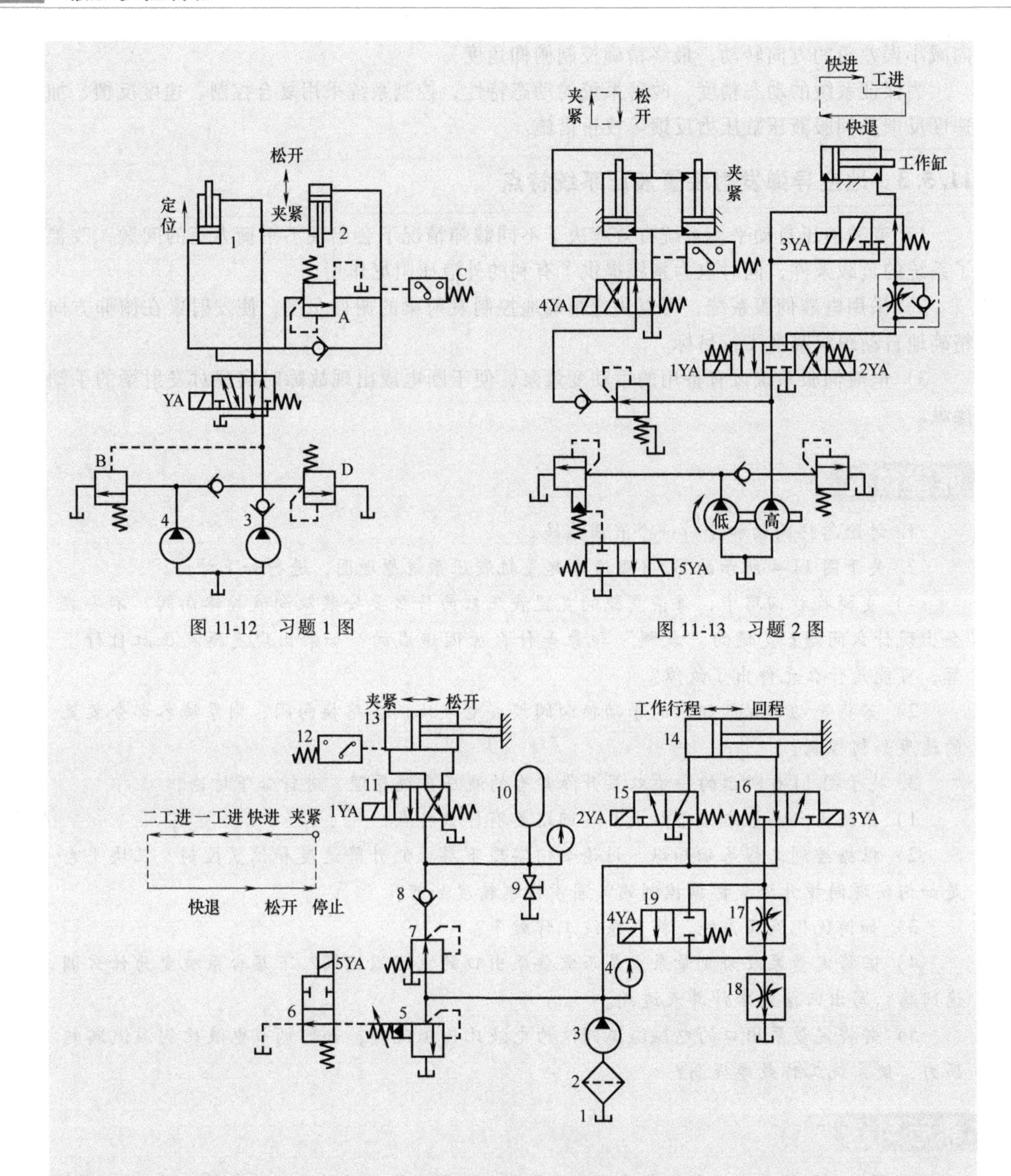

图 11-14 习题 3 图

4. 图 11-15 所示为 YB32-200 型液压机的液压系统原理图，该液压机用于塑性材料的压制工艺，如冲压、弯曲、翻边、薄板拉伸等，也可进行校正、压装及粉末制品的压制成型工艺。对液压机液压系统的基本动作要求是主缸（上液压缸）驱动上滑块实现快速下行→慢速加压→保压延时→快速返回→原位停止的工作循环，顶出缸（下液压缸）驱动下滑块实现向上顶出→停留→向下退回→原位停止的工作循环，如图 11-16 所示。

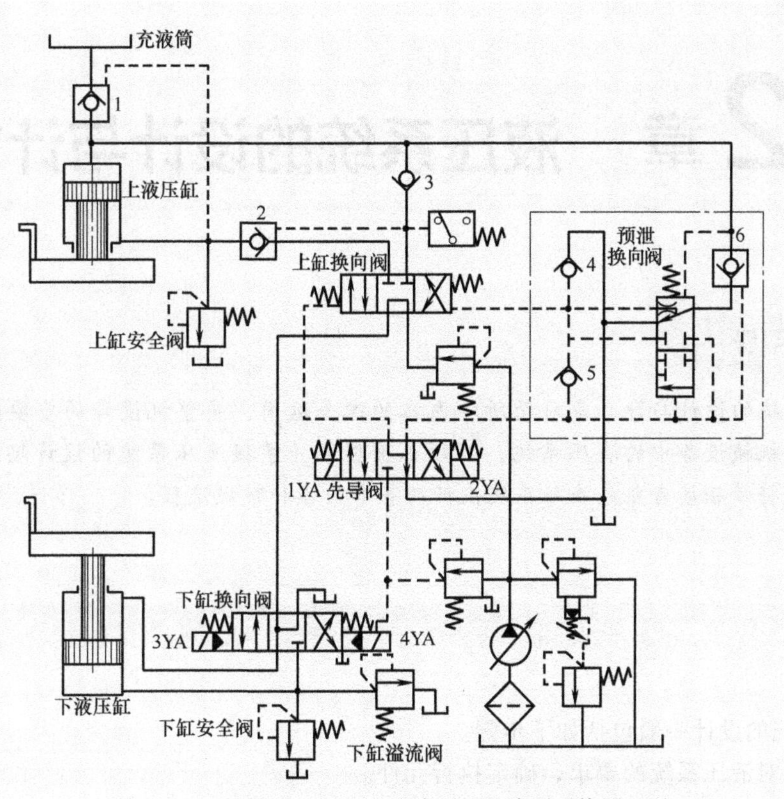

图 11-15 习题 4 YB32-200 型液压机的液压系统原理图

1）分析液压系统原理，根据动作列写电磁铁动作顺序表。

2）说明阀 2、阀 3、阀 4、阀 5、阀 6 在系统中的作用。

3）分析系统由哪些基本回路组成。

4）分析该液压系统的主要特点。

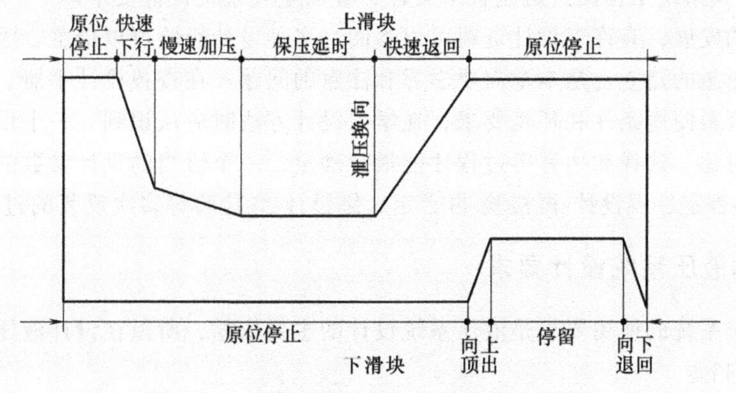

图 11-16 习题 4 液压机液压系统的工作循环

第12章 液压系统的设计与计算

学习引导

液压系统的设计与计算是前面所学内容的综合运用，是整机设计的重要组成部分之一。要设计机械设备中的液压系统，必须正确理解并掌握液压系统的设计思想、方法与步骤。本章将带领读者熟悉液压系统设计的基本内容和常规流程。

12.1 液压系统的设计步骤

液压系统的设计一般包括如下步骤。

1）明确对液压系统的要求，确定执行元件。

2）分析液压系统工况，确定液压系统的主要参数。

3）进行方案设计，初拟液压系统原理图。

4）计算和选择液压元件。

5）验算液压系统的性能。

6）进行液压装置的结构设计。

7）绘制正式系统工作图，编制技术文件，提出电气系统设计要求。

随着技术的发展，有许多设计资料可以参阅，多种设计经验可以借鉴。因此，设计资料的查找、设计思想的建立也是本章需要学习和注意的问题。在查找设计手册、阅读产品样本时要注意数据资料使用条件和环境要求；在学习设计方法时应认识到，一个设计方案通常需要通过分析、对比、选择和估算等过程才能最终确定，一个恰当的设计参数的确定通常需要经过设计-检验-否定、再设计-再检验-再否定、终设计-终检验等多次反复的过程才能完成。

12.1.1 明确液压系统设计要求

主机对液压系统的使用要求是液压系统设计的主要依据，所以在设计液压系统前需明确以下几方面的内容。

1）主机的基本情况：如主机的用途、工艺流程、作业环境和主要技术参数；主机的总体布局和对液压系统在空间尺寸上的限制。

2）液压系统动作的要求：如工作循环、运动方式，运动方式要求包括往复直线运动或旋转运动、同步、顺序或互锁等要求。

3）液压系统性能的要求：如自动化程度、调速范围、运动平稳性、负载状况、工作行程、控制参量和精度等。

4）工作环境和工作条件：如温度、湿度、污染、腐蚀及易燃等情况。

5）其他要求：如安全性、可靠性和经济性等。

12.1.2　执行元件的工况分析和主要参数的确定

1. 工况分析

工况分析就是分析每个液压执行元件在各自工作过程中的负载与速度变化规律，包括运动参数分析和动力参数分析。

（1）运动参数分析　分析各执行元件在工作中的速度 v、位移 s 范围及运动规律，并绘制速度循环图，即 v-s 或 v-t 曲线。

（2）动力参数分析　研究设备在工作过程中其执行机构的受力情况，对液压系统而言，就是研究液压缸或液压马达的负载情况。对复杂的液压系统，需绘制负载循环图，即 F-t 曲线。

2. 主要参数的确定

液压系统的主要参数即工作压力和流量，这两个参数也是选择油路类型和液压元件的主要依据。根据液压系统的两个基本特征——系统的工作压力取决于液压执行元件的工作压力和回路上的压力损失，流量取决于液压执行元件为满足速度要求所需的流量和回路泄漏，确定液压系统的主要参数实质上就是先确定液压执行元件的主要参数。

（1）初定液压系统工作压力　液压执行元件的工作压力是确定其结构参数的重要依据。工作压力选得低，对液压系统工作平稳性、可靠性和降低噪声等都有利，但元件体积大，重量重；工作压力选得高，可使元件结构紧凑，但对元件材质、制造精度和密封等的要求都相应提高，制造成本也提高。执行元件的工作压力一般可按负载进行选择，见表 12-1。

表 12-1　按负载选择执行元件工作压力

负载 F/kN	<5	5~10	10~20	20~30	30~50	>50
工作压力 p/MPa	<0.8~1	1.5~2	2.5~3	3~4	4~5	>5

除按负载选择外，也可按主机类型选择执行元件的工作压力，见表 12-2。

表 12-2　按主机类型选择执行元件工作压力

主机类型	机床				农业机械、小型工程机械、工程机械辅助机构	液压机、大型挖掘机、重型机械、起重运输机械
	磨床	组合机床	龙门刨床	拉床		
工作压力 p/MPa	≤2	3~5	≤8	8~10	10~16	20~32

（2）确定液压缸主要结构参数　根据负载分析得到的最大负载 F_{max} 和初选的液压缸工作压力 p，设定液压缸回油腔背压 p_b 以及活塞杆与活塞的直径比 d/D，即可由第 4 章中液压缸的力平衡公式来求出活塞的直径 D、活塞杆直径 d 和液压缸的有效工作面积 A，其中，D、d 值应圆整为标准值。

对于工作速度低的液压缸，要校验其有效面积 A，即要满足

$$A \geqslant \frac{q_{min}}{v_{min}} \tag{12-1}$$

式中 q_{min}——回路中所用流量阀的最小稳定流量或容积调速回路中变量泵的最小稳定流量；

v_{min}——液压缸应达到的最低运动速度。

若液压缸的有效工作面积 A 不满足式（12-1），则必须加大，然后再验算液压缸尺寸 D、d 及工作压力 p。

（3）确定液压马达排量 V_m　根据液压马达的最大负载转矩 T_{max}、初选的工作压力 p 和预估的机械效率 η_{mm}，计算液压马达排量 V_m，即

$$V_m=\frac{2\pi T_{max}}{p\eta_{mm}} \tag{12-2}$$

为使液压马达能达到稳定的最低转速 n_{min}，其排量 V_m 应满足

$$V_m\geqslant\frac{q_{min}}{n_{min}} \tag{12-3}$$

式中 q_{min}——回路中所用流量阀的最小稳定流量或容积调速回路中变量泵的最小稳定流量，同式（12-1）中 q_{min}。

按求得的排量 V_m、工作压力 p 及要求的最高转速 n_{max} 从产品样本中选择合适的液压马达，然后由选择的液压马达排量 V_m、机械效率 η_{mm} 和回路中的背压力 p_b 验算液压马达的工作压力。

（4）确定执行元件最大流量　对于液压缸，所需的最大流量 q_{max} 就等于液压缸有效工作面积 A 与液压缸最大移动速度 v_{max} 的乘积，即

$$q_{max}=Av_{max} \tag{12-4}$$

对于液压马达，所需的最大流量 q_{max} 应为液压马达的排量 V_m 与其最大转数 n_{max} 的乘积，即

$$q_{max}=V_m n_{max} \tag{12-5}$$

（5）绘制执行元件的工况图　在执行元件主要结构参数确定后，就可由负载循环图和速度循环图画出执行元件的工况图，即执行元件在一个工作循环中的工作压力 p、输入流量 q、输入功率 P 对时间的变化曲线。当系统中有多个执行元件时，把各个执行元件的流量图（q-t 曲线）和功率图（P-t 曲线）按系统总的工作循环综合得到总流量图和总功率图。执行元件的工况图显示系统在整个工作循环中压力、流量、功率的分布情况及最大值所在的位置，是选择液压元件、液压基本回路的依据，也可为均衡功率分布而调整设计参数提供依据。

12.1.3 拟订液压系统原理图

拟订液压系统原理图是整个设计工作的关键步骤，液压系统原理图拟订的好坏对系统性能及设计方案的合理性和经济性等都具有决定性的影响。在拟订液压系统原理图时，一般可按以下步骤进行。

1. 确定执行元件类型

执行元件类型可以根据主机工作部件所要求的运动形式来确定，执行元件类型选择见表 12-3。一般来说，若要求实现直线往复运动，可选用液压缸；若要求实现连续回转运动，可选用液压马达；若要求实现小于 360°的摆动，可选用摆动液压缸或齿条活塞液压缸。但也不必过分拘泥于上述选择方式，可根据具体情况采用执行元件与机构组合的方式对运动形

式进行转换。例如，对于长行程的往复直线运动，可选用柱塞缸，也可采用液压马达并通过齿轮齿条机构、链轮链条机构或螺母丝杠机构来驱动。

表 12-3　执行元件类型选择

运动形式		执行元件
往复直线运动	短行程	活塞缸
	长行程	柱塞缸
		液压马达+齿轮齿条机构
		液压马达+链轮链条机构
		液压马达+螺母丝杠机构
回转运动		液压马达
摆动		摆动液压缸
		齿条活塞液压缸
		液压缸+齿轮机构
		液压马达+连杆机构

2. 选择液压基本回路

（1）调速回路　液压系统原理图的核心是调速回路，它对其他回路的选择往往具有决定性的影响。通常调速回路一经确定，其他回路的形式就基本确定了。因此，选择基本回路应从选择调速回路开始。选择调速回路可按以下原则进行。

1）中小型液压设备一般选用定量泵节流调速回路，要求速度平稳性好的系统可选择采用调速阀的定量泵节流调速回路。

2）中等功率的液压设备可采用容积节流调速回路。

3）行走机械和回转输送机构，或者功率较大、结构紧凑且减小重量的液压设备，宜采用容积调速回路。

4）上述回路若要求调速范围大，也可采用多泵分级调速回路。

调速回路确定之后，油路循环形式基本上也就确定了。例如，节流调速、容积节流调速回路选用开式回路；容积调速回路选用闭式回路，使用较小的油箱，满足补油和换油的要求即可。

（2）调压回路　压力控制回路种类很多，有的已包含在调速回路中，确定了调速回路也就确定了系统是定压系统还是变压系统。定压系统有单级调压、多级调压和采用电液比例压力阀的无级调压回路，当液压系统在工作循环不同阶段的工作压力相差很大时，为节省能量消耗，应采用多级调压和电液比例压力阀的无级调压回路。为获得低于系统压力的支路压力，可选用减压回路。为了使执行元件不工作时液压泵在很小的输出功率下工作，应采用卸荷回路。对垂直性负载或正向、负向交变负载应采用平衡回路。

（3）其他回路　若设备要求自动化程度较高，应选用电动换向回路。各执行元件的顺序、同步、互锁、联动等逻辑动作要求可由电气控制系统实现。若执行元件较多，可选用手动多路换向阀或电液比例多路换向阀。

3. 选择液压泵的类型

根据系统的调速方式，可确定是定量泵还是变量泵。若系统压力低于20MPa，则可选用齿轮泵或叶片泵，若系统压力高于20MPa，则可选用柱塞泵。

4. 绘制液压系统原理图

综合各基本回路，构成一个完整的合理的液压系统，符合主机对力、速度和性能的要求。进行回路综合时，在满足工作机构运动要求及生产率的前提下，应尽可能多地去掉相同或相近的多余元件，力求系统简单、可靠、效率高、调整维护方便。对于系统中的压力阀和执行机构进口处，应设置测压点，利用测压点可以调节压力阀调压值，并可观察系统是否正常工作，还可检查系统故障。

12.1.4 液压元件的计算与选择

液压元件的计算主要是计算液压系统中各元件的工作压力和通过的流量，以及原动机功率和油箱容量。元件应尽量选用标准元件，只有在特殊情况下才设计专用元件。

1. 确定液压泵及原动机的功率

（1）计算液压泵的工作压力 p_p　液压泵的工作压力应满足

$$p_p \geqslant p_1 + \sum \Delta p_1 \tag{12-6}$$

式中　p_1——液压执行元件的最大工作压力；

$\sum \Delta p_1$——进油路压力损失，可参考表12-4取值。

表12-4　进油路压力损失经验值

系统结构情况	总压力损失/MPa
一般节流调速及管路简单的系统	0.2~0.5
进油路有调速阀及管路复杂的系统	0.5~1.5

（2）计算液压泵的流量 q_p　液压泵的流量 q_p 按执行元件工况图上最大工作流量和回路泄漏量确定，即

$$q_p \geqslant K(\sum q_i)_{\max} \tag{12-7}$$

式中　K——液压泵的泄漏系数，$K=1.1\sim1.3$，大流量取小值，反之取大值；

$(\sum q_i)_{\max}$——同时工作的各液压执行元件流量之和的最大值。

对于节流调速系统，液压泵的供油量须在计算值之上增加溢流阀稳定压力的最小溢流量，其值一般为溢流阀额定流量的15%。当系统中有蓄能器时，液压泵的最大供油量为一个工作循环中液压执行元件的平均流量与回路泄漏量之和。

（3）选择液压泵的规格　计算的液压泵工作压力 p_p 仅是系统的静态压力。系统在工作过程中常因过渡过程内的压力超调或周期性的压力脉动而存在着动态压力，其值远远超过静态压力。所以，液压泵的额定压力应比系统最高压力大出25%~60%，液压泵的额定流量与系统所需的最大流量相适应。

（4）驱动原动机的功率　选定液压泵的规格和型号之后，驱动液压泵的原动机的功率计算式为

$$P = \frac{p_p q_p}{\eta_p} \tag{12-8}$$

式中　η_p——液压泵的总效率，数值见表12-5，一般有上、下限，规格大的取上限，定量泵也取上限。

表 12-5　各类液压泵的总效率

泵类型	齿轮泵	双作用叶片泵	恒压变量叶片泵	轴向柱塞泵	径向柱塞泵	螺杆泵
总效率	0.6~0.85	0.75~0.85	0.7~0.85	0.85~0.95	0.7~0.92	0.7~0.85

选取原动机功率时最好有一定的功率储备，但允许短时超载 25%。同时需要注意的是，驱动液压泵的原动机除了应在功率上满足液压泵的需要以外，其额定转速也应与液压泵的额定转速相符合。

2. 确定其他元件的规格

（1）选择控制阀　控制阀的选择要考虑安装形式、控制方式和规格三个方面。安装形式有管式、板式、叠加式和插装式。阀的控制方式可以根据系统对控制精度和响应的要求确定，普通控制阀成本低，但不能实时调控；电液比例阀可以满足大部分设备对智能控制的要求，目前应用较广泛；电液伺服阀可以满足高精度和高响应的要求，但成本高。控制阀的规格是指其通径（公称流量）和公称压力，根据系统最高压力和通过该阀的实际流量在标准元件的产品样本中选取。进行这项工作时应注意：液压系统有串联油路和并联油路之分，油路串联时系统的流量即为油路中各处通过的流量；油路并联且各油路同时工作时，系统的流量等于各条油路通过流量的总和，油路并联且油路顺序工作时的情况与油路串联时相同。元件选定的额定压力和流量应尽可能与其计算所需之值接近，必要时，应允许通过元件的最大实际流量超过其额定流量的 20%。

（2）确定油管和管接头　油管和管接头的选择关系到液压系统的工作性能和能量损失的大小。油管的选择包括管道尺寸和油管类型。管道尺寸取决于通过的最大流量和管内允许的液体流速，管道的壁厚取决于所承受的工作压力。油管类型取决于其位置是活动部分还是固定部分，活动部分可采用软管，固定不动部分采用钢管。在实际设计中，支路管道尺寸常常是由已选定的液压元件连接处的尺寸决定，系统回油总管道要考虑各执行元件的总回油量。选择管接头时，除了要求有合适的通流能力和较小的压力损失外，还应考虑便于装卸、连接牢固、密封可靠等问题。

（3）确定油箱容量　油箱在液压系统中起着重要作用，它不仅负责储存供液压系统循环使用的油液，还有散热、释放混在油液中的气体，为液压元件的安装提供位置等功能。油箱体积大，散热快，但占地面积大；油箱体积小，则散热慢，油温较高。一般中、低压系统中油箱的容积可按经验公式计算。

（4）确定其他液压辅助元件　蓄能器、过滤器和冷却器等液压辅助元件选择见第 9 章的相关内容。

12.1.5　验算液压系统性能

液压系统设计初步确定之后，需对系统的性能进行验算，以判断其设计的合理性，进一步完善液压系统。然而液压系统的性能验算是一个复杂的问题，详细验算尚有困难，只能采用一些经过简化的公式，选用近似的粗略的数据进行估算，定性地说明系统性能上的一些主要问题。根据液压系统的不同，验算项目不同，但一般液压系统都要进行回路压力损失和发热温升的验算，只有一些较简单的系统可忽略压力损失验算。

1. 回路压力损失验算

在系统管路布置确定后，即可计算管路的沿程压力损失 Δp_f、局部压力损失 Δp_r 和液流流过阀类元件的局部压力损失 Δp_v，阀类元件的局部压力损失可从产品样本中查出并计算，各种压力损失计算公式详见第 2 章，管路中总的压力损失为

$$\sum \Delta p = \Delta p_f + \Delta p_r + \Delta p_v \tag{12-9}$$

进油路和回油路上的压力损失应分别计算，并且回油路上的压力损失要折算到进油路上去。当计算出的压力损失值比确定系统工作压力时选定的压力损失值大得多时，就应重新调整有关阀类元件的规格和管道的尺寸，以降低系统的压力损失。

2. 发热温升验算

液压系统中所有的能量损失都将转变为热量，使油温升高、系统泄漏量增大、效率降低，影响系统正常工作。若系统的输入功率为 P_i，输出功率为 P_o，则系统单位时间的平均发热量 H_i 为

$$H_i = P_i - P_o = P_i(1-\eta) \tag{12-10}$$

式中 η——系统总效率。

工作循环中有 n 个工作阶段时，应根据各阶段的发热量求出系统的平均发热量。若第 j 个工作阶段的时间为 t_j，则系统单位时间的平均发热量为

$$H_i = \frac{\sum_{j=1}^{n} (P_{ij} - P_{oj}) t_j}{\sum_{j=1}^{n} t_j} \tag{12-11}$$

系统中产生的热量由各个散热面散发至空气中去，但绝大部分热量是经油箱散发的。油箱在单位时间内的散热量的计算式为

$$H_o = K_H A \Delta t \tag{12-12}$$

式中 A——油箱散热面积；

Δt——油液的温升；

K_H——表面传热系数［W/(m^2·℃)］，通风条件很差时 K_H = 8～10W/(m^2·℃)，通风条件良好时 K_H = 14～20W/(m^2·℃)，风扇冷却时 K_H = 20～25W/(m^2·℃)，用循环水冷却时 K_H = 110～175W/(m^2·℃)。

当系统达到热平衡时，$H_i = H_o$，则系统温升 Δt 为

$$\Delta t = \frac{H_i}{K_H A} \tag{12-13}$$

一般机械允许油液温升 25～30℃，数控机床油液温升应小于 25℃，工程机械等允许油液温升 35～40℃。在考虑环境温度的情况下，油箱内的油液温度一般不允许超出 60℃。若按式（12-13）计算出的油液温升加上环境温度后超过允许值，则必须采取适当的冷却措施或修改液压系统的设计。

12.1.6 液压装置的结构设计

确定液压系统原理图之后，就可以根据所选用的液压元件进行液压装置的结构设计。

1. 液压装置的类型

液压装置也称为液压泵站，是液压系统的重要组成部分。通常有两种形式：一种是液压

装置与主机分离的液压泵站，一种是液压装置与主机合为一体的液压泵站。

液压泵站通常由液压泵组、油箱组件、过滤器组件、温控组件及蓄能器组件等组合而成。液压泵站是液压系统的动力源，可按机械设备工况需要的压力、流量和清洁度，为系统提供工作介质。

液压泵站按泵组对油箱的布置方式可分为上置式和非上置式两种。根据电动机安装方式不同，上置式液压泵站又可分为立式和卧式，如图 12-1 所示。非上置式液压泵站按液压泵组与油箱是否共用一个底座而分为整体式和分离式。整体式液压泵站又分为旁置式和下置式，如图 12-2 所示。分离式液压泵站如图 12-3 所示。

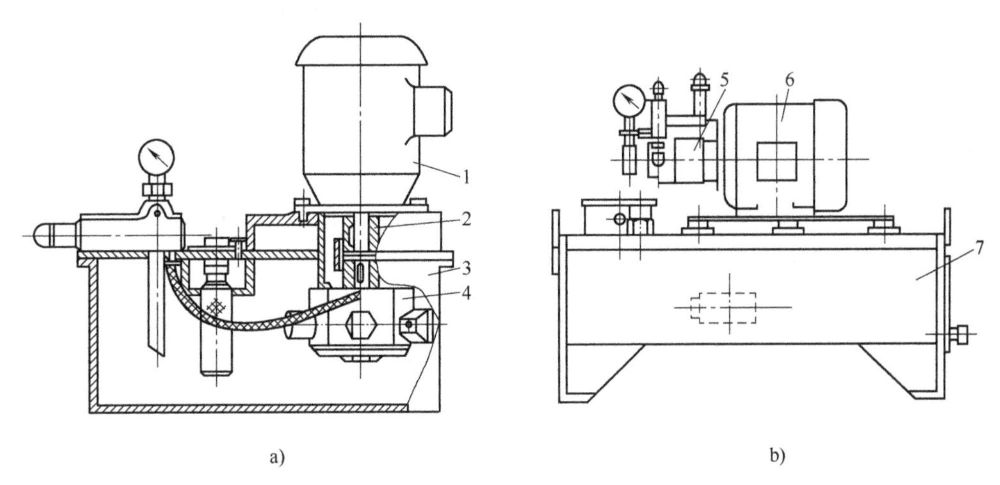

图 12-1　上置式液压泵站

a）立式液压泵站　b）卧式液压泵站

1、6—电动机　2—联轴器　3、7—油箱　4、5—液压泵

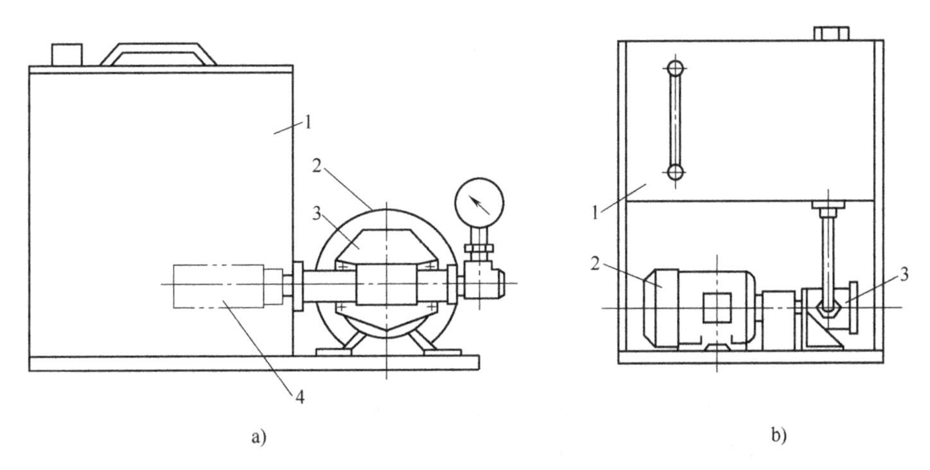

图 12-2　整体式液压泵站

a）旁置式液压泵站　b）下置式液压泵站

1—油箱　2—电动机　3—液压泵　4—过滤器

上置式液压泵站结构紧凑，占地小，被广泛应用于中、小功率液压系统中；非上置式液压泵站的液压泵组置于油箱液面以下，有效地改善了液压泵的吸入性能，且装置高度低，便

于维修，适用于功率较大的液压系统。两种布置方式的比较见表 12-6。

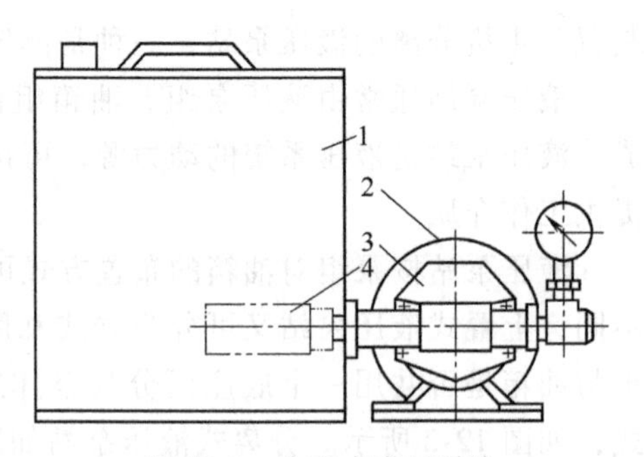

图 12-3 分离式液压泵站

1—油箱 2—电动机 3—液压泵 4—过滤器

2. 液压装置结构

液压泵站一般由液压泵组、油箱组件、过滤器组件、蓄能器组件和温控组件等组成。具体设计时应根据系统的实际需要，经深入分析计算后加以选择、组合。

1）液压泵组由液压泵、原动机、联轴器、底座及管路附件等组成，按所需压力和流量输出工作介质。

表 12-6 上置式和非上置式液压泵站的比较

项目	上置立式	上置卧式	非上置式
振动	较大		小
占地面积	小		较大
清洗油箱	较麻烦		容易
液压泵工作条件	液压泵浸在油中，吸油条件好，噪声低，液压泵的散热条件差，维修不方便	一般	好
对液压泵安装的要求	液压泵与电动机有同轴度要求	1. 液压泵与电动机有同轴度要求 2. 应考虑液压泵的吸油高度 3. 吸油管与液压泵的连接处密封要求严格	1. 液压泵与电动机有同轴度要求 2. 吸油管与液压泵的连接处密封要求严格
应用	中、小型液压泵站	中、小型液压泵站	较大型液压泵站

2）油箱组件由油箱、面板、空气过滤器、液位显示器等组成，用于储存系统所需的工作介质，散发系统工作时产生的一部分热量，分离介质中的气体并沉淀污物。

3）过滤器组件是保持工作介质清洁度必备的辅助元件，可根据系统介质清洁度的不同要求，设置不同等级的粗过滤器、精过滤器。

4）蓄能器组件通常由蓄能器、控制装置、支承台架等部件组成，可用于储存能量、吸收流量脉动、缓和压力冲击，故应按系统的需求而设置，并计算其合理的容量。

5）温控组件由传感器和温控仪组成。当液压系统自身的热平衡不能使工作介质处于合适的温度范围内时，应设置温控组件，以控制加热器和冷却器，使介质温度始终在设定的范围内。

3. 阀类元件配置形式

阀类元件一般采用集成化配置，主要有以下 3 种形式。

（1）油路板式　油路板又称为阀板，是一块较厚的液压元件安装板，如图 12-4 所示，板式阀类元件由螺钉安装在油路板上，元件之间油路由油路板内孔道形成。这种配置形式的优点是结构紧凑、油管少、调节方便、故障少；缺点是加工较困难、油路的压力损失大，目前应用很少。

（2）集成块式　集成块是一块通用化的六面体，除了安装通向执行元件的管接头的面外，其余面均可安装阀类元件，如图 12-5 所示。元件之间的连接油路由集成块内孔道形成，一个系统可由多个集成块组成。这种配置形式的优点是结构紧凑、油管少、可标准化，便于设计制造，应用最为广泛。

（3）叠加阀式　叠加阀式配置是用叠加阀叠加构成各种液压回路和系统。叠加阀与一般管式、板式标准阀元件相比，其工作原理没有多大差别，但具体结构却不相同，是自成系列的新型元件。每个叠加阀既起到控制阀的作用，又起到通道的作用。因此，叠加阀配置不需要另外的连接块，只需用长螺栓直接将各叠加阀叠装在底板上，即可组成所需的液压系统，如图 12-6 所示为叠

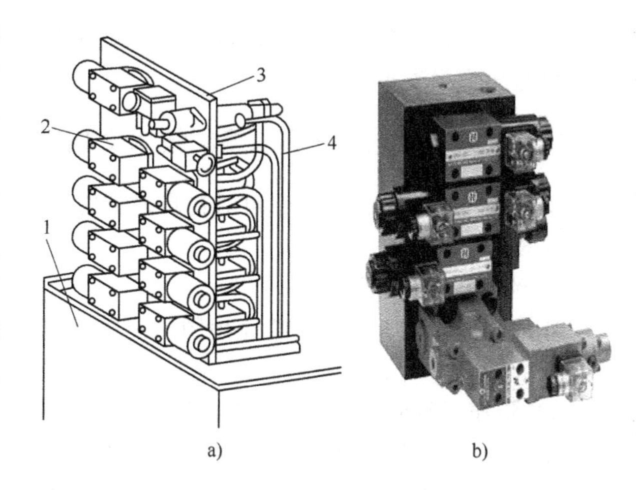

图 12-4　板式阀的油路板式配置

a）结构图　b）实物图

1—油箱　2—阀　3—油路板　4—油管

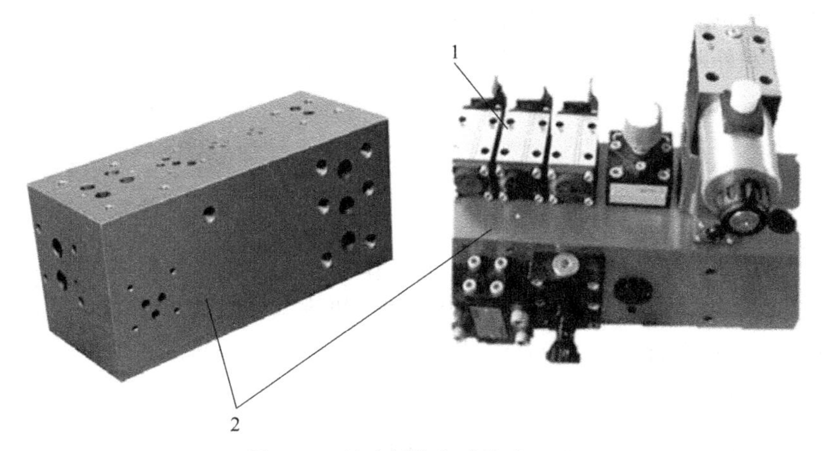

图 12-5　板式阀的集成块式配置

1—板式阀　2—集成块

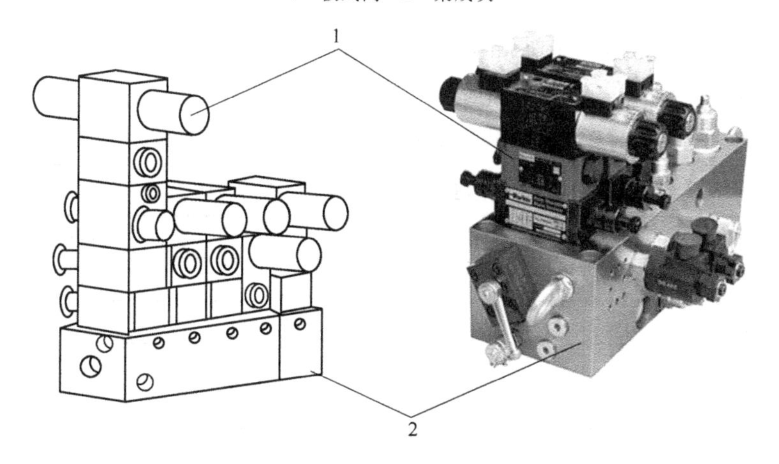

图 12-6　叠加阀式配置

1—叠加阀　2—底板

加阀式配置。这种配置形式无连接块，直接叠装在底板上，优点是结构紧凑、油管少、质量轻、沿程压力损失小。

12.1.7 绘制正式工作图和编制技术文档

对液压系统进行验算后，可对初步拟定的液压系统进行修改，并绘制正式工作图和编制技术文档。

1. 绘制正式工作图

正式工作图包含液压系统原理图、液压系统装配图、液压缸等非标准元件装配图和零件图。

1）液压系统原理图中应附有液压元件明细表（表中标明元件规格、型号、压力、流量调整值）及执行元件工作循环图和电磁铁动作顺序表。

2）液压系统装配图指系统安装施工图，含油箱安装图、液压泵装置图、集成油路装配图、管路安装图（应画出各油管走向、固定装置结构、管接头的形式和规格）。

2. 编制技术文档

技术文档一般包含液压系统设计计算说明书、使用及维护说明书、零部件明细表，以及标准件、通用件和外购件总表等。此外，还应提出电气系统设计要求，供电气设计者使用。

12.2 液压系统的设计计算举例

设计一台卧式单面钻镗两用组合机床，其工作循环是快进→工进→快退→原位停止；工作时最大进给力为 30kN，运动部件重为 19.6kN；快进、快退速度为 6m/min，工进速度为 0.02～0.12m/min；最大行程为 400mm，其中工进行程为 200mm；起动换向时间 $\Delta t=0.2s$；采用平导轨，其摩擦系数 $f=0.1$。

12.2.1 执行元件的工况分析和主要参数的确定实例

1. 负载分析

已知工作负载 $F_w=30kN$，重力负载 $F_G=0$，按起动换向时间和运动部件重量计算得到惯性负载 $F_a=1000N$，摩擦阻力 $F_f=1960N$。

取液压缸机械效率 $\eta_m=0.9$，则液压缸在各工作阶段的负载值见表 12-7。

表 12-7 液压缸在各工作阶段的负载值

工作循环	计算公式	负载 F/N
起动加速	$F=(F_f+F_a)/\eta_m$	3289
快进	$F=F_f/\eta_m$	2178
工进	$F=(F_f+F_w)/\eta_m$	35511
快退	$F=F_f/\eta_m$	2178

2. 速度分析

已知快进、快退速度为 6m/min，工进速度范围为 0.02～0.12m/min，按上述分析可绘制出负载循环图和速度循环图（略）。

3. 初选液压缸的工作压力

由最大负载值查表12-1，取液压缸工作压力 p_1 为4MPa。

4. 计算液压缸结构参数

为使液压缸快进与快退速度相等，选用单杆活塞缸差动连接的方式实现快进，设液压缸两有效面积为 A_1 和 A_2，且 $A_1=2A_2$，即 $d=0.707D$。为防止钻通时发生前冲现象，液压缸回油腔背压 p_2 取0.6MPa，而液压缸快退时背压 p_2 取0.5MPa。

由工进工况下液压缸的力平衡方程，即

$$p_1A_1=p_2A_2+F$$

可得

$$A_1=\frac{F}{p_1-0.5p_2}=\frac{35511}{4\times10^6-0.5\times0.6\times10^6}\text{m}^2=96\text{cm}^2$$

液压缸内径 D 则为

$$D=\sqrt{\frac{4A_1}{\pi}}=\sqrt{\frac{4\times96}{\pi}}\text{cm}=11.06\text{cm}$$

对 D 圆整，取 $D=110\text{mm}$。由 $d=0.707D$，经圆整得 $d=80\text{mm}$。计算出液压缸的有效工作面积 $A_1=95\text{cm}^2$，$A_2=47.5\text{cm}^2$。

工进时采用调速阀调速，其最小稳定流量 $q_{\min}=0.05\text{L/min}$，设计要求最低工进速度 $v_{\min}=20\text{mm/min}$，经验算可知满足式（12-1）要求。

5. 计算液压缸在工作循环各阶段的压力、流量和功率值

差动连接液压缸有杆腔压力大于无杆腔压力，取两腔间回路及阀上的压力损失为0.5MPa，则

$$p_2=(p_1+0.5)\text{MPa}$$

计算结果见表12-8。由表12-8即可画出液压缸的工况图（略）。

表12-8 液压缸工作循环各阶段压力、流量和功率值

工作循环		计算公式	负载 F/kN	回油背压 p_2/MPa	进油压力 p_1/MPa	输入流量 $q_1/(10^{-3}\text{m}^3/\text{s})$	输入功率 P/kW
快进	起动加速	压力 $p_1=\frac{F+A_2(p_2-p_1)}{A_1-A_2}$ 流量 $q_1=(A_1-A_2)v_1$ 功率 $P=p_1q_1$	3289	$p_2=p_1+0.5$	1.10	—	—
	恒速		2178		0.88	0.5	0.44
工进		压力 $p_1=\frac{F+A_2p_2}{A_1}$ 流量 $q_1=A_1v_1$ 功率 $P=p_1q_1$	35511	0.6	4.02	0.003~0.019	0.012~0.076
快退	起动加速	压力 $p_1=\frac{F+A_1p_2}{A_2}$ 流量 $q_1=A_2v_1$ 功率 $P=p_1q_1$	3289	0.5	1.79	—	—
	恒速		2178	0.5	1.55	0.448	0.69

12.2.2 拟订液压系统原理图实例

1. 选择基本回路

（1）调速回路　因为液压系统功率较小，且只有正值负载，所以选用进油路节流调速回路。为有较好的低速平稳性和速度负载特性，选用调速阀调速，并在液压缸回油路上设置背压。

（2）泵供油回路　由于系统最大流量与最小流量比为 15∶6，且在整个工作循环过程中的绝大部分时间内液压泵在高压小流量状态下工作，为此选用双联泵，以节省能源，提高效率。

（3）速度换接回路和快速回路　由于快进速度与工进速度相差很大，为保证换接平稳，选用行程阀控制的换接回路。快速运动通过差动回路来实现。

（4）换向回路　为保证换向平稳，选用电液换向阀。为便于实现液压缸中位停止和差动连接，采用三位五通阀。

（5）压力控制回路　系统在工作状态下高压小流量泵的工作压力由溢流阀调整，同时用外控内泄顺序阀实现低压大流量泵的卸荷。

2. 回路合成

对选定的基本回路进行合成时，有必要进行整理、修改和归并。合并后完整的液压系统原理图如图 12-7 所示。具体方法如下。

1）防止工作进给时液压缸进油路、回油路相通，需接入单向阀 7。

2）要实现差动快进，必须在回油路上设置内控外泄顺序阀 8，以阻止油液流回油箱。此阀通过位置调整后与低压大流量泵 2 的卸荷阀合二为一。

3）为防止机床停止工作时系统中的油液回油箱，应增设单向阀 10。

4）设置压力表开关及压力表。

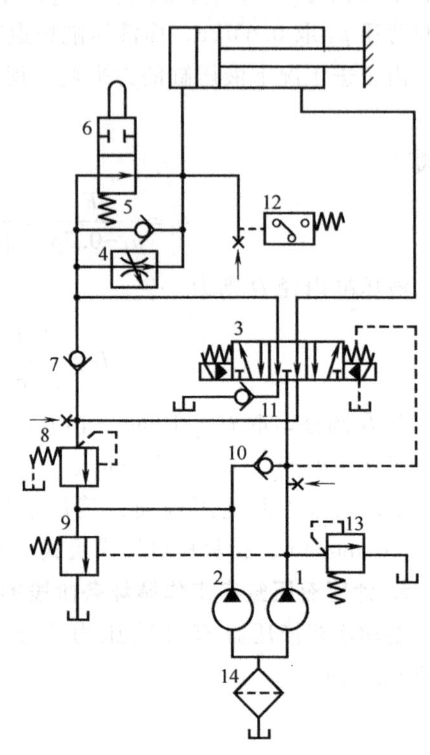

图 12-7　液压系统原理图

1—高压小流量泵　2—低压大流量泵
3—电液换向阀　4—调速阀　5、7、10、11—单向阀
6—行程阀　8—内控外泄顺序阀
9—外控内泄顺序阀（背压阀）　12—压力继电器
13—溢流阀　14—过滤器

12.2.3 液压元件的计算与选择实例

1. 液压泵及驱动电动机功率的确定

（1）液压泵的工作压力　已知液压缸最大工作压力为 4.02MPa，取进油路上压力损失为 1MPa，则高压小流量泵最高工作压力为 5.02MPa，液压泵的额定压力应为 p_n = (5.02+5.02×25%) MPa = 6.27MPa。低压大流量泵在液压缸快退时工作压力较高，取液压缸快退时进油路上压力损失为 0.4MPa，则低压大流量泵的最高工作压力为（1.79+0.4）MPa = 2.19MPa，卸荷阀的调定压力应高于此值。

（2）液压泵流量计算　取系统的泄漏系数 K=1.2，则液压泵的最小供油量 q_p 为

$$q_p = Kq_{1max} = 1.2 \times 0.5 \times 10^{-3} m^3/s = 0.6 \times 10^{-3} m^3/s = 36L/min$$

由于工进时所需要的最大流量是 $1.9 \times 10^{-5} m^3/s$，溢流阀最小稳定流量为 $0.05 \times 10^{-3} m^3/s$，高压小流量泵最小流量为

$$q_{p1} = Kq_1 + 0.05 \times 10^{-3} m^3/s = 7.28 \times 10^{-5} m^3/s = 4.4L/min$$

（3）确定液压泵规格　对照产品样本可选用 YB_1-50/10 双联叶片泵，额定转速为 960r/min，容积效率为 0.9，大、小流量液压泵的额定流量分别为 34.56L/min 和 5.44L/min，满足以上要求。

（4）确定液压泵驱动功率　液压泵在快退阶段功率最大，取液压缸进油路上压力损失为 0.5MPa，则液压泵输出压力为 2.05MPa。液压泵的总效率 $\eta_p = 0.8$，大、小流量液压泵流量总和为 40L/min，则液压泵所需的驱动功率 P 为

$$P = \frac{p_p q_p}{\eta_p} = \frac{2.05 \times 10^6 \times 40 \times 10^{-3}}{0.8 \times 60} W = 1708W$$

据此选用 Y112M-6-B5 立式电动机，其额定功率为 2.2kW，转速为 940r/min，液压泵输出流量为 33.84L/min、5.33L/min，仍能满足系统要求。

2. 阀类元件和辅助元件选择

根据实际工作压力及流量大小即可选择阀类元件和辅助元件。所有液压元件的规格型号见表 12-9。吸油过滤器按液压泵额定流量的两倍选取吸油用线隙式过滤器。表 12-9 中序号与图 12-7 所示系统原理图中的序号一致。

表 12-9　液压元件规格型号

序号	元件名称	最大通过流量/(L/min)	型号
1、2	双联叶片泵	46.3	YB_1-50/10
3	三位五通电液换向阀	46.3	4WE10Q31B
4	调速阀	20	KLA-L10
5	单向阀	12	I-25B
6	行程阀	30	DCG-02
7	单向阀	46.3	RPV810B
8	内控外泄顺序阀	0.16	B-10B
9	外控内泄顺序阀(背压阀)	50	DZ6DP150B25M
10	单向阀	40	RPV810B
11	单向阀	50	RPV810B
12	压力继电器	—	DP_1-63B
13	溢流阀	5.33	DBDH6G10B25
14	过滤器	100	TF-100×80

3. 油管的选择

管道尺寸取决于所需通过的最大流量和管内许用流速。可以参考第 9 章的内容进行计算，即

$$d = 2\sqrt{\frac{q}{\pi v}} \tag{12-14}$$

式中 q——通过管道的最大流量；

v——管内许用流速，吸油管取 $v=0.6\sim1.5\text{m/s}$，压油管取 $v=2.5\sim5\text{m/s}$，回油管取 $v=0.6\sim1.5\text{m/s}$。

4. 油箱容积的确定

中压系统的油箱容积一般选取液压泵额定流量的5～7倍，本例取5倍，故油箱容积为

$$V=5\times46.3\text{L}\approx230\text{L}$$

12.2.4 验算液压系统性能实例

系统在工作中的绝大部分时间内是处在工作阶段的，所以可按工作状态来计算温升。

设高压小流量泵工作状态压力为5.02MPa，流量为5.33L/min，计算得其输入功率为557W。低压大流量泵经外控内泄顺序阀卸荷，其工作压力等于外控内泄顺序阀上的局部压力损失数值 Δp_r。外控内泄顺序阀额定流量为63L/min，额定压力损失为0.3MPa，低压大流量泵流量为33.84L/min，则 Δp_r 为

$$\Delta p_r=0.3\times10^6\times\frac{33.84+47.5\times5.33/95}{63}\text{Pa}=0.1\times10^6\text{Pa}$$

大流量泵的输入功率经计算为70.5W。

液压缸的最小有效功率为

$$P_o=Fv=(30000+1960)\times0.02/60\text{W}=10.7\text{W}$$

系统单位时间内的发热量为

$$H_i=P_i-P_o=(557+70.5-10.7)\text{W}=616.8\text{W}$$

当油箱的高、宽、长比例在1∶1∶1到1∶2∶3范围内，且液面高度为油箱高度的80%时，油箱散热面积近似为

$$A=6.66\sqrt[3]{V^2}$$

式中 V——油箱有效容积（m^3）。

取油箱有效容积 $V=0.25\text{m}^3$，表面传热系数 K_H 为15W/($\text{m}^2\cdot$℃)，由式（12-13）得

$$\Delta t=\frac{H_i}{K_H A}=\frac{616.8}{15\times6.66\sqrt[3]{0.25^2}}℃=15.6℃$$

即在温升允许的范围内。

课堂讨论

1. 讨论设计一个完整的液压系统一般要经过哪些步骤？

2. 进行液压系统设计计算时，首先要确定的是哪些主要参数？液压元件的选型原则是什么？举例说明调速阀的选型要考虑哪些因素？

3. 讨论如何拟订液压原理图？如何选择液压系统的压力回路、调速回路和方向控制回路等？

4. 讨论为什么要进行液压系统的发热温升验算？系统的发热和哪些因素有关，在系统回路设计和结构设计过程中如何避免系统损失过大？

课后习题

1. 设计一台小型液压压力机的液压系统，要求实现快速空程下行→慢速加压→保压→快速回程→停止的工作循环，快速往返速度为3m/min，加压速度为40~250mm/min，压制力为200000N，运动部件总重量为20000N。

2. 在某立式组合机床的液压系统中，采用的液压滑台快进、快退速度均为6m/min，工进速度为80mm/min，快速行程为100mm，工作行程为50mm，起动、制动时间为0.05s。滑台对导轨的法向力为1500N，摩擦系数为0.1，运动部分质量为500kg，切削负载为30000N。试对该机床的液压系统进行负载分析。

3. 试设计一台专用铣床的液压系统。铣头驱动电动机功率为7.5kW，铣刀直径为120mm，转速为350r/min。工作行程为400mm，快进、快退速度为6m/min，工进速度为60~1000m/min，加、减速时间为0.05s。工作台水平放置，导轨摩擦系数为0.1，运动部件总重量为4000N。

4. 设计一台板料折弯机液压系统，要求完成的动作循环为快进→工进→快退→停止，且应保证动作平稳。系统最大推力为15kN，快进和快退速度均为1.5m/min，快进行程为0.1m，工进行程为0.15m。

第2篇

气压传动

02

第13章 气压传动

学习引导

气压传动是利用具有压力的空气作为工作介质，使气动装置实现机械运动。本章介绍气压传动系统的系统组成和工作原理，对常见的气动元件的结构、工作原理和工作特性进行详细介绍，对现代气动比例阀和伺服阀进行简要介绍，分析气动基本回路和常见回路的工作原理，并对几个典型气动回路进行详细分析。

13.1 气压传动概述

13.1.1 气压传动的工作原理和系统组成

气压传动简称气动，是指以压缩空气为工作介质来传递动力和控制信号，以实现生产过程机械化、自动化的一门技术。气压传动的工作原理是利用空气压缩机将电动机或其他原动机输出的机械能转变为空气的压力能，在控制元件的控制和辅助元件的配合下，通过执行元件将空气的压力能转变为机械能，从而完成直线或回转运动并对外做功。气压传动系统与液压传动系统类似，一般由气源装置、气动执行元件、气动控制元件和辅助元件四部分组成。

（1）气源装置　气源装置是将原动机的机械能转化为气体的压力能的装置。气源装置的主体是空气压缩机，它将电动机旋转的机械能转化为压缩空气的压力能，实现能量转换。

（2）气动执行元件　气动执行元件是将压缩空气的压力能转化为机械能的装置，包括气缸、气马达、真空吸盘。气缸可实现直线往复运动，气马达可实现连续回转运动，真空吸盘用于以真空压力为动力源的系统。

（3）气动控制元件　气动控制元件是用来调节和控制压缩空气的压力、流量和流动方向的元件，以保证执行元件按要求的程序和性能工作。气动控制元件的种类繁多，除了普通的压力控制阀、流量控制阀和方向控制阀这三大类阀外，还包括各种逻辑元件和射流元件。

（4）辅助元件　辅助元件是指用来解决元件内部润滑、消除噪声、实现元件间的连接以及信号转换、显示、放大、检测等所需的各种气动元件，如过滤器、油雾器、消声器、压力开关、各种管件及接头、气液转换器、气动显示器、气动传感器等。

13.1.2 气压传动的特点

气压传动技术与液压、机械、电气和电子技术一起，互相补充，已发展成为实现生产过程自动化的一个重要手段，在机械、冶金、纺织食品、化工、交通运输、航空航天、国防建设等各个部门已得到广泛的应用。与机械、电气、液压传动相比，气压传动具有以下特点。

1. 气压传动的优点

1）以空气为工作介质，空气随处可取，取之不尽，节省了购买、储存、运输介质的费用和麻烦；用后的空气直接排入大气，对环境无污染，处理方便，不必设置回收管路，因而也不存在介质变质、补充和更换等问题。

2）因空气黏度小（约为液压油动力黏度的万分之一），在管内流动阻力小，压力损失小，便于集中供气和远距离输送。即使有泄漏，也不会像液压油一样污染环境。

3）与液压传动相比，气压传动反应快，动作迅速，维护简单，管路不易堵塞。

4）气动元件结构简单，制造容易，便于标准化、系列化、通用化。

5）气动系统对工作环境适应性好，特别是在易燃、易爆、多尘埃、强磁、辐射、振动等恶劣工作环境中工作时，安全可靠性优于液压、电子和电气系统。

6）空气具有可压缩性，使气动系统能够实现过载自动保护，也便于储气罐储存能量，以备急需。

7）排气时气体因膨胀而温度降低，因而气动设备可以自动降温，长期运行也不会发生过热现象。

2. 气压传动的缺点

1）由于空气具有可压缩性，因此气动系统工作速度稳定性稍差。但采用气液联动装置会得到较满意的效果。

2）因为气压传动工作压力低（一般为0.3~1.0MPa），且结构尺寸不宜过大，所以气动装置的总输出力不宜大于10~40kN。

3）气压传动噪声较大，在高速排气时要加消声器。

4）气动装置中的气信号传递速度比电子及光速慢，因此，气动系统不宜用于元件级数过多的复杂回路。

5）目前气压传动的效率较低。

13.2 气源装置及辅助元件

气动系统要求压缩空气既具有一定的压力和流量，又具有一定的净化程度。由空气压缩机产生的压缩空气不但具有一定的压力和流量，同时也含有一定的水分、油分和灰尘。要满足气动系统对空气质量的要求，必须对压缩空气进行降温、净化和稳压等一系列处理，才能供给控制元件及执行元件使用。

13.2.1 气源装置

气源装置包括压缩空气的发生装置以及压缩空气的存储、净化等辅助装置，为气动系统提供满足质量要求的压缩空气，是气动系统的一个重要组成部分。

1. 气源装置的组成及布置

气源装置的组成和布置示意图如图 13-1 所示。空气压缩机 1 一般由电动机带动，产生压缩空气，其吸气口装有空气过滤器，以减少进入空气压缩机内气体的杂质量。接着，后冷却器 2 对压缩空气降温冷却，使气化的水、油凝结起来。降温冷却凝结的水滴、油滴、杂质等经油水分离器 3 分离并排出。然后，储气罐 4 对压缩空气进行储存并稳定压缩空气的压力，同时除去部分油分和水分。干燥器 5 进一步吸收或排除压缩空气中的水分及油分，使之变成干燥空气。而后，空气过滤器 6 再进一步过滤压缩空气中的灰尘、杂质颗粒。最后，压缩空气进入储气罐进行储存和稳压。储气罐 4 输出的压缩空气可用于一般要求的气动系统，储气罐 7 输出的压缩空气可用于要求较高的气动系统（如气动仪表及射流元件组成的控制回路等）。加热器 8 可将空气加热，使热空气吹入闲置的干燥器中进行再生，以备干燥器 5Ⅰ、5Ⅱ交替使用。四通阀 9 用于转换两个干燥器的工作状态。由此可见，气源装置一般由产生气体压力的空气压缩机、净化及储存压缩空气的空气净化装置、传输压缩空气的管道系统和气动三联件四部分组成。

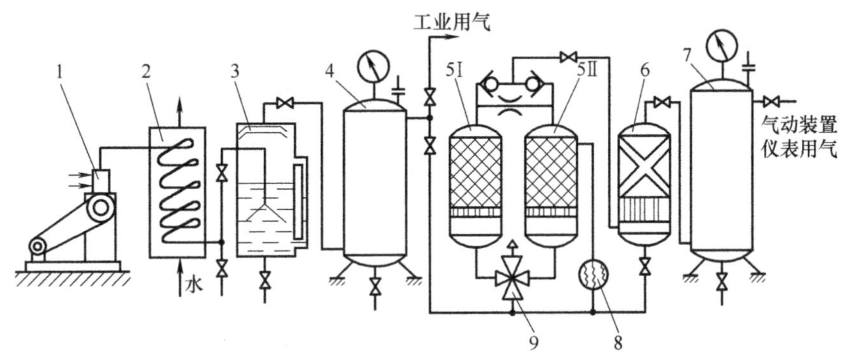

图 13-1　气源装置的组成和布置示意图

1—空气压缩机　2—后冷却器　3—油水分离器　4、7—储气罐

5Ⅰ、5Ⅱ—干燥器　6—空气过滤器　8—加热器　9—四通阀

2. 空气压缩机

空气压缩机简称空压机，用以将原动机输出的机械能转化为气体的压力能，是气源装置的核心。

（1）空气压缩机的分类

1）按工作原理，空压机可分为容积型空压机和速度型空压机。容积型空压机的工作原理是压缩空压机中气体的体积，使单位体积内空气分子的数量（即空气密度）增加以提高压缩空气的压力。速度型空压机的工作原理是提高气体分子的运动速度来增加气体的动能，然后将气体分子的动能转化为压力能以提高压缩空气的压力。

2）按输出压力大小，空压机可分为低压空压机（0.2~1.0MPa）、中压空压机（1.0~10MPa）、高压空压机（10~100MPa）、超高压空压机（>100MPa）。

3）按输出流量（排量）大小，空压机可分为微型空压机（$<1m^3/min$）、小型空压机（$1\sim10m^3/min$）、中型空压机（$10\sim100m^3/min$）、大型空压机（$>100m^3/min$）。

（2）空气压缩机的选用原则　选择空压机要依据气动系统所需的工作压力和流量两个主要参数。空压机的额定压力应等于或略高于气动系统所需的工作压力，一般气动系统的工作压力为 0.4~0.8MPa，故常选用低压空压机，特殊需要可选用中、高压或超高压空压机。空压机的流量要根据整个气动系统对压缩空气的需要再加一定的备用余量。

3. 空气净化装置

空气压缩机排出的压缩空气虽然能满足一定的压力和流量要求，但会混有油分、水分以及灰尘形成的胶体微尘与杂质，不能直接为气动装置使用，否则会产生爆炸、锈蚀、阻塞等危害。因此必须要设置除油、除水、除尘设备，使压缩空气干燥、提高压缩空气质量、进行气源净化处理。

空气净化装置一般包括后冷却器、油水分离器、储气罐和干燥器。

（1）后冷却器　后冷却器安装在空气压缩机出口管道上，空气压缩机排出的压缩空气经过后冷却器后，温度可由140~170℃降至40~50℃。这样，就可使压缩空气中的油雾和水汽达到饱和，大部分凝结成滴而析出，以便对压缩空气进一步进行净化处理。

后冷却器结构型式有蛇形管式、列管式、散热片式、套管式等，冷却方式有风冷式和水冷式两大类。蛇形管式和列管式后冷却器的结构图和图形符号如图13-2所示。后冷却器上应装有自动排水器，以排除冷凝水和油滴等杂质。

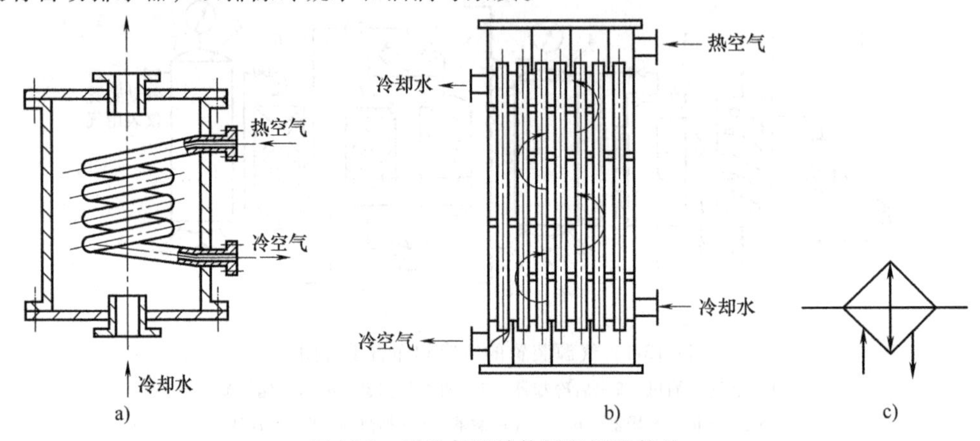

图13-2　后冷却器结构图和图形符号

a）蛇形管式后冷却器结构图　b）列管式后冷却器结构图　c）图形符号

（2）油水分离器　油水分离器的作用是将压缩空气中的冷凝水和油污等杂质分离出来，使压缩空气得到初步净化。图13-3所示的油水分离器采用了惯性分离原理，依靠气流撞击隔离壁时的折转和旋转离心作用使气体上浮、液态和固态物下沉，液态杂质积聚在容器底部，经排污阀排出。

（3）储气罐　储气罐的主要作用是储存一定数量的压缩空气，减少气源输出气流脉动，增加气流连续性，减弱空气压缩机排出气流脉动引起的管道振动，进一步分离压缩空气中的水分和油分。图13-4所示为储气罐结构示意图和图形符号，在储气罐上应装有安全阀1、压力表2，以控制和指示其内部压力。底部装有排污阀4，并定时排放。

（4）干燥器　干燥器的作用是进一步除去压缩空气中含有的水分、油分和颗粒杂质等，使压缩空气更加干燥，用于对气源质量要求较高的气动装置、气动仪表等。

压缩空气干燥主要采用吸附、冷冻等方法。吸附式干燥器是利用具有吸附性能的吸附剂（如硅胶、活性氧化铝、分子筛等）吸附空气中水蒸气的一种空气净化装置，其结构图和图形符号如图13-5所示。湿空气从湿空气进气管1进入干燥器，通过吸附剂层21和16后，从干燥空气输出管8排出干燥、洁净的压缩空气。冷冻式干燥器是使湿空气冷却到其露点温度以下，使空气中的水蒸气凝结成水滴并加以排除，然后再将压缩空气加热至环境温度后输出。

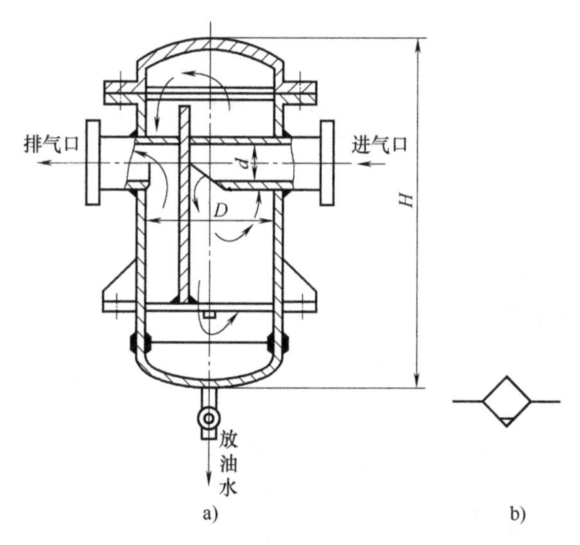

图 13-3 油水分离器结构图和图形符号

a）结构图 b）图形符号

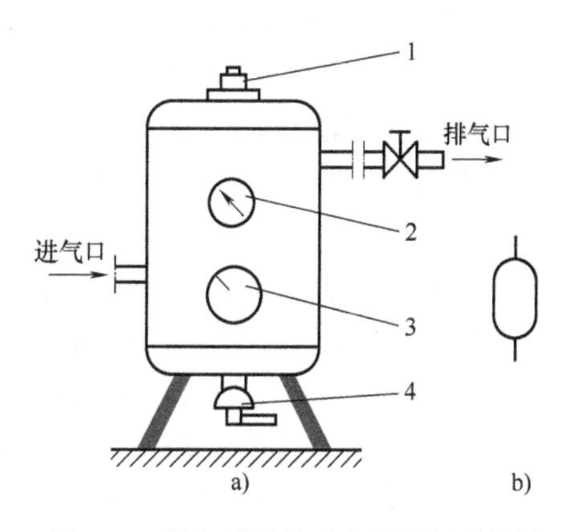

图 13-4 储气罐结构示意图和图形符号

a）结构示意图 b）图形符号

1—安全阀 2—压力表 3—手孔 4—排污阀

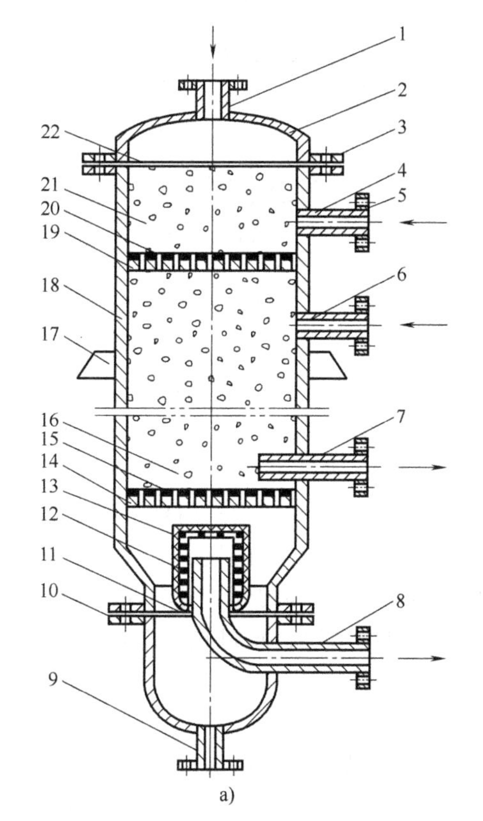

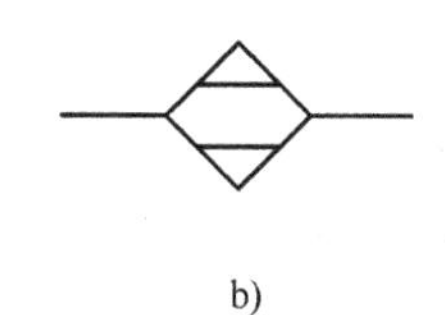

图 13-5 干燥器结构图和图形符号

a）结构图 b）图形符号

1—湿空气进气管 2—顶盖 3、5、10—法兰 4、6—再生空气排气管 7—再生空气进气管 8—干燥空气输出管 9—排水管 11、22—密封垫 12、15、20—钢丝过滤网 13—毛毡 14—下栅板 16、21—吸附剂层 17—支承板 18—筒体 19—上栅板

13.2.2 气动三联件

空气过滤器、减压阀和油雾器一起称为气动三大件，三大件依次无管化连接而成的组件称为三联件，是多数气动设备必不可少的气源装置。在大多数情况下三大件组合使用，依进气方向，三大件的安装次序为空气过滤器、减压阀和油雾器。

1. 空气过滤器

空气过滤器又称为分水滤气器、空气滤清器，用于滤除压缩空气中的水分、油滴及杂质，以达到气动系统所要求的净化程度，安装在气动系统的入口处。

图 13-6 所示的是空气过滤器的结构图和图形符号。当压缩空气从进气口流入空气过滤器后，由旋风挡板 1（导流板）引入存水杯 3 中。旋风挡板 1 使气流沿切线方向旋转，于是空气中的冷凝水、油滴和颗粒较大的固态杂质等因质量较大而所受离心力较大，会被甩到存水杯 3 内壁上并流到底部沉积起来。随后，空气流过滤芯 2，被进一步除去其中的固态杂质，并从排气口输出。挡水板 4 的作用是防止已积沉于存水杯 3 底部的冷凝水再次被混入气流而被排出。

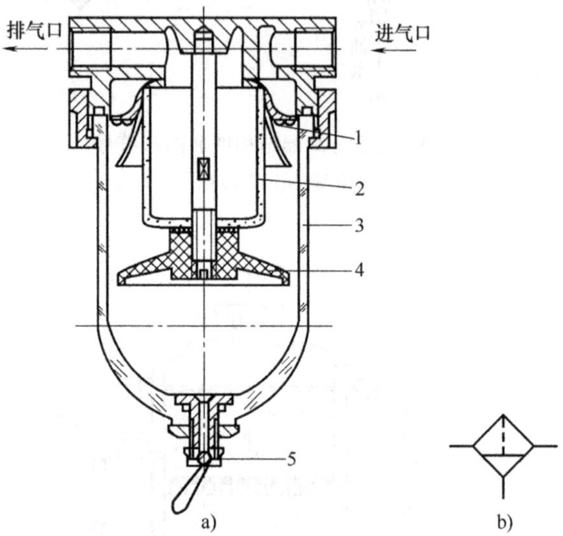

图 13-6 空气过滤器结构图和图形符号

a）结构图 b）图形符号

1—旋风挡板 2—滤芯 3—存水杯 4—挡水板 5—排水阀

2. 减压阀

气动三大件中所用减压阀的作用是将较高的输入压力调整到低于输入压力的调定压力输出，并能保持输出压力稳定，以保证气动系统或装置的工作压力稳定，不受输出空气流量变化和气源压力波动的影响。

气动系统减压阀的工作原理与液压系统减压阀相同。气动系统减压阀的调压方式有直动式和先导式两种。直动式减压阀通过改变弹簧力来直接调整压力，而先导式减压阀利用预先调整好的气压来代替直动式调压弹簧来进行调压。先导式减压阀的流量特性一般比直动式减压阀的好。直动式减压阀适用于管径在 20~25mm 以下、输出压力在 0~0.63MPa 范围内的系统，超过这个范围必须使用先导式减压阀。

3. 油雾器

油雾器是一种特殊的注油装置，它以压缩空气为动力，将润滑油喷射成雾状并混合于压缩空气中，使压缩空气具有润滑气动元件的能力。用油雾器加油具有润滑均匀、稳定、耗油量少和不需要大的储油设备等特点。

图 13-7 所示为普通型油雾器的结构图和图形符号，在油雾器的气流通道中有一个立杆 1，立杆 1 上有两个通道口，上面背向气流的是喷油口 B，下面正对气流的是油面加压通道口 A。普通型油雾器工作时，压缩空气从进气口进入后一小部分进入 A 口，这部分气流经加

压通道流至截止阀2，通过钢球与阀座之间的漏气（将截止阀2打开）使储油杯3上腔C的压力逐渐升高，使储油杯3内油面受压，迫使储油杯3内的油液经吸油管4、单向阀5和节流阀6滴入透明视油器7内，然后从喷油口B被主气道中的气流引射出来，在气流气动力和油液黏性力对油滴的作用下，润滑油雾化后随气流从排气口排出。节流阀6用来调节滴油量，滴油量可在0~200滴/min内变化。

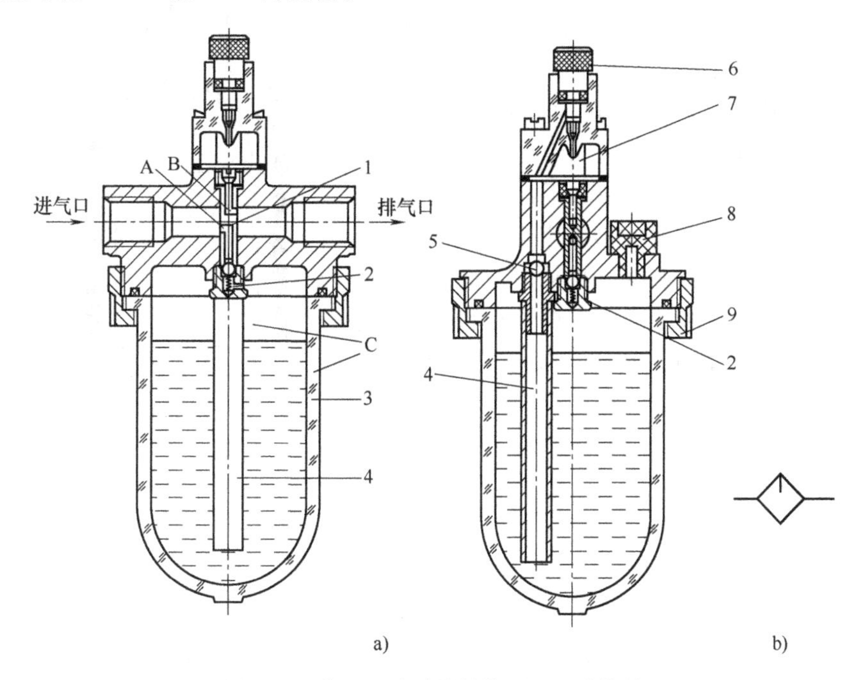

图13-7 普通型油雾器结构图和图形符号

a）结构图 b）图形符号

1—立杆 2—截止阀 3—储油杯 4—吸油管 5—单向阀 6—节流阀 7—视油器 8—油塞 9—螺母

选择油雾器时，主要根据气压系统所需额定流量和油雾粒径大小来确定油雾器的形式和通径，所需油雾粒径在20~35μm范围内时，选用一次油雾器；若所需油雾粒径很小，则可选用二次油雾器，油雾粒径可达5μm。

油雾器一般应配置在空气过滤器和减压阀之后，用气设备之前较近处。

4. 气动三大件的安装次序

气动系统中气动三大件的安装次序如图13-8所示。目前新结构的三大件插装在同一支架上，形成无管化连接，结构紧凑，装拆及更换元件方便，应用普遍。在气动系统中，多数情况下采用气动三大件一起使用，有时也可根据实际使用需求只用一件或两件。

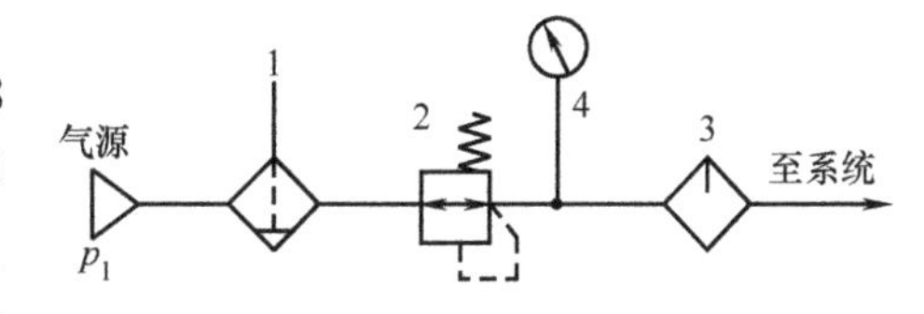

图13-8 气动三大件的安装次序

1—空气过滤器 2—减压阀 3—油雾器 4—压力表

13.2.3 气动辅助元件

在气动控制系统中，消声器、转换器、管道连接件等许多辅助元件往往是不可缺少的。

1. 消声器

在气动系统中，压缩空气经换向阀向气缸等执行元件供气；动作完成后，又经换向阀向大气排气。由于阀内的气路复杂且又十分狭窄，压缩空气以接近声速的流速从排气口排出，空气急剧膨胀和压力变化会产生刺耳的高频噪声。排气噪声与压力、流量和有效面积等因素有关，当阀的排气压力为 0.5MPa 时，排气噪声可达 100dB 以上。而且，执行元件速度越高，流量越大，噪声也越大。此时，就要用消声器来降低排气噪声。

消声器是一种允许气流通过而使声能衰减的装置，能够降低气流通道上的空气动力性噪声。气动系统中的消声器主要有吸收型、膨胀干涉型和膨胀干涉吸收型。图 13-9 所示的是吸收型消声器结构图和图形符号，这种消声器是依靠吸声材料来消声的。吸声材料有玻璃纤维、毛毡、泡沫塑料、烧结材料等。将这些材料装设于消声器体内，使气流通过时受到阻力，声波的一部分被吸收并转化为热能。吸收型消声器可使气流噪声降低约 20dB，主要用于消除中、高频噪声，在气动装置中广泛应用。

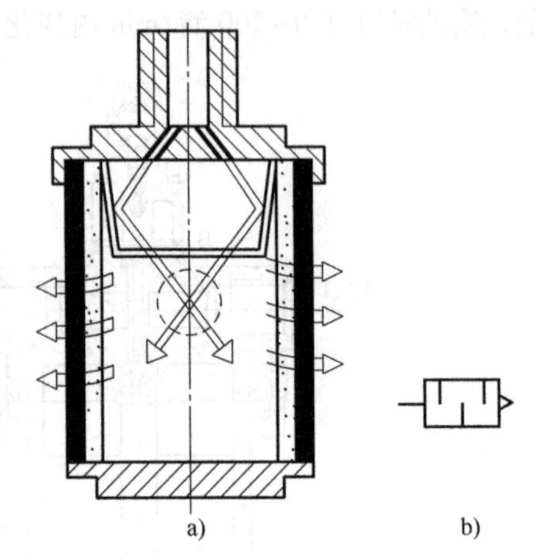

图 13-9 吸收型消声器结构图和图形符号

a）结构图 b）图形符号

2. 管道连接件

管道连接件包括管道和管接头两类，它是气动系统的动脉，起着连接各元件的重要作用。管道连接件的设计、施工质量的好坏往往影响整个系统的工作状态。

管道连接件材料有金属和非金属之分。金属管道连接件多用于车间气源管道和大型气动设备。非金属管道多用于中小型气动系统元件之间的连接，以及气动工具等需要经常移动的元件之间的连接。

气动系统中常用的管道有硬管和软管。硬管以钢管和纯铜管为主，常用于高温、高压和固定不动的元件之间的连接。软管有各种塑料管、尼龙管和橡胶管等，其特点是经济、拆装方便、密封性好，但应避免在高温、高压和有辐射的场合使用。气源管道的管径大小须根据压缩空气的最大流量和允许的最大压力损失确定。

管接头是连接、固定管道所必需的辅助元件，分为硬管接头和软管接头两类。气动系统中使用的管接头的结构及工作原理与液压管接头基本相似，分为卡套式、扩口螺纹式、卡箍式、插入快换式等。

13.3 气动执行元件

气动执行元件是将压缩空气的压力能转化为机械能的能量转换装置，分为气缸和气马达两大类。气缸用于提供直线往复运动或摆动，气马达用于提供连续回转运动。

13.3.1 气缸

气缸是气动系统的执行元件之一，是将压缩空气的压力能转换为机械能并驱动工作机构做往复直线运动或摆动的装置。按结构特征，气缸主要分为活塞式气缸和膜片式气缸两类。按运动形式，气缸分为直线运动气缸和摆动气缸两类。类似于液压缸，气缸的安装形式可分为固定式、轴销式、回转式、嵌入式等。下面将介绍一般形式的活塞式气缸和膜片式气缸，以及无杆气缸、气液阻尼缸和冲击气缸三种特殊式的活塞式气缸。

1. 活塞式气缸

活塞式气缸的结构型式和工作原理与液压缸基本相同，包括单作用式和双作用式气缸，常用于无特殊要求的场合。双作用气缸内部被活塞分成有杆腔和无杆腔。当从无杆腔输入压缩空气时，有杆腔排气，气缸两腔的压力差作用在活塞上所形成的力克服负载推动活塞运动，使活塞杆伸出；当有杆腔进气时，无杆腔排气，使活塞杆缩回。若有杆腔和无杆腔交替进气和排气，活塞实现往复直线运动。

单杆双作用活塞式气缸一般由缸筒、前后缸盖、活塞、活塞杆、密封件和紧固件等零件组成。图 13-10a 所示为最常用的单杆双作用活塞式气缸的结构图，缸筒 7 与前、后缸盖固定连接，有活塞杆侧的杆侧缸盖 5 为前缸盖，无杆侧缸盖 14 为后缸盖。在缸盖上开有进、排气口，有的还设有气缓冲机构。杆侧缸盖 5 上设有密封圈、防尘圈 3，同时设有导向套 4，以提高气缸的导向精度。活塞杆 6 与活塞 9 紧固连接。活塞 9 上除有活塞密封圈 10、密封圈 11 防止活塞 9 左、右两腔互相漏气外，还有耐磨环 12 以提高气缸的导向性。

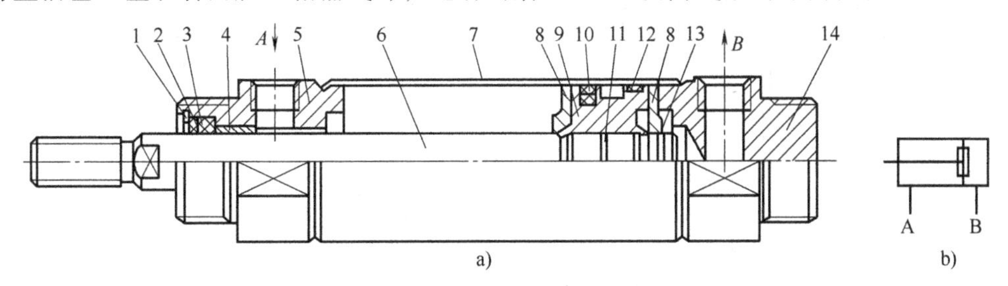

图 13-10　单杆双作用活塞式气缸结构图和图形符号

a）结构图　b）图形符号

1、13—弹簧挡圈　2—防尘圈压板　3—防尘圈　4—导向套　5—杆侧缸盖　6—活塞杆　7—缸筒　8—缓冲垫　9—活塞　10—活塞密封圈　11—密封圈　12—耐磨环　14—无杆侧缸盖

若是带磁性开关的气缸，则活塞上装有磁环，活塞两侧常装有橡胶垫作为缓冲垫（同图 13-10 所示缓冲垫 8）。若是气缓冲式气缸，则活塞两侧沿轴线方向设有缓冲柱塞，同时缸盖上设有缓冲节流阀和缓冲套，当气缸活塞运动到终点时，缓冲柱塞进入缓冲套，气缸内空气需经缓冲节流阀排气，排气阻力增加，产生排气背压，形成缓冲气垫，起到缓冲作用。

2. 膜片式气缸

膜片式气缸是一种利用膜片在压缩空气作用下产生变形来推动活塞杆做往复直线运动的气缸。膜片有平膜片和盘形膜片两种，一般用夹织物橡胶、钢片或磷青铜片制成，厚度为 5~6mm（也有用 1~2mm 厚膜片的）。

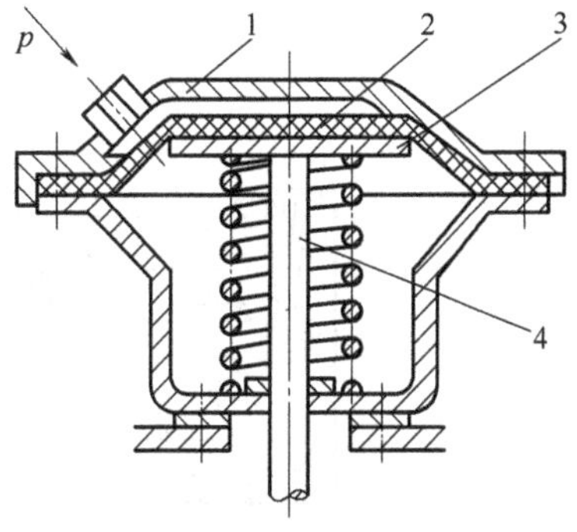

图 13-11 所示的膜片式气缸为盘形膜片的膜片式气缸，其功能类似于弹簧复位的活塞式单作用气缸，工作时，膜片 2 在压缩空气作用下推动活塞杆 4 运动。这种

图 13-11　膜片式气缸结构图

1—缸体　2—膜片　3—膜盘　4—活塞杆

膜片式气缸的优点是结构简单而紧凑、体积小、质量小、密封性好、不易漏气、加工简单、成本低、无磨损件、维修方便等，适用于行程短的场合。缺点是行程短，一般不超过50mm。平膜片的膜片式气缸的行程更短，约为膜片直径的1/10。

3. 无杆气缸

无杆气缸是指将活塞以直接或间接方式连接外界执行机构，并使外界执行机构跟随活塞实现往复运动的气缸。这种气缸的最大优点是节省安装空间。常见无杆气缸有磁性无杆气缸和机械接触式无杆气缸两种。

磁性无杆气缸是通过磁力由活塞带动缸体外部的移动体做同步移动，其结构如图13-12所示。磁性无杆气缸的活塞8上安装一组高强磁性的永磁铁制成的内磁环4，磁力线通过薄壁缸筒11与套在外面的外磁环2作用，由于两组磁环磁性相反，具有很强的吸力。当活塞8在缸筒11内被气压推动时，内磁环4随之移动，所产生的磁力驱动缸筒11外的外磁环2一起移动。气缸活塞的推力必须与磁环的吸力相适应。

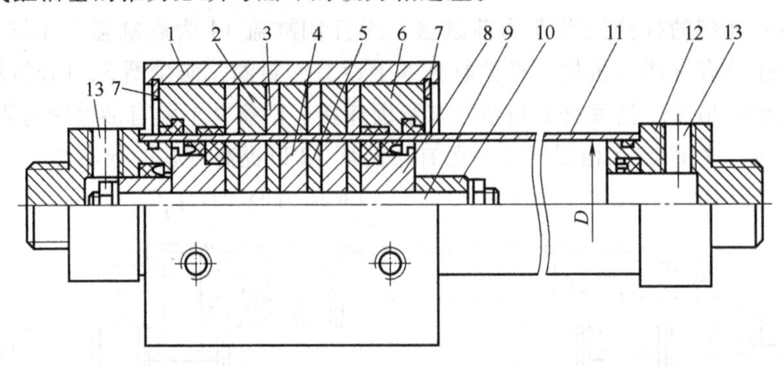

图13-12 磁性无杆气缸结构图

1—套筒 2—外磁环 3—外磁导板 4—内磁环 5—内磁导板 6—压盖 7—卡环 8—活塞 9—活塞轴 10—缓冲柱塞 11—缸筒 12—端盖 13—进、排气口

机械接触式无杆气缸的结构如图13-13所示。在机械接触式无杆气缸内轴向开有一条槽，活塞5与滑块6在槽上部移动。为了防止泄漏及防尘，在开口部采用聚氨酯密封带3和防尘不锈钢带4固定在两端缸盖8上，活塞架7穿过槽，将活塞5与滑块6连成一体。活塞5与滑块6连接在一起，带动固定在滑块6上的执行机构实现往复运动。这种气缸与普通气缸相比，优点是在同样行程下可缩小1/2安装位置，不需要设置防转机构，最大行程和速度都比较高，缺点是密封性能差、可承受负载小。

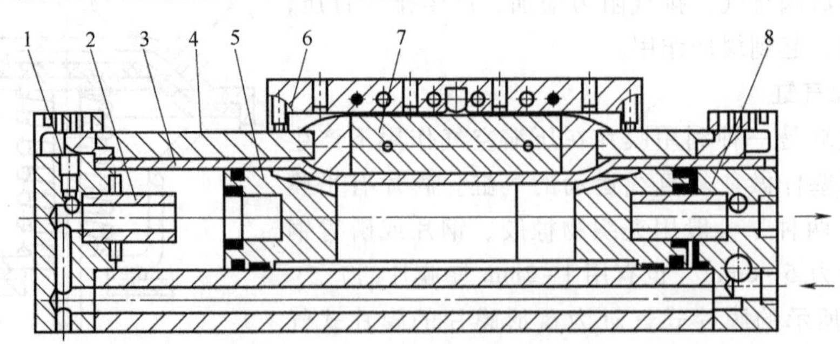

图13-13 机械接触式无杆气缸结构图

1—节流阀 2—缓冲柱塞 3—密封带 4—防尘不锈钢带 5—活塞 6—滑块 7—活塞架 8—缸盖

4. 气液阻尼缸

气缸以压缩空气为工作介质，动作快，但速度稳定性差，当负载变化较大时，容易产生“爬行”或“自走”现象。另外，压缩空气的压力较低，因而气缸的输出力较小。为此，经常采用气缸和液压缸相结合的方式，组成各种气液组合式执行元件，以达到控制速度或增大输出力的目的。

气液阻尼缸是利用气缸驱动液压缸，液压缸除起阻尼作用外，还能增加气缸的刚性（因为液压油是不可压缩的），发挥了液压传动稳定、传动速度较均匀的优点。常用于机床和切削装置的进给驱动装置。

串联式气液阻尼缸的结构如图13-14所示。串联式气液阻尼缸采用一根活塞杆将两活塞串联在一起，液压缸和气缸之间用隔板隔开，防止气体窜入液压缸中。当气缸左端进气时，气缸将克服负载，带动液压缸向右运动，调节节流阀开度就能改变活塞的运动速度。

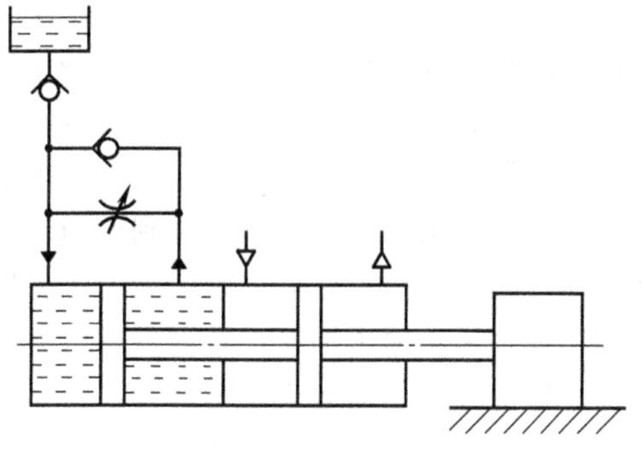

图13-14　串联式气液阻尼缸结构图

5. 冲击气缸

冲击气缸是一种结构简单、成本低、耗气功率小，但能产生相当大的冲击力的一种特殊气缸，可用于锻造、冲压、下料、破碎等多种场合。冲击气缸的结构如图13-15a所示，由缸筒8、活塞7和固定在缸筒上的中盖3组成。中盖3上有一喷嘴5，它能产生相当大的冲力，可供压力机使用。整个工作过程分为以下三个阶段。

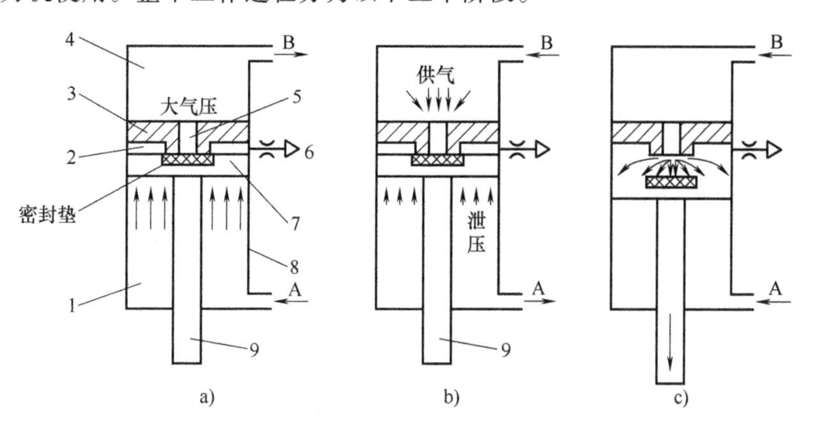

图13-15　冲击气缸工作三阶段

a）复位段　b）储能段　c）冲击段

1—活塞杆腔　2—活塞腔　3—中盖　4—蓄能腔　5—喷嘴　6—泄气口　7—活塞　8—缸筒　9—活塞杆

1）复位段：气源由孔A供气，孔B排气，活塞7上升，其上密封垫封住喷嘴5，气缸上腔成为密封的蓄能腔4，如图13-15a所示。

2）储能段：气源改由孔B进气，孔A排气。由于上腔气压作用在喷嘴5上的面积较小，而下腔气压作用面积大，故使上腔储存很高的能量，如图13-15b所示。

3）冲击段：上腔压力继续升高，下腔压力继续降低，当上、下腔压力比大于活塞与喷嘴面积比时，活塞离开喷嘴，上腔气体迅速充入活塞7与中盖3之间的空间内，活塞7将以极大的加速度向下运动。气体的压力能转换为活塞的动能，产生很大的冲击力，如图 13-15c 所示。

13.3.2 气马达

1. 气马达的分类及特点

气马达是一种做连续旋转运动的气动执行元件，是一种将压缩空气的压力能转换成回转机械能的能量转换装置，气马达输出转矩，驱动执行机构做旋转运动。气马达有叶片式、活塞式、齿轮式等多种类型，在气压传动中使用最广泛的是叶片式和活塞式气马达。各类型式的气马达尽管结构不同，工作原理有区别，但大多数气马达具有以下特点。

1）可以无级调速。只要控制进气阀或排气阀的开度，即控制压缩空气的流量，就能调节气马达的输出功率和转速，达到调节转速和功率的目的。

2）能正转也能反转。大多数气马达只要简单地用控制阀来改变气马达进、排气方向，即能实现气马达输出轴的正转和反转，并且可以瞬时换向。实现正、反转的转换时间短，速度快，冲击性小，而且不需要卸荷。

3）工作安全，不受振动、高温、电磁、辐射等影响，适用于恶劣的工作环境，在易燃、易爆、高温、振动、潮湿、粉尘等不利条件下均能正常工作。

4）有过载保护作用，不会因过载而发生故障。过载时，气马达只会发生转速降低或停止转动，当过载解除时，立即可以恢复正常运转，并不会产生机件损坏等故障。气马达可以长时间满载连续运转，温升较小。

5）具有较高的起动力矩，可以直接带载荷起动。起动、停止过程都很迅速。

6）功率范围及转速范围较宽。功率小至几百瓦，大至几万瓦，转速可从零一直到每分钟几万转。

7）控制方便，维护检修较容易。气马达具有结构简单、体积小、质量小、功率大、控制容易、维修方便的特点。

8）使用空气作为介质，无供应上的困难，使用过的空气不需要处理，排放到大气中无污染。压缩空气可以集中供应，远距离输送。

由于气马达具有以上诸多特点，故气马达可在潮湿、高温、高粉尘等恶劣的环境下工作。除在矿山机械中的凿岩、钻采、装载等设备中用作动力外，船舶、冶金、化工、造纸等行业也广泛地应用气马达。

2. 叶片式气马达的工作原理

图 13-16 所示为双向旋转叶片式气马达的结构图和图形符号。叶片式气马达主要由叶片 1、转子 2、定子 3 及壳体构成。当压缩空气从进气口 A 进入气室后立即喷向叶片 1，作用在叶片 1 的外伸部分，产生转矩带

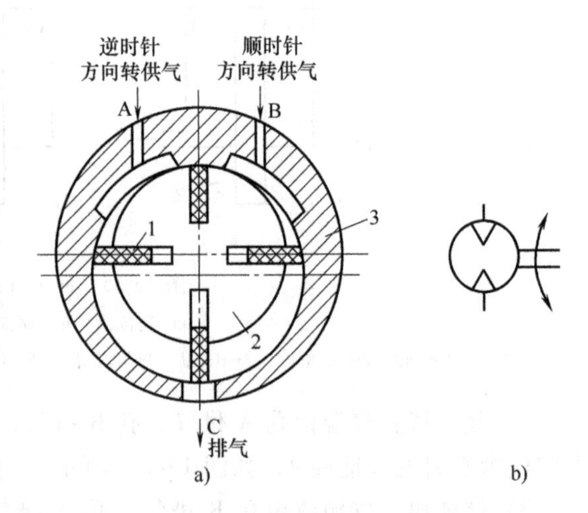

图 13-16 双向旋转叶片式气马达的结构图和图形符号

a）结构图 b）图形符号

1—叶片 2—转子 3—定子

动转子 2 做逆时针转动，输出机械能，做功后的气体从排气口 C 排出。当压缩空气从进气口 B 进入时，定子腔内残留气体从排气口 C 排出，转子 2 反转，输出相反方向的机械能。转子转动的离心力和叶片底部的气压力、弹簧力（图 13-16 中未画出）使得叶片 1 紧贴在定子 3 的内壁上，以保证密封，提高容积效率。

叶片式气马达一般在中、小容量，高速回转的范围使用，其输出功率为 0.1～20kW，转速为 500～25000r/min。叶片式气马达起动及低速时的特性不好，在转速 500r/min 以下场合使用时，必须要用减速机构。叶片式气马达主要用于风动工具、高速旋转机械及矿山机械等。

13.4 气动控制元件

在气动系统中的控制元件是控制、调节压缩空气的压力、流量、流动方向和发送信号的重要元件，利用它们可以组成各种气动控制回路，使气动执行元件按设计的程序进行工作。气动控制元件按功能和用途可分为方向控制阀、压力控制阀和流量控制阀三大类。

13.4.1 方向控制阀

气动方向控制阀与液压传动方向控制阀相似，分类方法也大致相同。气动方向控制阀是气压传动系统中通过改变压缩空气的流动方向和气流的通断来控制执行元件起动、停止及运动方向的气动元件。

根据方向控制阀的功能、控制方式、结构型式、阀内气流的方向及密封形式等，可将方向控制阀分为几类，见表 13-1。

表 13-1 方向控制阀的分类

分类方式	方向控制阀类型
按阀内气体的流动方向	单向阀、换向阀
按阀芯的结构型式	截止阀、滑阀
按阀的密封形式	硬质密封、软质密封
按阀的工作位数及通路数	二位三通、二位五通、三位五通等
按阀的控制方式	气压控制、电磁控制、机械控制、手动控制

下面仅介绍几种典型的方向控制阀。

1. 气压控制换向阀

气压控制换向阀是以压缩空气为动力切换气阀，使气路换向或通断的阀类。气压控制换向阀的用途很广，多用于组成全气阀控制的气压传动系统或易燃、易爆及高净化等场合。

（1）单气控加压式换向阀　图 13-17 所示为单气控加压截止式换向阀的工作原理图和图形符号。图 13-17a 所示是远程气控口 K 无信号时阀的状态（即常态），此时，阀芯 1 在弹簧 2 的作用下处于上端位置，使阀口 A 与 O 口相通，A 口排气。图 13-17b 所示是在远程气控口 K 有信号时阀的状态（即动力阀状态），由于气压力的作用，阀芯 1 压缩弹簧 2 下移，使阀口 A 与 O 口断开，P 口与 A 口接通，A 口有气体输出。

图 13-18 所示为二位三通单气控加压截止式换向阀的结构图和图形符号。这种换向阀

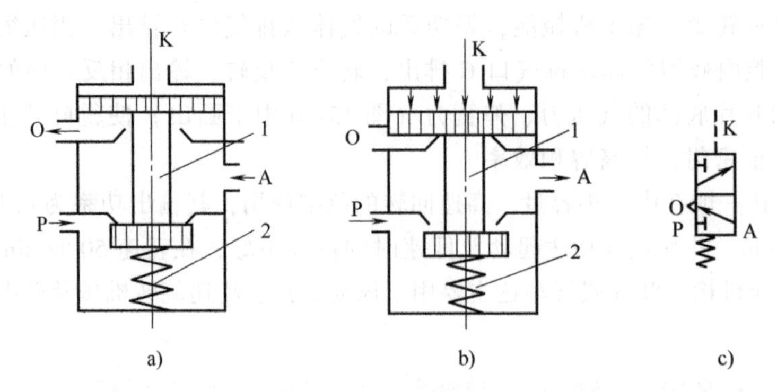

图 13-17　单气控加压截止式换向阀的工作原理图和图形符号

a）远程气控口无信号状态　b）远程气控口有信号状态　c）图形符号

1—阀芯　2—弹簧

结构简单、紧凑，密封可靠，换向行程短，但换向力大。若将远程气控口 K 接电磁先导阀，可将气控方式变换为先导式电磁换向阀控制方式。

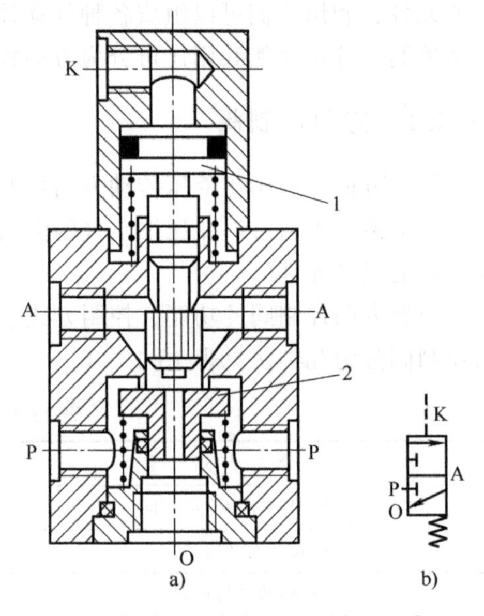

图 13-18　二位三通单气控加压截止式换向阀的结构图和图形符号

a）结构图　b）图形符号

1—上阀杆　2—阀芯

（2）双气控滑阀式换向阀　图 13-19 所示为双气控滑阀式换向阀的结构图和图形符号。图 13-19a 所示为远程气控口 K_2 有信号时阀的状态，此时阀活塞停在左端位置，其通路状态是 P 口与 A 口相通、B 口与 O_2 口相通。图 13-19b 所示为远程气控口 K_1 有信号时阀的状态（此时远程气控口 K_2 已不存在信号），阀芯换位，其通路状态变为 P 口与 B 口相通、A 口与 O_1 口相通。

2. 电磁换向阀

电磁换向阀是利用电磁力的作用来实现阀的切换以控制气流的流动方向的阀类。常用的电磁换向阀有直动式和先导式两种。

（1）直动式电磁换向阀　图 13-20 所示为直动式单电控电磁换向阀的工作原理图和图形符号，它只有一个电磁铁。图 13-20a 所示为阀断电时状态，即常态情况，激励线圈 1 不通电，此时阀芯 2 在复位弹簧 3 的作用下处于上端位置，A 口与 O 口相通，A 口排气。当阀通电时，激励线圈 1 通电并产生磁力，推动阀芯 2 向下移动，气路换向，P 口与 A 口相通，A 口进气，如图 13-20b 所示。

图 13-21 所示为直动式双电控电磁换向阀的工作原理图和图形符号。它有两个电磁铁，当电磁铁 1 通电、电磁铁 3 断电时，如图 13-21a 所示，阀芯 2 被推向右端，P 口与 A 口相通、B 口与 O_2 口相通，A 口进气、B 口排气。当电磁铁 1 断电时，阀芯 2 会保持原有状态，即具有记忆性。当电磁铁 3 通电、电磁铁 1 断电时，如图 13-21b 所示，阀芯 2 被推向左端，P 口与 B 口相通、A 口与 O_1 口相通，B 口进气、A 口排气。若电磁铁 3 断电，则气流通路仍保持原状态。

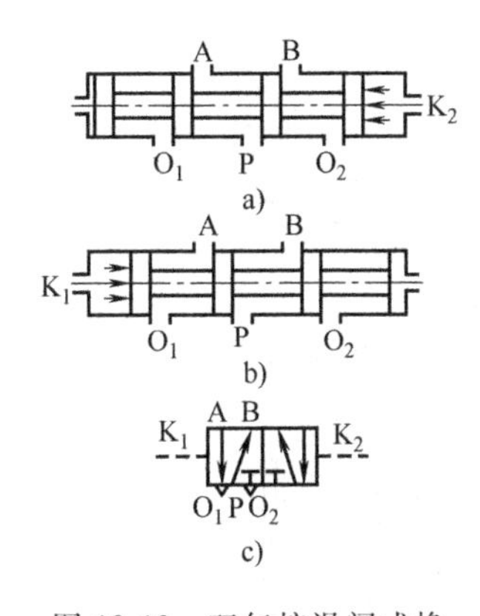

图 13-19　双气控滑阀式换向阀的结构图和图形符号

a）远程气控口 K_2 有信号状态

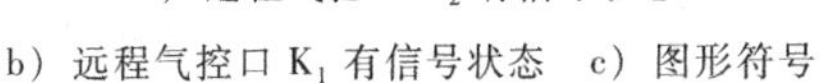

b）远程气控口 K_1 有信号状态　c）图形符号

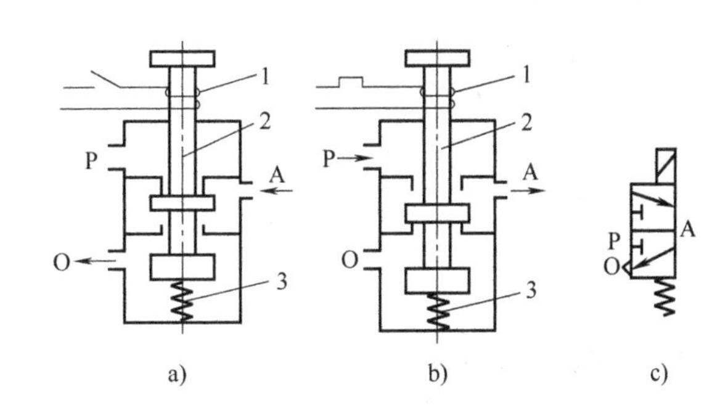

图 13-20　直动式单电控电磁换向阀的工作原理图和图形符号

a）断电时状态　b）通电时状态　c）图形符号

1—激励线圈　2—阀芯　3—复位弹簧

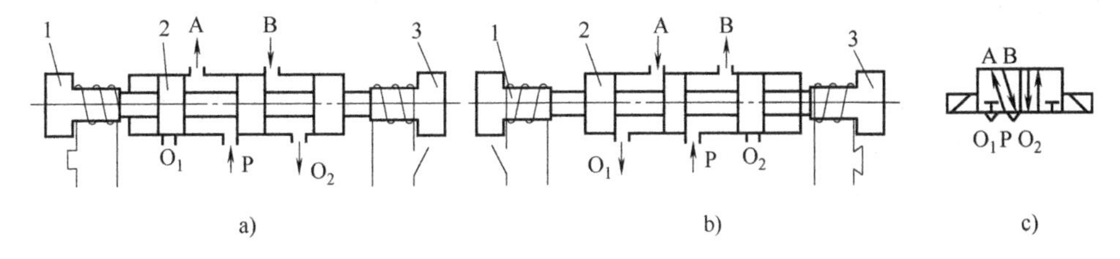

图 13-21　直动式双电控电磁换向阀的工作原理图和图形符号

a）电磁铁 1 通电、电磁铁 3 断电时状态　b）电磁铁 3 通电、电磁铁 1 断电时状态　c）图形符号

1、3—电磁铁　2—阀芯

（2）先导式电磁换向阀　直动式电磁换向阀是由电磁铁直接推动阀芯移动的，当阀通径较大时，用直动式结构所需的电磁铁体积和电力消耗都必然加大，为克服此缺点，可采用先导式结构。先导式电磁换向阀是由电磁铁先控制气路，产生先导压力，再由先导压力推动主阀阀芯，使其换向。

图 13-22 所示为先导式双电控换向阀的工作原理图和图形符号。当电磁先导阀 1 通电，而电磁先导阀 3 断电时，如图 13-22a 所示，由于主阀 2 的 K_1 腔进气，K_2 腔排气，使主阀 2 的阀芯向右移动，此时 P 口与 A 口相通、B 口与 O_2 口相通，A 口进气、B 口排气。当电磁先导阀 3 通电，而电磁先导阀 1 断电时，如图 13-22b 所示，主阀 2 的 K_2 腔进气，K_1 腔排

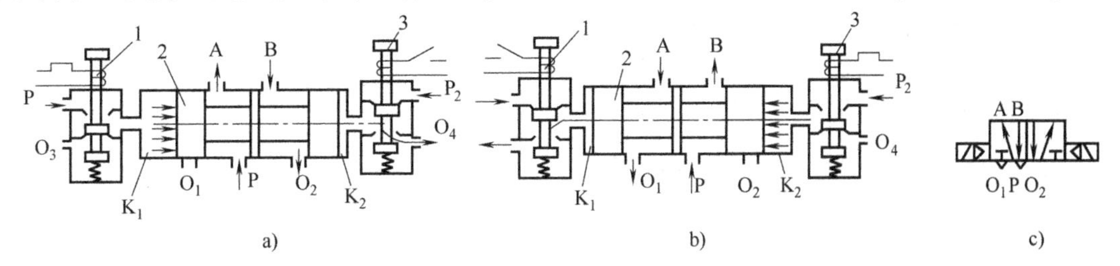

图 13-22　先导式双电控换向阀的工作原理图和图形符号

a）电磁先导阀 1 通电、电磁先导阀 3 断电时状态　b）电磁先导阀 3 通电、电磁先导阀 1 断电时状态　c）图形符号

1、3—电磁先导阀　2—主阀

气，使主阀 2 的阀芯向左移动，此时 P 口与 B 口相通、A 口与 O_1 口相通，B 口进气、A 口排气。先导式双电控换向阀具有记忆功能，即通电换向，断电保持原状态。为保证主阀正常工作，两个电磁先导阀不能同时通电，电路中要考虑互锁。

先导式电磁换向阀便于实现电、气联合控制，所以应用广泛。

3. 机械控制换向阀

机械控制换向阀又称为行程阀，多用于行程程序控制，作为信号阀使用。常依靠凸轮、挡块或其他机械外力推动阀芯，使阀换向。

图 13-23 所示为一种典型结构型式的机械控制换向阀的结构图和图形符号。凸轮或挡块直接与滚轮 1 接触后，通过杠杆 2 使阀芯 5 换向。这种结构的优点是减少了顶杆 3 所受的侧向力，同时利用杠杆传力减少了外部的机械压力。

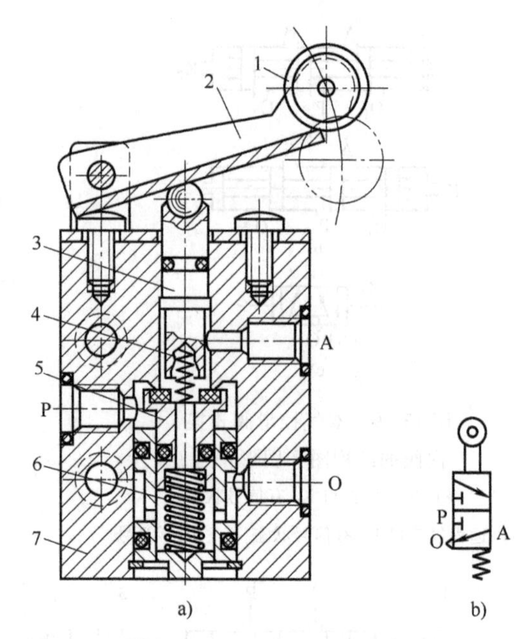

图 13-23 机械控制换向阀的结构图和图形符号

a）结构图 b）图形符号

1—滚轮 2—杠杆 3—顶杆 4—缓冲弹簧 5—阀芯 6—密封弹簧 7—阀体

4. 手动控制换向阀

手动控制换向阀有手动和脚踏两种操纵方式。阀的主体部分与气压控制换向阀类似，图 13-24 所示为二位三通按钮式手动换向阀的结构图、工作原理图和图形符号。当按下按钮 1 时，上、下阀芯 2、3 下移，则 P 口与 A 口相通、A 口与 O 口断开，如图 13-24b 所示。当松开按钮 1 时，弹簧力使上、下阀芯 2、3 上移，关闭阀口，则 P 口与 A 口断开、A 口与 O 口相通，如图 13-24c 所示。

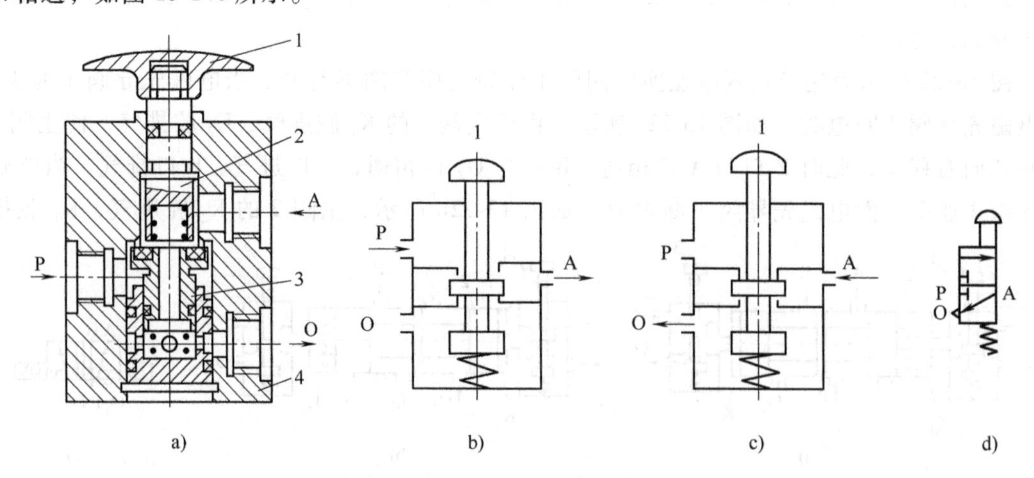

图 13-24 二位三通按钮式手动换向阀的结构图、工作原理图和图形符号

a）结构图 b）按下按钮时工作原理图 c）松开按钮时工作原理图 d）图形符号

1—按钮 2—上阀芯 3—下阀芯 4—阀体

5. 梭阀

梭阀相当于两个单向阀组合形成的阀。图 13-25 所示为梭阀的工作原理图和图形符号。

梭阀有 P_1 和 P_2 两个进气口，一个工作口 A，阀芯 1 在两个方向上起单向阀的作用。其中 P_1 口和 P_2 口都可与 A 口相通，但 P_1 口与 P_2 口不相通。当 P_1 口进气时，阀芯 1 右移，封住 P_2 口，使 P_1 口与 A 口相通，A 口进气，如图 13-25a 所示。反之，当 P_2 口进气时，阀芯 1 左移，封住 P_1 口，使 P_2 口与 A 口相通，仍是 A 口进气。若 P_1 口与 P_2 口都进气，阀芯就可能停在任意一边，这主要看压力加入的先后顺序和压力的大小而定。若 P_1 口与 P_2 口的压力不等，则高压口的通道打开，低压口的被封闭，高压气流从 A 口输出。

梭阀的应用很广，多用于手动与自动控制的并联回路中。

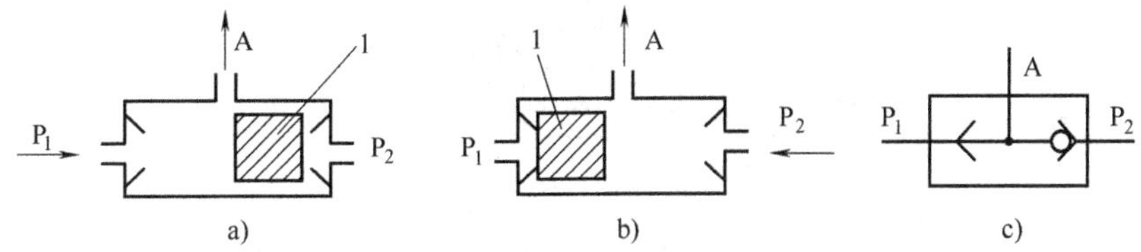

图 13-25　梭阀的工作原理图和图形符号

a）P_1 进气状态　b）P_2 进气状态　c）图形符号

1—阀芯

13.4.2　压力控制阀

气动系统不同于液压系统，一般每一个液压系统都自带液压源（液压泵）。而在气动系统中，一般来说由空气压缩机先将空气压缩并储存在储气罐内，然后经管路输送给各个气动装置使用。而储气罐的空气压力往往比各台设备实际所需要的压力高些，同时其压力波动值也较大。因此需要用减压阀（调压阀）将其压力降低到每台装置所需的压力，并使减压后的压力稳定在所需压力值上。

有些气动回路需要依靠回路中压力的变化来控制两个执行元件的顺序动作，所用的这种阀就是顺序阀。顺序阀与单向阀的组合称为单向顺序阀。

所有的气动回路或储气罐为了安全起见，都需要当压力超过允许压力值时，自动向外排气，这种压力控制阀称为安全阀（溢流阀）。

1. 减压阀（调压阀）

图 13-26 所示为直动式减压阀结构图和图形符号。当直动式减压阀处于工作状态时，转动调节手柄 1 使调节螺杆 2 向下推动弹簧垫圈 3，进而压缩压缩弹簧 4、5 及膜片 7，通过阀杆 8 使阀芯 10 下移，进气阀口被打开，有压气流从左端输入，经阀口节流减压后从右端输出。输出气流的一部分通过阻尼管 9 进入膜片气室，在膜片 7 的下方产生一个向上的推力，这个推力总有一种将阀口开度关小的趋势，使输出气流压力下降。当作用于膜片 7 上的推力与压缩弹簧 4、5 的弹簧力相平衡后，输出气流的压力便会保持恒定。

当输入压力发生波动时，如输入压力瞬时升高，输出压力也会随之升高，作用于膜片 7 上的气体推力也随之增大，破坏了原有的力平衡，使膜片 7 向上移动，有少量气体经溢流口 6 和排气孔排出。在膜片 7 上移的同时，因复位弹簧 12 的作用，输出压力下降，直到达到新的平衡为止。重新平衡后的输出压力基本上恢复至原值。反之，若输入压力瞬时下降，膜片 7 下移，进气阀口开度增大，节流作用减小，输出压力又基本上回升至原值。

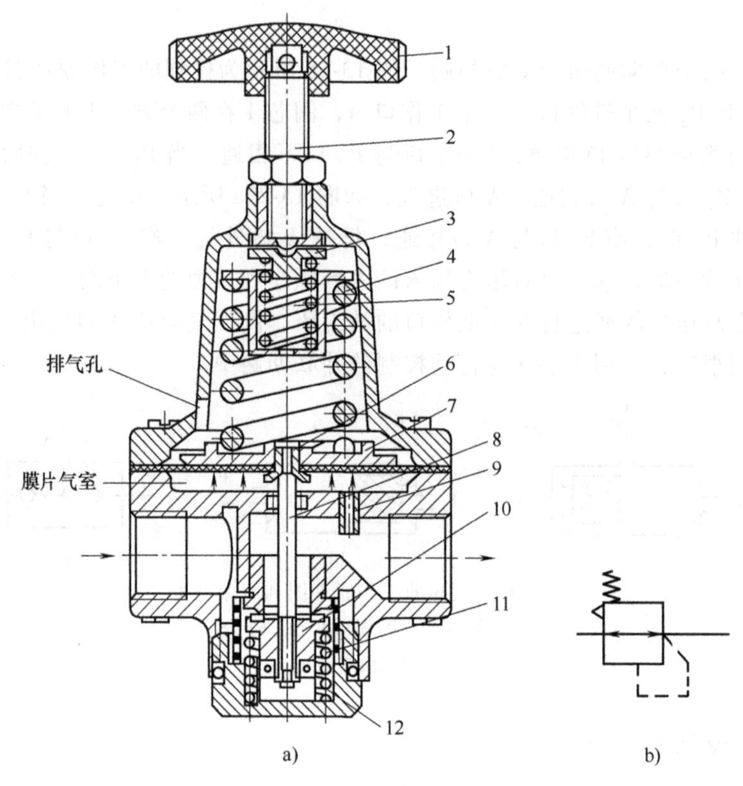

图 13-26 直动式减压阀结构图和图形符号

a）结构图 b）图形符号

1—调节手柄 2—调节螺杆 3—弹簧垫圈 4、5—压缩弹簧 6—溢流口

7—膜片 8—阀杆 9—阻尼管 10—阀芯 11—阀口 12—复位弹簧

转动调节手柄 1 使压缩弹簧 4、5 恢复自由状态，输出压力降至零，阀芯 10 在复位弹簧 12 的作用下，关闭进气阀口，这样，该阀便处于截止状态，无气流输出。

图 13-26 所示直动式减压阀的调压范围为 0.05～0.63MPa。为限制气体流过该阀所造成的压力损失，规定气体通过阀内通道的流速在 15～25m/s 范围内。

安装减压阀时，要按气流的方向和减压阀上所示的箭头方向，依照空气过滤器→减压阀→油雾器的安装次序进行安装。调压时应由低向高调，直至规定的调压值为止。减压阀不用时应放松调节手柄，以免膜片经常受压变形。

2. 顺序阀

顺序阀是依靠气路中压力的作用而控制执行元件按顺序动作的压力控制阀，如图 13-27 所示。顺序阀根据压缩弹簧 2 的预压缩量来控制其开启压力。当输入压力达到或超过开启压力时，气流顶开活塞 3，到达 A 口输出；反之 A 口无输出。

顺序阀一般很少单独使用，而是往往与单向阀配合在一起使用，构成单向顺序阀。图 13-28 所示为单向顺序阀的工作原理图和图形符号。当压缩空气由 P 口进入阀腔后，作用于活塞 3 上的气流压力超过压缩弹簧 2 的弹簧力时，会将活塞 3 顶起，压缩空气从 P 口经 A 口输出，如图 13-28a 所示，此时单向阀 4 在压差及弹簧力的作用下处于关闭状态。反向流动时，进气口变成排气口，经 A 口输入的气流将顶开单向阀 4 由 O 口排气，如图 13-28b 所示。

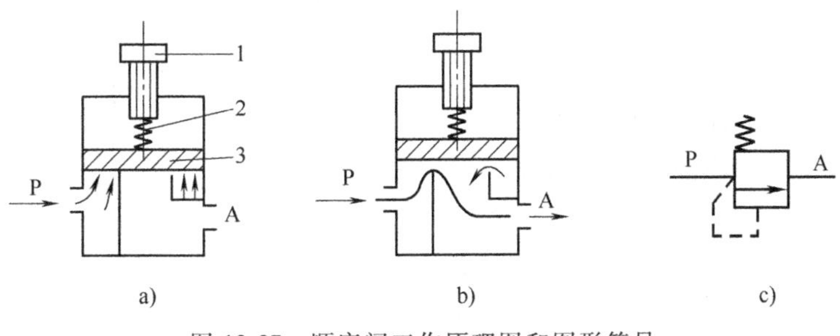

图 13-27　顺序阀工作原理图和图形符号

a）关闭状态　b）开启状态　c）图形符号

1—调节手柄　2—压缩弹簧　3—活塞

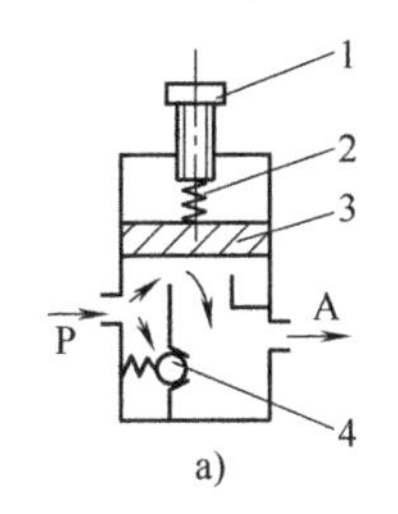

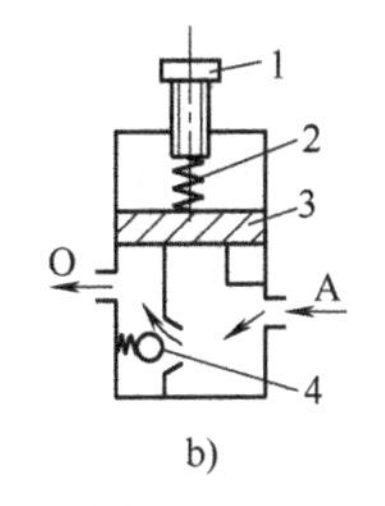

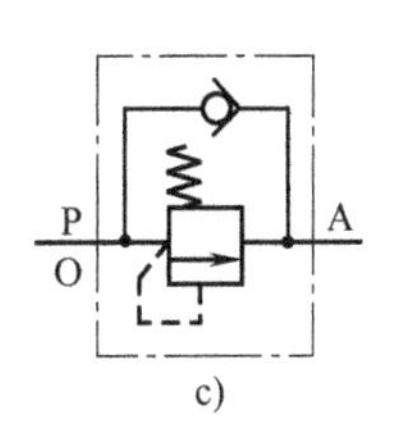

图 13-28　单向顺序阀工作原理图和图形符号

a）关闭状态　b）开启状态　c）图形符号

1—调节手柄　2—压缩弹簧　3—活塞　4—单向阀

调节旋钮就可改变单向顺序阀的开启压力，以便在不同的开启压力下，控制执行元件的顺序动作。

3. 溢流阀

当储气罐或回路中压力超过某调定值，要用溢流阀向外放气，溢流阀在系统中起过载保护作用。在工程实际中，溢流阀也称为安全阀。图 13-29 所示的是溢流阀工作原理图和图形符号。当系统中气体压力在调定范围内时，作用在活塞 3 上的压力小于压缩弹簧 2 的力，活塞 3 处于关闭状态，如图 13-29a 所示。当系统压力升高，作用在活塞 3 上的压力大于压缩弹簧 2 的预定压力时，活塞 3 向上移动，阀口开启向外排气，如图 13-29b 所示。直到系统压力降到调定范围以下，活塞重新关闭。由此可见，开启压力的大小与弹簧的预压缩量有关。

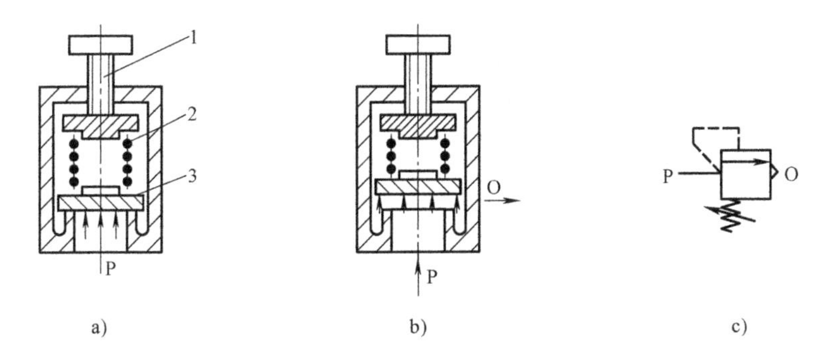

图 13-29　溢流阀的工作原理图和图形符号

a）关闭状态　b）开启状态　c）图形符号

1—调节手柄　2—压缩弹簧　3—活塞

13.4.3 流量控制阀

在气动系统中，有时需要控制气缸的运动速度，有时需要控制换向阀的切换时间和气动信号的传递速度，这些都需要通过调节压缩空气的流量来实现。流量控制阀就是通过改变阀的通流截面的面积来实现流量控制的元件。流量控制阀包括节流阀、单向节流阀、排气节流阀和快速排气阀等。

1. 节流阀

图 13-30 所示为圆柱斜切型节流阀的结构图和图形符号。压缩空气由 P 口进入，经过节流口节流后，由 A 口流出。旋转阀芯螺杆，就可以改变节流口的开度，这样就调节了压缩空气的流量。这种节流阀结构简单，体积小，故应用范围较广。

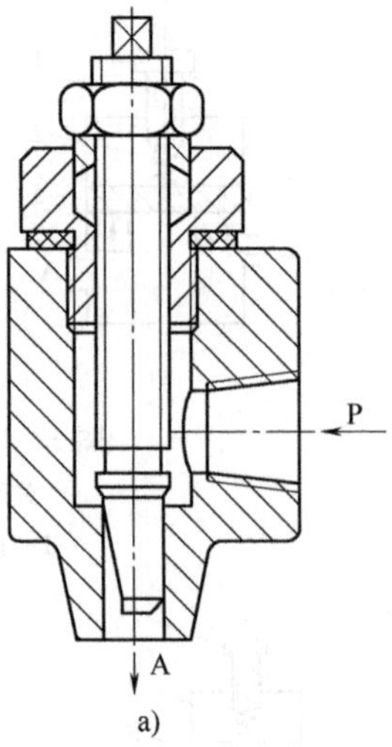

图 13-30 圆柱斜切型节流阀结构图和图形符号
a）结构图 b）图形符号

2. 单向节流阀

单向节流阀是由单向阀和节流阀并联而成的组合式流量控制阀，单向节流阀工作原理如图 13-31 所示。当气流沿着一个方向，如 P 口向 A 口流动时，经过节流阀节流，如图 13-31a 所示；当反方向流动，即由 A 口向 P 口流动时，单向阀打开，不节流，如图 13-31b 所示。单向节流阀常用于气缸的调速和延时回路。

3. 排气节流阀

排气节流阀是安装在执行元件的排气口处，调节进入大气中气体流量的一种控制阀。排气节流阀不仅能调节执行元件的运动速度，还常带有消声器件，所以也能起降低排气噪声的作用。

图 13-32 所示为排气节流阀结构图。其工作原理与节流阀类似，靠调节节流口 1 处的通流截面的面积来调节排气流量，由消声套 2 来减小排气噪声。

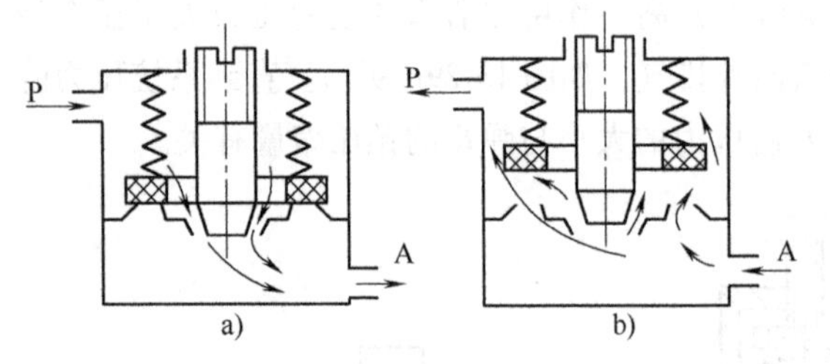

图 13-31 单向节流阀工作原理图
a）节流阀节流工作状态 b）单向阀打开工作状态

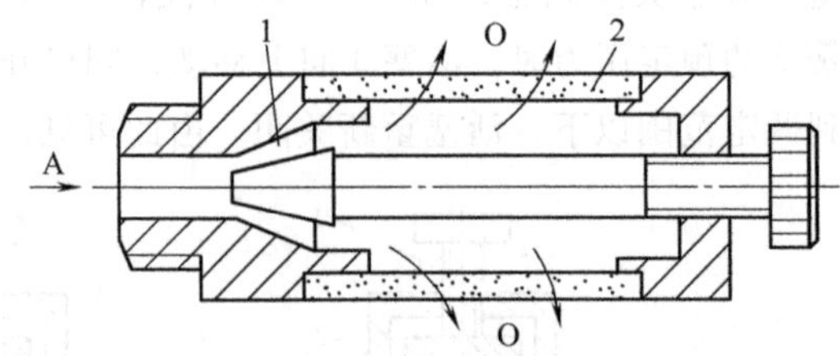

图 13-32 排气节流阀结构图
1—节流口 2—消声套

4. 快速排气阀

图 13-33 所示为快速排气阀工作原理图和图形符号。进气口 P 输入压缩空气，并将密封活塞迅速上推，开启阀口 2，同时关闭阀口 1，使 P 口和 A 口相通，如图 13-33a 所示。图 13-33b 所示的是当 P 口没有压缩空气输入时，在 A 口和 P 口压差作用下，密封活塞迅速下降，关闭阀口 2，使 A 口和 O 口相通快速排气。

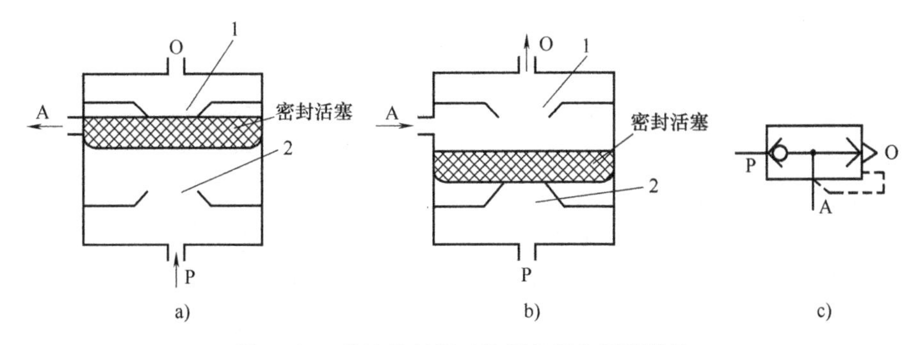

图 13-33　快速排气阀工作原理图和图形符号

a）P 口输入压缩空气工作状态　b）P 口没有压缩空气输入工作状态　c）图形符号

快速排气阀常安装在换向阀和气缸之间。图 13-34 所示为快速排气阀在回路中的应用。它使气缸的排气不用通过换向阀就能快速排出，从而加速了气缸往复运动的速度，缩短了工作周期。

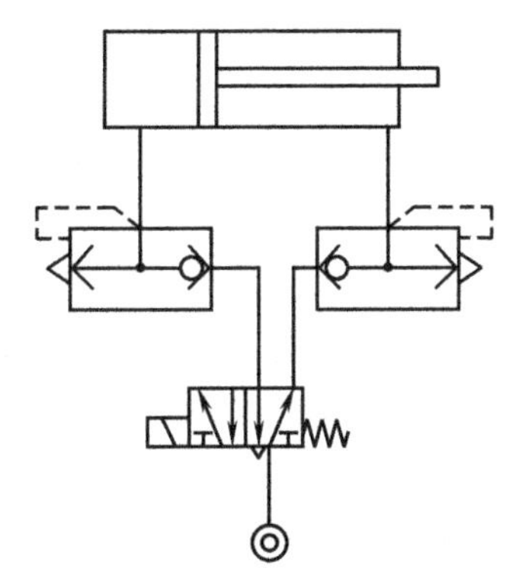

图 13-34　快速排气阀应用回路

13.5 气动比例阀和气动伺服阀

随着电子、材料、控制理论及传感器等科学技术的发展，气动比例和气动伺服控制技术得到了快速发展。以比例和伺服控制阀为核心组成的气动比例和气动伺服控制系统可实现压力、流量连续变化的高精度控制，能够满足自动化设备的柔性生产需求。

13.5.1　气动比例阀

气动比例控制阀是一种输出量与输入信号成比例的气动控制阀，可以按给定的输入信号连续地、成比例地控制气流的压力、流量和方向等，其输出压力、流量可不受负载变化的影响。按输出量的不同，气动比例阀可分为比例压力阀和比例流量阀两大类。按输入信号的不同，气动比例阀可分为气控比例阀和电控比例阀。

1. 气控比例阀

气控比例阀以气流作为控制信号控制阀的输出量。在实际系统中应用时，一般应与电气转换器相结合，才能对各种气动执行元件进行控制。图 13-35 所示为气控比例压力阀的结构原理图。当有压力为 p_1 的气源气流输入时，控制压力膜片 6 变形，推动主阀阀芯 2 向下移动，打开主阀阀口，气源压力 p_s 经过主阀阀口节流后形成输出压力 p_2。输出压力膜片 5 起反馈作用，并使输出气流压力 p_2 与气控压力 p_1 之间保持比例关系。当输出压力 p_2 小于气控压力 p_1 时，控制压力膜片 6 和输出压力膜片 5 向下运动，使主阀阀口开度变大，输出压力 p_2 增大。当输出压力 p_2 大于气控压力 p_1 时，输出压力膜片 5 向上运动，溢流阀阀芯 3 与阀座 4 之间的阀口开启，多余的气体排至大气。调节针阀 7 的作用是使输出压力的一部分加到信号压力腔，形成正反馈，增加阀的工作稳定性。

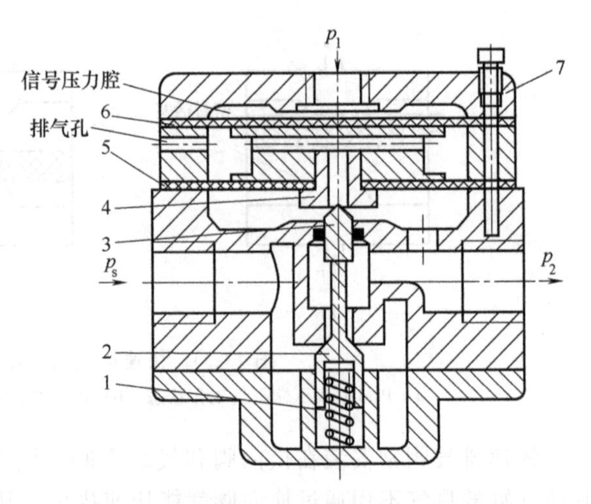

图 13-35 气控比例压力阀的结构原理图

1—弹簧 2—主阀阀芯 3—溢流阀阀芯 4—阀座 5—输出压力膜片 6—控制压力膜片 7—调节针阀

2. 电控比例阀

气动比例阀的驱动机构以比例电磁铁最为常见。图 13-36 所示为比例电磁铁驱动的比例控制阀结构原理图，比例电磁铁 1 中通入与阀芯 2 的机械行程大小相对应的电流信号，产生与电流信号大小成比例的吸力。该吸力与阀的输出口的输出压力及弹簧 4 的弹簧力相平衡，以调节阀的输出压力或阀口开度。

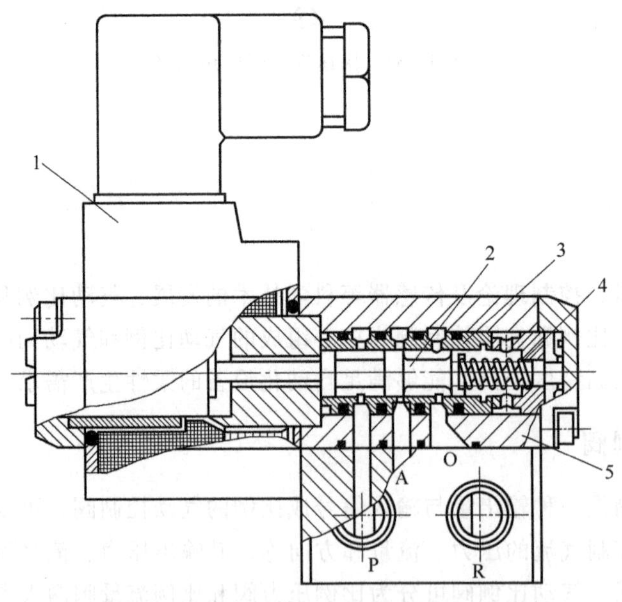

图 13-36 比例电磁铁驱动的比例控制阀结构原理图

1—比例电磁铁 2—阀芯 3—阀套 4—弹簧 5—阀体

图 13-36 所示比例控制阀既可作为压力阀，又可作为流量阀。当用作比例压力阀时，在

阀的输出口A口有一条反馈管路通到阀芯2的右端产生反馈力，与电磁铁的推力平衡，稳定输出压力。

比例电磁铁驱动的比例压力阀的主阀结构与普通电磁换向阀相似，所不同的是作用在阀芯上的力，阀芯一端的作用力为比例电磁铁的吸力 F_1，另一端为二次压力 F_2，依靠两压力的差来推动阀芯移动，从而调整二次压力值，直到达到设定值。比例电磁铁的动作原理如图13-37所示，当 $F_1<F_2$ 时，A口与O口（排气口）接通向外排气，降低二次压力，如图13-37a所示；当 $F_1>F_2$ 时，P口（一次压力口）与A口（二次压力口）接通供气，提高二次压力，如图13-37c所示；当 $F_1=F_2$，即二次压力达到设定值时，控制开口关闭，如图13-37b所示。这种结构由于是直动式，故响应速度快（0.1～0.2s），但控制精度低（±1.5～2.5%FS）。

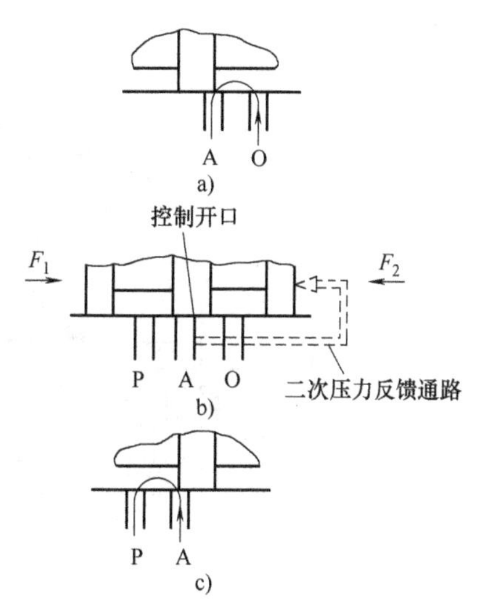

图13-37　比例电磁铁的动作原理

a）$F_1<F_2$　b）$F_1=F_2$　c）$F_1>F_2$

当图13-36所示比例控制阀用作比例流量阀时，按通数的不同，又有二通与三通之分。用作二通阀时，O口堵死、用作三通阀时，可控制O口的排气量。图13-38所示为比例电磁铁驱动的比例控制阀不同控制方式的特性曲线和图形符号。

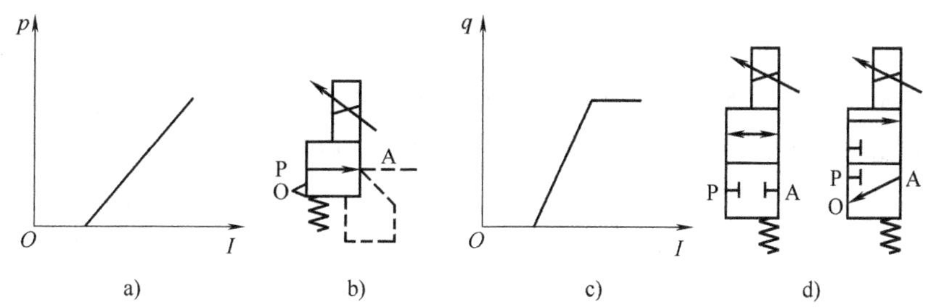

图13-38　比例电磁铁驱动的比例控制阀不同控制方式的特性曲线和图形符号

a）比例压力阀的 p-I 特性曲线　b）比例压力阀的图形符号

c）比例流量阀的 q-I 特性曲线　d）比例流量阀的图形符号

13.5.2　气动伺服阀

气动伺服阀是一种可以通过改变输入信号而连续地、成比例地控制输出量的气动控制阀，具有很高的动态响应和静态性能，但价格较高，使用和维护难度较大。气动伺服阀的控制信号均为电信号，故又称为电气伺服阀。

图13-39所示为力反馈式电气伺服阀结构图和图形符号。其中第一级气压放大器为喷嘴挡板阀，由力矩马达控制，第二级气压放大器为滑阀，阀芯3的位移通过反馈杆5转换成机械力矩反馈到力矩马达上。当有电流输入力矩马达控制线圈时，力矩马达产生电磁力矩，使挡板7偏离中位（假设其向左偏转），反馈杆5变形。这时喷嘴挡板阀的喷嘴6前腔产生压力差（左腔高于右腔），在此压力差的作用下，滑阀阀芯3向右移动，反馈杆5末端随之一

起移动，反馈杆 5 进一步变形，变形产生的力矩与力矩马达的电磁力矩相平衡，使挡板 7 停留在某个与控制电流相对应的偏转角上。反馈杆 5 的进一步变形使挡板 7 被部分拉回中位，反馈杆 5 末端对阀芯 3 的反作用力与阀芯 3 两端的气动力相平衡，使阀芯 3 停留在与控制电流相对应的位移上。这样，力反馈式电气伺服阀就输出一个对应的流量，达到了用电流控制流量的目的。

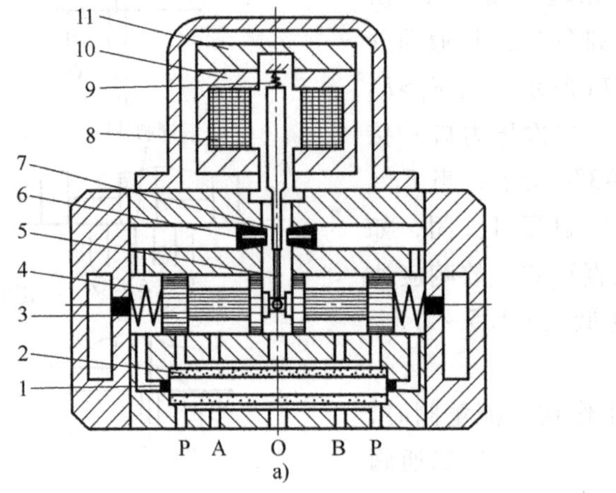

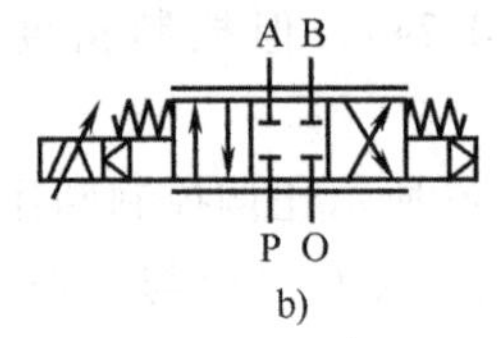

图 13-39　力反馈式电气伺服阀结构图和图形符号

a）结构图　b）图形符号

1—节流口　2—过滤器　3—阀芯　4—补偿弹簧　5—反馈杆　6—喷嘴

7—挡板　8—线圈　9—支持弹簧　10—导磁体　11—磁铁

图 13-40 所示为一种动圈式压力伺服阀结构图，其功能是将电信号成比例地转换为气体压力输出。初始状态下，动圈式力马达 1 无电流输入，喷嘴 2 与挡板 8 处在全开位置，控制腔内的压力 p_1 与大气压力几乎相等。滑阀阀芯 6 在复位弹簧 4 推力的作用下处在右位，这时输出口 A 与排气口相通，与气源口 P 断开。当动圈式力马达 1 有电流 I 输入时，力马达产生推力，将挡板 8 推向喷嘴 2，控制腔内的气压 p_1 升高。p_1 的升高对挡板 8 产生反推力，直

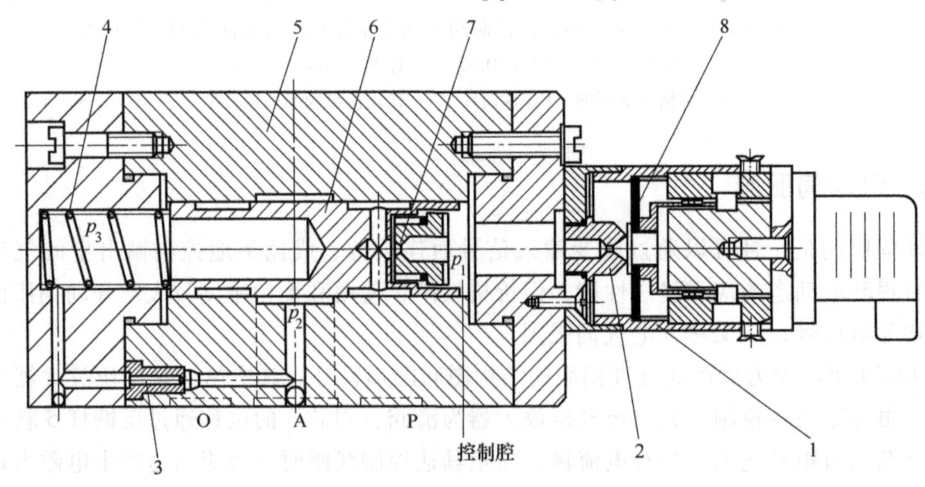

图 13-40　动圈式压力伺服阀结构图

1—动圈式力马达　2—喷嘴　3—阻尼孔　4—复位弹簧　5—阀体　6—阀芯　7—固定节流口　8—挡板

至与电磁力相平衡时 p_1 才稳定；同时，p_1 的升高使阀芯 6 左移，打开 A 口与 P 口，A 口的输出压力 p_2 升高，而 p_2 经过阻尼孔 3 被引到阀芯 6 左腔，该腔内的压力 p_3 也随之升高。p_3 作用于阀芯 6 左端面阻止阀芯 6 移动，直至阀芯 6 受力平衡，p_3 与输入电流成线性关系。阀芯 6 处于平衡时，$p_2=p_3$，因此该动圈式压力伺服阀的输出压力与输入电流成线性关系。

13.6 气动回路

气动系统的形式很多，但无论其结构多么复杂，气动系统均由一些特定功能的基本回路组成。熟悉常用的气动基本回路和气动常用回路，是分析和设计气动系统的必要基础。

13.6.1 气动基本回路

1. 方向控制回路

（1）单作用气缸换向回路　图 13-41 所示为单作用气缸换向回路。图 13-41a 所示是用二位三通电磁换向阀控制的单作用气缸运行回路，该回路中，当电磁铁得电时，气缸活塞杆向上伸出，当电磁铁失电时气缸活塞杆在弹簧作用下返回。图 13-41b 所示是用三位四通电磁换向阀控制的单作用气缸上行、下行和停止的回路，该三位四通电磁换向阀在两电磁铁均失电时能自动对中，使气缸活塞停于任何位置，但定位精度不高，且定位时间不长。

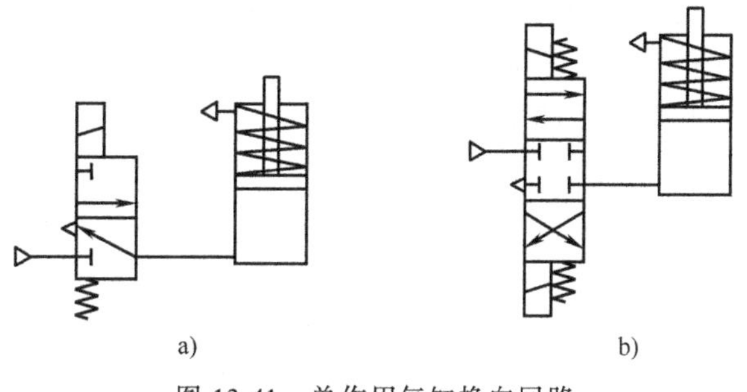

图 13-41　单作用气缸换向回路

（2）双作用气缸换向回路　图 13-42 所示为各种双作用气缸的换向回路。图 13-42a 所示的是比较简单的换向回路；图 13-42b 所示回路中，当 A 口通入压缩空气时气缸活塞杆推出，反之，气缸退回；图 13-42c 所示回路中，当手动按钮被压下时气缸活塞杆推出，反之，

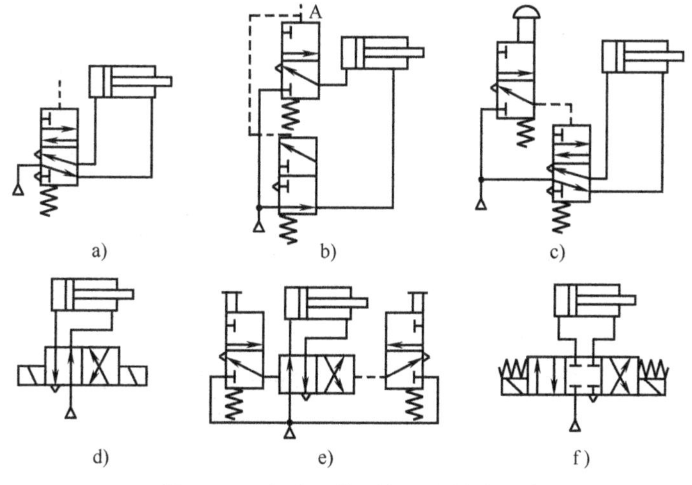

图 13-42　各种双作用气缸的换向回路

气缸退回；图 13-42d、e、f 所示回路中，换向阀两端的控制电磁铁线圈或按钮不能同时操作，否则将出现误动作，其回路功能相当于双稳的逻辑功能；图 13-42f 所示回路还有中停位置，但中停定位精度不高。

2. 压力和力控制回路

压力和力控制回路的功用是使系统保持在某一规定的压力，实现各种压力和力控制。常用的压力控制回路有一次压力控制回路、二次压力控制回路和高低压转换回路，此外还有无级压力控制回路。力控制回路有串联气缸增力回路和利用气液增压器的增力回路。

（1）一次压力控制回路　图 13-43 所示的这种一次压力控制回路用于控制储气罐 4 的气体压力，常用外控溢流阀 5 保持供气压力基本恒定或用电接点压力表 1 控制空气压缩机 2 启停，使储气罐 4 内压力保持在规定的范围内。

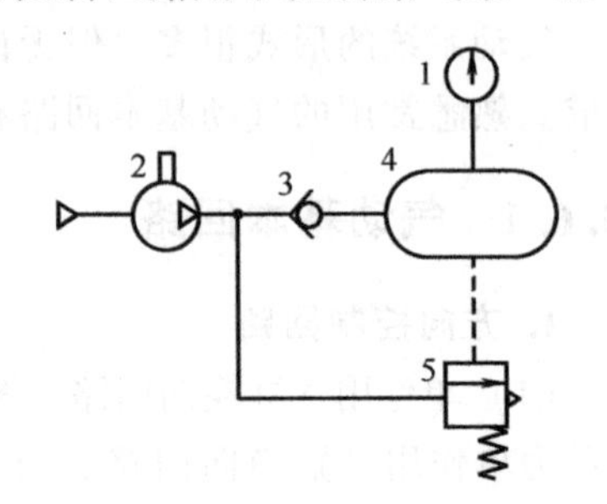

图 13-43　一次压力控制回路
1—电接点压力表　2—空气压缩机　3—单向阀　4—储气罐　5—外控溢流阀

（2）二次压力控制回路　图 13-44 所示的由空气过滤器、减压阀和油雾器这气动三大件组成的二次压力控制回路的主要作用是对气动装置的气源入口处压力进行调节，提供稳定的工作压力。

（3）高低压转换回路　图 13-45 所示回路利用两个并联的减压阀和一个换向阀，能够在输出低压或高压压缩空气之间转换。若去掉换向阀，就可同时输出高、低压两种压缩空气。

（4）无级压力控制回路　如果需要设定更多的压力等级，为避免使用太多的减压阀和换向阀，可使用电气比例压力阀来实现压力的无级控制，如图 13-46 所示。电气比例压力阀 2 的进气口前应设置油雾分离器 3，防止油雾及杂质进入电气比例压力阀 2 而影响其性能及使用寿命。

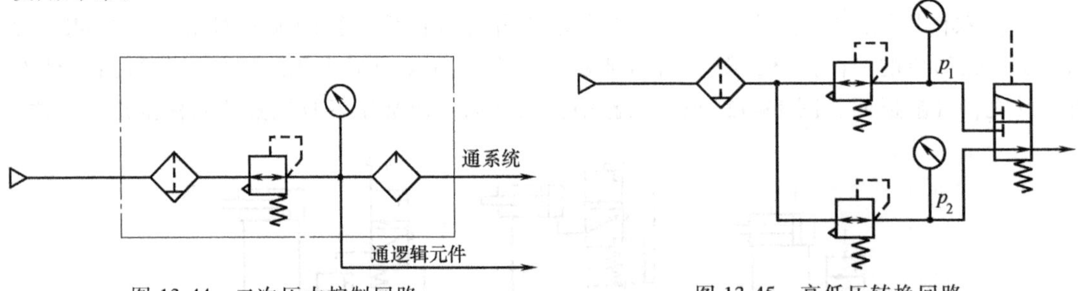

图 13-44　二次压力控制回路　　图 13-45　高低压转换回路

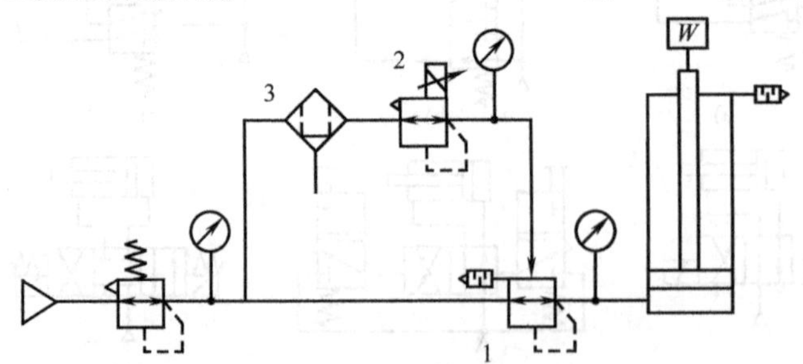

图 13-46　使用电气比例压力阀的无级压力控制回路
1—大流量排气型减压阀　2—电气比例压力阀　3—油雾分离器

(5) 串联气缸增力回路　图 13-47 所示是采用三段式活塞缸串联的增力回路。通过控制电磁换向阀的通电个数，实现对分段式活塞缸的活塞杆输出推力的控制。活塞缸串联段数越多，输出的推力越大。

(6) 气液增压器增力回路　图 13-48 所示的为利用气液增压器 1 将较低的气压变为较高的液压力，以提高气液缸 2 的输出力的回路。

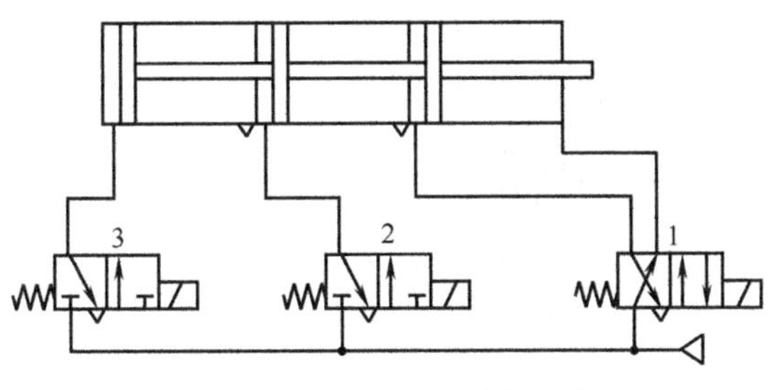

图 13-47　串联气缸增力回路

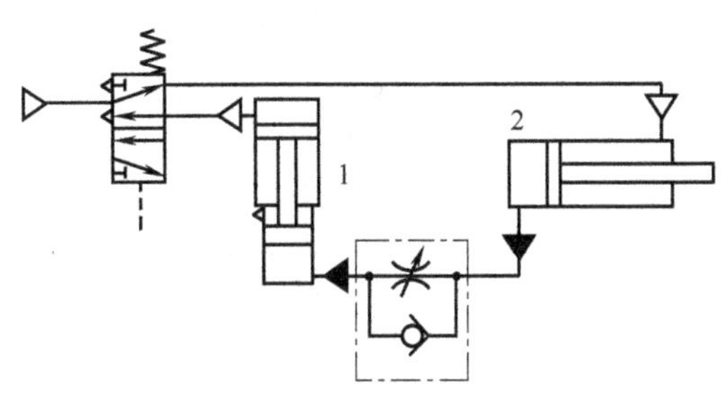

图 13-48　气液增压器增力回路
1—气液增压器　2—气液缸

3. 速度控制回路

(1) 单作用气缸速度控制回路　图 13-49 所示为单作用气缸速度控制回路。在图 13-49a 所示回路中，气缸活塞杆升、降均通过节流阀调速，两个反向安装的单向节流阀可分别控制气缸活塞杆的伸出及缩回速度。在图 13-49b 所示回路中，气缸活塞杆上升时可调速，下降时则通过快速排气阀排气，使气缸活塞杆快速返回。

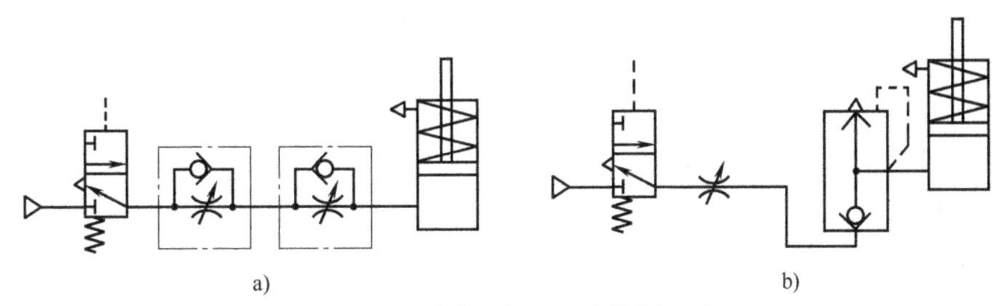

图 13-49　单作用气缸速度控制回路

(2) 双作用气缸速度控制回路

1) 单向调速回路。单向调速回路有节流供气和节流排气两种调速方式。图 13-50a 所示为节流供气调速回路，在图 13-50a 所示状态下，当气控换向阀不换向时，进入气缸无杆腔的气流流经节流阀，有杆腔排出的气体直接经气控换向阀快速排出。图 13-50b 所示为节流排气调速回路，在图 13-50b 所示状态下，当气控换向阀不换向时，压缩空气经气控换向阀直接进入气缸的无杆腔，而有杆腔排出的气体经节流阀到气控换向阀而排入大气，因而有杆腔中的气体具有一定的压力。调节节流阀的开度，就可控制不同的进气、排气速度，从而控制气缸活塞的运动速度。

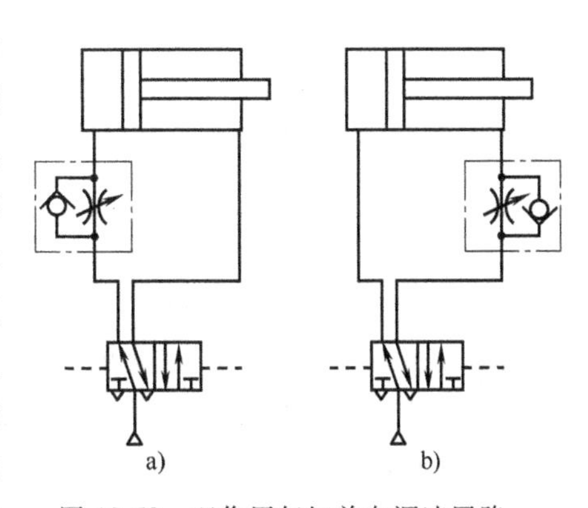

图 13-50　双作用气缸单向调速回路
a) 节流供气调速回路　b) 节流排气调速回路

2）双向调速回路。在气缸的进、排气口装设节流阀，就组成了双向调速回路。图 13-51a 所示为采用单向节流阀的双向节流调速回路，图 13-51b 所示为采用排气节流阀的双向节流调速回路。

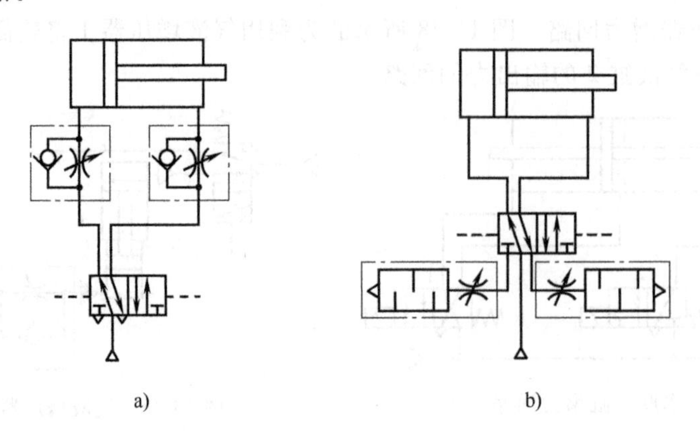

图 13-51　双向节流调速回路

a）采用单向节流阀　b）采用排气节流阀

3）快速往复运动回路。若将图 13-51a 所示回路中的两个单向节流阀都换成快速排气阀，就构成了快速往复运动回路，如图 13-52 所示。若想实现气缸单向快速运动，则可只采用一个快速排气阀。

4）速度换接回路。图 13-53 所示的速度换接回路是利用两个二位二通换向阀分别与单向节流阀并联，当挡块压下行程开关时，行程开关发出电信号，使二位二通阀换向，改变排气通路，从而改变气缸活塞杆速度。行程开关的位置可根据需要选定，二位二通换向阀也可改用行程阀。

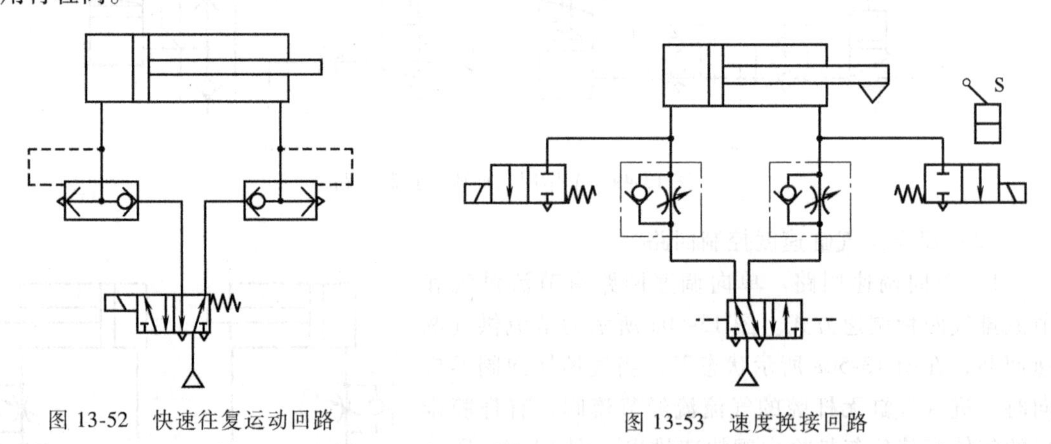

图 13-52　快速往复运动回路　　图 13-53　速度换接回路

5）缓冲回路。在行程长、速度快、惯性大的情况下，往往需要采用缓冲回路来满足气缸运动速度的要求，常用的缓冲回路如图 13-54 所示。图 13-54a 所示回路能实现快进→慢进缓冲→停止快退的循环，行程阀可根据需要来调整缓冲开始位置，这种回路常用于惯性力大的场合。在图 13-54b 所示回路中，当气缸活塞运动到行程末端时，其左腔压力已降至打不开顺序阀 2 的程度，余气只能经节流阀 1 排出，因此气缸活塞得到缓冲，该回路常用于行程长、速度快的场合。

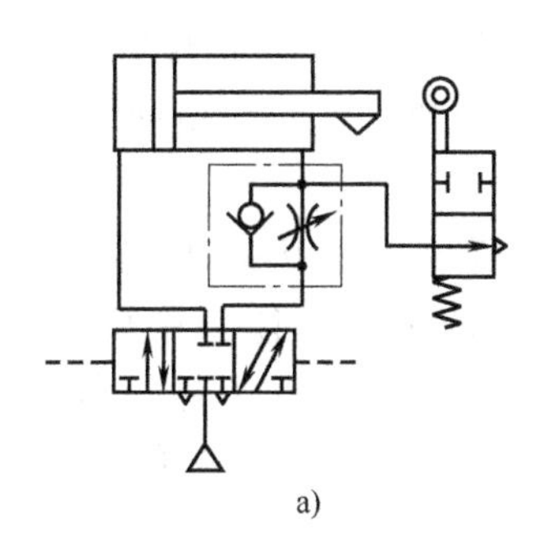

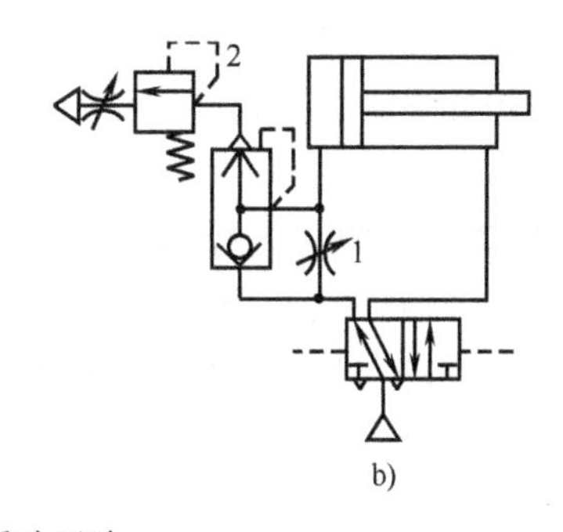

图 13-54 缓冲回路

1—节流阀 2—顺序阀

6）无级调速控制回路。图 13-55 所示的是利用比例流量阀实现气缸无级调速的控制回路。当二位三通电磁换向阀 2 通电时，给比例流量阀 1 输入电信号，可使气缸活塞杆以与电信号大小匹配的速度前进。气缸活塞杆后退时，让二位三通电磁换向阀 2 断电，利用电信号设定比例流量阀 1 的节流口开度，进行排气流量控制，从而使气缸活塞杆以设定的速度后退。

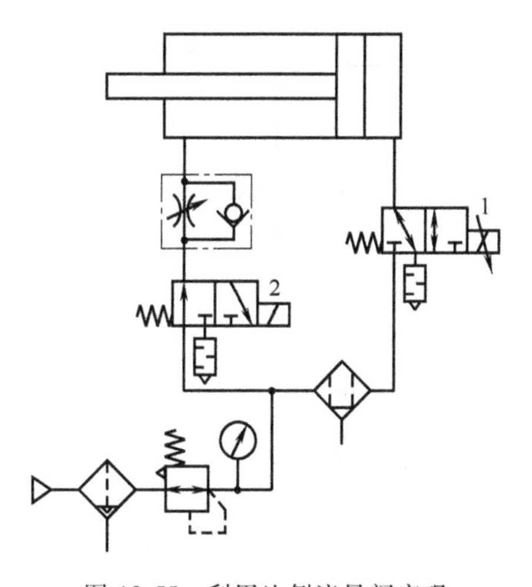

图 13-55 利用比例流量阀实现气缸无级调速的控制回路

1—比例流量阀 2—二位三通电磁换向阀

4. 位置控制回路

（1）采用三位换向阀的位置控制回路 图 13-56a 所示为采用三位五通换向阀中位封闭式的位置控制回路。当阀处于中位时，气缸两腔均被封闭，活塞可以停留在行程中的某一位置。这种回路不允许系统有内泄漏，否则气缸将偏离原停止位置。另外，由于气缸两腔作用面积不同，阀处于中位后活塞仍将移动一段距离。图 13-56b 所示的回路可以克服上述缺点，因为它在活塞无杆腔和换向阀之间增设了调压阀，调节调压阀的压力，可以使作用在活塞上的合力为零。图 13-56c 所示的回路采用了中位加压式三位五通换向阀，适用于活塞两侧有效作用面积相等的双杆气缸。

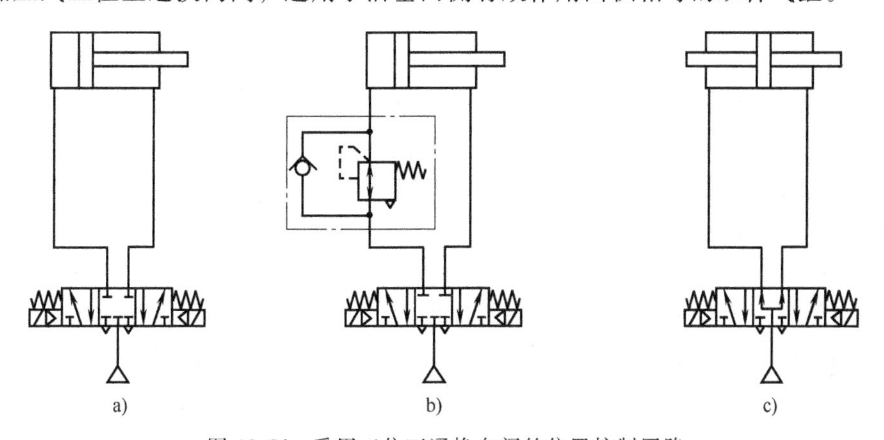

图 13-56 采用三位五通换向阀的位置控制回路

（2）采用机械挡块的位置控制回路　图 13-57 所示为采用机械挡块辅助定位的位置控制回路，利用机械挡块来确定气缸的位置。该回路简单可靠，其定位精度取决于挡块的机械精度。

（3）采用制动气缸的位置控制回路　图 13-58 所示为采用制动气缸实现中间定位的位置控制回路。该回路中，三位五通电磁换向阀 1 的中位机能为中位加压型，二位五通电磁换向阀 2 用来控制制动活塞的动作，利用单向减压阀 3 来进行负载的压力补偿。当阀 1、2 断电时，气缸在行程中间制动并定位；当二位五通电磁换向阀 2 通电时，制动解除。

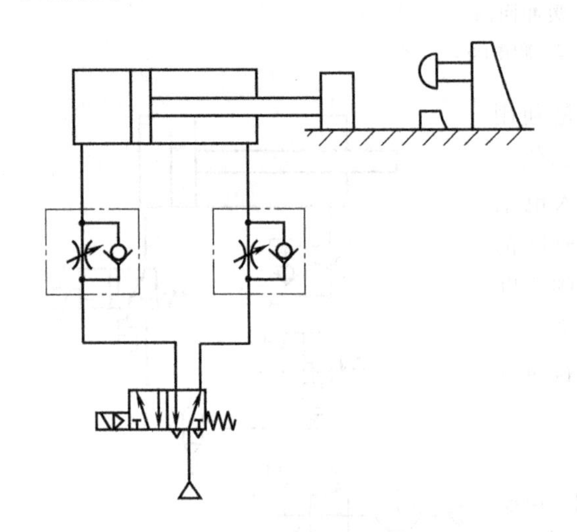

图 13-57　采用机械挡块辅助定位的位置控制回路

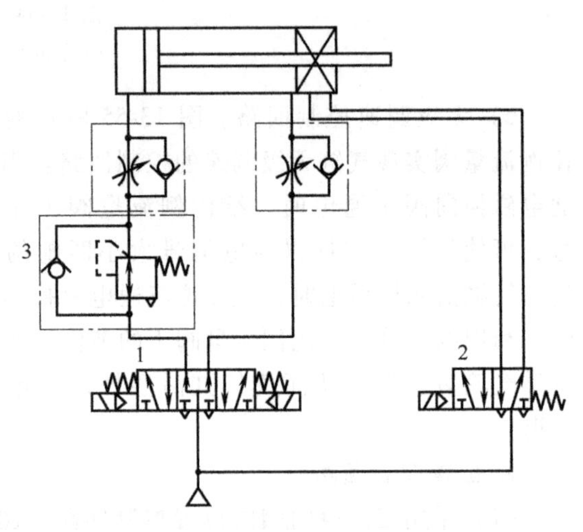

图 13-58　采用制动气缸实现中间定位的位置控制回路
1—三位五通电磁换向阀　2—二位五通电磁换向阀
3—单向减压阀

13.6.2　气动常用回路

1. 安全保护回路

由于气动机构负载的过载、气压的突然降低以及气动执行机构的快速动作等都可能危及操作人员或设备的安全，因此在气动回路中，常常要加入安全回路。下面介绍几种常用的安全保护回路。

（1）过载保护回路　图 13-59 所示的过载保护回路能够在气缸活塞杆伸出时，当偶然障碍或其他原因使气缸过载时，控制气缸活塞杆立即缩回，实现过载保护。若气缸活塞杆在伸出的过程中遇到障碍物 6，则气缸无杆腔压力升高，打开顺序阀 3，使气控换向阀 2 换向，二位四通换向阀 4 随即复位，气缸活塞杆立即退回。若无障碍物 6，气缸活塞杆向前运动时压下机控换向阀 5，活塞即刻返回。

（2）互锁回路　图 13-60 所示的互锁回路中，二位四通换向阀的换向受三个串联的二位三通换向阀控制，只有三个二位三通换向阀都接通，二位四通换向阀才能换向。

（3）双手同时操作回路　所谓双手同时操作回路，就是使用两个起动用的手动换向阀，只有同时按动两个手动换向阀才可使气缸活塞动作的回路。这种回路主要是为了安全，在锻造、冲压机械上常用来避免误动作，以保护操作者的安全。

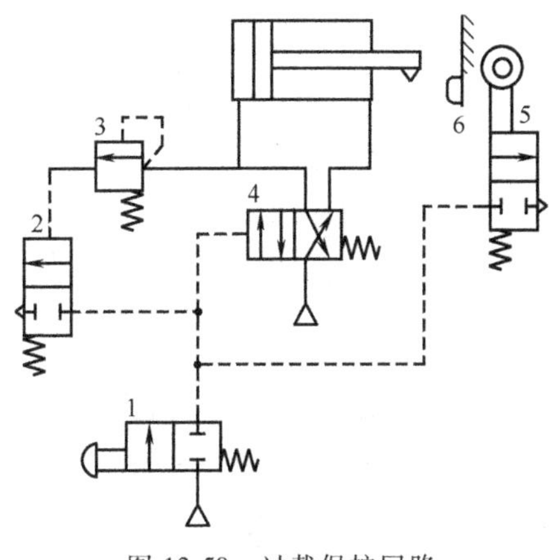

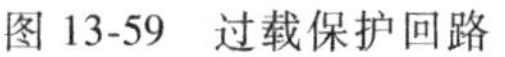
图 13-59 过载保护回路

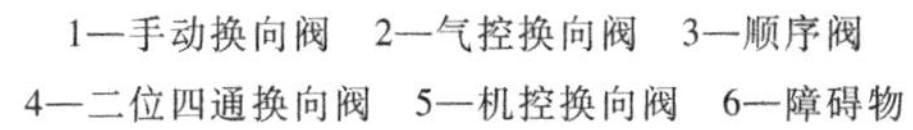
1—手动换向阀 2—气控换向阀 3—顺序阀
4—二位四通换向阀 5—机控换向阀 6—障碍物

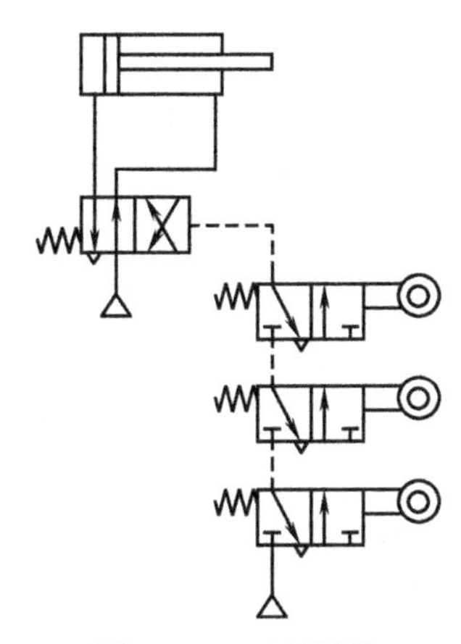

图 13-60 互锁回路

图 13-61a 所示的是使用逻辑“与”回路的双手同时操作回路，为使主控制阀 1 换向，必须使压缩空气进入主控制阀 1 的控制口 K 口，为此必须使手动换向阀 2、3 同时换向。另外这两个手动换向阀必须安装在单手不能同时操作的距离上，在操作时，若任何一只手松开，则控制信号消失，主控制阀 1 复位，气缸活塞杆后退。图 13-61b 所示的是使用三位五通主控制阀的双手同时操作回路，将此主控制阀 1 的控制口 K_1 信号设置为手动换向阀 2 和 3 的逻辑“与”回路的结果信号，即只有手动换向阀 2 和 3 同时动作时，主控制阀 1 才能换向到上位，气缸活塞杆前进；将主控制阀 1 的控制口 K_2 信号设置为手动换向阀 2 和 3 的逻辑“或非”回路的结果信号，即当手动换向阀 2 和 3 同时松开时，主控制阀 1 换向到下位，气缸活塞杆返回；若手动换向阀 2 或 3 中只有一个动作，主控制阀 1 将复位到中位（图 13-61b 所示位置），气缸活塞杆处于停止状态。

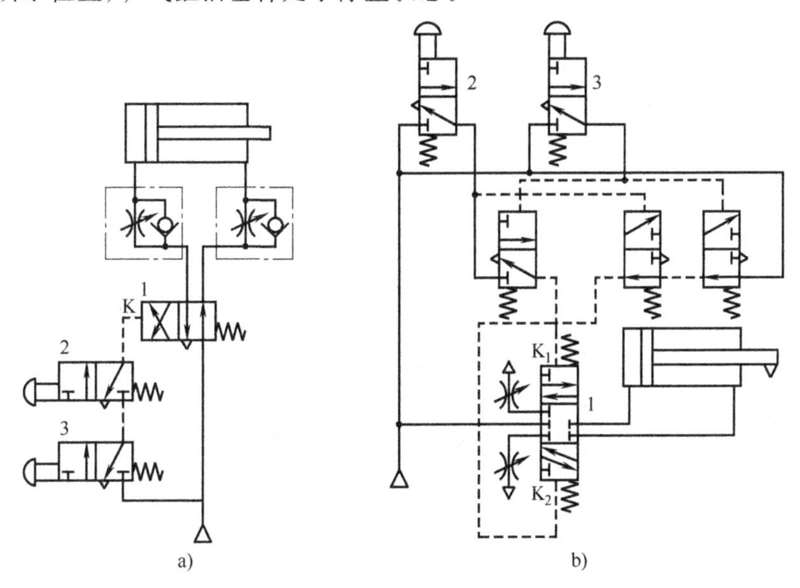

图 13-61 双手同时操作回路

1—主控制阀 2、3—手动换向阀

2. 同步动作回路

图13-62所示的气液缸同步动作回路的特点是将油液密封在回路之中，油路和气路串接，同时驱动气液缸1、2两个缸，使二者运动速度相同。但这种回路要求气液缸1无杆腔的有效作用面积必须和气液缸2有杆腔的有效作用面积相等。在设计和制造中，要保证活塞与缸体之间的密封；回路中的截止阀3与放气口相接，用以放掉混入油液中的空气。

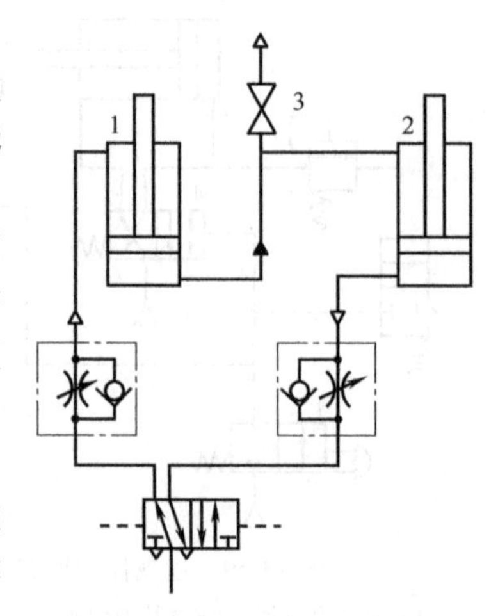

图13-62 气液缸同步动作回路
1、2—气液缸 3—截止阀

3. 往复动作回路

顺序动作是指在气动回路中，各个气缸按一定程序完成各自的动作。例如，对于单缸气动系统，有单往复动作回路、二次往复动作回路、连续往复动作回路等。

（1）单缸往复动作回路 单缸往复动作回路可分为单缸单往复动作回路和单缸连续往复动作回路。单缸单往复指输入一个信号后，气缸只完成一次 A_1A_0 往复动作（A表示气缸，下标“1”表示活塞杆伸出，下标“0”表示活塞杆缩回）。而单缸连续往复指输入一个信号后，气缸可连续进行 $A_1A_0A_1A_0$……动作。

图13-63所示为三种单缸单往复动作回路。图13-63a所示为行程阀控制的单缸单往复动作回路，当按下手动换向阀1的手动按钮后，压缩空气使二位四通换向阀3换向，气缸活塞杆前进；当气缸活塞杆挡块压下行程阀2时，二位四通换向阀3复位，气缸活塞杆缩回，完成一个 A_1 A_0 循环。图13-63b所示为压力控制的单缸单往复动作回路，当按下手动换向阀1的手动按钮后，二位四通换向阀3换向，气缸无杆腔进气，活塞杆前进；当气缸活塞杆运动到行程终点时，气缸无杆腔气压升高，打开顺序阀4，使二位四通换向阀3换向，气缸活塞杆缩回，完成一个 A_1 A_0 循环。图13-63c所示为利用阻容回路形成的时间控制单缸单往复动作回路，当按下手动换向阀1的手动按钮后，二位四通换向阀3换向，气缸活塞杆伸出；当气缸活塞杆挡块压下行程阀2后，需经过一定的时间，二位四通换向阀3才能换向，再使气缸活塞杆返回完成动作 A_1A_0 的循环。由以上分析可知，在单缸单往复动作回路中，每按动一次按钮，气缸可完成一个 A_1 A_0 的循环。

（2）连续往复动作回路 图13-64所示是连续往复动作回路，能完成连续的动作循环。

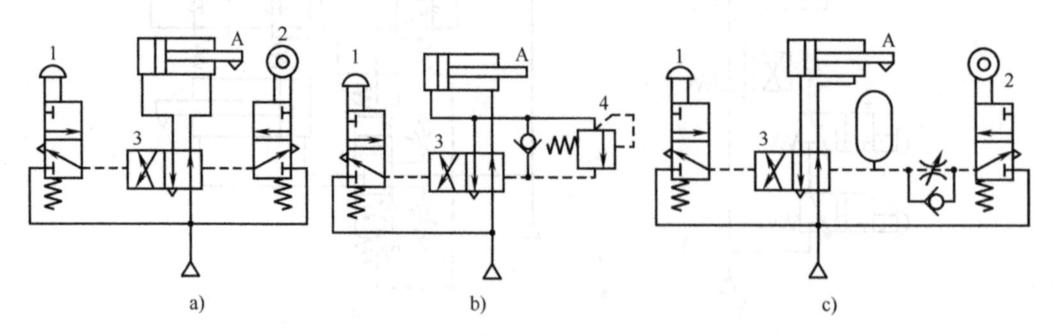

图13-63 单缸单往复动作回路
1—手动换向阀 2—行程阀 3—二位四通换向阀 4—顺序阀

当按下手动换向阀 1 的手动按钮后，二位五通换向阀 4 换向，气缸活塞杆伸出，活塞杆挡块压下行程阀 3，气路封闭，使二位五通换向阀 4 不能复位，活塞杆继续前进，到行程终点时其上挡块压下行程阀 2，使二位五通换向阀 4 控制气路排气，二位五通换向阀 4 在弹簧作用下复位，气缸活塞杆缩回，到行程终点时，行程阀 2、3 均复位，二位五通换向阀 4 换向，活塞杆再次伸出，形成了 $A_1A_0A_1A_0$……的连续往复动作。待提起手动换向阀 1 的手动按钮后，二位五通换向阀 4 复位，活塞杆返回并停止运动。

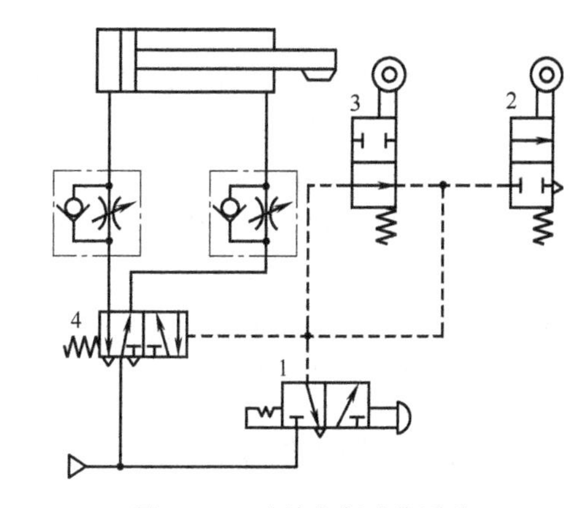

图 13-64　连续往复动作回路

1—手动换向阀　2、3—行程阀　4—二位五通换向阀

13.7 气动系统典型实例分析

气压传动技术是实现工业生产机械化、自动化的方式之一，应用日益广泛。本节通过几个典型气动系统实例的分析，熟悉各种气动元件在系统中的作用和各种基本回路的构成，进而掌握分析气动系统的步骤和方法。

13.7.1　工件夹紧气动系统

工件夹紧气动系统是机械加工自动线和组合机床中常用的夹紧装置的驱动系统。图 13-65 所示为工件夹紧气动系统原理图，其动作循环是：当工件运动到指定位置后，气缸 A 的活塞杆伸出，将工件定位后两侧的气缸 B 和气缸 C 的活塞杆同时伸出，从两侧夹紧工件，之后再进行机械加工。加工完成后，气缸 B 和气缸 C 的活塞杆缩回，将工件松开。

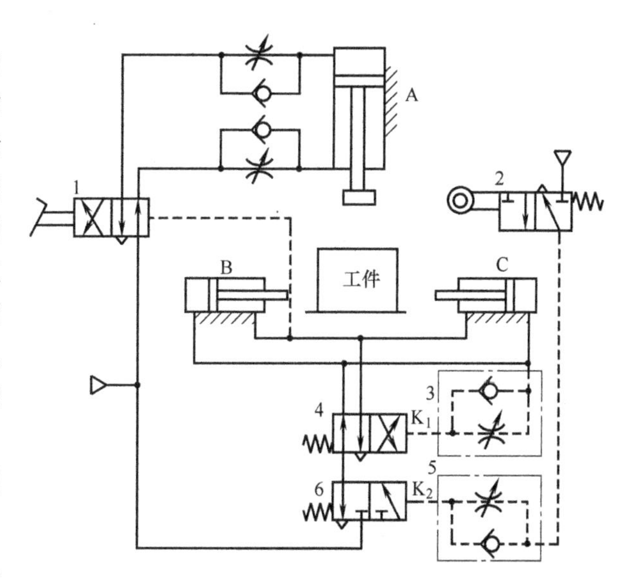

图 13-65　工件夹紧气动系统原理图

1—脚踏阀　2—行程阀　3、5—单向节流阀

4—中继阀　6—主控阀

工件夹紧气动系统的具体工作原理如下。

1）踏下脚踏阀 1，压缩空气进入气缸 A 的无杆腔，使气缸 A 的活塞杆下降定位工件。

2）当气缸 A 活塞杆挡块压下行程阀 2 时，压缩空气经行程阀 2 的左位和单向节流阀 5 流到主控阀 6 的控制口 K_2，使主控阀 6 切换至右位，然后压缩空气经主控阀 6 的右位和中继阀 4 的左位同时进入气缸 B 和气缸 C 的无杆腔，使气缸 B 和气缸 C 的活塞杆伸出夹紧工件。同时压缩空气通过中继阀 4 后有一部分经单向节流阀 3 调定延时后流到中继阀 4 的控制口 K_1，经过一段时间后（由单向节流阀 3 控制）中继阀 4 切换至右位，压缩空气进入气缸 B 和气缸 C 的有杆腔，使气缸 B 和气缸 C 的活塞杆缩回到原来位置。

3）在气缸 B 和气缸 C 的活塞杆缩回过程中，有杆腔的压缩空气使脚踏阀 1 复位至右位，压缩空气进入气缸 A 的有杆腔使气缸 A 活塞杆返回原位，行程阀 2 复位至右位，中继阀 4 也得以复位至左位。气缸 B 和气缸 C 的无杆腔接通大气，主控阀 6 复位至左位，从而完成了一个工作循环，只有再踏下脚踏阀 1 才能开始下一个工作循环。

13.7.2 气动机械手气动系统

气动机械手是机械手的一种，可以根据各种自动化设备的工作需要，模拟人手的部分动作，按照预先编制的控制程序实现自动抓取和搬运、自动取料、上料、卸料和换刀等功能。气动机械手具有成本低、结构简单、质量小、动作迅速平稳可靠等优点。

图 13-66 所示的是一种气动机械手的结构示意图，该气动机械手由四个气缸组成，可在三维坐标系内工作。气缸 A 为抓取机构的松紧缸，气缸 A 活塞杆缩回时抓紧工件，活塞杆伸出时则松开工件；气缸 B 为长臂伸缩缸；气缸 C 为机械手升降缸；气缸 D 为立柱回转缸，该气缸为齿轮齿条缸，可以将活塞的直线运动转变为立柱的旋转运动，从而实现立柱的回转。

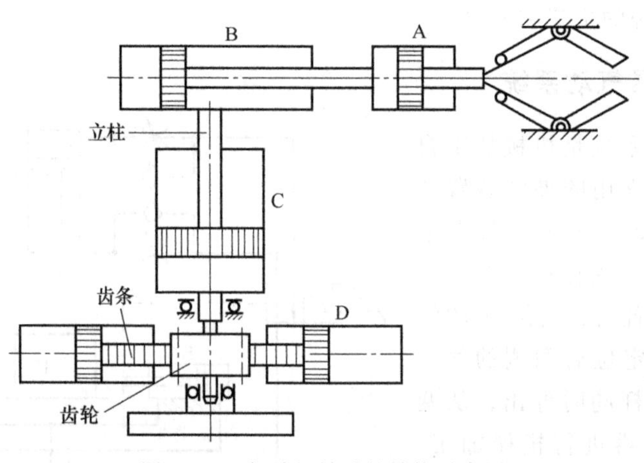

图 13-66 气动机械手的结构示意图

图 13-67 所示的是气动机械手的气动系统原理图，对于气缸 A、B、C，以下标 0 表示气缸活塞杆缩回，得 A_0、B_0、C_0 动作；下标 1 表示气缸活塞杆伸出，得 A_1、B_1、C_1 动作。对于气缸 D，以 D_0 表示气缸活塞和齿条向左运动，齿轮带动立柱逆时针转动；以 D_1 表示气缸活塞和齿条向右运动，齿轮带动立柱顺时针转动。

如果要求机械手的动作顺序为：立柱下降 C_0→伸臂 B_1→夹紧工件 A_0→缩臂 B_0→立柱顺时针转动 D_1→立柱上升 C_1→放开工件 A_1→立柱逆时针转动 D_0，则该气动系统的工作循环分析如下。

1）系统的初始状态为气缸 D 执行 D_0 动作、行程阀 7 被压下状态。扳动启动阀 13，则控制气流主控阀 11 换向到左位，缸 C 活塞杆退回，得到 C_0 动作。

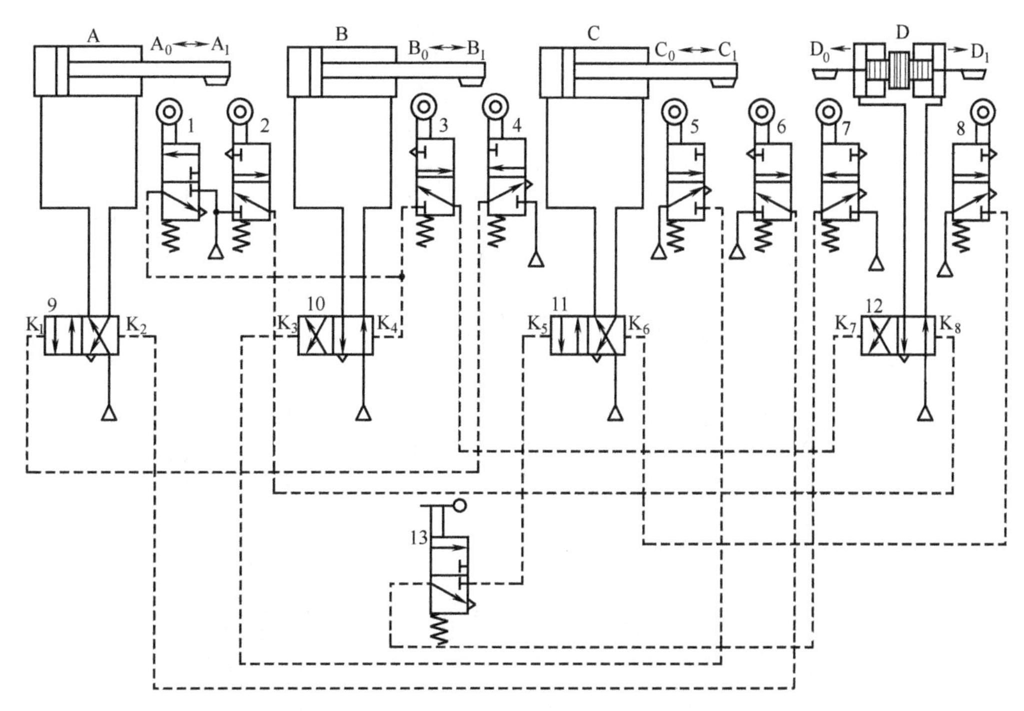

图 13-67 气动机械手的气动系统原理图

1～8—行程阀 9～12—主控阀（二位四通气控换向阀） 13—启动阀（二位三通手动换向阀）

2）当气缸 C 活塞杆上的挡铁压下行程阀 5，则控制气流使主控阀 10 换向到左位，气缸 B 活塞杆伸出，得到 B_1 动作。

3）当气缸 B 活塞杆上的挡块压下行程阀 4，则控制气流使主控阀 9 换向到左位，气缸 A 活塞杆缩回，得到 A_0 动作。

4）当气缸 A 活塞杆上的挡块压下行程阀 1，则控制气流使主控阀 10 复位，气缸 B 活塞杆退回，得到 B_0 动作。

5）当气缸 B 活塞杆上的挡块压下行程阀 3，则控制气流使主控阀 12 换向到左位，气缸 D 活塞和齿条向右运动，得到 D_1 动作。

6）当气缸 D 活塞和齿条上的挡块压下行程阀 8，则控制气流使主控阀 11 复位，气缸 C 活塞杆伸出，得到 C_1 动作。

7）当气缸 C 活塞杆上的挡块压下行程阀 6，则控制气流使主控阀 9 复位，气缸 A 活塞杆伸出，得到 A_1 动作。

8）当气缸 A 活塞杆上的挡块压下行程阀 2，则控制气流使主控阀 12 复位，气缸 D 活塞和齿条向左运动，得到 D_0 动作。

9）当气缸 D 活塞和齿条上的挡块压下行程阀 7，则控制气流经启动阀 13 又使主控阀 11 换向到左位，于是又开始新一轮的工作循环。

13.7.3 数控加工中心气动系统

数控加工中心气动系统主要控制加工中心实现自动换刀功能，在换刀过程中实现主轴定位、主轴松刀、拔刀、向主轴锥孔吹气排屑和插刀动作，其系统原理图如图 13-68 所示。该

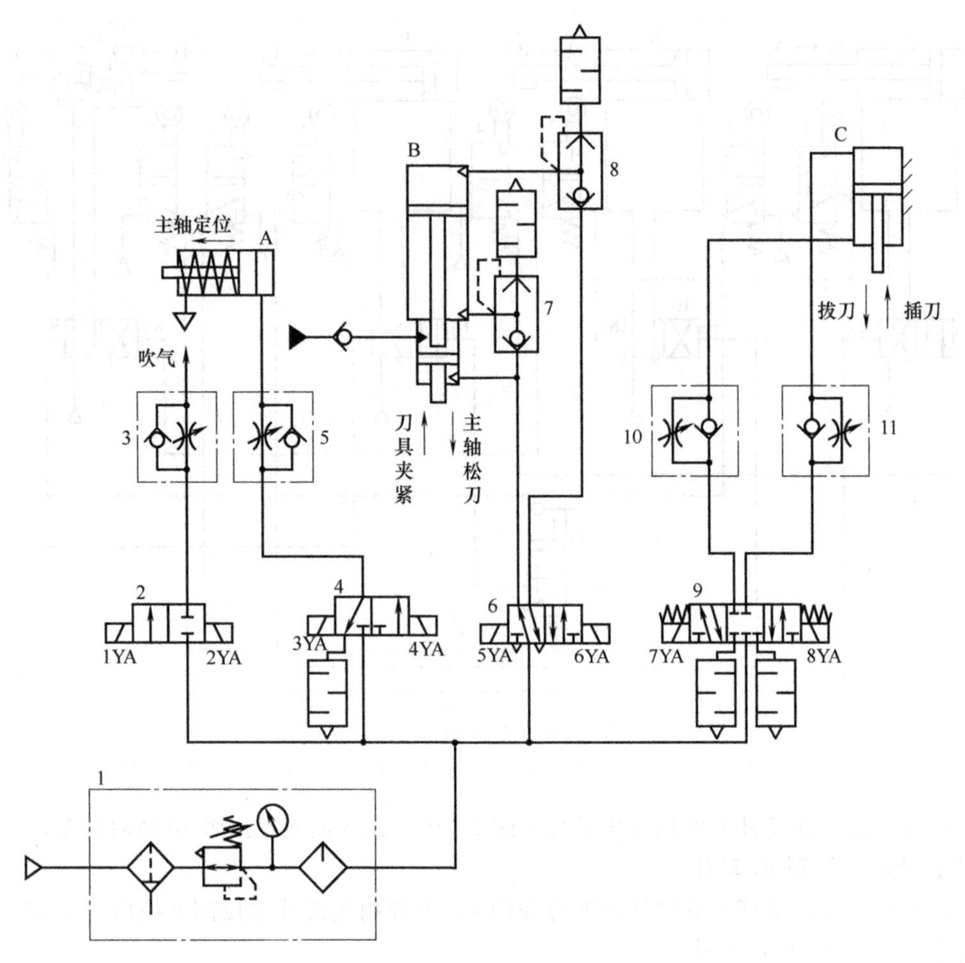

图 13-68 数控加工中心气动系统原理图

1—气动三联件 2—二位二通换向阀 3、5、10、11—单向节流阀 4—二位三通换向阀
6—二位五通换向阀 7、8—快速排气阀 9—三位五通换向阀

系统利用气缸 A 实现主轴定位，气液增压器 B 实现主轴松刀和刀具夹紧，气缸 C 实现插刀和拔刀，单向节流阀 3 实现向主轴锥孔吹气。数控加工中心气动系统电磁铁动作顺序表见表 13-2。

表 13-2 数控加工中心气动系统电磁铁动作顺序表

工况	电磁铁							
	1YA	2YA	3YA	4YA	5YA	6YA	7YA	8YA
主轴定位				+				
主轴松刀				+		+		
拔刀				+		+		+
主轴锥孔吹气	+			+		+		+
停止吹气	−	+		+		+		+
插刀				+		+	+	−
刀具夹紧				+	+	−		
主轴复位			+	−				

数控加工中心气动系统的工作过程分析如下。

1）当数控系统发出换刀指令时，主轴停止旋转，同时电磁铁 4YA 得电，二位三通换向阀 4 切换到右位，压缩空气经气动三联件 1、二位三通换向阀 4、单向节流阀 5 进入气缸 A 的无杆腔，气缸 A 活塞杆伸出，使主轴自动定位。

2）气缸 A 活塞杆伸出完成主轴定位后，活塞杆上挡块压下信号开关，使电磁铁 6YA 得电，二位五通换向阀 6 切换到右位，压缩空气经二位五通换向阀 6、快速排气阀 8 进入气液增压器 B 的上腔。增压腔的高压油使活塞杆伸出，实现主轴松刀动作。

3）完成主轴松刀动作后，电磁铁 8YA 得电，三位五通换向阀 9 切换到右位，压缩空气经三位五通换向阀 9、单向节流阀 11 进入气缸 C 的无杆腔，气缸 C 有杆腔排气，活塞杆伸出实现拔刀动作。

4）完成拔刀动作后回转刀库更换刀具，完成更换时电磁铁 1YA 得电，二位二通换向阀 2 切换到左位，压缩空气经二位二通换向阀 2、单向节流阀 3 向主轴锥孔吹气。

5）完成向主轴锥孔吹气动作后电磁铁 1YA 失电、电磁铁 2YA 得电，二位二通换向阀 2 切换到右位，停止吹气。接着电磁铁 8YA 失电、电磁铁 7YA 得电，三位五通换向阀 9 切换到左位，压缩空气经三位五通换向阀 9、单向节流阀 10 进入气缸 C 的有杆腔，活塞杆缩回，实现插刀动作。

6）完成插刀动作后电磁铁 6YA 失电、电磁铁 5YA 得电，二位五通换向阀 6 复位，压缩空气经二位五通换向阀 6 同时进入气液增压器 B 上部气缸和下部气液阻尼缸的下腔，使活塞杆缩回，主轴的机械机构使刀具夹紧。

7）完成刀具夹紧后，电磁铁 4YA 失电、电磁铁 3YA 得电，二位三通换向阀复位，气缸 A 的活塞在杆弹簧力的作用下复位，系统恢复到初始状态，换刀结束。

13.7.4　上肢康复机器人气动系统

上肢康复机器人的机械结构如图 13-69 所示，主要包括机器人的手臂连杆、关节机构、法兰和铝型材支架等，并内置编码器等传感装置。康复训练时，患者握住手柄，在关节机构的牵引带动下按照一定的轨迹进行运动。关节机构由肩关节和肘关节组成，为了使康复训练具有较好的安全性和一定的柔顺性，关节驱动控制系统采用气动系统，采用摆动马达作为关节执行元件。

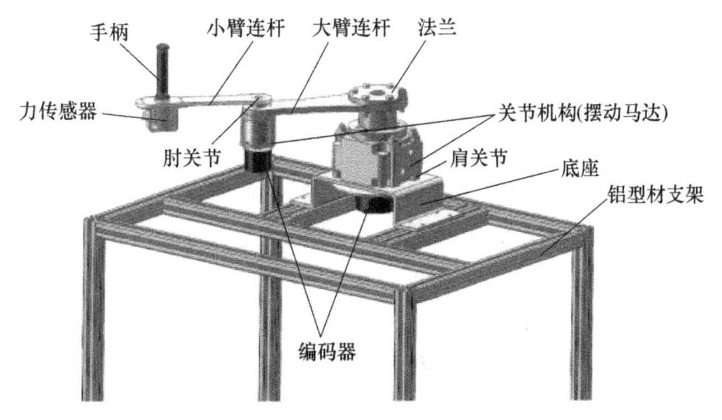

图 13-69　上肢康复机器人的机械结构

机器人关节驱动控制气动系统采用摆动马达作为执行元件，通过控制比例减压阀的电压来控制摆动马达两端气流的压力，进而利用摆动马达两端的压差实现摆动马达的往复回转运动，最终完成对机器人关节运动的控制。图 13-70 所示的是机器人关节驱动控制气动系统原理图。该系统使用空气压缩机 11 作为气源装置，压缩空气经过气动三联件 13 稳压后传输到比例减压阀 7~10 的进气口。使用两个比例减压阀控制一个摆动马达，将其中一个比例减压阀的出口压力设定为恒定值，以此作为系统的背压，这样可以提高系统的阻尼特性，使系统运行过程稳定性更好。调节另一个比例减压阀的输出压力，使摆动马达的两腔产生一定的压差，从而能够精确控制摆动马达的旋转角度，实现摆动马达的位置控制。在比例减压阀控制回路中增加单向节流阀，形成排气节流的控制效果，当执行元件低速运行时，不易产生低速爬行现象，提高气动系统的稳定性。

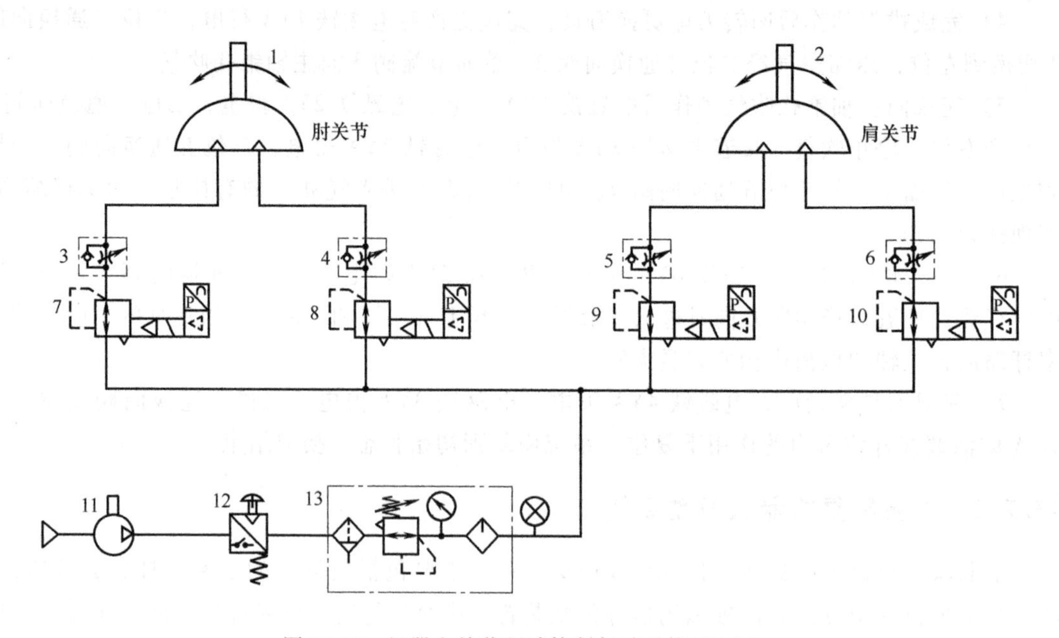

图 13-70　机器人关节驱动控制气动系统原理图

1、2—摆动马达　3~6—单向节流阀　7~10—比例减压阀　11—空气压缩机　12—开关阀　13—气动三联件

课堂讨论

1. 气压传动和液压传动的区别有哪些？气动元件的符号和液压元件的符号有哪些异同？

2. 气压传动系统对压缩空气有哪些质量要求？如何满足这些要求？

3. 在图 13-65 所示的工件夹紧气动系统中，工件夹紧的时间是怎样调节的？

4. 在图 13-68 所示的数控加工中心气动系统中，采用了气液增压器实现刀具夹紧，为什么？

5. 图 13-71 所示为气液动力滑台气动系统原理图，分析其工作原理，为何采用气液阻尼缸作为执行元件？有何优点？

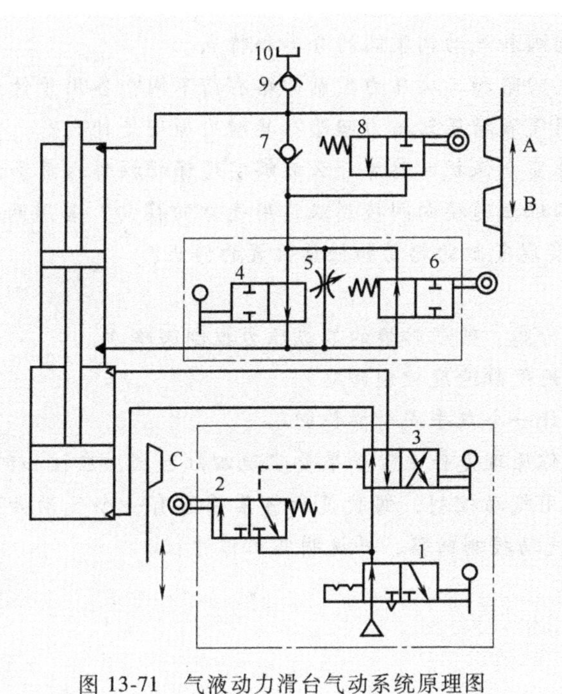

图 13-71　气液动力滑台气动系统原理图

1、3、4—手动换向阀　2、6、8—行程阀　5—节流阀　7、9—单向阀　10—补油箱

课后习题

一、填空题

1. 气源装置为气动系统提供满足一定质量要求的压缩空气，是气动系统的一个重要组成部分，气动系统对压缩空气的主要要求有：具有一定的________________，并具有一定的________________。因此必须设置一些________________的辅助设备。

2. 气源装置中压缩空气净化设备一般包括：________________、________________、________________、________________。

3. 气动三大件是气动元件及气动系统使用压缩空气的最后保证，三大件是指________________、________________、________________。

二、简答题

1. 气源为什么要净化？气源装置主要由哪些元件组成？

2. 简述活塞式空气压缩机的工作原理。

3. 空气过滤器的工作原理是什么？

4. 储气罐的作用是什么？

5. 目前空气干燥的方法有哪些？分别简述其原理。

6. 简述油雾器的工作原理。油雾器为什么能在不停气情况下加油？

7. 简述冲击式气缸的工作原理。

8. 简述气液阻尼缸的工作原理。

9. 气马达有哪些突出特点？

10. 画出减压阀、油雾器、空气过滤器之间的正确连接顺序，指出为什么只能这样连接？

11. 简述气动比例阀和气动伺服阀的分类和特点。

12. 一次压力控制回路和二次压力控制回路有何不同？各用于什么场合？

13. 为什么要采用气液增压器增力回路？其增力原理是什么？

14. 双手同时操作安全保护回路为什么能够实现保护操作人员和设备安全的目的？

15. 能否用一个二位三通换向阀控制双作用气缸的换向？若用两个二位三通换向阀控制双作用气缸，能否实现气缸的起动和任意位置的停止？

三、设计题

1. 设计一个可进行高、低压转换的二级压力控制回路。

2. 设计一个双作用气缸速度控制回路。

3. 利用双压阀设计一个双手同时操作回路。

4. 互锁回路的工作原理是什么？如果要实现四缸互锁，应该如何设计？

5. 公共汽车门采用气动控制，驾驶员和售票员各有一个气动开关，控制汽车门的开和关。试设计车门的气动控制回路，并说明其工作过程。

附录 液压与气压传动常用图形符号（摘自GB/T 786.1—2021）

附表1 基本符号、管路及接头

名称	符号	名称	符号
供油/气管路、回油/气管路、元件框线、符号框线		管口在液面以下的油箱	
内部和外部先导（控制）管路、泄油管路、冲洗管路、排气管路		直接排气	
连接管路		带连接排气	
交叉管路		带两个单向阀的快换接头（断开状态）	
软管总成		不带单向阀的快换接头（连接状态）	
组合元件框线		单通旋转接头	
管口在液面以上的油箱		三通旋转接头	1 2 3 1 2 3

附表2 控制机构和控制方法

名称	符号	名称	符号
手柄式人力控制		踏板式人力控制	
带有可调行程限位的推杆		带有定位的推/拉控制机构	
用于单向行程控制的滚轮杠杆		带有可拆卸把手和锁定要素的控制机构	

（续）

名称	符号	名称	符号
带有手动越权锁定的控制机构	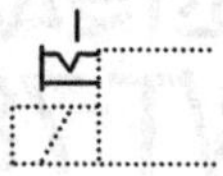	带有两个线圈的电气控制装置(一个动作指向阀芯，另一个动作背离阀芯)	
使用步进电机的控制机构	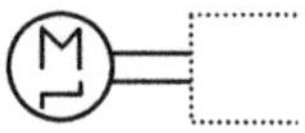	带两个线圈的电气控制装置(一个动作指向阀芯,另一个动作背离阀芯,连续控制)	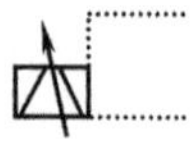
液压控制	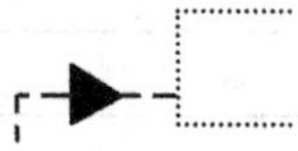	外部供油的电液先导控制机构	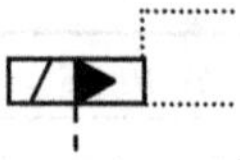
带有一个线圈的电磁铁(动作指向阀芯)	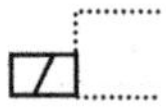	电控气动先导控制机构	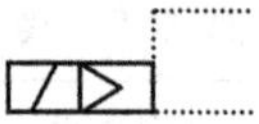
带有一个线圈的电磁铁(动作指向阀芯,连续控制)	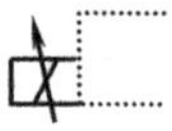	机械反馈	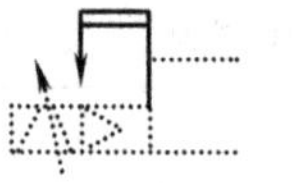

附表 3　泵、马达和缸

名称	符号	名称	符号
单向定量液压泵	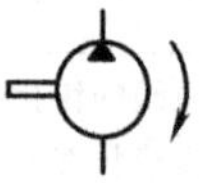	双向定量马达(右为双向定量气马达)	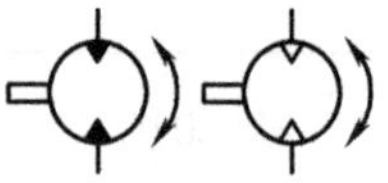
双向定量液压泵	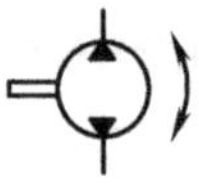	单向变量马达(右为单向变量气马达)	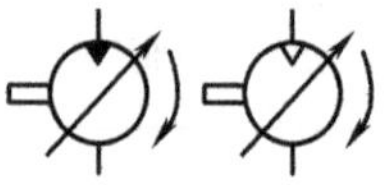
单向变量液压泵	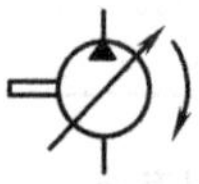	双向变量马达(右为双向变量气马达)	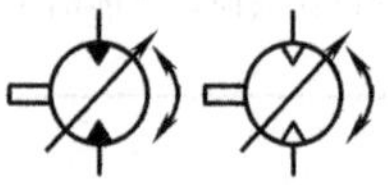
双向变量液压泵(带有外泄油路,单向旋转)		摆动马达(右为摆动气马达)	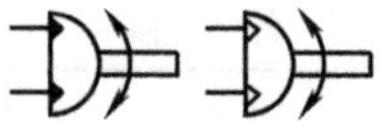
手动泵(限制旋转角度,手柄控制)	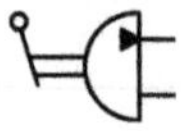	静液压传动装置	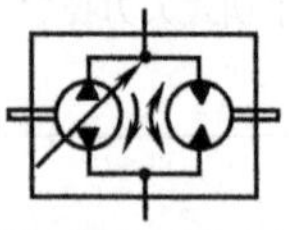
空气压缩机	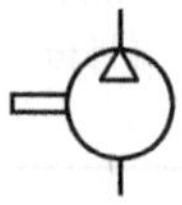	单作用单杆缸(靠弹簧力回程,弹簧腔带连接油口)	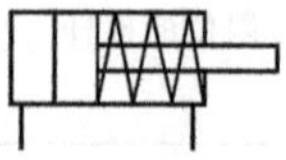
单向定量马达(右为单向定量气马达)	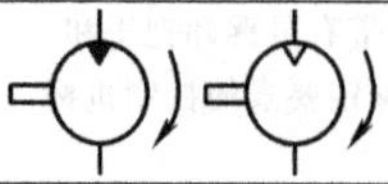	双作用单杆缸	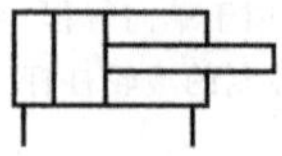

（续）

名　　称	符　　号	名　　称	符　　号
双作用双杆缸	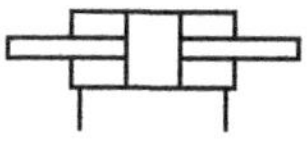	单向缓冲缸	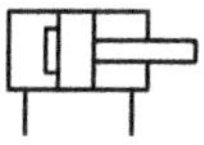
单作用柱塞缸	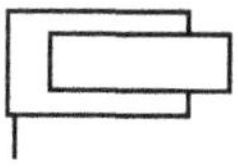	双向缓冲缸	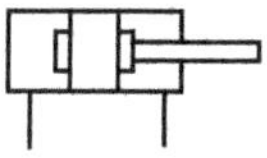
单作用多级缸	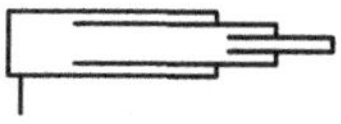	单作用增压器	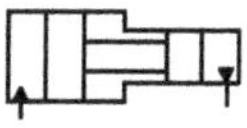
双作用多级缸	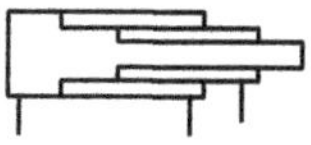	单作用气液增压器	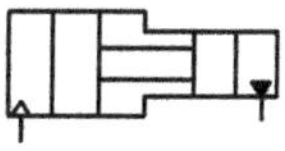

附表4　控制元件

名　　称	符　　号	名　　称	符　　号
直动式溢流阀	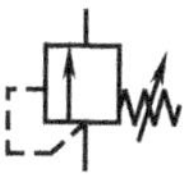	气动减压阀 （内部流向可逆）	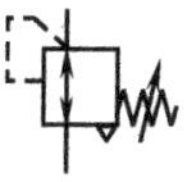
先导式溢流阀	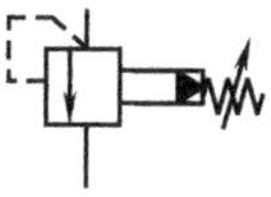	直动式卸荷阀	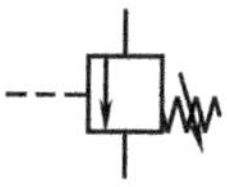
电磁溢流阀	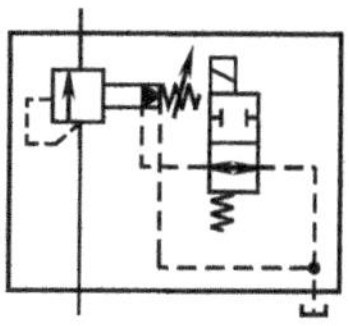	直动式顺序阀	
防气蚀溢流阀		先导式顺序阀	
二通减压阀 （直动式，外泄型）		直动式单向顺序阀 （平衡阀）	
二通减压阀 （先导式，外泄型）		压力继电器	
直动式三通减压阀		电调节压力继电器	
		节流阀	

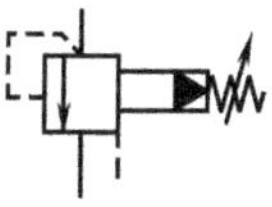

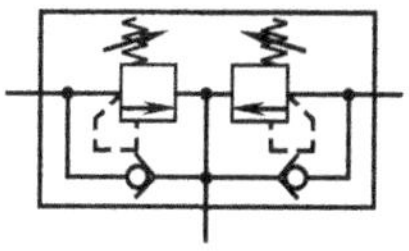

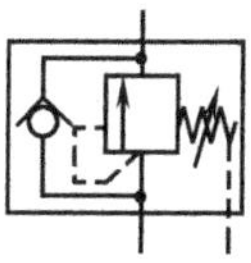

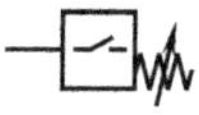

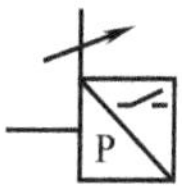

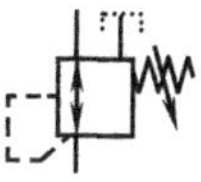

（续）

名　称	符　号	名　称	符　号
单向节流阀	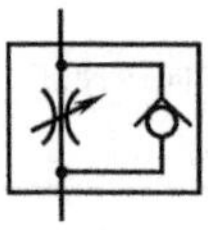	双液控单向阀（液压锁）	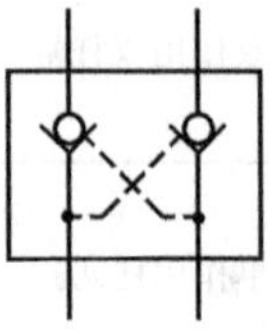
流量控制阀（滚轮连杆控制，弹簧复位）	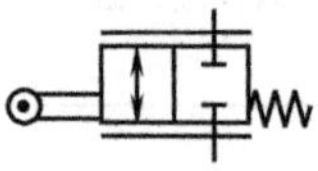	或门型梭阀	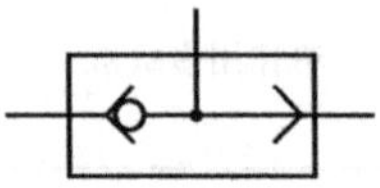
二通单向流量控制阀	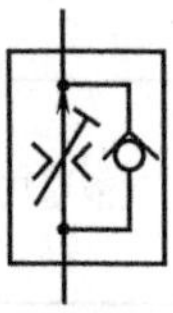	气动双压阀	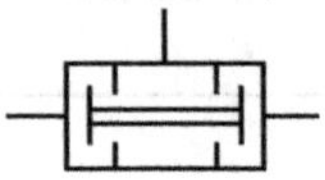
三通流量控制阀（溢流节流阀）		快速排气阀	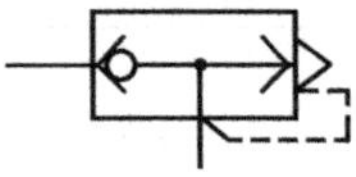
二通调速阀		快速排气阀（带消音器）	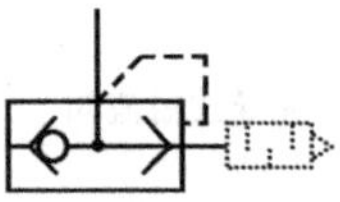
带消音器的节流阀	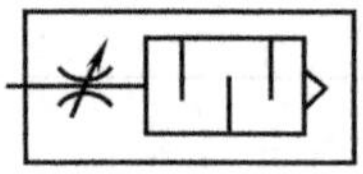	二位三通方向控制阀（单向行程的滚轮杠杆控制，弹簧复位）	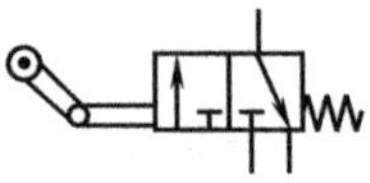
分流阀	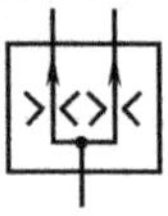	三位五通方向控制阀（手柄控制，带有定位机构）	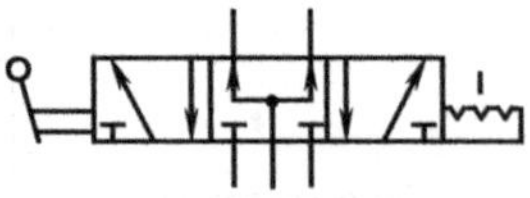
集流阀	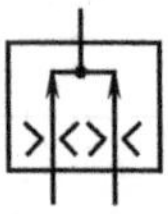	二位五通方向控制阀（踏板控制）	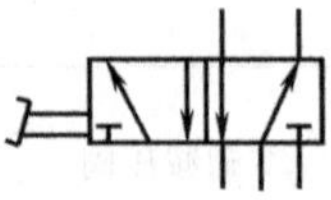
分流集流阀	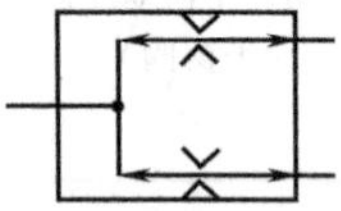	二位二通方向控制阀（电磁铁控制，弹簧复位，常开）	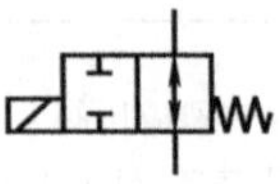
单向阀		二位三通方向控制阀（单电磁铁控制，弹簧复位）	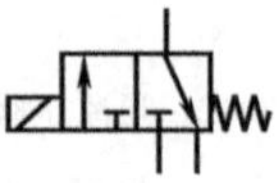
液控单向阀	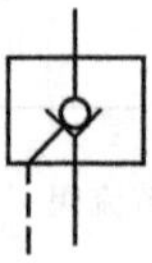		

（续）

名　称	符　号	名　称	符　号
二位三通方向控制阀（电磁控制，无泄漏）	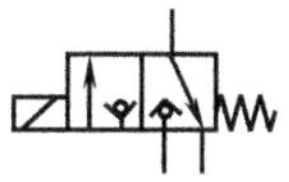	三位四通方向控制阀（液压控制，弹簧对中）	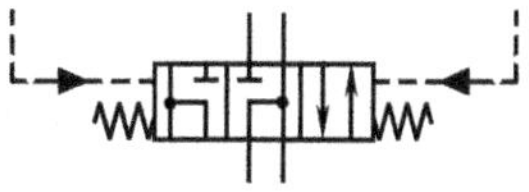
二位四通方向控制阀（电磁铁控制，弹簧复位）	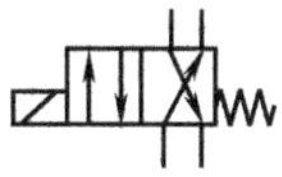	二位四通方向控制阀（电液先导控制，弹簧复位）	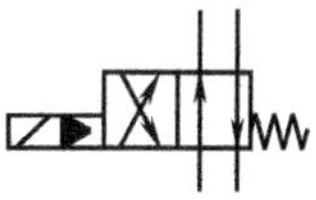
三位四通方向控制阀（双电磁铁控制，弹簧对中）	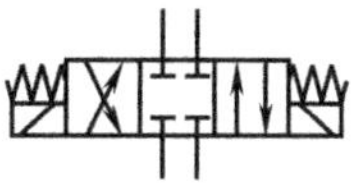	三位四通方向控制阀（外控外泄）	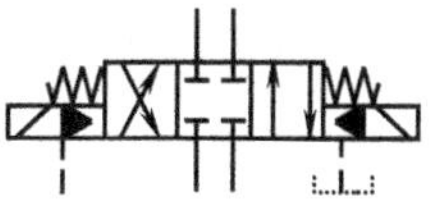
二位四通方向控制阀（液压控制，弹簧复位）	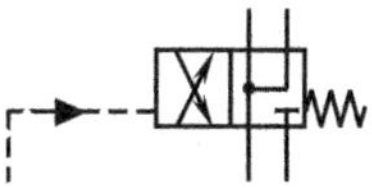	三位五通换向阀（电-气控制，带手动辅助控制）	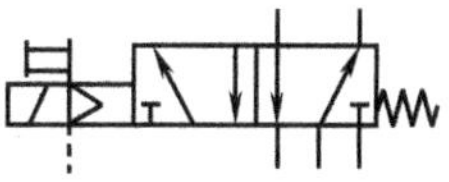

附表 5　辅助元件

名　称	符　号	名　称	符　号
过滤器		液位指示器（油标）	
带有磁性滤芯的过滤器		液位开关（带有4个常闭触点）	 4
过滤器（带压差指示器，带压力开关）	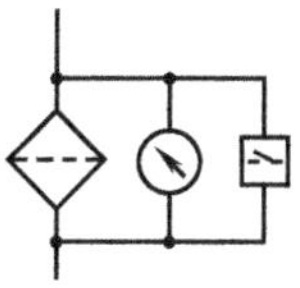	空气干燥器	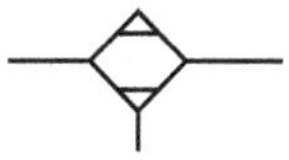
过滤器（带旁路单向阀，带光学阻塞指示器，带压力开关）	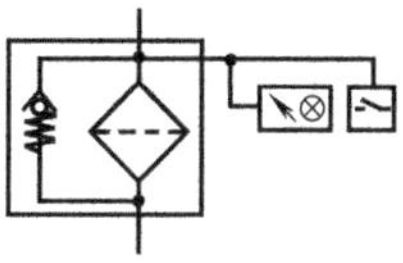	油雾器	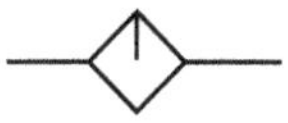
		带有手动排水分离器的过滤器	
通气过滤器		手动排水分离器	
	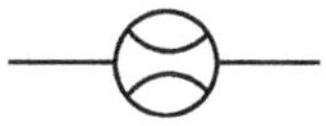	自动排水分离器	
气罐		单作用气-液转换器	
流量计		不带有冷却方式指示的冷却器	
压力传感器（输出模拟信号）	P		

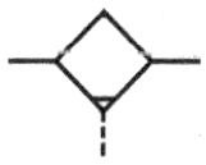

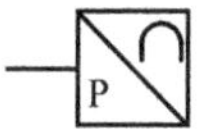

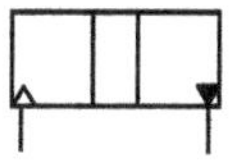

（续）

名　　称	符　　号	名　　称	符　　号
采用液体冷却的冷却器	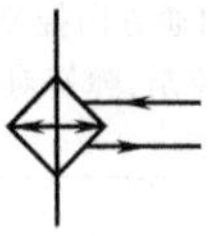	活塞式蓄能器	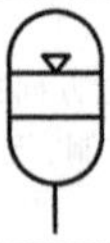
		压力表	
采用电动风扇冷却的冷却器	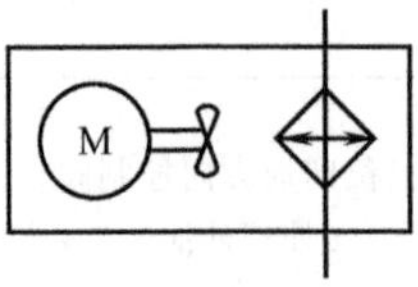 M	温度计	
加热器		气源处理装置（上面是详细符号，下面是简化符号）	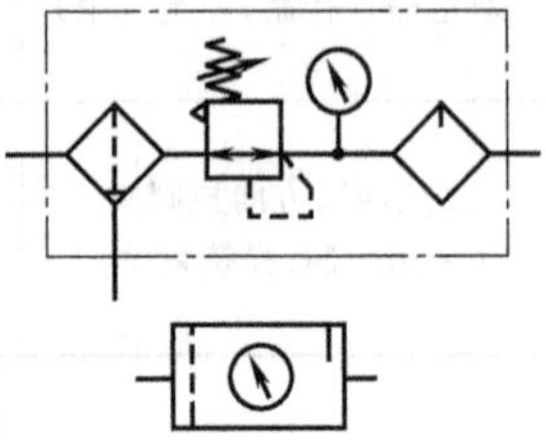
隔膜式蓄能器		消声器	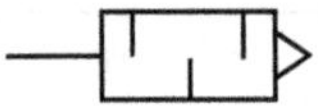
囊式蓄能器		液压油源	
		气源	

附表 6　比例阀和伺服阀

名　　称	符　　号	名　　称	符　　号
比例溢流阀（直动式，通过电磁铁控制弹簧来控制）	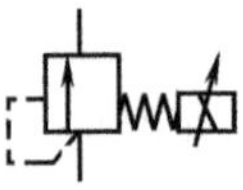	比例溢流阀（带有电磁铁位置反馈的先导控制，外泄型）	 G
比例溢流阀（直动式，电磁铁直接控制）	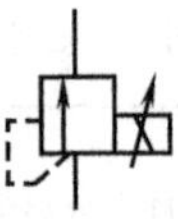	比例溢流阀（先导式，外泄型，带有集成电子器件，附加先导级以实现手动调节压力或最高压力下溢流功能）	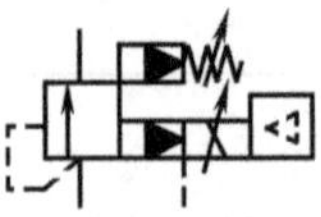
比例溢流阀（直动式，电磁铁直接控制，集成电子器件）	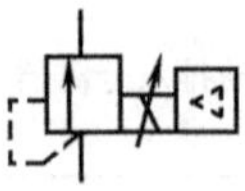	三通比例减压阀（带有电磁铁位置闭环控制，集成电子器件）	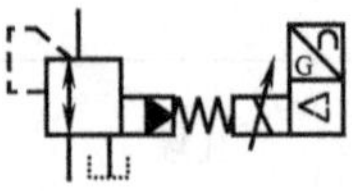 G
比例溢流阀（先导式，外泄型）	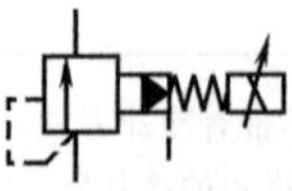	比例流量控制阀（直动式）	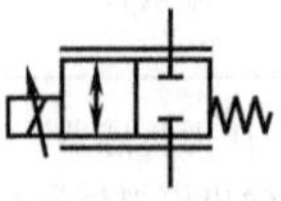

（续）

名　　称	符　　号	名　　称	符　　号
比例方向控制阀（直动式）	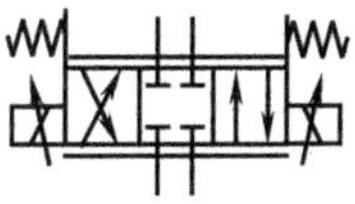	伺服阀（先导级带双线圈电气控制机构，双向连续控制，阀芯位置机械反馈到先导级，集成电子器件）	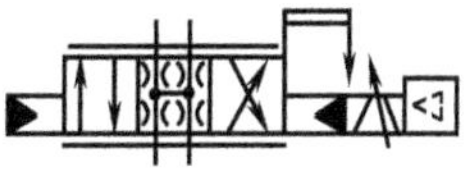
比例方向控制阀（主级和先导级位置闭环控制，集成电子器件）	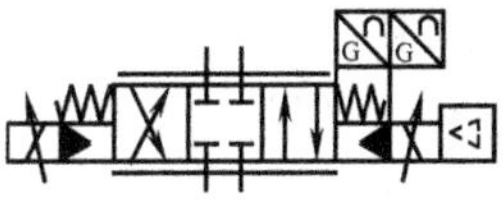	伺服阀（主级和先导级位置闭环控制，集成电子器件）	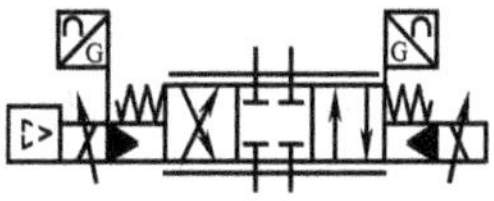

参 考 文 献

[1] 刘银水，许福玲．液压与气压传动［M］．4版．北京：机械工业出版社，2016.
[2] 陈奎生，陈新元．液压与气压传动［M］．北京：机械工业出版社，2021.
[3] 张也影．流体力学［M］．2版．北京：高等教育出版社，1999.
[4] 丁祖荣．工程流体力学［M］．北京：机械工业出版社，2013.
[5] 任好玲，林添良，陈其怀，等．液压传动［M］．北京：机械工业出版社，2019.
[6] 刘银水，李壮云．液压元件与系统［M］．4版．北京：机械工业出版社，2019.
[7] 许耀铭．油膜理论与液压泵和马达的摩擦副设计［M］．北京：机械工业出版社，1987.
[8] 赵静一，朱明，王启明，等．FAST液压促动器液压系统管路可靠性增长试验研究［J］．机械工程学报，2019，55（16）：197-204.
[9] 邱中梁，胡晓函，焦慧锋，等．“蛟龙号”载人潜水器液压系统设计研究［J］．液压与气动，2014（2）：44-48.
[10] 欧阳小平，杨华勇，郭生荣，等．现代飞机液压技术［M］．杭州：浙江大学出版社，2016.
[11] 郑久强．盾构刀盘液压驱动系统研究［D］．杭州：浙江大学，2006.
[12] 吴根茂．新编实用电液比例技术［M］．杭州：浙江大学出版社，2006.
[13] 施虎．盾构掘进系统电液控制技术及其模拟试验研究［D］．杭州：浙江大学，2012.
[14] 雷晓犇，高光辉，李兵强，等．飞机刹车系统先进技术研究与发展［J］．空军工程大学学报，2022，23（6）：8-16.
[15] WILLIAMSON C，MANRING N．A more accurate definition of mechanical and volumetric efficiencies for digital displacement pumps［C］．American Society of Mechanical Engineers，2019.
[16] 许仰曾．液压工业4.0下液压技术发展方向及其数智液压［J］．液压气动与密封，2022，42（2）：1-7.
[17] 徐瑞银，苏国秀．液压气压传动与控制［M］．北京：机械工业出版社，2014.
[18] 王积伟．液压与气压传动［M］．3版．北京：机械工业出版社，2018.
[19] SMC（中国）有限公司．现代实用气动技术［M］．3版．北京：机械工业出版社，2008.
[20] 吴振顺．气压传动与控制［M］．2版．哈尔滨：哈尔滨工业大学出版社，2009.
[21] 崔培雪，冯宪琴．典型液压气动回路600例［M］．北京：化学工业出版社，2011.
[22] 陆鑫盛，周洪．气动自动化系统的优化设计［M］．上海：上海科学技术文献出版社，2000.
[23] 黄明祥．上肢康复训练机器人按需辅助交互控制研究［D］．洛阳：河南科技大学，2023.
[24] 刘延俊．液压与气压传动［M］．4版．北京：机械工业出版社，2020.
[25] 左健民．液压与气压传动［M］．5版．北京：机械工业出版社，2016.
[26] 陈清奎．液压与气压传动（3D版）［M］．北京：机械工业出版社，2017.
[27] 刘银水，陈尧明，许福玲．液压与气压传动学习指导与习题集［M］．2版．北京：机械工业出版社，2016.
[28] 王积伟．液压与气压传动习题集［M］．2版．北京：机械工业出版社，2019.
[29] 张利平，山峻．液压站设计与使用维护［M］．北京：化学工业出版社，2013
[30] 张利平．现代液压技术应用220例［M］．3版．北京：化学工业出版社，2015.
[31] 路甬祥．液压气动技术手册［M］．北京：机械工业出版社，2005.

[32] 沈向东. 气压传动 [M]. 3版. 北京：机械工业出版社，2009.
[33] 张红俊，熊光荣，苏明. 液压传动习题与实验实训指导 [M]. 武汉：华中科技大学出版社，2009.
[34] 袁子荣，吴张永，袁锐波，等. 新型液压元件及系统集成技术 [M]. 北京：机械工业出版社，2012.
[35] 邢克鹏. 整杆式甘蔗联合收割机液压控制系统开发与研究 [D]. 洛阳：河南科技大学，2013.
[36] 徐莉萍. 液压与气压传动技术 [M]. 成都：电子科技大学出版社，2017.